아프리카 지식 여행

아는 척하기 딱 좋은 **아프리카 지식 여행**

초판 1쇄 발행   2026년 4월 30일

지은이   박찬석
펴낸이   김선기
편집   이선주
디자인   작품미디어

펴낸곳   (주)푸른길
출판등록   1996년 4월 12일 제16-1292호
주소   (03877) 서울시 구로구 디지털로 33길 48
             대륭포스트타워 7차 1008호
전화   02-523-2907, 6942-9570
팩스   02-523-2951
이메일   purungilbook@naver.com
홈페이지   www.purungil.com

ⓒ 박찬석, 2026

ISBN   979-11-7267-105-1 (03980)

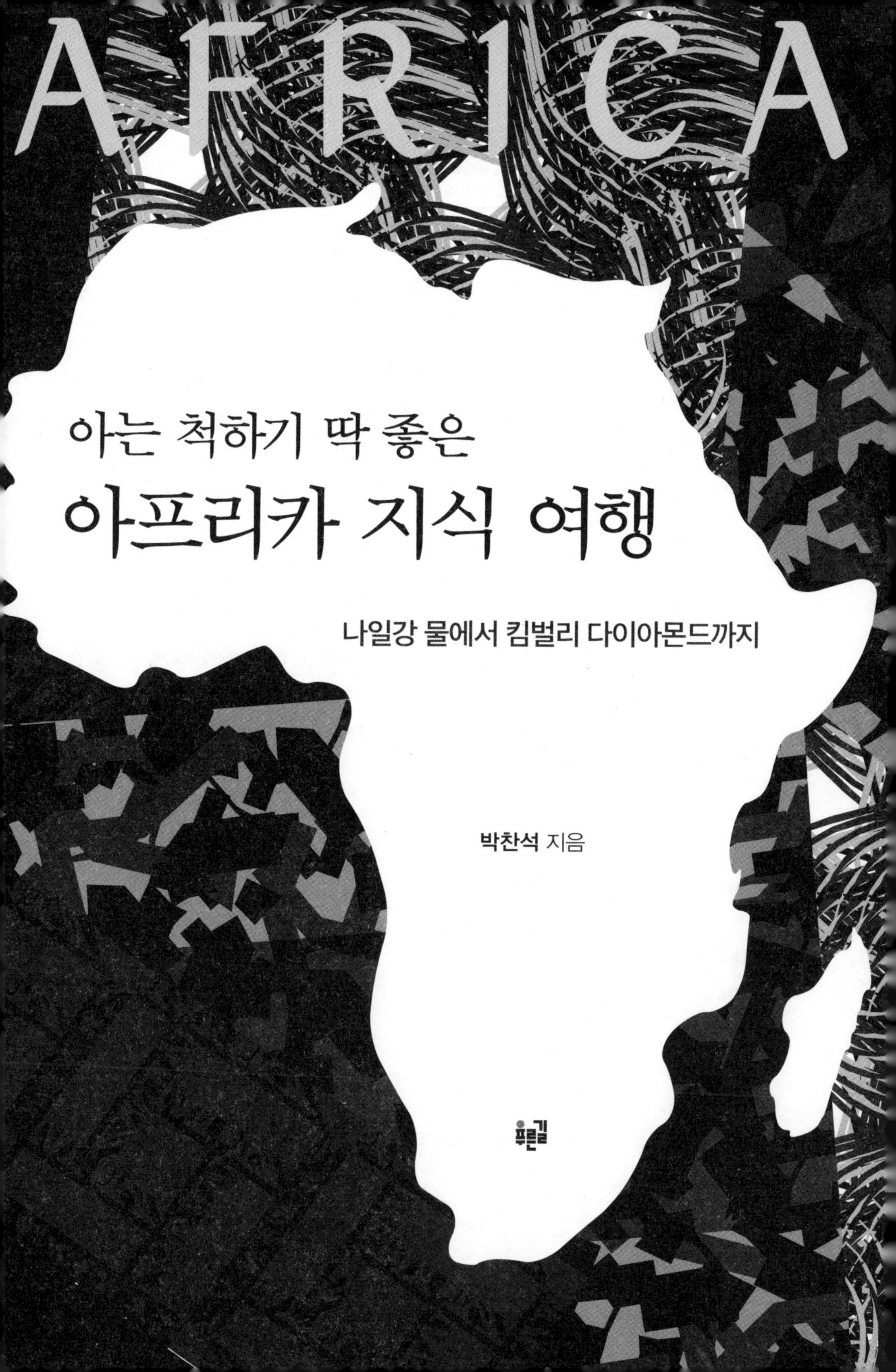

AFRICA
아는 척하기 딱 좋은
아프리카 지식 여행
나일강 물에서 킴벌리 다이아몬드까지
박찬석 지음
푸른길

차 례

제1장 이집트

제2장 북아프리카 나라들

제7장 콩고강 분지 국가들

제8장 서아프리카 국가들

제9장 나이지리아와 주변 국가들

사랑하는 손녀

민시연(중 3), 박나윤(중 2), 민서희(중 1), 박지윤(초 6)의

찬란한 미래를 소망하며…

프롤로그

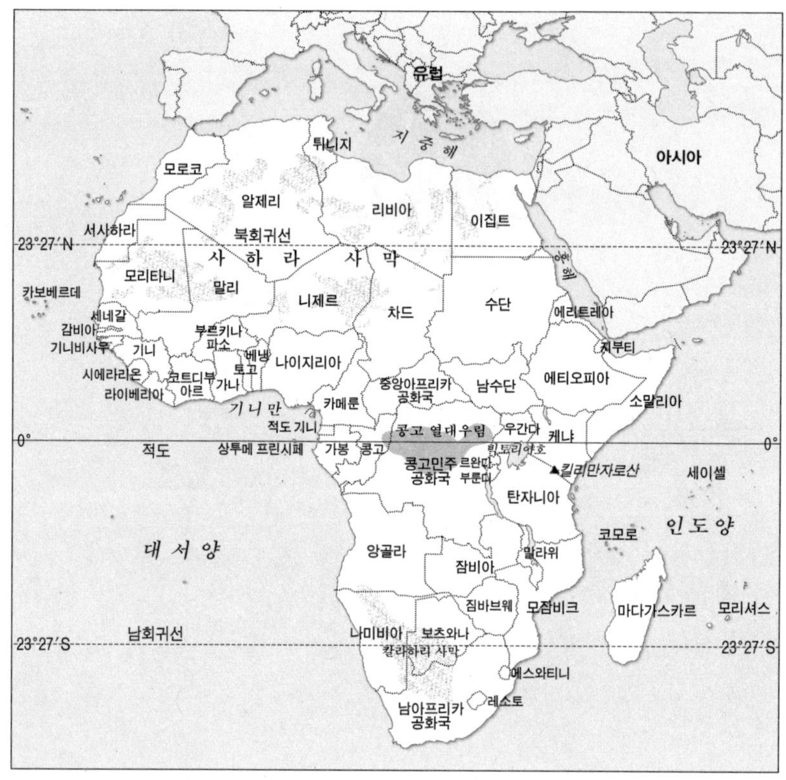

아프리카 대륙 54개국

 인류의 고향은 아프리카이다. 현생 인류 호모사피엔스는 아프리카에서 나왔다. 지금까지 우리는 지구상에 가장 잘 산다는 유럽을 둘러보았다. 유럽과 아프리카 대륙은 지중해를 사이에 두고 있지만 지브롤터 해협의 폭은 8km에 지나지 않는다. 지중해에는 시칠리아Sicilia, 사르데냐Sardegna, 몰타Malta, 크레타Creta, 키프로스Cyprus 같은 수많은 섬이 징검다리처럼 놓여 있다. 중동 레반트를 거치면 육지로도 유럽 대륙과 연결되어 있다. 인류의 발생부터 지금에 이르기까지 유럽 대륙과 아프리카 대륙 간에는 끊임없는 교류가 있었다. 지중해를 사이에 두고 두 대륙 간의 삶의 질이 극명하게 차이가 난다. 아프리카는 하루에 5달러로 살아가는, 지구상에 가장 못사는 대륙이고, 유럽은 1인당 82달러로 지구상에서 가장 잘사는 대륙이다. 왜 이런 차이가 날까?

나는 한국 근대사를 통하여 국가 발전 1단계에서 4단계까지를 경험했다. 한스 로링스의 『팩트풀니스』2019에 의하면, 1단계 생활은 두레박으로 샘물을 퍼서 마시고, 맨발로 비포장도로를 다니고, 삼각대에 불을 피워 요리해서 먹고, 항상 배고픔과 추위를 면하기 급급한, 하루 2달러로 생활한다. 아프리카 10억 인구가 이렇게 산다. 4단계는 하루 32달러로 생활한다. 집마다 수도가 있고 화장실이 있다. 자가용 자동차가 이동 수단이다. 자가용이 아니더라도 대중교통인 오토바이, 버스, 기차, 비행기 등을 언제나 편리하게 이용할 수 있다. 집까지 배관으로 보내는 가스나 전기 에너지로 밥을 짓고, 테이블에는 여러 개의 요리 접시가 있다. 비만으로 어떤 음식을 먹을까, 패션으로 어떤 옷을 입을까 걱정한다. 유럽인은 모두 이렇게 생활한다.

제2차 세계대전 이후 사회과학의 가설은 지구상에 살아가는 인종 간 IQ 차이가 없다고 했다. 재레드 다이아몬드는 『총 균 쇠』2005에서 인종 간 IQ의 차이가 없다면, 지구상에 실재하는 문명의 차이는 무엇으로 설명할 것인가. 자연의 차이가 문명의 차이를 만든다고 가설을 세웠다. 동의하지 못한다. 좋은 땅도 있고 나쁜 땅도 있다. 사하라사막과 콩고 열대우림은 사람 살기에 좋지 않다. 그러나 나일강 유역과 아프리카 동부고원은 지구상에서 사람이 가장 살기 좋은 기후 지역이다. 그러나 잘살지는 못한다.

아프리카는 사람이 살기에 나쁜 땅일까? 인류의 원산지는 아프리카다. 원산지가 나쁜 땅일 수는 없다. 모든 동식물은 원산지의 생태조건을 맞추려고 노력한다. 다큐멘터리 〈동물의 왕국〉에서 보듯, 거대 포유동물이 가장 살기 좋은 기후 조건은 아프리카의 고원 지대이다. 인간도 포유동물이다. 인류의 기원을 밝히는 화석은 전부 아프리카에서 발견되었다.

화석으로 본 인류의 기원을 요약하면 다음과 같다. ① 700만 년 전 사헬란트로푸스 차덴시스Sahelanthropus tchadensis는 인간과 유인원은 같은 조상이었다. 중앙아프리카 공화국과 차드에서 발견되었다. ② 360만 년 전 오스트랄로피테쿠스 아파렌시스Australopithecus afarensis는 직립 보행을 했다. 에티오피아, 케냐, 탄자니아 등 동부아프리카에 발견되었다. ③ 200만 년 전 호모 하빌리스Homo habilis는 손을 자유롭게 썼다. 케냐, 탄자니아에서 발견되었다. ④ 100만 년 전, 호모 에렉투스Homo erectus는 불을 사용했다. 자바, 베이징, 케냐 등에서 발견되었다. ⑤ 30만 년 전 현생 인류 호모 사피엔스Homo sapiense가 나타났다. 화석은 에티오피아에서 발견되었다. 7만 년 전에 호모 사피엔스는 아프리카 대륙에서 아시아 대륙으로 건너갔다.

아프리카 대륙과 다른 대륙의 차이는 적도equator가 대륙의 한중간을 지난다는 점이다. 적도를 중심으로 남북으로 큰 사막, 사하라사막과 칼라하리사막이 가로 놓여 있다. 넓은 건조지방이 있다. 아프리카 대륙의 원주민은 흑인이다. 흑인은 적도 하에 태양의 자외선을 받아 피부 아래에 멜라닌 색소가 침전되어 생긴 피부색이다. 엄격하게 흑인과 백인 사이에 구분이 없고, 흑백 피부색은 연속적이다.

우리의 관념 속에는 아프리카인은 통칭 검은 피부색이다. 아프리카 흑인은 인종으로 매우 우수하다. 운동경기 우수 선수는 대부분이 흑인이고, 기초 체력의 척도인 육상선수는 모두 흑인이다. 아프리카 대륙에서 이룬 이집트 나일강 문명은 세계 4대 문명의 발생지이고, 우수한 두뇌를 가진 종족이다. 유럽 문명의 모태가 되었다. 그러나 흑인은 지구상에 어디를 가더라도 피부색 때문에 차별을 받고 있다.

아프리카는 아시아 대륙 다음으로 큰 대륙이다. 면적은 3천만km²이고, 인구는 2025년 현재 약 15억 명이다. 서구화는 곧 근대화라고 했다. 아프리카 대륙 도시들은 식민지 영향으로 유럽 문화를 받아들였지만, 산업화와 근대화는 이루지 못했다. 영어, 프랑스어, 스페인어, 이탈리아어, 독일어, 포르투갈어가 아프리카 원어민 언어보다 더 많이 통용된다. 아프리카 국가들의 공식 언어는 모두 유럽 언어들이다. 식민지를 당했기 때문이다. 아프리카 상류사회의 서구 문화는 아시아 국가들과는 비교가 안 된다. 더 서구화되었다는 말이다.

아프리카 대륙에는 54개의 독립국이 있다. 제국주의 시절, 식민지를 당하지 않은 나라는 에티오피아와 라이베리아 두 나라뿐이다. 한국, 아일랜드, 미국, 중국 등도 식민지를 경험했다. 식민지 모국이 원주민을 착취한 것은 사실이지만, 현재의 모든 빈곤과 정치적 불안의 이유를 제국주의 국가들에게만 돌릴 수도 없다. 무엇이 아프리카 대륙을 이렇게 만든 것일까. 아프리카를 네 번 다녀왔다. 1970년 네덜란드에서 귀국하는 길에 이집트 카이로, 1998년 리비아 트리폴리, 2000년에 남아공 요하네스버그에서 열리는 세계 대학 총장 회의 참석차, 2007년 대구 세계 육상대회 유치를 위하여 케냐 몸바사에 갔다.

아프리카 적도

아프리카 대륙은 적도가 지나간다. 대륙을 지나는 적도는 남아메리카 3,384km와 아시아1,289km도 있지만, 아프리카3,708km 대륙의 적도 길이가 가장 길다. 적도는 어떤 곳인가? 영어 'equator'는 균형이란 뜻이지만, 적도赤道라고 번역했다. 지구의地球儀에 붉은 선으로 그어 적도라고 부르는 데서 유래했다. 그럴듯하다. 지구의 북극과 남극 한중간이다. 적도가 남북극의 경선보다 67km 정도 더 길지만, 지구는 거의 완벽한 구체다. 지구 표면에서 적도를 기준으로 남북 방향의 위치를 나타내는 각도를 위도緯度, Latitude라 하고, 적도는 0°다.

지구는 태양을 중심으로 황도를 따라 공전한다. 황도면Ecliptic plane을 기준으로 지구 축은 23° 27′ 기울어져 자전한다. 1년 걸린다. 38°N 북반구에 있는 한국은 봄, 여름, 가을, 겨울 사계절이 있다. 모든 생물은 사계절의 영향을 받는다. 사람은 계절에 따라 음식, 옷, 집에 적응하며 살아간다. 여름이면 에어컨, 겨울이면 히터를 켜고 난방을 한다. 적도 지방은 항상 여름이다. 뚜렷한 사계는 없지만 약간의 변화는 있다. 건기와 우기가 있다.

적도는 태양광 밀도가 가장 크다. 적도에 가면 관광으로 적도 위에 물을 부어 지구 자전으로 생기는 편향력Coriolis force을 시험해 보기도 하고, 달걀을 세우기도 한다. 적도에서 하지Summer solstice는 태양이 수직이므로 그림자가 없다. 여름이 될수록 태양은 북쪽으로사실은 지구 공전 올라가서 북반구에서는 회귀선Tropic of Cancer에 올라가고, 다시 남반구로 내려가 적도를 지나 남회귀선Tropic of Capricorn에 내려가면 북반구는 겨울이다. 원리는 간단하다. 적도는 1년에 태양이 2번 지나간다. 태양이 적도에 있을 때 북반구는 춘분Vernal equinox이고, 남쪽으로 내려갈 때 추분Autumnal equinox이다.

지금과 같은 GPS가 없을 때, 대서양과 태평양을 가로질러 항해를 어떻게 했을까 상상해 보라. 배가 해안선에서 약 5km 바다로 나가면 육지가 보이지 않는다. 배의 위치를 어떻게 알까? 경위도를 어떻게 측정할까? 그리고 배의 속도는 어떻게 측정할까? 위도는 낮에는 태양고도, 밤에는 북극성Polar

을 관측하여, 남반구에서는 남십자성Crux을 관측하여 알았다. 경도는 복잡하다. 지금은 내비게이션으로 현재의 위치와 이동하는 방향과 속도를 구할 수 있다.

항해하는 배는 지금도 항속航速/knot 단위를 노트knots로 쓴다. 1노트가 1,852m이다. 위도 1°의 길이는 111km이고, 1′의 길이는 1,852m이다. 범선 돛단배을 유럽에서 아메리카 대륙으로 갈 때는 동풍인 무역풍남북위 5°~25°을 이용했고, 돌아올 때는 편서풍 기후대남북위 30°~50°를 이용했다. 극지방을 고위도라 하고, 적도 지방을 저위도 지방이라 한다. 인간의 문명도 위도에 따라 다르게 나타난다.

항해할 때 배가 있는 위치의 경위도를 파악한다는 것은 대단히 중요했다. 항해 시대 경위도를 잘못 계산하여 방향을 잃어 목적지를 벗어나고 해상사고가 잦았다.

위도는 각도기로 북반구에서는 북극성을 재면 현재의 위도가 나온다. 남반구에서는 남십자성를 잡아 방향과 위도를 측정한다. 문제는 경도이다. 항해 시대 영국이 정했다. 영국의 런던 그리니치Greenwich 천문대를 통과하는 경선인 본초자오선Prime Meridian은 0°다. 동쪽으로 동경 E, 서쪽으로 서경 W으로 정했다. 현재 배의 경도를 알려면 런던과 현재 선박이 있는 위치의 시간 차를 알면 된다.

해양 시대 영국은 경도를 정확하게 재는 일은 국가 과제였다. 영국 의회는 국법으로 거액의 현상금을 걸었다. 해양 시대 영국 의회는 경도법Longitude Act을 제정했다. 경도를 정확하게 재는 방법을 아는 자에게 당시 2만 파운드현재 74억 원 현상금을 걸었다. 1759년 목수인 해리슨은 H4 시계를 발명하여 경도를 정확하게 잴 수 있었다. 정확한 시계Chronometer를 발명했다. 예를 들면, 런던이 정오 12시일 때, 현지의 배 시간이 오후 9시면, 배의 위치

경도는 135°E이다. 1시간은 경도 15°다. 9×15=135°다.

1시간에 배의 항해 속도가 얼마인가를 재는 단위가 해리Nautical mile로, km/h가 아니다. 1해리 또는 1노트knot는 1,852m다. 배의 속도가 20노트이면 시속 37km다. 1해리는 위도 1분의 길이다. 위도 1°의 길이는 111km다. 항해의 거리는 지금도 해리를 쓴다. 항해 시대는 배의 속도를 알기 위하여 선원들이 모래시계와 매듭knot이 있는 줄을 풀어 배의 속도를 쟀다.

적도하의 원주민 삶은 어떨까? 우선 뜨겁고 바람이 없다. 무덥고 오후에는 소낙비, 스콜squall이 내린다. 적도하에서는 공기가 더워져 상승기류를 일으킨다. 적도는 너무 뜨거워서 인간은 고원 지대에서 살거나 아니면 밀림 속에서 살았다. 바다에서 북동풍과 남동풍이 수렴하는 적도에 이르면 바람이 전혀 없는 무풍지대가 된다. 돌드럼doldrums이라 한다. 바다에서 전형적으로 일어난다. 초기의 선원들은 왜 적도에서 무풍지대가 일어나는지 몰랐다. 바다의 적도는 저주받은 곳이라 생각해 제사를 지냈다. 지금도 영어로 doldrums은 '무기력'으로 좋은 의미가 아니다.

아프리카 대륙 적도 지대equator zone는 남북위 10°까지다. 적도 지방 국가는 기니, 시에라리온, 라이베리아, 코트디부아르, 부르키나파소, 가나, 토고, 베냉, 나이지리아, 차드, 중앙아프리카 공화국, 카메룬, 적도기니, 가봉, 콩고공화국, 콩고민주공화국, 수단, 소말리아, 에티오피아, 케냐, 우간다, 부룬디, 르완다, 탄자니아, 말라위, 잠비아, 앙골라 등 모두 27개국이다. 진짜 아프리카deep Africa다. 적도 지대 아프리카 원주민은 피부색이 짙다.

남아메리카 대륙의 적도지방에도 여러 나라가 있다. 아메리카 인디언은 아프리카 원주민만큼 피부색이 진하지 않다. 왜 같은 적도하에 있는 원주민이면서 피부색이 다를까? 아메리카 대륙에 사는 아메리카 인디언은 아메리카로 이주한 지 1만 2천 년 정도밖에 안 된다. 원래 아프리카 대륙에서 아시아와 유럽으로 갈 때는 검은 피부였으나, 고위도 지방으로 이동하면서 피부색이 탈색되었다. 탈색된 피부로 진화한 인류가 아메리카 대륙으로 건너갔다. 아프리카 대륙도 적도지방의 원주민과 사하라 이북 민족의 피부색이 다르다. 피부색의 변화는 같은 아리안 인이라도 인도인과 유럽인이 다르다. 태양에 얼마나 노출되었느냐에 따라 피부색의 농도는 달라졌다.

아프리카 내란

내전內戰은 지구상에 상존한다. 전 대학지리학회장인 전남대학교 지리학과 이정록 교수와 송예나 교수가 『세계의 분쟁지도』2019를 출간했다. 전 세계의 분쟁 지역을 지도화했다. 결국, 인간도 싸울 때는 동물과 다르지 않다. 서식지 다툼이다. 이 교수는 아프리카 내전은 식민지 후유증으로 한정된 자원을 두고 부족 간에 갈등으로 빚어지는 싸움으로 정리하고 있다. 발음하기도 찾기도 힘든 아프리카 부족들 이름과 지명을 찾아 분쟁의 원인을 설명했다.

중국에 등록된 소수민족 55개 중 26개가 윈난성에 있다. 왜, 윈난성에만 많은 것일까? 중국의 소수민족이라 해서 피부색이 다른 전혀 다른 종족이 아니다. 전통복을 입지 않으면 차이를 모른다. 어떻게 소수민족이 되었을까? 윈난 고원에는 큰 강들의 상류가 있어 계곡은 깊고 경사는 가파르다. 중원中原에서 멀리 떨어져 있는 변방이다. 중원에서 일어나는 전쟁을 피하여 변방으로 숨어들었다. 중원을 차지한 왕조는 변방에 적은 숫자로 살아가는 소수민족을 버려두었다. 깊은 산골짜기에 주변과 소통이 없이 오래 살다가 보니 고유 언어와 문화를 갖고 살아가는 소수민족이 되었다. DNA 검사로 소수민족을 가르는 것이 아니다.

아프리카는 내란이 특별히 많다. 1960~1980년, 20년 사이 70번의 쿠데타가 일어나고, 8명의 대통령이 암살당했다. 아프리카 독립국 54개 중 대부분이 내란이나 국경 분쟁을 경험했다. 어떻게 아프리카에는 정치적 갈등이 특별히 잦은 것일까? 식민지에서 독립을 위하여 무장 투쟁을 했고, 독립 후 군벌은 권력을 잡기 위하여 내전을 했다. 아프리카 지형과 기후가 다른 대륙에 비하여 특별하다. 사막에는 오아시스에만 사람이 살고 오아시스 간에는 교류가 적어 섬과 같았다. 열대우림지역 밀림은 사람이 이동하기 어렵고, 고립되어 살았다. 아프리카 고원 지대는 고원과 고원 사이 깊은 협곡에 독립된 부족이 많았다. 교류하지 않고 같은 서식지에 오래 살게 되면 부족이 된다. 아프리카에서 부족 간 교류의 시작은 식민지이고 노예 시장이다.

아프리카 국가들이 식민지를 벗어 날 무렵, 1960년대는 냉전 시대다. 냉전 때문에 유럽 열강들이 아프리카 식민지에 손을 떼었다 해도 과언이 아니다. 1960년대의 아프리카의 정치 이데올로기 지형은 공산주의였다. 식민지 모국에 저항하는 무장 독립 운동은 모두 공산주의자들이었다. 독립 후 대부분 공산주의자가 정권을 잡았다.

공산주의 정권에 불만을 가진 구 식민지 세력과 지주, 군인들은 반기를 들었다. 반란이다. 사막과 밀림은 지형이 험준하고 식량 자급이 가능하여 토벌이 쉽지 않았다. 또, 강대국은 자원을 담보로 반란군에게 무기와 전비戰費를 후원했다. 반란군 뒤에는 서방 강대국 또는 공산권의 끄나풀이 달려 있었다. 부족 간, 국가 간, 진영 간 전쟁으로 얽혀 있다.

국가별 내전은 각론에서 자상하게 다룰 예정이다. 아프리카 내전 중에 나이지리아 내전과 콩고 분지 내전이 사람 많이 죽인 것으로 악명이 높다. 나이지리아에는 250개의 부족이 있다. 북부 이슬람과 남부 기독교 부족 간

 ———— 아는 척하기 딱 좋은 **아프리카 지식 여행**

의 전쟁이다. 남동부 지역의 비아프라Biafra 내전도 비슷하다. 나이지리아는 아프리카에서 큰 나라다. 북부 회교 부족이 정권을 잡았고, 남부와 동부에 사는 부족을 차별했다. 이보Igbo족, 요루바Yoruba족, 북부 하우사Hausa족 간에는 차이가 있다. 아프리카는 부족에 관해 각별하게 공부해야 한다. 부족 성향이 강하게 남아 있는 대륙이 아프리카다. 아프리카 지형의 다양성 때문이다. 크게 사막과 밀림이다. 인간의 이동이 자유롭지 못하다.

정권을 잡은 하우사족이 정치 권력을 독식하고 다른 부족을 차별했다. 차별은 군인과 경찰관 같은 권력기관의 인재 등용과 경제적 부의 배당이다. 이보족이 사는 비아프라에서 석유가 나왔다. 석유는 나이지리아 GDP의 20%를 차지하는 중요한 자원이다. 이보족은 비아프라 지역을 분리 독립 선언했다. 중앙정부는 가만히 두지 않았다. 내전이 일어났고, 정부군은 비아프라 이보족을 학살했다. 또 하나 사례는 탕가니카호수를 둘러싸고 우간다, 부룬디, 르완다가 있다. 200개의 부족이 있다. 후투족과 투치족 간의 내전이다. 독립 후 권력을 잡은 후투족은 투치족을 학살했다.

양상은 비슷하다. 아프리카 내전의 원인으로 종교, 부족, 식민지 후유증을 든다. 전쟁으로 해결하면 쉬워 보이지만, 원한이 깊어지고 해소되지 않는다. 더 큰 불씨를 만든다. 평화를 생각하면 다부족, 다민족 식민지 경험마저도 발전과 기술혁신의 초석이 된다. 독립 후 도입된 민주주의와 지방자치제도는 표를 얻기 위하여 부족주의를 거론하고 지역감정을 부추겨 다른 부족에게 적대감을 일으켰다. 민주주의를 하면서 부족 수가 더 늘어났다.

우리도 내란을 경험했다. 이승만 정권에 저항하여 김일성이 도발한 6·25전쟁은 내란이다. 지리산을 중심으로 남부군이 빨치산 활동을 했다. 내란은 국내 전쟁이므로 외국의 침략군과는 다르다. 엄청난 민간인이 희생된다. 친척을 고발하고, 동창을 죽이고, 이웃을 의심한다. 그래서 무섭다. 외국의 침략 전쟁보다 더 많은 사람이 죽고, 원한은 오래 남는다. 나는 지리산을 중심으로 공산주의자들이 내전을 하던 산청에서 어린 시절을 보냈다. 밤에는 빨치산이 낮에는 정부군이 치안을 담당했다. 아프가니스탄 칸다하르에서 낮에는 정부군, 밤에는 탈레반에게 고초를 겪어야 했던 주민의 불안과 공포를 이해한다. 외국 침략 전쟁보다 더 무섭다.

아프리카 하이웨이

폴 케네디의 『강대국의 흥망』1987에서 그 시대의 주류로 하는 기술과 철학에 적응하지 못한 국가는 망했다고 했다. 오스만제국 정예 부대는 기병이었다. 기병으로 제국을 건설했다. 산업혁명으로 철조망이 나오고 기관총이 나왔다. 한 줄의 철조망 앞에서 정예 기병은 무기력했다. 용감한 기병이라도 기관총 앞에서는 군대가 아니었다. 아시아, 아프리카, 유럽 3대륙에 걸친 대제국을 건설한 오스만은 산업혁명을 늦게 받아들인 탓에 '병든 환자'가 되고 말았다.

아프리카가 당한 것은 산업혁명을 늦게 받아들인 결과이고, 한반도가 일본과 열강의 침략을 받은 이유도 같다. 기술혁신은 사회 변동의 원동력이다. 스마트폰의 보급으로 우리 사회가 빠르게 얼마나 어떻게 변하고 있는가를 우리는 실감하고 있다. 기술변화가 사회 전체를 변화시킨다고 해서 혁명이라 부른다. 인류 역사상 여러 번 산업혁명이 있었다. 1차 농업혁명, 2차 산업혁명, 3차 컴퓨터 혁명, 4차 AI 혁명 시대다. 아프리카 식민지는 산업혁명 과정에 일어났다. 식민지 착취가 아프리카 근대화를 지연시켰다고 하지만, 식민지를 통하여 근대화를 이룩했다는 주장도 있다.

20세기 기술혁신의 아이콘인 자동차는 어떤 의미를 지니는 것일까? 아프리카 정체성을 높이기 위한 것이다. 대륙횡단도로TAH, Trans Africa Highway를 건설하고 있다. TAH는 UNECA유엔아프리카경제위원회, OAU아프리카연합기구와 세계은행이 투자하고 있다. TAH 건설은 교통과 통신의 발달로, 대륙의 경제 발전을 도모하고, 국가 간 소통으로 전쟁과 내전을 줄이고, 교육과 의료의 보급을 확대하여 복지를 증진하기 위함이다. 철도와 도로는 다르다. 철도는 도시를 중심으로 한 연결이고, 도로는 작은 마을까지, 집과 집의 접근이 가능하다.

자동차 전용도로가 고속도로다. TAH는 총연장 56,683km다. TAH에 직접 연결되지 못한 국가는 에리트레아, 소말리아, 르완다, 부룬디, 말라위, 레소토, 에스와티니, 레소토, 적도기니 등 작은 9개 나라이다. 작은 오지 국가는 직접 연결되지 못했지만, 지선으로 연결한다. 남아프리카공화국도 인종차별 국가로 제외되었으나, 뒤늦게 합류했다. 대륙횡단 고속도로 TAH는 1번 도로에서 9번까지 있다. 더 상세한 아프리카 고속도를 알고 싶은 독자는 구글 지도를 같이 보는 편이 좋다. 남북 TAH가 3개 있고, 동서 TAH가 6개 있다.

동서로 달리는 TAH는, ①번은 이집트 카이로와 세네갈 다카르Dakar까지 8,636km, 지중해 연안과 대서양 연안을 연결한다. ⑤번은 세네갈 다카르와 차드의 은자메나Ndjamena, 4,496km이고 내륙 사헬Sahel 지방을 연결한다. ⑥번은 은자메나와 인도양 지부티Djibouti까지 4,219km이고, 나이지리아의 샤헬 지방에서 인도양 연안까지 연결이다. ⑦번은 다카르와 나이지리아 라고스Lagos까지 4,010km이고 서부 아프리카 해안 도로이다. ⑧번은 나이지리아 라고스에서 인도양 연안, 케냐 몸바사Mombasa까지 6,259km이다. ⑨번은 3,523km로 앙골라 로비투Lobito에서 모잠비크 베이라Beira까지 연결되어 있

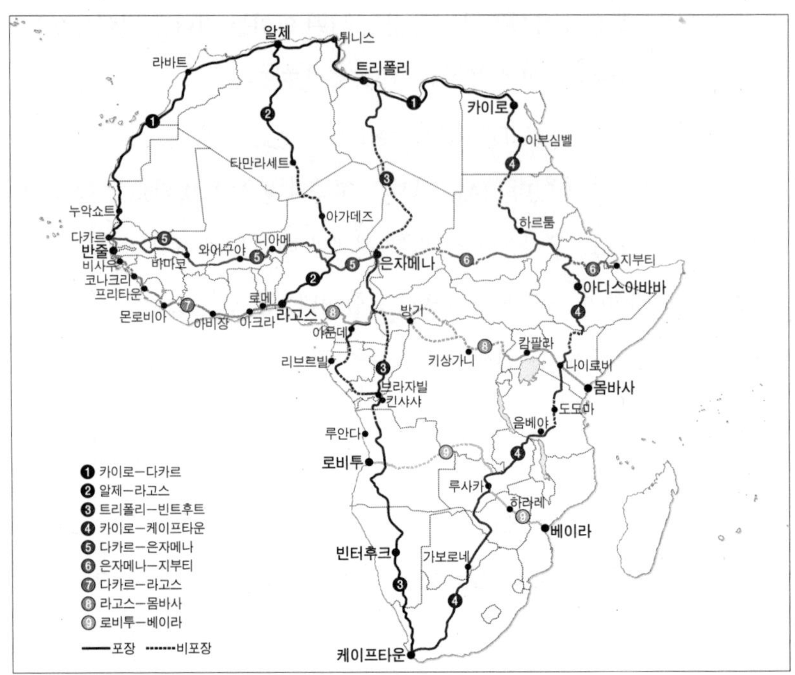

TAH 아프리카 횡단 고속도로

다.

　한편, 남북을 관통하는 TAH는 3개다. ②번, ③번, ④번 하이웨이다. ②번은 알제리의 수도 알제Algiers에서 나이지리아 수도 라고스까지 4,504km이고, 사하라사막을 가로지른다. ③번은 리비아 트리폴리Tripoli에서 앙골라 빈터후크Windhoek를 지나 케이프타운Capetown까지 10,808km다. ④번은 이집트 카이로에서 케이프타운까지 10,228km이고, 이집트 카이로에서 수단의 하르툼Khartoum, 에티오피아 아디스 아바바Adis Ababa, 케냐 나이로비Nairobi, 탄자니아 도도마Dodoma와 음베야Mbeya, 잠비아 루사카Lusaka, 보츠와나 가보로네Gaborone를 거쳐 케이프타운에 이른다.

　여러 나라의 국경을 지나는 고속도로다. 도로의 건설과 운영 유지 보수는 자연적 조건에 영향을 받는다. TAH 건설의 문제는 자연 장애보다 내전, 이웃 국가 간의 불신과 전쟁이 더 큰 문제다. 문제없이 다니는 고속도로는 없다. 그러나 희망은 있다. 지형적 난관과 민족 간의 갈등 속에서도 매우 천천히 판 아프리카 고속도로는 건설되고 있다. 연결된 고속도로를 통하여 국가 간의 무역이 증진되고 민족 간 국가 간의 이해 폭이 넓어지고, 분쟁과 갈등이 조정되고 있다, 비포장도로는 포장도로, 포장도로는 2차선 도로, 2차선 도로는 4차선 도로로 건설되고 있다. 치안이 안정되고 교류가 증진되고 있다는 증거이다.

아프리카 사바나

한국은 사계절이 분명하다. 여름은 열대, 겨울은 한대지방이다. 우리의 상식으로 지구 육지 면적의 20%를 차지하는 사바나savannah기후를 연상하기는 쉽지 않다. 사바나기후 지역은 쾨펜 기후 구분 AW와 AS이다. 강우량은 500mm, 건조기후이다. 한 계절에 비가 내리는 강우 패턴이다. 겨울 건기乾期인 지역을 AW, 여름 건기를 AS라고 한다.

아프리카는 적도가 대륙의 중앙을 지나므로 사바나 지역은 적도를 중심으로, 남북으로 분포한다. 세계에서 사바나기후 지역이 가장 넓은 대륙이다. 식생에 특징이 있다. 지표에 풀이 자라기는 하지만 나무가 많지 않다. 나무가 듬성듬성 자라 나무의 캐노피숲가 지표면 전체를 덮지 않고, 햇빛이 지표면에 닿는 면적이 넓어 초지가 형성되는 생태 지역이다. 〈동물의 왕국〉에서 덤불 아래에서 몸을 숨기고 풀을 뜯는 누와 임팔라가 있고, 사자와 코끼리가 있는 서식지가 전형적인 아프리카 사바나기후 지역 경관이다.

건기에는 풀이 마르고 들불이 일어나 초지를 태운다. 우기는 새 풀이 돋아나 초식동물의 사료가 된다.

사바나기후 지역의 특징은 우기와 건기가 명확하게 구분이 된다. 계절별 강우는 초지 변화를 가져오고 초지를 따라 수십만 마리의 들소, 코끼리, 임팔라, 기린 등이 이동하고 포식자 사자, 표범, 하이에나, 들개가 먹이를 따라 이동하는 장관을 연출한다.

아프리카 사바나에서 최초의 인간이 출현했다. 인류는 오랜 구석기시대 250만 년 전~1만 2천 년 전를 거쳐 1만 2천 년 전에 신석기시대로 들어왔다. 인간이 손을 쓰고 나무에서 내려와 두 발로 서서 걷기 시작한 곳이 아프리카 사바나 지역이다. 인간은 먹을 것을 찾기 편하고 포식자를 방어할 수 있는 종이 살아남아 호모사피엔스로 진화했다고 추론한다. 오랜 구석기시대를 살았다. 신석기시대부터 농사와 가축을 기르기 시작했다. 농작물과 가축을 기르기 위해서는 농지를 만들어야 했다. 나무를 제거하고, 건기에 초지를 태우면 큰 노력을 들지 않고도 농사를 지을 수 있다. 지금도 칼라하리사막 주변 사바나 지역에는 사는 쿵Kung족과 산San족은 구석기시대 생활양식으로 살아가고 있다. 수렵채취 방식이다. 여자는 야생에서 뿌리와 열매를 채취하고, 남자는 사냥을 했다. 인간이 살기 가장 좋은 자연환경이 사바나기후 지역이다. 육체적으로 가장 잘 뛰고 가장 근력이 좋은 인종은 지금도 아프리카 사바나기후 지역 출신이다.

문명사회로 접어들면서 사바나지역은 가장 위험한 생태 지역으로 변모하고 있다. 인구 증가에 따라 나무를 베어 산림은 방목지로, 방목지는 초지로, 초지는 농지로 변환시켜 토지 이용도를 높여왔다. 그러나 과잉 방목과 과잉 경작으로 사바나가 더 빠르게 사막으로 변하는 생태계 위협이 되고 있다.

아프리카 사바나의 생태계는 문명사회에서 쉽게 볼 수 없는 경관이다.

 ——— 아는 척하기 딱 좋은 **아프리카 지식 여행**

사냥을 싫어하는 남성이 드물고, 화초 가꾸기와 감자 캐기를 싫어하는 여성이 적다. 오랜 구석기시대를 살았던 인간 진화의 흔적이다. 아프리카 사바나는 세계 최대 관광지가 되고 있다. 18세기와 19세기 식민지 시대 아프리카 사바나는 유럽 귀족의 사냥터였다. 현재 돈 많은 유럽인이 아프리카 사바나를 찾는 이유는 거대 포유동물의 사파리와 선텐을 즐기기 위해서다. 사바나가 분포하고 있는 국가마다 국립공원을 만들어 관광자원으로 하고 있다. 사바나 지역에 지정된 국립공원의 수는 79개나 된다.

사바나의 국립공원 관광은 전통적인 농업을 하는 것보다 몇 배의 수익이 나온다. 정부는 사바나에 농사를 짓는 농민을 쫓아내고 국립공원을 만들어 관광 수입을 올리고 있다. 관광 수입은 쫓겨난 농민에게 우선 지급하고 정부의 수입으로 잡아야 한다. 문제는 관광수입은 정부 관료가 가져가고 쫓겨난 농민은 빈손이다. 농민은 국립공원 주변에서 농사를 짓고, 야생동물을 밀렵하며 살아가고 있다. 사바나 농민이 사바나 국립공원화를 반대하는 이유다. 아프리카 치안이 안정되자 우리나라도 아프리카 사파리 여행을 한다.

〈킬리만자로의 눈〉(1952)과 〈아웃 오브 아프리카〉(1985)는 아프리카 사바나를 배경으로 한 영화이다. 〈킬리만자로의 눈〉은 헤밍웨이의 단편소설 『킬리만자로의 눈』을 각색하여 영화로 만들어 대박을 냈다. 영화는 한 문단으로 시작한다. "Kilimanjaro is a snow covered mountain in Africa, 19,710 feet high, is said to to be the highest mountain in Africa. It's west summit is called the Masai 'Nagje Ngi' the house of god. Close to western summit, there is the dried and frozen carcass of a leopard. No one has explained what the leopard was seeking at that altitude. (칼라만자로는 19,710피트, 만년설이 덮여 있는, 아프리카에서 제일 높은 산이라 한다. 마사이족은 산정을 하나님의 집이라 부른다. 산정 가까이 얼어 말라 죽은 한

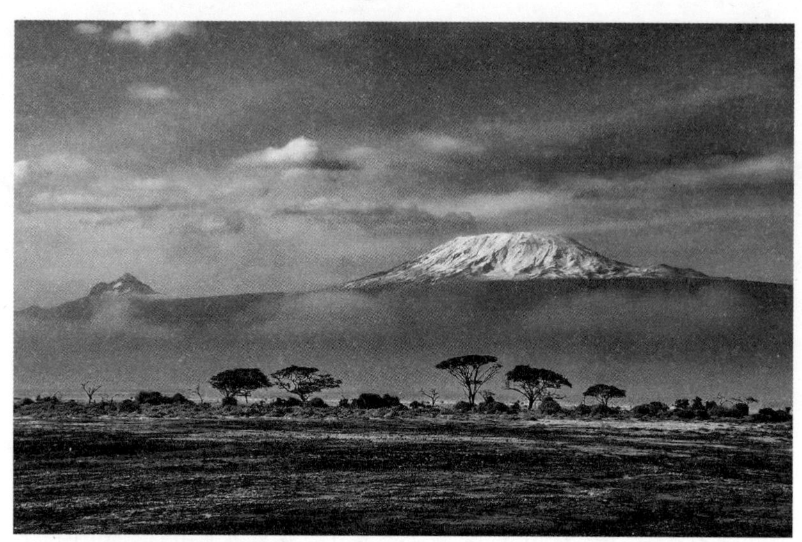

아프리카의 최고봉 킬리만자로산

마리의 표범 사체가 있다. 그 높은 산정에서 표범이 무엇을 찾으려 했는지 아무도 설명하지 못한다.)

시시포스의 신화를 생각하게 한다. 정상에 오르면 내려가야 한다. 포식자의 정상에 있는 표범이 겁낼 동물이 없다. 내가 못 할 일은 세상에 없다. 오만의 절정이다. 산정에 올랐다. 동물도 없고 풀도 없고 물도 없는 눈 사막이다. 헤밍웨이는 노벨상을 받고 정상에 오른 작가다. 더는 오를 곳이 없다. 절망이다. 자살했다.

아프리카 식민지

아프리카의 특수성, 아프리카는 유럽과 인접한 대륙이지만 식민지는 매우 늦게 시작했다. 아프리카는 가깝지만, 접근하기 어려운 대륙이었다. 거대한 사하라사막이 있고, 열대우림지역이고, 열대 말라리아와 수면병 같은 고약한 풍토병이 있다. 백인의 무덤Tomb of White으로 알려졌다. 유럽이 아프리카에 눈을 돌린 것은 19세기 후반, 산업혁명으로 증기선과 철도가 나오고, 방대한 시장과 많은 원자재가 필요했다. 영국, 프랑스, 독일, 벨기에, 포르투갈, 스페인 7개국이다. 1870년 유럽이 점유하고 있는 식민지 면적은 10%에 불과했지만, 1914년 에티오피아와 라이베리아만 제외하고 아프리카 대륙 90%가 유럽 식민지로 편입됐다.

19세기 말 자신들의 산업 발전을 자랑하기 위한 영국, 프랑스, 미국 등 열강의 만국박람회, 산업박람회 개최가 유행했다. 박람회 개최의 목적은 자국 산업 발전의 자랑이다. 박람회에서 빠지지 않는 종목은 문명과 대비되는 야만의 식민지 민속촌의 등장이다. 현지 흑인을 잡아 와서 미개한 아프리카의 원주민 생활을 연출케 했다. 프랑스 파리, 영국 런던, 벨기에 브뤼셀에서도 아프리카 민속촌을 전시했다. 대단한 볼거리였다.

미국에서는 1904년 '세인트루이스 박람회' 때에 뉴욕 브로녹스 동물원Bronox Zoo에 인간으로 진화하는 원숭이를 전시했다. 동물원에서 가장 인기 있는 동물이었다. 관람객이 수십만 명을 기록했다. 흑인 목사 로버트 맥아더도 구경하고 경악했다. 그 동물은 원숭이가 아니라 사람이었다. 콩고 강 밀림에서 잡아 온 피그미족이다. 150cm 작은 키, 이름은 오타벵가Ota Benga였다. 아내와 두 아들이 있는 가장이었다. 언론은 대서특필했다. 풀려났다. 고향 콩고로 가려고 했으나 당시 제1차 세계대전으로 가지 못하고 담배 공장에서 일하다가 우울증에 빠져 주인의 권총으로 자살했다.

식민지 개척의 선구자는 지리학자다. 사람이 얼마나 사는지, 기후와 지형은 어떤지, 자원을 탐사하여 지도를 만들고, 보고서를 작성한다. 지리서는 바로 자원보고서다. 다음은 선교사가 기독교를 선교하러 들어간다. 백인에 대한 적대감을 무마시켰다. '우리는 다 같은 하나님의 아들'이다. 기독교를 전파했다. 오히려 백인의 짐White's burden이라 했다. 흑인을 구제하고, 흑인의 교육은 백인의 희생으로만 가능하다고 했다. 다음은 장사꾼이 들어간다. 상인은 이익을 추구하므로 원주민과 충돌이 생기기 마련이다. 상인의 권익을 보호하기 위하여 정부는 총을 가진 군대를 보냈다. 상인을 보호하고 원주민을 징벌하는 형식이다.

레닌의 『제국주의론』1914보다 제국주의의 만행과 전쟁의 불가피성을 설파한 명저는 없다. 제국주의 식민지는 자본주의 이념을 기반으로 하고 있고, 자본주의는 이윤을 추구한다. 식민지는 한정되어 있고, 이윤 추구를 하는 열강들은 식민지를 더 많이 차지하기 위하여 불가피하게 쟁탈전을 하지 않을 수 없다. 〈동물의 왕국〉에서 들소를 잡아놓고, 포식자들 간에 싸움하는 과정과 다를 게 없다. 19세기 아프리카 나누어 먹기Africa Scramble와 똑같다. 제1차 세계대전은 아프리카 대륙을 갈라서 먹기 싸움이고, 제2차 세계대전은 아시아와 태평양 제도를 비롯한 세계 식민지 쟁탈전이었다.

아프리카에 식민지를 가장 많이 갖고 있었던 나라는 영국과 프랑스였다. 영국은 이집트, 수단, 남수단, 케냐, 잠비아, 짐바브웨, 보츠와나, 남아프리카공화국 등 아프리카 동부를 지배했다. 탄자니아는 독일 식민지였지만, 제1차 대전 후 영국이 차지했다. 영국은 아프리카를 남북을 축으로, 북카이로에서 남케이프타운까지 지배했다.

다음은 프랑스다. 프랑스는 아프리카의 서부 튀니지, 모리타니, 세네갈, 기니, 말리, 코트디부아르, 베냉, 니제르, 차드, 중앙아프리카, 콩고공화국, 가봉, 카메룬과 아프리카 동부에 지부티와 마다가스카르이다. 프랑스는 아프리카 대륙을 동서로, 세네갈에서 지부티까지 연결하여 지배했다.

프랑스는 먼저 서부 아프리카로 들어왔다. 동부로 진출하던 프랑스 군대
가 남수단 코도크파쇼다, 인구 7,700명를 점령하면서 대포를 설치하고, 프랑스
국기를 게양하였다. 파쇼다 사건Fashoda Incident, 1898이다. 전쟁 일보 직전이
었다. 엄청난 규모의 영국군 군대 20만 명이 이집트에 주둔하고 있었다. 군
대를 업은 외교의 힘으로 프랑스를 겁박했다. 파쇼다에서 철수하게 했다.
프랑스 동진東進 정책은 좌절됐다.

19세기 말 식민지 경략의 필수 아이템은 증기선, 철도, 전신Telegraph, 대포
다. 아직도 아프리카를 관통하는 철도가 없다. 철도는 식민지 경영의 필수
인프라다. 철도는 한 영토 내에서는 건설하기 쉽지만, 국제 간 철도 연결은
어렵다. 철도는 비상시 수만 명의 병력과 대포를 비롯한 중병기를 단숨에
수송하는 대형 교통수단이다. 국가 간에 사이좋지 않을 때 위험하다. 한편,
철도가 국경을 넘어 유럽처럼 인적·물적 교류가 많아지면 갈등은 해소되고
분쟁 위험은 그만큼 사라진다. 영국은 카이로 - 케이프타운까지 철도를 구
상했지만, 실현하지 못했다. 같은 시기, 러일전쟁이 임박할 무렵 전쟁을 목
적으로 일본은 한반도 경부선 철도를 건설했다1901~1905.

사하라 태양광 발전

'자원은 유한하고 창의는 무한하다.' 포항제철 정문 현판이다. 화북 지방
에 흑석黑石이 나서 농사를 지을 수 없고, 이라크 바스라 일대는 기름 때문
에 고기를 잡을 수 없고, 대추야자가 자라지 않아 기피했던 땅이었다. 기술
의 발달로 흑석은 석탄으로, 기름 낀 땅의 유전 지대가 되어 황금 방석으로
바꾸어 놓았다. 사하라사막은 비가 오지 않고, 햇볕과 모래땅 나무 한 포기

자라지 않는 불모지다. 태양으로 발전發電하는 시대가 왔다. 사하라사막의 2%만 태양광 패널을 깔아도 지구인 전체가 쓰는 전력을 공급할 수 있다.

아프리카 대륙의 총면적은 3천만km²다. 대륙의 중앙을 적도가 지난다. 적도를 중심으로 남북회귀선 23°27'N~23°27'S 내를 통칭 열대 지방이라 한다. 남북회귀선 내 아프리카 대륙 면적은 1천9백 만km², 아프리카 대륙의 62%를 차지한다. 아프리카 대륙 전체를 열대 지방이라 해도 과언이 아니다. 열대는 태양광 자원은 어마어마하다. 아프리카의 잠재력이다.

현대생활에서 전기 에너지는 가장 중요한 인프라다. 전기가 없으면 하루도 버티기 힘들다. 모든 생활과 산업은 전기 에너지를 기반으로 하고 있다. 아프리카에도 사하라사막이 있는 곳이 인구도 적고 가난하다. 사하라사막은 무한한 태양광 발전 잠재력을 지니고 있다. 사하라사막 국가가 중동의 산유국으로 변신할 날이 멀지 않았다. 최근 대형 태양광 발전소는 모두 사막에 건설하고 있다. 1위 바드라 솔라파크2.2 GW 인도 타르사막에 2020년 건설했다. 4위가 벤반Benban 솔라파크1.6 GW, 2019년에 이집트 사하라사막 아스완댐 근처에 37.2km² 규모를 건설했다. 참고로 초대형 원자로 발전시설 용량은 1.4GW이다.

태양광 발전은 2002년 이후 매년 48%씩 증가하고 있다. 미국도 사막 지방에 코퍼 마운틴 솔라파크Copper Mountain Solar Facility, 802MW를 2016년, 마운트 시날 솔라파크Mount Sinal Solar Park, 794MW를 2020년에 설치했다. 사하라사막은 모래와 태양밖에 없다. 모래는 석영이고, 석영은 실리콘의 원료다. 태양광 발전의 적지이고 세계 최대 규모다.

태양광 대형 발전소는 사막 지방에 있다. 소규모 가정용은 도시 아파트 벽면에도 태양광 패널을 설치하여 발전하고 있다. 독일은 이미 태양광 발전이 원자력 발전을 능가했다. 한 가옥의 지붕이나 벽면에 설치한 태양광 발전만으로도 한 가정에서 쓸 수 있을 만큼 효율이 높아졌다. 소형 발전 용량은 1.0kwh짜리가 많다. 태양광 발전은 프로슈머prosumer 형태다. 자기 집에서 태양광으로 발전하여 자가에 소비한다. 생산자producer가 곧 소비자consumer이다.

소형 태양광 발전에 아름다운 이야기가 있다. 미국 시사 주간지 《타임》은 2019년 100대 발명품 중에 '솔라카우Solar Cow'를 선정했다. '솔라카우'는 우리나라 태양광 사업자 요크사사장 장성은 제품이다. 아프리카는 가난한 대륙이다. 취학 연령 아이들을 학교에 보내기보다는 돈을 벌어오게 한다. 아프리카 주민에게는 휴대전화가 일반화되어 있고 필수품이다. 교통과 통신이 불편한 곳에서 휴대전화로 모든 업무를 해결한다. 그러나 시골에서는 휴대전화 충전이 문제다. 충전을 위하여 도시로 가야 하므로 아이들은 학교에 가지 못한다.

'솔라카우'는 소형 태양광발전기photovoltaic다. 소 등 넓이 정도의 작은 크기 태양광 패널 아래 젖소 젖꼭지처럼 10여 개 충전기가 달려 있다. 요크YOLK사는 코이카KOICA의 후원을 받아 케냐의 시골 학교에 '솔라카우'를 설치했다. 폭발적인 인기였다. 학생들은 돈을 벌러 시내로 나가지 않아도 된다. 학교에 가면 '솔라카우'가 있어 공짜로 충전을 할 수 있고, 긴 충전 시간5시간 동안에는 교실에서 공부할 수 있다. 학교에서 충전한 충전기로 집에서도 전화를 충전할 수 있고, 밤에 LED 등으로 공부를 할 수 있기 때문이다.

케냐 정부는 등교를 장려하기 위해 매달 15달러 인센티브를 아동들에게 지불했다. 비용이 너무 많이 들어 고민이 깊어갔다. '솔라카우'는 아프리카 교육에 혁명을 가져올 전망이다. 언론에 보도되고 전 세계적으로 대서특필됐다. 작은 기업, 요크가 2020년 케냐, 탄자니아, 콩고 정부와 계약을 체결하고 전국적 보급을 계획하고 있다. 수익 모델이 되고 있다.

태양광도 전기 생산이다. 단가가 맞아야 한다. 우리나라는 원전 60.7원/kwh, 석탄 91.2원, LNG 114.6원, 태양광 120원이다. 원자력, 석탄, LNG 발전 단가는 고정적인데 비교해, 태양광은 하루가 다르게 기술이 발전한다. 효율이 높아져 생산 단가가 내려가고 있다. 독일은 석탄과 LNG 가격보다 싼 가격으로 82.2원/kwh에 공급하고 있다. 2020년에 발주한 아부다비 알마크톰 솔라파크Al Maktoum Solar Park 건설 입찰에 발전 단가가 kw당 1.69원화 25원/kwh센트에 낙찰되었다. 원전보다 싸다.

제1장

이집트

북아프리카

1970년 소양교육

나는 1970년 UNDP의 자금으로 네덜란드 유학을 가게 되었다. 지금은 해외여행이 아무것도 아니다. 국내 여행과 차이가 없다. 그때는 달랐다. 외국 유학을 다녀오면 엘리트 대접을 받을 때다. 지금은 대한민국 여권을 갖고 못가는 나라는 북한 하나뿐이다. 그때는 대한민국 여권을 갖고 무비자 여행을 할 수 있는 나라가 10개국도 안 되었다.

KLM 항공기를 이용했다. 네덜란드 국적기를 타고 갔다. 가는 도중에 항

 ────── 아는 척하기 딱 좋은 **아프리카 지식 여행**

공기는 이집트 카이로에서 1박을 하고, 다음날 암스테르담으로 출발했다. 카이로에서 체류할 시간이 있었다. 나는 거기서 다른 비행기를 타고 네덜란드 암스테르담 스키폴르Sckiphol 공항으로 갈 일정이 잡혀 있었다. 나이 29살 때다. 5살 때 일본에서 배를 타고 한국에 왔고, 이후 생애 두 번째로 해외에 나온 길이다. 지리 시간에 배웠던 이집트 수도 카이로, 피라미드, 스핑크스를 보게 되었다. 감동이었다. 사실 국립대 교수 월급으로 해외여행을 한다는 것은 불가능했다. 그때만 해도 자기 돈으로 보통사람은 해외여행을 하는 것은 생각도 할 수도 없었다. 교수의 1년 월급을 모아야 편도 서울 - 런던 항공비가 될 정도였다. 당시 월급은 70만 원이었다. 지금으로 환산하면 서울 - 런던 편도 항공료는 5,500달러 정도였다.

카이로 공항에서 가까운 호텔 숙소를 정했다. 같은 경북대학교 철학과 H 교수는 독일 프랑크푸르트에 유학을 가는 중이었다. 동행했다. H 교수는 매우 신중한 분이다. 출국 전에 나와 같이 소양 교육안보교육도 받았다. 정부는 북한의 적극적인 사회주의 선전 공세에 매우 당황하고 있을 때였다. 당시 우리나라의 GDP는 북한보다 낮았다. 북한의 1인당 GDP가 323달러, 한국은 253달러였다. 전 세계 정치 이데올로기는 사회주의 사상이 지배적이었을 때다.

해외여행 예정자는 당시 중앙정보부에서 소양 교육을 받았다. 반공교육을 3일간 실시했다. 기억나는 것은 해외여행을 할 때 북한인과 접촉하지 말 것, 접촉한 경우는 반드시 해당 대사관에 신고할 것, 한국 대사관이 없는 경우는 미국 대사관을 이용할 것 등이었다. 당시 전 세계에 공산주의가 강했고, 또한 남북 대치 상태에 있는 우리도 지금과는 달리 북한이 남한보다 경제적으로 더 잘살았을 때다.

나는 짧은 시간에 밖에 나가 기자지구에 가서 거대한 석조물 피라미드 외형만 보고 왔고, 말로만 듣던 나일강을 보고 왔다. 지리 선생으로 그만하면 됐다. 방에 돌아와 보니 H 교수는 걱정이 태산이었다. 중앙정보부가 시키는 대로 도착하자마자 주이집트 한국 대사관에 신고해야 한다는 말대로 한국 대사관을 찾았다. 택시 기사가 H 교수를 데려다준 곳은 북한 대사관이었다. H 교수는 북한말을 하여 북한 대사관임을 알고 곧바로 호텔로 돌아왔다. 당시 이집트에는 한국 대사관은 없었고, 북한 대사관밖에 없었다. 한국과 이집트가 외교 관계를 수립한 것은 한참 후인 1995년 4월이었다. H 교수의 고민은 잠깐의 실수를 본국 정부에 신고해야 하나 말아야 하나였다. H 교수가 북한 대사관 안내원과 말 한 번 한 것뿐이었다.

신고하면 번거로울 터이니 그냥 여행을 계속하시지요, 했다. H 교수는 밤새 고민을 하다가 아침에 이 사실을 전화로 본국에 알렸다. 나는 시간이 되어 공항으로 나왔고, 암스테르담 스키폴 공항에 도착했다. H 교수의 일이 궁금했지만, 알 길이 없었다. 에어러그램aerogram의 항공엽서가 한국과 유일한 통신 수단일 때다. 전화는 비싸서 통화할 생각을 해 본 일이 없다. 뒷날 알았다. H 교수는 본국에서 즉시 귀국하라는 명령을 받았다.

H 교수는 독일 행을 포기하고 즉시 귀국했다. 안기부의 조사를 받고 별일이 아니므로 풀려났다. 나는 네덜란드에서 학업을 마치고 귀국했다. 내가 귀국해서 H 교수를 만났더니, 그때야 해결이 돼서 다음 달 독일로 출국한다고 했다. H 교수는 독일서 수학한 뒤 경북대학교 교수로 있다가 오래 살지 못하고 돌아가셨다. 그 스트레스가 컸다고 말했다. 그런 시절이었다.

나일강의 물

이집트의 기자Giza 피라미드, 카르나크Karnak 신전 돌기둥, 룩소르Luxor 람세스 2세의 오벨리스크를 보면 경탄한다. 5천 년 전에 어떻게 거대한 피라미드와 석주, 신전을 만들었을까? 나는 돌 조각의 예술성과 정확성보다 그 거대한 석조물을 만들기 위해 동원된 인력에 더 관심이 간다. 지금이나 5천 년 전이나 권력의 본질은 다르지 않다. 얼마나 많은 사람을 동원할 수 있느냐가 권력의 크기다. 권력자는 죽을 때까지 신전을 만들고 피라미드를 만들었다. 거대한 돌기둥과 신전을 만들기 위하여 동원된 노예도 입혀야 하고 먹여야 한다. 엄청난 권력이라야 가능한 일이었다. 하루 이틀에 끝날 일이 아니었다. 매일 수천 명을 동원해야 한다.

당시 이집트인은 인간은 죽고 나면 부활한다고 믿었다. 예수의 부활도 같은 문화권에서 일어난 일이다. 파라오는 대를 이어가면서 신전을 축조했다. 거대한 석조물을 만든 기술을 보면, 그때 사람이나 지금 사람이나 지능의 차이는 없어 보인다.

당시 나일강 유역만큼 농업 생산이 풍부한 곳은 세계 어느 곳에도 없었다. 나일강은 사막을 흐르는 오아시스 강이다. 룩소르에서 아스완Aswan까지는 1년 내내 비 한 방울 오지 않는 사막이다. 그런데도 6월이 되면 강물이 불어나서 범람한다.

나일강의 범람은 곧 축제다. 범람원 크기만큼 농사를 짓는다. 상류에서 떠내려온 퇴적물로 비옥한 토양이 된다. 많은 농산물을 생산했고, 많은 인구를 부양했다. 거대한 왕국을 건설했고, 큰 토목 공사를 할 수 있었다. 나일강 크루즈를 하면 보인다. 나일강이 범람하는 초원 지대와 회색 사막의 경계가 뚜렷하다. 지금도 다르지 않다. 이집트 경제는 모두가 나일 강변 4km 안쪽에서 일어난다. 이집트 인구 1억 명 중 90%가 나일강 유역에 산다. 나머지 1천만 명은 사막의 오아시스와 해안에 있다.

이집트는 나일강의 하류다. 이집트를 지나는 나일강은 사막을 지나므로 한 줄기다. 이집트를 지나는 나일강은 수심이 깊고, 조용하여 큰 배가 다닌다. 먼 곳에서 식량과 무거운 건축 자재를 쉽게 운반할 수 있다. 아무리 왕권이 대단하다 하더라도 백성들은 농사를 짓지 않고 일 년 내내 거대한 신전을 만들 수는 없다. 헤로도토스는 '이집트는 나일강의 선물이다' 했다. 말하지 않아도 이집트를 가 보면 바로 나일강이 다 먹여 살리고 있다는 사실을 쉽게 느낄 수 있다. 보이는 물은 모두 나일강이다. 나일강은 건기에는 560톤/s의 물이 흐르지만, 우기에는 6,600톤/s, 10배도 넘는 물이 흐른다. 상류에 댐의 축조, 에티오피아 르네상스댐과 이집트 아스완댐의 축조로 지금은 예전 같지는 않다.

나일강은 세계에서 두 번째로 긴 강이고, 아프리카에서는 제일 긴 강이다. 전장 6,650km이다. 남쪽에 북쪽으로 흐른다. 백나일강의 발원지는 빅토리아호수다. 상류인 부룬디에서 시작하여 르완다, 우간다, 탄자니아, 케냐, 콩고, 남수단, 수단으로 들어간다. 백나일과 청나일 2개의 강은 수단으로 들어가, 수단의 수도 카르툼Kharoum에서 합류한다. 나일강은 수단에서 한 줄기가 되어 이집트로 들어간다. 강의 길이는 백나일강이 길지만, 수량은 청나일강이다. 청나일강 발원지는 아비시니아고원이다. 계절풍의 영향으로 비가 많다. 나일강 수량의 85%가 청나일강에서 들어온다.

우리나라 TV에서도 여러 번 방영했다. 나일강의 물을 두고 에티오피아와 이집트 간에 갈등이 있다. 아비시니아고원 청나일강에 에티오피아는 거대한 댐을 축조하고 있다. 아프리카 최대 규모의 수력발전 댐이다.

그랜드 에티오피아 르네상스댐GERD, Grand Ethiopia Renaissance Dam이다. 에티오피아 GDP 7%에 해당하는 6조 원을 들였고, 발전량은 6.35GW, 대형 원자로 6기의 발전 용량이다. 740억 톤의 저수량, 소양강댐29억 톤의 25배나 되는 규모다. 2011년에 착공하여 2024년 10월에 준공했다. 가난한 에티오

나일강

피아는 만성적인 전기 부족을 해결하고, 용수를 확보하려 한다.

나일강 물에 전적으로 의지하고 사는 이집트에는 청나일강의 댐 건설은 심각한 문제다. 나일강 수량水量에 변화를 주어 이집트 경제에 심각한 위협이 되고 있다. 이집트는 GERD 건설을 반대했다. GERD는 이집트에서 수단을 건너 2,500km 상류 에티오피아에 있다. 현재 공정 80%를 넘긴 상태에서 물을 채우면서 발전할 것이라 했다. 이집트는 서서히 8~20년에 걸쳐 채우라고 요구하고 있다.

에티오피아의 인구는 1억 1천만 명 되는 큰 나라지만, 가난하다. 한편, 이집트는 나일강의 물이 2%만 감소해도 GDP가 10% 줄어든다고 한다. 이집트는 전쟁을 불사하겠다고까지 했다. 전쟁은 지정학적으로 가능하지도 않고, 명분도 없다. 세계 곳곳에 수원 분쟁은 있다. 유프라테스강 상류 아나톨리아고원에 튀르키예가 댐 건설을 한다 하여 이라크와 시리아가 반대하고, 메콩강 상류에 있는 윈난 고원에 중국이 댐을 건설하자 라오스와 베트남이 반대했다. 한 국가 내의 수자원 관리를 하듯 손해를 입는 지역에 보상하면 된다.

박정희가 존경한 나세르

후진국의 지도자로서 나세르 대통령만큼 전 세계적 명성을 얻어 본 대통령은 없었다. 제2차 세계대전이 끝나고 식민지로 있던 국가들은 민족주의를 외치며 독립 전쟁을 시작했다. 민족의 지도자는 영웅으로 등장했다. 이집트의 나세르, 튀르키예 아타튀르크, 필리핀 마르코스, 인도네시아 수카르노, 이란 팔레비, 이라크 후세인, 시리아 알아사드, 리비아 카다피는 민족의 영웅들이다. 지도자들은 식민지를 벗어나기 위하여 독립 전쟁을 했거나 쿠데타를 하여 봉건 왕정을 뒤엎고 정권을 잡았다.

그들은 하나 같이 반식민지 민족주의자였고, 조국의 근대화를 외치고 개혁을 단행하였다. 국민의 열광적인 지지를 받았다. 독재자가 되었다. 열광적인 지지를 받으면 독재자가 된다. 한국의 이승만과 박정희도 같은 맥락이다. 2005년 카이로 대학에 갔을 때, UNDP에서 근무했다는 핫심 교수 연구실 책상 위에 컬러판 '새마을운동' 홍보 책자가 놓여 있었다. 그는 이집트의 발전을 위하여 한국의 '새마을운동'을 배워야 한다고 했다. 한국인인 나를 존경하는 눈으로 보았다. 내 생각은 달랐다.

나세르는 1918년생박정희 1917이다. 그는 1952년 쿠데타를 하여 이집트 왕정을 뒤엎고 정권을 잡았으며, 반식민지와 근대화를 외치고 대대적인 개혁을 단행하였다. 이집트왕국, 영국과 불평등 조약을 파기하고, 영국과 대립각을 세우고 식민지에서 자주독립을 선언했다. 국민 염원이었던 농지개혁을 단행했고, 아스완에 댐을 건설하고, 헬완Helwan에 제철소를 건설하고 근대화를 추진했다.

영국의 지배 아래 있던 수에즈 운하의 국유화를 선언하자, 영국, 프랑스, 이스라엘은 이집트에 선전포고하고 군사작전을 개시하였다. 중과부적衆寡不敵, 상대도 되지 않는 전쟁을 시작했지만, 국제 정세를 잘 읽었던 나세르는 냉전 시대 소련과 미국을 끌어들였다. 미·소는 3차 세계대전을 염려하여 영국과 프랑스에 수에즈 운하에서 철군을 종용했다.

나세르가 승리했다. 국내는 물론 아랍 국가들의 영웅으로 추앙되었고, 민중의 인기가 치솟았다skyrocketed. 나세르를 롤모델로 한 민족주의를 내건 쿠데타가 곳곳에서 일어났다. 박정희도 나세르를 존경했다. 영국의 식민지가 된 것은 이집트가 산업화와 근대화가 되지 않았기 때문이라 생각했다. 맞는 말이다. 나세르의 정책을 사회주의 쪽에서는 자본주의, 자본주의 쪽에서는 사회주의, 이슬람에서는 세속주의라고 하지만, 그는 간단하게 민족주의자였고 근대화산업화주의자였다.

이집트는 역사와 인적·물적 자원에서 지금 세계에서 가장 잘사는 국가라고 해도 하나도 이상할 것이 없는 나라다. 5천 년 전부터 찬란한 문명을 이룩한 나라이고, 인구 1억 2천만, 피라미드를 비롯한 엄청난 관광자원, 도깨비방망이 같은 수에즈 운하, 아스완댐과 엄청난 규모의 충적평야 인프라가 있다. 그러나 2025년 현재 1인당 국민소득이 3,174달러IMF, 2025, 구매력 소득이 2만 1천 달러에 지나지 않고, 여행해 보면 곳곳에 후진국 냄새가 물씬

나는 나라다. 왜 그럴까?

한국의 이승만 대통령은 독립 운동가였고, 정권을 잡아 독재했다. 쿠데타로 정권을 잡은 박정희는 공산주의 이력이 있었지만, 반외세 민족주의자였고, 근대화 주의자였다. 후진국 지도자들과 마찬가지로, 산업화와 근대화에 성공했다. 하지만 차이가 있다.

한국은 분단국가임에도 불구하고 박정희의 산업화 기반 위에 21세기에 들어와 정치와 경제에서 선진국 대열에 들어섰다. 그러나 튀르키예, 파키스탄, 이집트, 이라크, 이란, 필리핀, 인도네시아 등 어느 나라도 후진국의 속성인 독재와 부정부패의 수렁에서 헤어나지 못하고 있다. 식민지에서 무장 투쟁을 하고 독립을 이룩한 국가 중에서 대한민국을 제외하고 선진국 대열에 들어간 나라는 없다. 왜 그럴까?

독재정치가 원인이다. 민족 영웅들은 민족의 독립을 성취하고 근대화를 이룩했지만, 독재자로 죽었다. 민주적 방법으로 정권 이양을 전수하지는 못했다. 영웅의 버릇처럼 군대의 힘으로 정권을 넘겨주었다. 군대를 통하면 국민의 지지는 없어도 정권을 이양하기도 쉽고, 지도자를 대물림하기도 쉽다.

한국은 달랐다. 군사 정권의 독재를 대물림할 수 없도록 저항했다. 평화적 정권 교체를 하도록 투쟁하고 민주주의를 위하여 처절하게 싸웠다. 4·19, 5·18, 6월항쟁 민주화운동이 있었다. 나의 생애에 일어난 일이다. 보았고 경험했다. 독재 정권에서 보면 민주주의는 참으로 비효율적인 정치체제인 것처럼 보인다. 그러나 처칠이 말했듯이 다른 정치적 대안은 없다. 민족 영웅의 독선은 독재를, 독재는 불공정 거래를 낳았다. 민주적 방법으로 정권을 이양할 수 없었다. 아무리 좋은 헌법이 있고 법률이 있어도 시민의 저항이 없으면 헌법과 민주주의는 지켜지지 않는다. 끊임없이 시민운동이 있어야 헌법이 지켜진다. 선진국에서 시위가 사라지지 않는 이유다.

         —— 아는 척하기 딱 좋은 **아프리카 지식 여행**

민주정치는 독재자의 선심으로 주어지는 제도가 아니다. 피를 흘리고 싸워서 얻어진다. 나세르도 박정희도 산업화에 성공한 대통령이었다. 그러나 민주정치를 만드는 데는 실패한 대통령이었다. 독재국가에서는 공정하게 경쟁하는 시장 기능이 작동하지 않는다. 경쟁을 통한 혁신이 일어날 수 없다. 경제 발전이 안 되는 이유이다. 핫심 교수의 책상 위에 '새마을운동'이 아니라, 한국의 민주주의 투쟁사를 올려 두어야 했다.

전쟁과 지리학

사하라사막은 무서운 땅이다. 바다와 같다. Sand Sea라고도 한다. 『잉글리시 페이션트The English Patient』1992는 사랑과 전쟁을 담은 사하라사막 소설이다. 마이클 온다치는 사하라사막을 바다에 비유했다. 누구도 소유할 수 없어도 인간을 겁박하고 회유하는 자연이라 했다. 오아시스는 바다의 섬이다. 바다에 사람이 사는 곳은 섬이듯, 사막에 사람이 사는 곳은 오아시스뿐이다. 사막은 바다보다 더 무섭다. 바다는 교통로이지만 사막은 장애다.

1930년대 말 사하라사막을 영국은 이집트, 이탈리아는 리비아, 프랑스는 튀니지를 차지하고 식민지를 넓혀 갔다. 수송로의 장악과 자원을 차지하기 위하여 강대국 간에 긴장이 높아갔다. 지리학은 전쟁의 필수과목이다. 현지를 답사하고 지도를 만들고 사람이 어디에 얼마만큼 살고, 어떻게 살고 있는지, 어디가 전략적으로 요충인 지형인지를 연구하는 학문이 지리학이다. 곧, 군사 기밀 정보이다. 북아프리카 사하라사막 지도가 필요했다.

영국왕립지리학회Royal Geographical Society는 1830년에 창립했다. 소설 속의 이야기가 아니다. 팩트이다. 지리정보가 필요해서 정부가 지원하여 만든 학회이다. 왕립지리학회 회원은 해외여행을 갈 때 어디를 가든 외교관 대우를 해 주었다. 영국 정부가 여비와 숙식을 제공했다. 대영제국은 어느 대륙에나 식민지가 있는 해가 지지 않는 대제국이었다.

영국왕립지리학회는 다윈, 리빙스턴, 스콧, 스탠리, 섀클턴, 힐러리를 비롯하여 세계를 누비는 탐험가들을 후원했다.

소설 속의 이야기다. 영화 〈잉글리시 페이션트〉(1996)는 배경이 사하라사막이고, 영화 속의 주역은 지리학자들이다. 영국왕립지리학회는 북아프리카 지도 제작 프로젝트를 수주 맡았다. 사하라사막에 지도 제작을 위한 원정대를 파견했다. 영화는 사하라사막 지도 제작과 지리학자들 간에 사랑과 전쟁에 관한 스토리다. 주인공 알마시는 지리학자이고, 지도 제작 전문가다. 사하라사막 지도 제작 원정대에 국가의 정보원과 지리학자들이 동행했다.

헤르도토스의 『역사Histories』는 BC 5세기경 지리책이다. 사하라사막에 대한 많은 정보를 담고 있다. 알마시가 갖고 다닌 소품이다. 원정대는 사하라사막에서 야영하고 답사했다. 동행한 미모의 지리학자 캐서린과 사랑에 빠졌다. 캐서린은 동료 지리학자인 제프리 크립톤의 부인이다.

1940년 6월 드디어 이탈리아가 북아프리카 사하라를 두고 영국에 선전포고했다. 사막전은 사막에서 싸우는 것이 아니라 오아시스가 전쟁터이다. 남태평양 전쟁이 과달카날 제도를 두고 하듯, 사막전도 오아시스를 누가 선점하느냐에 따라 전쟁의 승패가 결정된다. 해전에서 섬을 탈환하기 위한 상륙 작전과 같다. 사막전도 보급이 생명이다. 사막을 횡단하기는 바다를 건너기보다 더 힘들고 어렵다. 바다는 어디든 길이 되지만 사막은 어디에도 길은 없다. 길은 만들어야 한다. 전쟁을 위해서는 병사들이 먹어야 할 식량과 기름과 탄약을 비롯한 군수물자를 적기에 공급해야 한다. 이탈리아는 사하라와 거리는 가깝지만, 영국만큼 북아프리카 사하라사막에 대한 지리정 보를 갖고 있지 못했다.

영국군은 이집트에 많은 군대를 주둔하여 중동전에 대비하고 있었다. 전 장戰場, Theatre이 나일강 서쪽이다. 서부 사막전Western Desert Campaign이라 불 렸다. 전쟁은 해안 사막을 따라 분포하는 오아시스에서 일어났다. 북아프 리카 전쟁은 이탈리아와 독일 등 추축국과 영국, 미국, 프랑스 연합군과의 전쟁이었다. 전쟁의 초반은 추축국Axis이 우세했다. 장기전으로 접어들자 사막의 정보를 쥐고 있는 영국군에게 유리했다. 시디 바라니Sidi Barrani 전투 에서 지형지물을 잘 아는 영국군은 보급로를 차단하여 격렬한 전투를 하지 않고도 38,000명의 이탈리아 장병을 포로로 잡았다. 투브루크Tobruk 전투에 서도 패한 이탈리아군은 본토로 후퇴하고 말았다. 제2차 세계대전의 전환 점이 되었다.

전쟁과 불륜 속에 사랑은 뜨겁고 진하다. 알마시는 부상 당한 그녀를 동 굴 속에 남겨둔 채 자동차를 구하러 영국군 부대로 찾아갔다. 영국군은 알 마시를 독일 간첩으로 오인하고 수용소로 보낸다. 탈출하여 독일군 병영을 찾아간다. 독일군에게 사막에서 영국이 수년간 작업한 사막 지도를 줄 터이 니 경비행기 한 대를 달라고 제의했다. 독일군은 너무나 귀한 사막 지도를 얻고, 알마시에게 경비행기를 주었다. 연인을 위하여 1급 기밀인 지도를 적 국에 넘겨 조국을 배신했다. 당시 프로펠러 경비행기는 평지에는 어디든 착 륙을 할 수 있었다.

촛불이 꺼진 동굴 속에 캐서린은 싸늘한 시체로 변해 있었다. 동굴을 떠 난 지 두 달이나 지났다. 죽은 캐서린을 뒷자석에 태워 카이로로 날랐다. 비 행 중 영국군의 지상 포화를 맞아 추락했다. 베두인족 도움으로 살기는 했 으나 형체를 알아볼 수 없을 정도로 큰 화상을 입었다. 이탈리아 피렌체로 후송된다. 환자명은 '잉글리시 페이션트'다.

1만km를 단축한 운하

수에즈 운하 건설은 이집트의 근대사다. 이집트를 지배한 권력자들은 수에즈 지협을 뚫어 홍해와 지중해의 연결을 시도했다. 수에즈 운하를 꿈꾼 역대 이집트 파라오는 세누스레트 3세BC 1897, 람세스 2세BC 1279, 네코 2세BC 610이고, 침략자는 페르시아 다리우스 1세BC 522, 오스만제국 소콜루 1565, 프랑스 나폴레옹1798이었다. 과거나 지금이나 누가 보아도 수에즈 지협Suez Isthmus은 요충지choke point다. 수에즈 지협을 장악하면 아시아와 아프리카 유럽대륙의 목줄을 잡는 것과 같다. 인도와 베트남, 인도네시아 식민지 경략이 한창일 때, 프랑스 레셉스가 수에즈 운하 건설권을 얻었다. 1859년 시작하여 1869년에 완공했다. 운하 공사는 지중해와 홍해 간 수위 차이도 없고 지협 중간에 팀사Timsah 호수와 그레이트비터Greatbitter 호수를 연결했다. 파나마 운하 같은 난공사는 아니었다. 프랑스가 주도했고, 영국이 지배하다가 1956년부터 이집트가 국유화하여 이집트가 소유하고 있다.

2021년 3월 23일, 2만 TEU급1TEU는 컨테이너 1개 대형 컨테이너선이 수에즈 운하에 좌초되었다. 타이완 해운사 소속, 에버기븐호다. 2만TEU 대형 상선이다. 일주일만인 29일에 재개되었다. 시사점이 많다. 세계 물동량 12%를 차지하는 세계에서 가장 중요한 운하이다. 유럽에서 아시아로, 아시아에서 유럽으로 가는 모든 배는 수에즈 운하를 통과한다.

2023년은 26,400척이 통과했고, 매일 72척이다. 2024년은 예멘 반군의 테러로 1만 3천 척으로 줄어들었다. 2만TEU급 1척 통관료는 평균 10억 원이

 —— 아는 척하기 딱 좋은 **아프리카 지식 여행**

다. 1척이 통과하는 데 10시간이 소요된다. 수에즈 통관료는 대단히 비싸다. 수에즈 운하 항만청의 연간수익은 100억 달러 규모다. 이집트 1년 예산의 10%에 해당한다. 도깨비방망이다.

수에즈 운하 사고로 부산에서 남아공 케이프타운을 거쳐 유럽 항해를 결정했다. 아프리카 남단을 택하면 9,650km를 더 우회해야 하고, 10일이 더 소요된다. 수에즈 운하 통관료를 10억 원은 절약할 수 있지만, 10일 동안 기름 소비 250톤, 하루 2억 원이 필요하다. 아프리카 남단을 둘러가는데 10일 더 소요되므로 20억 원이 더 들어간다. 수에즈 운하를 통과하는 이유다. 아시아와 유럽 노선을 가진 선주는 선박 건조를 주문할 때부터 수에즈 운하 통과 조건Suezmax을 요구한다. 수에즈맥스수에즈 운하 통과 최대 크기 선박는 중량 16만 톤, 길이 400m, 폭 77.5m, 흘수 20.1m, 높이 68m다.

수에즈 운하는 더 큰 사고도 예상할 수 있고, 테러와 전쟁으로 폐쇄될 수도 있다. 선주들은 사고를 염두에 두고 수에즈맥스를 고려하지 않고 초대형 선박을 주문하기도 한다. 50만 톤급 초대형 유조선을 만들어 아예 케이프를 우회한다. 항해 시간은 늘어나지만, 안정성은 더 높아진다. 컨테이너선의 대형화가 하나의 대안이라면, 또 하나의 대안으로 북극항로North Sea Route가 떠오르고 있다.

기후 온난화로 북극해가 녹아, 쇄빙선 없이도 1년에 여름 6주에서 8주는 북극항로가 열린다. 유럽에서 동아시아로 항해하는 경우 수에즈보다 7천km를 단축할 수 있다. 독일 벨루가Beluga 선박회사 소속, 3척의 대형 선박이 북극해를 통과했다. 로테르담Rotterdam을 출발하여 쇄빙선의 도움 없이 한국 울산에 도착하는 데 성공했다2009.

한국 해운업의 간판인 한때 세계 3대 해운회사의 하나인 한진해운이 파산했다. 방만한 경영과 과당경쟁이 원인이었다. 당시 상하이운임지수SCFI

는 871달러였다. 해운사 손익분기점은 1000달러라고 한다. 2018년 정부는 한국 해운의 재건을 돕기 위하여 한국해운공사를 설립하고 5개년 계획을 추진했다. 2025년 SCFI는 1,500달러이다. 적자 경영을 하고 있던 현대상선 HMM은 2만 4천TEU급 선박을 발주하고 12척 모두 만선 출항했다. 흑자를 기록했다. 한국 해운업은 재기에 성공했다고 평가한다.

아스완댐

인간의 모든 문명은 하천과 관계가 있다. 이집트 근대화 과정에 두 개의 큰 토목 공사가 있었다. 수에즈 운하와 아스완댐이다. 두 개의 토목 공사는 이집트의 현대사이고, 세계 현대사이기도 하다. 두 사건을 통하여, 이집트 는 전통사회에서 현대 사회로 진입했다. 세계사는 제국주의 시대 식민지 주 역, 대영제국과 프랑스가 몰락하고, 미국과 소련을 중심으로 냉전 시대가 열렸다.

이집트는 발끝에서 머리끝까지 완전한 사막이다. 이집트에 내리는 비로 는 한 포기 작물도 재배할 수 없다. 나일강 물로 농사를 짓고, 생활용수와 산업용수로 쓰고 있다. 연례행사로 나일강은 범람한다. 나일강 홍수는 재 앙이라기보다 축복이다. 홍수 퇴적물로 농사를 짓는다. 중국 황허문명은 황허 홍수 때문이고, 나일강 문명은 나일강 범람 때문이다. 나일강의 홍수 는 이집트의 경제이고 문화다.

일본은 한반도에 쌀 증산을 위하여 저수지와 관개 수로를 정비했다. 영 국은 이집트에 면화 재배를 비롯한 농산물 증산을 위하여 초기 아스완댐을 건설했다1902. 충분하지 못했다. 이집트인의 숙원사업은 나일강 홍수 통제,

 —— 아는 척하기 딱 좋은 **아프리카 지식 여행**

사막에 관개하는 댐의 건설이고, 영국과 종속 관계의 단절이었다. 나세르는 쿠데타를 하여 왕정을 뒤엎고, 영국과 불평등 조약을 파기하고 아스완댐 건설을 추진했다.

이집트는 돈이 없다. 나세르는 미국에 무기 구매와 아스완댐 건설을 위한 차관을 요구했다. 아이젠하워는 이집트의 전략적 가치를 인정했지만, 한국전쟁 수렁에서 겨우 빠져나온 터라 나세르 제의에 적극적이지 못했다. 소련 흐루쇼프는 같은 제안을 선뜻 받아들였다. 수에즈 운하의 수입을 담보로 소련은 댐 건설 기술자와 11억 2천만 달러 차관을 제공했다 아스완하이댐 공사는 1960년에 시작하여 1970년에 완공했다. 당시 나세르는 이집트만이 아니라 아랍 국가들의 영웅으로 떠오르고 있을 때다. 아스완댐과 수에즈 운하 국유화는 별개가 아니라 같이 묶여 있다. 복잡한 국제관계가 있지만, 나세르의 수에즈 운하 국유화 선언은 아스완댐의 자금 조달 때문이었다.

아스완댐의 건설로 사막 가운데에 거대한 나세르 호수가 생겨났다. 댐의 높이는 111m, 길이 4,000m, 하단 폭 980m, 상단 40m의 거대한 댐을 구축했다. 저수량은 1,320억 톤소양호 29억 톤, 에티오피아 르네상스댐 750억 톤으로 저수량으로는 세계 3번째로 큰 호수에 해당하고, 호수 면적은 5,250km²제주도 1,847km², 발전설비는 2.1GW원자로 2기 용량이다.

우리나라 같은 완만한 노년기 지형에서 댐 건설은 침수 면적이 너무 넓어 B/C가 떨어진다. 아스완댐 건설로 제주도 3배 면적이 수몰되었다. 대부분이 사막이다. 할파Halfa Wadi와 누비아 오아시스 주민 10만 명이 이주하는 데 그쳤다. 중국 싼샤댐은 침수 면적이 1,084km²에 124만 명이 이주했다. 아스완댐의 가성비는 매우 높은 편이다.

아스완댐의 가장 큰 기능은 홍수 조절이다. 우기에 강물을 저장했다가 건기에 방류하여 홍수를 막고, 나일 유역과 나일 델타 33.6만km²한국 10만

km²에 관개를 한다. 관개는 모든 농작물이 연간 이모작이 가능하여, 농산물 생산량이 두 배로 증가했다. 1973년과 1987년 사이 동아프리카에서 엄청난 가뭄이 있었지만, 이집트는 가뭄 영향을 거의 받지 않았다. 발전시설도 2GW로서 원자로 2기 용량이다. 발전하여 남부 농촌 지역에 처음으로 풍부한 전력을 공급했다. 나일강이 일정 수위가 유지하면서 선박수송 능력이 향상되었고, 거대한 나세르호는 관광과 어업에 크게 이바지하고 있다.

환경문제가 없는 것은 아니다. 아직도 많은 문제가 제기되고 있다. 댐 건설로 농업은 안정되었으나, 홍수가 없어 토양 속에 염분의 농도가 높아져 가고 있다. 댐의 건설로 토양으로 유입될 퇴적물이 차단되어 화학 비료를 사용함으로써 토양이 척박해지고 있다. 나일강 하류의 점토silt가 감소하자 삼각주 해안선이 침식되어 사라지고 있고, 지중해 연안에서 많이 잡히는 정어리를 비롯한 어획량이 급감하였다. 풍토병인 주혈흡충Bilharzia 환자가 증가하고 있다는 보고가 있다. 그리고 세계적인 문화유산 누비아Nubia 유적 아부심벨Abu Simbel 사원과 필레 신전이 수몰되기 전 이전했다.

문화재와 생태계의 부정적 영향을 고려하더라도 아스완댐이 이집트 사회와 경제에 미친 영향은 대단히 크다. 나세르는 아스완댐이 완공되는 해 1970년에 죽었다. 나는 세계 어느 지역이든 댐 건설은 반대한다. 댐을 건설하면 수량과 수로가 변경된다. 상류와 하류 간에 물 때문에 분쟁이 일어난다. 환경문제를 일으킨다. 불가피하다. 나일강에는 르네상스댐, 아스완댐, 중국의 싼샤댐은 정부가 시행했으므로 장점만 부각한다. 단점을 나열하면 장점 못지않게 많다.

파로스 등대

 알렉산드리아는 세계에서 가장 오래된 도시이다. 기원전 2700년 전부터 현재 이르기까지 5천 년간 존속한 도시다. 세계사의 중심으로 사람이 가장 오랫동안 살아온 도시는 알렉산드리아밖에 없다. BC 331년 마케도니아 왕 알렉산더가 점령하고 알렉산드리아로 개명했다. 알렉산더 왕은 지금의 이집트, 이라크, 이란, 파키스탄, 아프가니스탄을 정복하고 인더스강까지 갔다가 회군하고 돌아왔다. 아프가니스탄 칸다하르도 옛날 이름은 알렉산드리아였다.

 침략자 알렉산더를 대왕The Great으로 세계사에서 격상한 것은, 당시 5,000km에 걸친 먼거리를 원정하고 정복한 왕이기도 하지만, 그는 정복자이면서 점령지에 그리스 문명을 고집하지 않고, 현지의 문화를 수용하는 세계화Hellenism를 지향한 업적 때문이다. 알렉산더가 알렉산드리아를 그리스 도시로 만들었지만, 도시 내에는 그리스인, 이집트인, 유대인 구역을 만들어 각각 자기의 신을 믿게 하고 공동체를 이루어 살게 했다. 알렉산더는 점령지 문화와 그리스 문화를 함께 허용했다. 동서양의 문화 융합은 지금도 지향하는 문화 교류이다.

 나일강 하구에 거대한 삼각주가 있다. 나일강 삼각주는 삼각주의 대명사다. 동서 240km, 남북 160km, 총면적 2만 2천km^2 한국의 1/4 크기다. 서쪽 끝에는 알렉산드리아가 있고, 동쪽 끝에는 포트사이드가 있다. 포트사이드는 수에즈 운하 지중해 쪽 입구이다. 삼각주는 하천이 바다를 만나면서 유속이 떨어져, 싣고 온 퇴적물을 내려놓아 만들어진 퇴적 지형이다. 고도가 낮은 평야이고 토양은 대단히 비옥하다.

 나일강 삼각주는 카이로에서 시작한다. 지금도 알렉산드리아는 이집트에서 3번째, 카이로1천만와 기자880만 다음으로 큰 도시520만이고, 지중해 연안에서 가장 큰 도시이다.

과거 영광에 비하면 지금은 초라하다. 고대 7대 불가사의 중의 하나인 알렉산드리아 도서관은 당시 세계 최대 도서관이었다. 5만 권의 파피루스 두루마리 책이 있었다. 종이가 나오기 전 중국은 대쪽과 비단에, 이집트는 파피루스와 양피지에 글을 썼다. 나일강 삼각주에는 파피루스Papyrus가 흐드러지게 자란다. 돗자리를 만드는 재료인 왕골이다. 파피루스를 눌러 말려서 문자를 기록했다. 도서관은 기원전 300년 전에 건립하여 국적을 가리지 않고 많은 학자를 초빙하고 지원했다. 지구의 둘레를 측정한 에라토스테네스도 알렉산드리아 도서관에서 공부했다. 300년간 계속되던 도서관은 기원전 31년 카이사르 침략으로 불타 버렸다.

세계 최초이자 최대의 도서관으로 고증되어, 이집트 정부는 2억 2천만 달러2,532억 원라는 거액을 들여 알렉산드리아 도서관Bibliotheca Alexandria을 현대식으로 재건했다. 바그다드에 있던 '지혜의 집'과 함께 그리스로 건너간 유럽 르네상스 문명의 산실이었다. 지금은 내용보다 건물과 관광용으로 더 알려져 있다.

파로스는 등대다. 알렉산드리아 앞에는 작은 섬 파로스Pharos가 있다. 파로스 섬 때문에 퇴적물이 많이 쌓여 알렉산드리아 지형을 만들었다. 기원전부터 큰 도시였다. 중세 7대 불가사의 건물 중 하나다. 알렉산드리아 등대라고도 한다. 파로스는 알렉산드리아에 있다. 벽돌로 쌓아 올린 등대가 110m가 넘었다. 지리학자 스트라보는 1세기경 '그의 책, 『지리학Geographica』에 등대 설계자가 그리스인 소스트라우스라고 기록했다. 여행가 바투타가 1326년에 갔을 때는 거대한 등대 일부가 지진으로 훼손된 채로 남아 있고, 출입은 가능했다. 13년 후 1349년에 방문했을 때는 지진으로 축대가 무너져 모두 바다 밑으로 수장되었다고 했다. 파로스 하면, 등대를 연상하는 등대의 아이콘이었다. 그 자리에 성채를 건축하여 흔적만 남아 있다.

관광 가이드가 빠짐없이 하는 이야기가 클레오파트라이다. 클레오파트라는 세계적인 미인으로 이름이 높다. 클레오파트라의 코가 조금만 낮았다면 세계사는 달라졌을 것이라는 속설도 있다.

클레오파트라는 약소국 왕으로 살아남으려고, 미인계를 썼다. 로마 황제 카이사르의 여인이 되어 이집트의 내란을 평정하고 파라오가 되었다. 그리고 안토니우스의 애인이 되었다. 로마 내전, 악티움 해전에 패하여 알렉산드리아로 돌아와 독사에 가슴을 물려 자살했다. 알렉산드리아 도서관은 도서관의 대명사, 파로스 등대는 등대의 대명사, 클레오파트라는 미인의 대명사로 세계사는 기록하고 있다. 세계사가 지중해를 중심으로 돌아가던 시절이다.

카이로의 인상

아프리카 대륙에는 거대도시 2개가 있다. 이집트 카이로와 나이지리아 라고스다. 도시 인구는 각각 2천만 명이 넘는다. 큰 도시가 되려면 조건이 있다. 큰 나무가 자라는 조건과 비슷하다. 옛날에는 대도시 인구를 부양할 식량 생산이 필요했다. 식량 생산을 가능케 하는 넓은 평야가 필수적이다. 산업혁명 후 도시 사정은 달라졌다. 식량을 해외로부터 수입하므로 농업생산 없이도 대도시가 발달하고 있다. 하지만 산업혁명 전에는 불가능했다.

카이로는 '정복자' 또는 '태양신'이라는 별명이 있다. 나일강 삼각주 시작 지점에 있다. 카이로에서부터 나일강은 바다와 만나면서 유속이 급감하고,

신고 온 퇴적물을 내려놓아 넓은 삼각주를 만들었다. 지중해 연안으로부터 165km 상류에서 시작한다. 삼각주 꼭짓점에 카이로가 놓여 있다.

카이로의 북쪽에는 낮은 언덕이 있고, 언덕은 로마가 점령하면서 성채를 쌓았다. 성채를 중심으로 고대의 문화유산이 많은, 카이로 올드 타운이다. 남쪽에는 신시가지가 형성되어 있다. 한국인 주택의 방향 감각에 남북 향이 강하다. 집은 남향 문을 선호한다. 북향으로 대문을 내지 않았다.

나일강은 남북으로 흐르는 강이다. 이집트인은 남북보다는 동서 방향에 민감하다. 나일강 동쪽은 해가 뜨고 서쪽은 해가 진다. 동쪽에 살다가 죽으면 서쪽으로 간다. 무덤은 서쪽이다. 고대부터 그랬다. 피라미드와 스핑크스가 있는 기자Giza 네크로폴리스Necropolis, 왕 무덤 계곡King's Valley 모두 강 서쪽에 있다.

서울의 중심 시가지는 강남으로 옮겨갔다. 우리나라 풍수 책은 조선 말기에 가장 많이 읽힌 책으로 알려져 있다. 풍수를 전공했던 서울대 최창조 교수와 경북대 이몽일 박사에 따르면 풍수와 기복신앙은 근거가 없다고 주장한다. 카이로에도 풍수가 있다. 카이로는 나일강 양안에 걸쳐 있다. 카이로 인구의 90%가 나일강 동안에 있다. 서안에는 주택은 적고 공업단지가 분포한다. 이집트 사람들은 전통적으로 나일강 동쪽을 선호한다. 동안은 해가 뜨는 곳이고, 서안은 해가 지는 곳, 즉 죽음의 곳이다.

카이로 다음 도시가 기자이고 그다음이 알렉산드리아다. 후진국의 도시가 다 그렇듯이 권력이 있는 곳에 살기 위하여 사람들이 모인다. 사람이 있는 곳에 정치, 경제, 문화가 있다. 카이로는 자유도시다. 종교의 자유도 허용되고, 살기 위하여 농촌에서 카이로로, 인접 국가의 피난민도, 이주민이나 범죄인도 모두 카이로에 들어간다. 숨어 살기 편하다. 도심은 인프라가 구축되어 있지만, 주변은 엉망이다. 수도는 그 나라의 얼굴이다. 숨길 수가

　　　　　——— 아는 척하기 딱 좋은 **아프리카 지식 여행**

없다. 북한 평양과 투르크메니스탄의 아시가바트Asigabat는 깨끗하게 정비되어 있다. 그러나 현대 도시 자유의 생명력은 없다. 화석 같은 도시다. 자유는 눈에 보이지 않지만, 자유가 없는 건 눈에 보인다. 모든 게 통제되어 있다.

신시가지 중앙에는 타흐리르 광장Tahir Square이 있다. 현대 도시의 광장은 데모하는 곳이다. 시위는 권력자에게 저항하는 행위다. 타흐리르 광장이 세계적으로 유명한 것은 2011년 카이로 시민 200만 명이 모여서 연일 민주주의를 주장해서다. 30년간 통치하던 무바라크 대통령을 끌어 내렸던 민주 광장이다.

대규모로 데모하는 날, 나는 카이로에 있었다. 가이드는 호텔 밖으로 나오지 못하게 했다. 안전을 보장하지 못한다 했다. 그날의 시위로 30년간의 독재자 무바라크 대통령은 하야했다. 베이징의 톈안먼 광장은 마오쩌둥이 중국 인민공화국 건국을 선언한 장소다. 세계인은 민주주의를 외치다 300명이 희생된 민주화 운동 광장으로 기억한다. 한국의 민주주의 항쟁은 광화문 대로에서 일어났다.

2011년 혁명이 일어나기 전에도 방문한 일이 있다. 나의 인상은 도시 전체가 가난이 묻어난다는 점이었다. 우선 피라미드 관광은 질서가 없다. 관광객을 미끼로 생각하는 것 같았다. 4차선 도시 대로이지만 신호등이 없고, 건널목도 없다. 자동차 행렬 속으로 들어가야 한다. 이집트 사람들이 걷는 대로 따라 걸어가면 위험하지만 건널 수가 있다. 거리는 먼지투성이고 지저분하다. 청소부는 없고 청소는 바람이 한다. 사막이므로 사막 먼지가 나는 건 어쩔 수 없다 하더라도 페트병, 비닐, 종이가 날아 바람이 없는 후미진 곳에 쌓여 있다. 우리도 소득이 낮고 가난할 때는 그랬다. 그리고 화장실이 문제다. 한국 공중화장실처럼 깨끗한 곳은 세계 어느 선진국에서도 보지 못했다. 한국 정도는 아니더라도 너무 형편이 없다.

세계적인 문화유산인 피라미드의 관리 상태도 엉망이다. 피라미드 축대에 낙서를 해두는가 하면, 여행객이 방문 날짜와 이름까지 새기도록 내버려 두고 있다. 관광객을 호객하는 가이드는 왜 그렇게 많은지, 여러 명이 따라다니는 꼴이 협박 수준이다. 가는 길을 가로막고 흥정을 하려 든다. 말을 걸기가 무섭게 끈질기게 괴롭힌다. 서비스하는 것이 아니라 괴롭힌다. 할 수 없이 가이드를 고용해야 하지만, 기분이 매우 좋지 않다. 참으로 한심하다. 가방을 탈취하는 데도 곁에 있는 경찰은 보고도 방치하고 있다. 좀도둑은 누구나 다 하는 것 같다. 우리도 그럴 때가 있었다. 1950년대, 1960년대는 그랬다. 학교는 12학년까지 무상교육이라 하지만 자퇴율이 50%를 넘는다. 아이들이 일하러 나온다. 상점에서 심부름도 하고 좀도둑질을 한다. 택시를 타면 요금을 지키는 기사는 없는 듯하다. 모두가 바가지다.

카이로 회담

제2차 세계대전은 아직도 그 후유증이 세계 곳곳에 남아 있다. 카이로 회담은 전후 한반도 독립을 최초로 언급했다. 1943년 11월 27일 카이로에 있는 미국 대사관에서 열렸다. 전세가 연합국 쪽으로 기울어지고 있을 때다. 미국 대통령 루스벨트, 영국 처칠 수상, 중국 장제스 총통이 참석했다. 태평양 전쟁의 작전계획과 전후 영토 처리 문제를 논의하고 성명을 발표했다. 카이로선언이다. 태평양 전쟁의 논의를 왜 카이로에서? 왜 1943년에? 왜 한반도 독립을? 왜 소련 스탈린은 제외되었을까?

태평양 전쟁 논의를 태평양과는 아득히 먼 카이로에서 개최한 이유

———— 아는 척하기 딱 좋은 **아프리카 지식 여행**

는, 아시아 대도시는 전쟁 중이거나 일본의 영향 아래 있었으므로 정상들이 안전하게 모일 장소가 없었다. 바다와 육지에서 치열하게 전쟁을 할 때다. 유일하게 안전한 곳이 미국 본토이지만, 중국 충칭과 워싱턴은 너무 멀고 가는 길도 안전하지 않았다. 카이로가 선택된 이유이다. 카이로 - 런던 3,436km, 카이로 - 워싱턴 9,700km, 카이로 - 충칭 7,705km, 카이로를 가는 안전한 항공 루트가 있었다. 또 하나의 이유는 미국 루스벨트와 처칠은 카이로 회담 다음 날 28일에 '테헤란 회담Teheran Conference'이 잡혀 있었다. 스탈린이 주재하고 이란 수도인 테헤란의 소련 대사관에서 개최되었다. 회담은 장소를 제공하고 회담을 주관하는 국가의 영향력이 커진다.

서부 유럽 전역이 추축국의 손에 있었으므로 연합군이 유럽 대륙에 진출하기 위해서는 북아프리카에 교두보를 확보해야 했다. 북아프리카 전쟁North Africa War이다. 미국의 유럽 전쟁 참전은 북아프리카에서 시작했다. 1942년 8월 16일 미·영 연합군은 북아프리카 3개 도시, 모로코의 카사블랑카Casablanca, 알제리의 오랑Oran, 튀니지의 튀니스Tunis에 상륙 작전을 했다. 작전명 횃불 작전Operation Torch은 성공했다. 그리고 이집트 서쪽 지중해 연안 알 알라메인Alamayn, 인구 7만 전투는 결정판이다. 영국군 몽고메리 장군과 독일군 롬멜 장군 간의 사막전이었다. 독일의 공격을 물리치고 영국군이 승기를 잡았다.

제2차 세계대전은 유럽에서는 1939년 독일의 폴란드 침공으로 시작되었고, 중일전쟁은 1937년 일본의 베이징 공격으로, 태평양전쟁은 1941년 일본의 진주만 폭격으로 시작되었다. 제2차 세계대전의 전장theatre은 미국과 일본의 남태평양, 중국과 일본 간의 중국 남동부, 연합군Allies, 미국과 영국과 추축국Axis, 이탈리아와 독일은 북아프리카, 소련과 독일 간의 유럽 동부 볼가강 유역, 영국과 독일 도버해협이었다. 1942년까지는 모든 전선에서 선제공격을 감행한 추축국Axis, 독일, 이탈리아, 일본이 우세했다. 그러나 전선이 확대되고 지구전으로 접어들자, 인적·물적 자원이 넉넉한 연합군 측에 유리해졌다. 1943년부터 연합군Allies 측이 공세로 들어갔다.

일본군 수뇌부는 중국 전역을 3개월이면 점령할 것이라 호언장담했다. 하지만 1937년에 전쟁을 시작하여 1943년까지 해안 도시를 점령하는 데 그쳤다. 중국 내륙은 저항으로 지구전 양상을 띠게 되었다. 태평양 전쟁에서 일본에 밀리고 있던 미국이 역전의 계기를 마련한 전쟁이 과달카날Guadalcanal, 솔로몬 제도 전쟁이다. 미국과 일본은 자원 전쟁이었고, 자원이 많은 미국이 유리해졌다. 과달카날 전투를 계기로 미국은 공세로 일본은 수세로 돌아섰다.

카이로 회담에서 약소국 한반도의 독립이 제기된 것은 의외다. 배경이 있다. 일본의 중국 침략이 노골화되던 1932년 윤봉길 의사가 홍구 공원 폭탄 투척으로 일본군 육군 대장 시라가와를 비롯하여 상하이 거류민 단장을 폭사시키고, 다수에게 중상을 입혔다. '중국군 100만 명이 못다 한 일을 조선 청년 1명이 해냈다.' 장제스는 감명을 받았다. 그 후로 장제스는 임시정부를 물심양면으로 지원했다. 청일전쟁과 러일전쟁 때 일본의 명분은 '조선의 독립 보장'이다. 마치 조선 독립을 위한 전쟁처럼 보인다. 제2차 대전 후 일본이 항복하고, 조선이 독립하면 조선은 자연스럽게 중국의 영향 아래 들어온다고 판단했다. 장제스가 전후 조선 독립을 제기한 배경이다.

카이로 회담에 스탈린은 참석하지 않았다. 소련과 일본은 불가침조약을 맺고 있었다. 소련은 종전이 가까워서야 참전했다. 장제스는 소련의 방관에 대하여 불만이 컸다. 장제스가 가는 곳에는 스탈린이 없고, 스탈린이 주최하는 자리에 장제스는 참석하지 않았다. 테헤란 회담에 장제스를 초청하지 않았다. 소련이 독일과 스탈린그라드 전투1943에서 많은 희생을 냈지만,

결국 승리했다. 이란의 수토 테헤란에서 루스벨트, 처칠, 스탈린이 유럽 전쟁을 두고 논의했다. 1943년 11월은 전세가 연합군 쪽으로 기울어졌을 때다. 테헤란 회담 다음으로 얄타 회담Yalta, 1945. 2에서 한반도를 38선으로 나누고, 포츠담 회담1945. 7은 미국 트루먼, 영국 애틀리 수상, 소련 스탈린이었고, 중국 장제스는 참석 못하고 전문으로 추인했다. 카이로 회담과 한반도의 운명은 그렇게 결정되었다.

시와 오아시스

이집트에는 수십 개의 작은 오아시스가 있다. 오아시스는 바다의 섬과 같다. 중국 둔황의 월아천月牙泉 같은 작은 오아시스도 있지만, 큰 오아시스도 있다. 넓은 의미로는 나일강도 사막을 흐르는 강이므로 오아시스다. 좁은 의미의 오아시스는 사막에 물이 있고 생물이 사는 사막의 섬이다. 바다에 무인도가 있듯이 사막에도 너무 작아 사람이 살 수 없는 무인 오아시스도 있다.

시와 오아시스는 리비아 국경에서 50km, 카이로 서쪽 450km, 해안에서 250km 내륙에 있다. 11월에서 3월까지 우기이지만 비는 아주 적고, 여름에는 전혀 없는 전형적인 사막기후이다. 바다보다 19m나 낮은 저지depression다. 낮은 땅에서 샘이 솟아 오아시스가 되었다. 시와Siwa는 완전히 고립된 오아시스다. 북아프리카 동쪽에 사는 베두인족유목민과 약간의 교역이 있을 뿐, 완전히 자급자족하는 인구 3만 6천 명의 공동체였다. 1980년대에 들어서야 지중해 연안으로 나가는 포장도로가 건설되었다. 옛날에는 육로로 마그레브에서 카이로에 들어가거나 메카 순례자들이 거쳐 가는 쉼터였다.

지금은 관광지다. 베르베르Berber족이 살고 있다. 시와에 사는 베르베르 족은 이슬람을 믿지만, 아랍인이 아니고 마그레브 지방북아프리카 서쪽 지방에 사는 무어Moor인이다. 알렉산더가 정복했고, 그 후 줄곧 이집트 왕국의 일 부였다. 1차, 2차 세계대전 동안에 이탈리아와 독일에 침략당했다. 지금 시 와는 남부 유럽에 가깝고, 치안이 양호하고, 물가가 싸다. 호텔 값이 2021년 현재 50달러 내외다. 유럽인이 많이 찾는 관광지다. 인구는 3만 3천 명 정도 다. 약간의 문화유적이 있다. 그보다도 유럽인들은 사막에서 일광욕과 게 이 문화를 보기 위하여 즐겨 찾는다.

인류학자와 사회학자들이 시와 오아시스를 찾는다. 동성연애 문화를 연 구하기 위해서이다. 고립되어 있어 전부가 베르베르족 간 족내혼endogamy 이 행해졌다. 타 지역과 비교하여 특별히 게이남자 동성연애자가 많다. 이슬람 사회는 동성연애자를 죽이거나 엄하게 다스린다. 그런데도 시와는 이성 간 결혼도 하지만, 게이 문화의 전통이 있다. 동성연애는 기피가 아니라 일상 화되어 있고, 자랑하기도 한다. 소년 12살에서 18살까지가 대상이다.

학자들은 게이 실상을 다음과 같이 보고했다. 이집트학을 연구한 슈타 인도르프G. Steindorff, 1904에 따르면 동성연애는 결혼 형태로 존재한다. 소년 과 결혼은 큰 잔치이고, 여성 몸값에 비교해 소년은 10배가 넘는다. 인류학 자 워터 클라인W. Cline, 1936에 따르면 시와의 정상적인 남자는 소년과 동성 연애를 하는 관습이 있다. 부족장들은 동성연애를 위해 아들을 서로 교환한 다. 소년 하렘Harem을 두고 있다. 이집트 고고학자 암드 파크리A. Fakhry, 1973 30년간 시와를 연구했다. 독신 남자는 성 내에서 잠자는 것을 허용하지 않 고 성 밖으로 내보낸다. 두 남성 간에 문서로 된 결혼 계약서가 있고 의무 규정도 있다. 이집트 왕명으로 1928년 동성연애를 금지했지만, 비밀리 행해 지고 있었고, 제2차 세계대전 중 이탈리아 군인들도 증언했다. 이집트 정부

 ──── 아는 척하기 딱 좋은 **아프리카 지식 여행**

의 계속되는 탄압으로 지금은 많이 줄었다.

왜, 시와 오아시스에 동성연애자가 특별히 많은 것일까? 같은 베르베르인이고, 같은 이슬람교도이고, 기원전부터 사람이 살았고, 대추야자와 올리브를 주식으로 했다. 차이가 있다면 고립된 오아시스란 이유밖에 없다. 오랜 세월 자연과 접촉하여 고립되어 살아온 마을에는 고유한 문화가 존재한다. 문화는 인간이 만들지만, 문화는 인간을 길들인다. 이집트이지만 이집트어보다 지방 언어, 시위Siwi어를 사용한다. 이슬람을 믿지만, 이집트 이슬람과 양식이 좀 다르다.

동성연애는 유전인지, 아니면 습득한 문화인지에 대하여 논란이 많았다. 최근 발표된 논문에 의하면 DNA 속에 동성연애 유전자는 없다는 것이 정설이다. 그러면 동성연애는 후천적인 것이고, 후천적 문화 행위이다. 문명 사회에는 장애인을 차별해서는 안 되듯 동성연애자를 차별해서는 안 된다. 그러나 장애인은 차별해서는 안 되지만, 장애인이 발생하지 않도록 안전장치를 마련해 두고 있다. 동성연애를 차별해서는 안 되지만, 동성연애자가 발생하지 않도록 예방하는 것이 공동체의 도리가 아닐까 한다. 시와 오아시스에 특별히 동성연애자가 많은 것은 고립된 사회와 문화 때문이지, 유전자 때문은 아니었다.

타흐리르 광장

호텔은 타흐리르 광장Tahrir Square이 내려다보이는 곳에 있었다. 타흐리르 광장에서 과격한 시위를 하고 있었다. 수많은 시위자가 모여들었다. 가이드는 위험하니 외출하지 말라고 했다. 나는 궁금해서 참을 수 없었다. 몰래 내려가 보았다. 모두 BBC 방송을 듣고 있었다. 이집트 언론은 믿지 않았다. 우리의 관광 일정, 피라미드, 나일강 크루즈, 룩소르, 아스완댐 관광이 모두 취소되었다. 카이로 대학 지리학 교수를 호텔 로비에서 만났다. 치안을 걱정했다. 모슬렘 형제단이 주도하는 시위에 철없는 대학생이 거들고 있다고 시위대를 비난했다. 어용학자였던 모양이다. 곧 진압될 것이라 했다.

나는 다음날 서울행 비행기를 타고 귀국해야만 했다. 시위 현장만 잠깐 본 것뿐이다. 이집트는 인적·물적 자원이 풍부한 나라이다. 수에즈 운하, 아스완댐의 관개와 발전, 룩소르에서 카이로까지 유람선, 엄청난 문화유적, 인구 1억 인구, 지중해와 홍해를 면한, 아프리카와 아시아를 연결하는 지정학적 위치 등이다. 가난하려 해도 가난할 수 없는 나라다. 그러나 1인당 GDP가 2025년 3,174달러ppp 21,668달러인 후진국 수준이다. 한국은 1인당 GDP 2025년 추정 34,642달러ppp 65,112달러이다. 1960년 1인당 GDP는 한국 85달러, 이집트 160달러였다. 무엇이 이렇게 차이를 만든 것일까? 박정희가 가장 존경한 후진국 대통령은 이집트 영웅 나세르였다.

철권통치를 하던 무바라크 대통령은 시민혁명으로 쫓겨나고, 민간인 교수 출신 모르시Morsi가 2012년 대통령으로 선출됐다. 민주주의가 오는 듯했다. 군부가 또 간여했다. 이집트는 1973년 이스라엘 전쟁 이후 계속해서 계엄령 아래 있었다. 모르시는 계엄령을 해제했다. 모처럼 언론의 자유를 맞은 이집트 사회는 각종 요구가 분출했다. 사회는 혼란스러웠다. 이집트 군대는 특별하다. 정치가 군대의 눈치를 봐야 한다. 군대는 이스라엘과의 전쟁 준비로 비대해졌고, 군부가 정치에 깊숙이 간여하고 있다. 민선 대통령 모르시Mohamad Morsi는 2012년 6월 대통령으로 당선됐다. 혼란한 사회의 치안을 모두 군부에 맡기고 있었다. 모르시 대통령은 과단성 있게 군 개혁을 못 했다. 민주주의는 정돈되기 전까지는 혼란스럽다. 군은 혼란을 참지 못

 ──── 아는 척하기 딱 좋은 **아프리카 지식 여행**

한다. 정치와 군은 다르다.

결국, 모르시 대통령 자신이 쿠데타로 실권하고 말았다. 이집트가 선진국으로 가지 못한 이유는 국부의 정치 관여에 있다. 지금 전직 참모총장이 정권을 잡은 지 13년이 넘었다. 영구 집권을 획책하고 있다. 얼마 갈지 모른다. 모르시 대통령을 축출하고 당시 참모총장이던 엘 시시Sisi 장군이 단독 출마하여 대통령에 당선되어2014 지금2025에 이르고 있다. 군 출신이 정부 요직을 차지하고 있을 뿐만 아니라, 국영기업과 군수산업을 군인이 직접 경영하고 있다. 경쟁하는 시장경제가 통하지 않는다. 공개되지 않는 곳에서 권력자의 명령과 뒷거래가 시장 기능을 대신하고, 부패가 만연하다.

김영삼은 군정 31년 만에 대통령에 당선되었다. 취임한 지 11일째 되던 1993년 3월 8일. 김영삼 대통령과 권영해 국방부 장관과 조찬회를 했다. 김영삼 대통령 "장관, 군인들 인사는 우예 합니꺼?" 권영해 장관, "사표는 따로 없지만, 통수권자의 인사 명령엔 복종합니다." 김영삼, "아 그래요? 그라모 됐고마는, 육군 참모총장과 기무사령관을 오늘 바꿀라 캅니다." 권영해 장관을 불러 아침을 같이 한 후 집무실로 갔다김영삼 대통령 회고록. 3시간 뒤 김영삼은 김진영 육군 참모총장과 서완수 기무사령관을 전격 해임했다. 느닷없는 해임 통보에 두 사람은 공식 일정을 수행하다가 갑자기 옷을 벗었다.

하나회가 아닌 김동진 연합사 부사령관이 육군 참모총장으로, 김도윤 기무사 참모장이 기무사령관으로 발령했다. 4개월 동안 장성 50명, 장교 1000여 명이 옷을 벗었다. 군 개혁을 단행했다. 그때 미국 CIA도 김영삼 정부는 안정을 위해 군부와 손잡고 가야 한다고 조언했다. YS는 위험을 무릅쓰고 군의 정치 간여를 차단했다. 한국이 민주주의로 가는 큰길을 닦았다. 가장 큰 업적이다.

한국군도 6·25 전쟁을 거치면서 군은 비대해졌다. 군은 1961년 쿠데타로부터 1992년 말까지 31년 동안 한국 정치에 깊이 간여해 왔다. 영구적으로 정치에 관여하기 위해 하나회를 결성했다. 전두환, 노태우 대통령을 중심으로 하는 군의 사조직이었다. 육군의 엘리트 장교를 회원으로 가입하여 군의 주요 보직과 승진을 독식했다. 김영삼 대통령은 주변의 만류에도 불구하고 숙군 작업을 단행했다. 쿠데타설이 돌았다. 그러나 김영삼 대통령은 개의치 않았다. 나는 사석에서 권영해 안기부장한테 들었다. 김대중 대통령은 김영삼은 대단한 사람이다라고 실토했다. 미국 CIA도 김영삼 대통령에게 군부 개혁은 천천히 신중하게 하는 게 좋다고 권고했다 한다. 그러나 김영삼 대통령은 "나는 그렇게 더럽게는 정치 못한다" 하고, 과감하게 하나회를 척결했다.

이집트 정부는 군부를 개혁하여 정치에 관여를 못 하도록 해야 했다.

백신과 민주주의

이집트는 가난한 나라이고 독재하는 국가다. 코로나 백신 접종은 군인과 고위직 엘리트 공무원만 받는다. 농촌의 농민, 도시 빈민, 재소자, 이민자, 피난민들은 열외다. 정부는 감염자 통계를 발표하지만, 통계를 믿는 사람은 없다. 영국의 《가디언》과 미국의 《뉴욕 타임스》는 이집트 정부가 발표하는 통계에 7을 곱해야 실질 감염자 숫자라고 했다. 이집트 국민은 정부 발표 통계를 보지 않고 외신을 믿는다. 이집트 언론은 군부의 감시를 받는다. 영국의 《가디언》은 허위 보도를 했다 하여 이집트 정부는 카이로 지국을 폐쇄했다.

 ——— 아는 척하기 딱 좋은 **아프리카 지식 여행**

코로나바이러스는 지구촌을 공격하여 초토화했다. 2021년 8월 6일 현재, 코로나바이러스로 2억 100만 명이 감염되고, 420만 명이 사망했다. 코로나 인명 피해는 히로시마 원자탄이 한꺼번에 50개 터진 충격이다. 감염을 막기 위하여서 국경을 폐쇄하고 사람 왕래를 못 하게 했다. 21세기 세계질서인 자유주의와 세계화에 타격을 주었다. 같은 코로나19 공격을 받았지만, 국가마다 대응 방식과 피해 규모는 달랐다. 이번 코로나 팬데믹에 가장 피해가 컸던 곳은 의료시설이 가장 잘되어 있다는 미국을 비롯한 서방 자유주의 선진국이었다.

반면, 한 수 뒤 떨어진 나라로 여기던 아시아 국가들, 중국, 한국, 일본, 타이완, 싱가포르가 코로나 공격을 선방했다. 왜 그럴까? 자유주의와 개인주의를 기초로 한 서양 국가와 공동체를 우선시하는 동양 사회와 차이 때문이다. 동양은 나보다 우리라는 개념이 강하다. 내 집이 아니고, 우리 집, 우리 땅, 우리 학교, 심지어는 우리 마누라다. 정의란 공동체 안에 있는 개념이다. 공동체의 이익을 위하여 개인의 자유를 제한해도 된다는 것이 마이클 샌델의 정의 개념이다. 다시 공동체를 돌아보게 한다.

코로나로 모든 국가는 국가 간 여행을 제한했다. 이집트는 직격탄을 맞았다. 이집트는 관광 수입이 GDP의 11%를 차지하는 국가다. 아스완과 룩소르를 왕래하던 나일강 크루즈가 한 척도 다니지 못했다. 이집트는 지금도 군부軍府의 입김이 센 나라다. 군인이 모든 걸 장악하고 있다. 군의 입김이 강한 것은 군대가 비대해지고, 군대를 통제할 민주 정부가 없기 때문이다. 사냥개가 주인을 무는 꼴이다.

이집트가 코로나 팬데믹을 대처하는 방법은 주민에게는 자유 활동을 제한하고 유언비어와 가짜뉴스를 퍼뜨린다는 이유로 언론을 탄압했다. 독재수단 중에 가장 좋은 수단이 통행 제한과 언론 감시다. 코로나 팬데믹 이후 후진국에서는 민주주의가 퇴행하고 독재가 강화되고 있다. 이집트만이 아니다. 필리핀의 두테르테가 그랬고, 중국 시진핑도, 타이 찬오차도 그랬다. 독재자들은 자연 재앙이 일어나면 호재를 만난 듯, 주민을 통제하고 자유를 제한한다. 국민의 생명을 지키려는 조치라고 한다.

K-방역에 대해서도 프랑스 프라델Pradel 변호사는 한국에서는 감염자를 주민등록번호와 전화번호를 이용, 추적하여 인권을 침해하고 있다고 주장했다. 나는 그렇게 느끼지는 못한다. 문재인 대통령이 임기 말인데도 높은 인기를 유지하고 있는 것은 코로나 방역 때문이라는 주장도 있다. 근거 없는 이야기가 아니다.

역사적으로 언제나 큰 재해 뒤에는 독재가 따른다. 이집트 엘 시시 대통령은 호재를 만났다. 아들 마흐무드는 정보부장이다. 코로나 방역으로 주민과 언론 통제가 강화되었다. 민주화는 멀어지고 있다. 1929년 경제공황으로 히틀러 나치가 등장하였고, 제2차 세계대전 중에 미국 루스벨트 대통령은 재선 대통령제를 어기고 4선 대통령이 되었다. 코로나 역병은 독재의 빌미가 되고 있다. 이집트 민주화의 봄은 미완의 혁명으로 마쳤다. 철권 통치를 하던 무바라크를 끌어 내리고, 민선 대통령을 선출까지였다. 호시탐탐 정권을 노리는 군부를 정리하지는 못했다. 군부가 정치에 관여하면 후진국 형태를 면치 못한다. 후진국이라야 군인이 정치를 간섭한다. 민주주의 선거로 당선된 대통령은 군부의 정치 개입을 차단해야 했다. 사회가 혼란하다는 이유로 또 군부가 나섰다. 민주주의는 혼란 속에 질서를 찾는 정치다. 군대 질서와 민주정치는 양립할 수 없다.

　　　―――― 아는 척하기 딱 좋은 **아프리카 지식 여행**

홍해

이집트는 참으로 관광자원이 많다. 문화유적과 자연이다. 홍해는 아프리카 대륙과 아시아 사이에 있는 바다다. 시나이반도는 기독교 성경 구약 이야기를 전부 차지하고 있는 배경이다. 관광산업은 GDP의 주요 부분을 차지한다. 민주화를 원하던 이슬람 형제단을 비롯한 민주화를 주장하는 단체는 테러로 대항하고 있다. 테러 단체도 국가의 주요 수입인 관광객에게는 해를 끼치지는 않았다. 이집트에서 한국 관광객을 테러했다. 2014년 이집트를 관광하고 이스라엘로 들어가려던 한국인 관광객 버스에 폭탄을 터트렸다. 아카바만에서 일어났다. 아름다운 자연과 역사적 문화유산도 중요하다. 제일 중요한 것은 치안이다. 가장 큰 변수다. 돈을 버는 일에는 생명의 위험도 감수한다. 돈 쓰는 관광은 위험하면 포기한다.

홍해는 수에즈만에서 밥 알 만다브Bab al Mandab 해협까지다. 묘하게 생긴 지형이다. 대륙의 한가운데를 갈라놓은 형국이다. 사실 그렇다. 지구 자체의 힘으로 갈라놓은 지구대Great Rift다. 홍해가 시나이반도를 만들고 있다. 언뜻 보아도 홍해는 아프리카 대륙에서 떨어져 나간 아라비아반도 사이에 물이 들어온 바다라는 것을 알 수 있다. 아프리카 대지구대Great Rift에 물이 들어왔다. 주변은 모두가 사막이다. 아라비아 사막도 사하라 사막 연장 선상에 있다. 홍해의 북쪽은 이집트 시나이반도가 차지하고 있고, 남쪽은 여러 개 국가가 공유하고 있다. 동쪽은 사우디아라비아, 예멘과 홍해의 서안은 이집트, 수단, 에리트레아, 지부티다.

홍해의 면적은 43만 8천km²이고 길이는 2,250km, 평균 수심은 490m, 폭은 넓은 곳은 355km이다. 홍해를 끼고 있는 국가는 사우디, 수단, 이집트, 에리트레아, 예멘, 지부티 6개국이다. 홍해라는 이름은 바다가 붉게 보이기 때문이다. 질소 과잉으로 농축되어 붉게 보인다고 한다. 열대, 아열대 바다에서 자주 나타난다. 트리코데스뮴Trichodesmium, 일종의 박테리아이다. 홍해와 오스트레일리아 바다에서 자주 나타난다.

홍해는 성경에 나오는 이름이다. 구약 출애굽기Exodus의 바다가 홍해이다. 모세가 이스라엘 백성을 데리고 이집트를 탈출Exodus하려 했다. 뒤에는 이집트 군대가 쫓아오고, 앞에는 바다가 막혀 있는 절망적 상황이다. 하나님께 기도하고 모세가 가지고 있던 지팡이로 홍해 바다를 쳤다. 바다가 갈라지고, 유대인이 무사히 건널 수가 있었다. 따라오던 이집트 군인들은 홍해에 들어서는 순간 바닷물이 닫히면서 몰살했다는 이야기이다.

1798년 나폴레옹은 이집트를 정복하고 홍해의 항해권을 장악했다. 나폴레옹은 나일강에서 홍해로 나가는 운하를 건설했다. 당시 작은 운하Sweet Water Canal였다. 수에즈 운하가 개통되고 난 후부터 역사적 유물이 되었다. 수에즈 운하가 1869년 개통됐다. 제2차 대전 후 미국과 소련이 영향력을 행사하여 세계의 모든 국제 선박은 운항할 수 있도록 했다. 1965년과 1975년 사이 6일 전쟁 이후에는 모두 공개되어 공해로 인정받고 있다.

주변이 사막이다. 해수도 염도가 높다. 홍해로 들어가는 강은 없다. 홍해의 염도는 4%다. 세계 평균은 3.5%다. 석유와 천연가스가 대량으로 매장되어 있는 것으로 알려져 있다. 이집트 쪽과 사우디아라비아는 이미 시추하여 채굴하고 있다. 그 외 다양한 생태계의 생물이 부존하고 있다. 1200종의 물고기 중 10%는 다른 곳에서 발견되지 않는 고유종이다. 주변이 사막이므로 개발을 위하여 담수화 프로젝트가 진행되고 있다. 18개의 담수화 공장이 가동 중이다.

홍해는 인도와 무역이 시작되던 16세기 초부터 중요한 항로였다. 포르투갈인인 알부케르크Alfonso Albuquerque는 아덴만을 포위 공격했다. 포르투갈이 인도양의 제해권을 확보하기 위하여 홍해와 인도양이 만나는 지역, 바브엘만데브 해협Bab-el-Mandeb Strait을 장악했다. 지금은 소말리아 해적들이 해적질하고, 예만 반군이 유조선을 위협하는 전략적 요충이다. 홍해에서 아덴만과 인도양으로 나가기 위하여서는 좁은 바브엘만데브 해협을 지나야 한다. 해협의 중앙에는 예로부터 해적질을 하던 섬들이 있다. 만데브만은 홍해의 남쪽 끝자락 아라비아반도 예멘과 지부티 사이의 바다이다. 아덴만과 홍해를 연결하는 수로이다.

홍해의 중요성은 아시아와 유럽을 잇는 바닷길이라는 점이다. 인도양에서 지중해로 가는 길은 홍해 수에즈 운하를 지나야 한다. 과거에도 지금도 대단히 중요한 바닷길이다. 연간 50억bbl의 석유가 이곳을 통과한다. 세계 석유 수송량의 10%에 해당한다. 홍해와 인도양 사이에 7형제 섬7 brothers이라는 무인도가 있다. 무인도이지만, 해적들의 근거지이다. 전략적 요충지다. 홍해에서 아덴만으로 나가는 선박에 해적질한다. 지부티 영토이다.

예멘 후티 반군이 홍해를 지나는 미국 상선을 공격했고, 미국은 보복으로 예멘 후티 반군의 근거지를 공습했다. 후티 반군은 사우디를 공격하고, 이란으로부터 원조를 받는다. 수에즈 운하의 통행을 방해하므로 세계 물류에 영향을 미치고 있다. 많은 상선이 수에즈 운하 이용을 포기하고 아프리카 대륙을 우회하고 있다.

제2장

북아프리카 나라들

리비아

카다피, 영웅인가 악동인가?

1986년 4월 15일 새벽 2시, 미 해군 전투기 편대는 리비아 수도 트리폴리를 공습했다. 지중해 함대에서 발진했다. 리비아 대통령궁에 있는 카다피 살해가 목적이었다. 그는 당시 사막에서 야영했다. 구사일생으로 살았지만, 60여 명의 민간인이 죽었다. 미국 측은 전투기 한 대가 지상 포화를 맞아 격추되었다. 미국과 각을 세운 카다피를 길들이기 위한 군사작전이었다. 2년 뒤 1988년 12월 21일 미국 여객기가 추락했다. 런던 히드로 공항에서 미국 뉴욕으로 가던 항공기가 스코틀랜드 로커비 상공에서 폭파되었다. 팬암 소속 보잉 747기였다. 탑승자 259명, 대부분 미국인이었다. 지상 피해자를 포함해서 270명이 사망했다. 카다피의 보복이었다.

미국 레이건 대통령 시절이다. 이유는 있다. 카다피는 미국을 비난하고 소련과 친분을 쌓았다. 민족주의를 표방하고 사회주의 정책을 따랐다. 미국과 적대 관계가 되었다. 둘째 영해 분쟁이다. 이탈리아반도 남쪽 지중해, 리비아에 시드라만Gulf of Sidra이 있다. 트리폴리와 벵가지 사이의 만이다. 카다피는 영해라고 주장했다. 미국은 해안에서 12해리22km까지만 리비아 영해로, 그 외는 공해로 간주했다. 지중해는 미국 6함대 작전 해역이다. 셋째 1986년 4월 5일 베를린 디스코텍에서 테러가 일어났다. 미군이 자주 드나드는 디스코텍이다. 미군 2명이 죽고, 79명이 다쳤다. 배후에 카다피를 지목

했다.

세계 최악의 악동 카다피가 2011년 10월 '아랍의 봄'으로 반군의 총에 죽었다. 레이건 미국 대통령은 그를 '중동의 미친 개Mad dog of Middle East'라고 했다. 그가 반군에 잡혀 죽었을 때, 오바마 대통령은 "리비아에 드리운 독재자의 그림자가 걷혔다." 카메론 영국 수상은 "시민혁명으로 무도한 독재자Brutal Dictator가 제거된 것 자랑스러운 일이다."라 했다. 서양 언론에 길들인 우리도 그렇게 알고 있었다.

한편 카스트로전 쿠바 대통령는 "아랍 국가 중에서 가장 위대한 지도자", 차베스베네수엘라 대통령는 "위대한 전사, 혁명가이고 순교자", 만델라 전 남아공 대통령은 "반인종차별주의자anti-apartheid였고, 슬픈 뉴스". ANC남아공 국회는 "그의 죽음은 우리 투쟁에 가장 아픈 일", 《나이지리아 타임스》는 "독재자였지만 리비아 국민을 사랑했고, 아프리카 모든 인민은 존경했다." 아프리카 대부분 지식인과 언론은 그의 죽음을 영웅적인 희생으로 여겼고, 리비아의 많은 인민은 그의 죽음을 애도했다. 서양 언론과는 차이가 있다.

UN 결의안 38호와 41호는 리비아에 대한 미국의 공격은 UN 헌장과 국제법 위반이고 침략이다. 아랍 연맹은 미국의 '야만적 행위'. 비동맹 회의는 '변명이 필요 없는 침략 행위', AU아프리카 연맹는 '국제법을 위반한 행위, 즉 전쟁 행위'라고 했다. 2025년 6월 미국의 이란 핵시설 폭격과 같다. 러시아와 중국의 비판은 들어 볼 필요도 없다. 서방 언론들도 분쟁은 외교로 풀어야지 군사 행위로 풀어서는 안 된다고 했다. 그리고 미국의 공습은 베를린 디스코텍 테러를 정당화했다고 비난했다.

카다피는 미국을 등지고 지중해 연안에서 살기 어렵다는 걸 알았다. 의심받고 있는 핵무기 제조를 포기하고, 테러 단체의 지원도 숨기지도 않겠다고 선언했다. 디스코텍과 팬암기 폭파로 희생된 자들에게 위로금 15억 달러를 전달했다. 미국에 손짓했다. 미국도 테러 단체 지원국 명단에서 리비아를 제외했다. 경제제재를 해제하고 동결한 자금도 풀었다. 미국인에게 리비아 여행을 허가했다. 2008년 미국과 리비아는 과학 기술 협정에 서명했다. 화해했다. 미국은 트리폴리에 대사관을 개설했다. 2011년 '아랍의 봄'으로 시위와 반란이 일어났다. 미국은 반란군의 편을 들었다. 북한 김정일에게 핵 포기를 종용했다. 핵을 포기하면 '리비아의 카다피 꼴'이 된다고 김정일은 공언했다. 북은 핵은 절대 포기하지 않을 것 같다. 민족주의를 주장하고 핵을 개발하려 했던 박정희 대통령의 죽음도 미국과 관련이 있다는 설이 있다.

카다피는 29살, 1969년에 쿠데타를 했다. 왕정을 폐지하고 공화정으로 바꾸었다. 42년간 독재를 했다. 리비아는 인구의 90%가 도시에 산다. 경제는 석유 수출에 의존했다. 외국인 소유의 모든 석유산업을 국유화했다. 1969년 1인당 소득이 165달러였다. 1979년 1인당 GDP가 8,170달러, 당시 이탈리아와 영국의 소득과 같았다. 토지개혁, 교육과 의료의 혜택 등 획기적인 경제개혁을 단행했다. 카다피는 리비아의 현대사이고 그는 주역이었다. 많은 공功과 과過를 남겼다. 그가 리비아를 지킨 애국자인지, 미친개인지는 역사가 평가할 일이다.

리비아 대수로 공사

1953년에 리비아에 석유탐사를 했다. 엄청난 양의 석유가 매장된 줄 알았다. 석유가 아니라 지하수였다. 지하수는 1만 년 전 전 빙하기 때 생성된 대수층aquifer이다. 누비아 사암지대 지하수Nubian Sandstone Aquifer System의 일부이다. 리비아, 이집트, 차드, 수단에 걸쳐 있다. 대부분이 리비아 영토에 있다. 지구상 담수는 빙하 69%, 지하수 30%, 지표수강과 호수는 1%이다. 누비아 지하수는 200만km²에 분포하는 지구 최대 규모이다. 나일강이 200년간 흐르는 수량. 35조 톤이다. 지금 보충되는 지하수는 아니다. 리비아가 현재 쓰는 수량으로 계산하면 1천 년 동안 쓸 양이다. 리비아는 큰 나라이다. 국토 면적이 175만km², 한국의 17배나 된다.

리비아는 국토 전체가 사막이다. 도시 지역과 농업 용지를 포함하여 국토 면적의 1.5%만 이용한다. 물 때문이다. 나머지는 사막이다. 카다피가 정권을 잡고 사막 지하에 거대한 대수층이 있다는 사실을 알았다. 처음에는 지중해 연안 대도시 인구를 지하수가 있는 내륙 사막으로 이주시키려고 했다. 이주를 꺼렸다. 대수로 공사GMRA, Great Manmade River Authority를 설립했다. 사막 한가운데 있는 지하수를 퍼 올려 멀리 해안 도시로 보내는 공사이다. 세계사에 없었던 큰 공사였다. 한국의 동아건설이 수주를 받았다. 공사비는 총 300억 달러40조억 원다.

GMR은 5단계 사업으로 시행되었다. 1단계 공사는 지하수가 있는 쿠프라Kufra에서 해안 도시 벵가지Benghazi, 인구 300만 명까지의 수로 건설이다. 1,700km이다. 1991년 통수식을 했다. 2단계 공사는 자발 하수나Jabal Hasuna 취수장에서 수도 트리폴리Tripoli, 350만 명까지 1,130km였다. 1996년에 완공했다. 사업 내용은 간단하다. 사막에서 지하수를 퍼 올려 지중해 연안 도시에 물을 보내는 파이프라인 공사다.

거대한 토목공사이고, 한국 건설회사가 시공한 사업이므로 알아보는 것도 재미있다. 수도관 총 길이는 4천km이다. 수도관 한 개 크기는 지름 4m, 길이 7.5m이다. 1개의 무게는 75톤이다. 수도관 제작은 베르가Brega와 사리르Sarir에서 동아건설이 했다. 대형 트레일러로만 운반할 수 있다. 지하에 매설하여 샘에서 지중해 연안 도시까지 송수관을 건설하는 공사이다. 매일 650만 톤의 물을 보낸다. 지하 500m에 있는 1,300개 샘을 파서 물을 퍼 올려 저수조에 저장한다. 한 개 저수조의 크기는 지름 937m, 깊이 10m, 둘레 2,942m이다. 바닥 면적이 689,205m²20만 평이다. 저수량은 689만 톤이다. 여러 개의 저수조가 있다. 세계 8대 불가사의 프로젝트Eighth Wonder of the World라고 했다. 조금도 과장된 표현이 아니다. 사실 그렇다.

사막에서 물을 어디에 쓸 것인가를 묻지 말라. 물만 있으면 농사도 짓고 도시를 건설한다. GMR 사업에 대하여 비판적으로 보는 시각도 있다. 아무리 많은 수량이라도 보전이 안 되는 지하수는 계속 퍼 올리면 바닥이 난다. 비관적 추정치는 50년 또는 100년이면 고갈된다고 한다. 물을 이용하여 사우디나 UAE처럼 잘살게 되면, 리비아는 지중해 해수를 담수화할 수 있다. 그 석유 자원도 풍부하지만, 사하라 사막 태양광 에너지는 무한정이다. 상상할수록 재미있다. 리비아 석유 매장량은 세계 9위이다. 에너지는 충분하다. 지중해를 담수화하여 사막 내부로 물을 보낼 수 있다. 사막은 인류 미래 자원이다.

1단계 공사를 마치고, 2단계 공사는 국제 입찰하려 했다. 1단계 수로 공사에 만족한 카다피는 국제 입찰 계획을 접고 수의계약으로 동아건설에게 주었다. 지름 4m 수도관으로 수천km 물을 보내도 물 한 방울 새지 않는 완벽한 시공이었다. 감리를 맡았던 회사도 감탄했다 한다. 탄탄대로를 걷던 동아건설은 1994년 성수대교 붕괴 사건으로 내리막길을 걸었다. 동아건설 시공 능력을 아는 세계 유명 건설회사들은 동아건설이 시공한 교량 붕괴를 아무도 믿지 않았다. 한국에서는 동아건설의 신용도가 말이 아니었다. 최원석 회장은 문란한 사생활, 정치자금 연루, 성수대교 붕괴로 1998년 실질적으로 파산했다. 지주회사인 서울은행이 최원석 회장에 최후통첩했다. 동아건설은 리비아 3단계 이후 수로 공사는 수주를 받지 못했다. 세계의 화제가 되었던 대수로 공사의 주역, 카다피는 반군에 총 맞아 죽고, 동아건설은 공중분해되었다. 사막의 생명, 누비아 사암지대 대수층 물은 송수관을 타고 지금도 여전히 흐르고 있다.

대수로 공사 에피소드

사리르Sarir는 리비아 사막 가운데에 있는 오아시스다. 벵가지에서 남쪽으로 350km 지점의 사막에 있다. 제2차 세계대전 때 영국과 독일이 오아시스를 두고 격렬한 전투를 했다. 독일과 이탈리아군이 패했다. 아직도 파손된 탱크가 남아 있다. 오아시스에 흩어져 사는 주민은 1천 명 정도 된다. 사리르로 가는 모래사막 길이다. 오아시스에 가까이 이르자 야자수를 비롯하여 숲, 농작물, 낙타, 집 등이 보인다.

경북대학교의 손우익 유전공학 전공 교수, 송승달 생물학 전공 교수, 김순권 옥수수 전공 교수와 함께 대수로 공사를 시찰하러 갔다. 1996년이다. 서울서 최원석 회장을 만나 협의했다. 여비는 각자 부담했지만, 현지 지원은 동아건설이 부담했다.

사막에 대수로 공사를 하는 현장을 답사한다. 경북대학교와 리비아 대학 간에 결연 맺고, 사막에 물을 이용한 옥수수 종자 육종, 농업 실험실을 협력하여 만든다. 당시 동아건설이 세계적인 토목공사를 하고 있었지만, 국내에서는 잘 모른다. 홍보 차원에서 이런 행사를 많이 했다. 리비아 공선섭 대사가 주선을 해주었다. 공 대사는 나와 공군 학사 장교 동기생이고 친구이기도 하다.

프랑크푸르트를 거쳐 트리폴리 공항으로 갔다. 동아건설은 우리 일행에게 최 회장의 전용 비행기를 제공해 주었다. 트리폴리Tripoli에서 벵가지Benghazi까지 직선거리 660km, 한 시간 반 거리다. 12인승 제트기이다. 대단한 편의 제공이었다. 자가용 제트기를 타기는 처음이다. 캐나다에 갔을 때, 자가용 수상 비행기는 여러 번 타보았다. 캐나다 북서부 지방은 인구가 희박하여 도로가 없다. 호수를 연결하는 자가용 수상 비행기가 교통수단이다. 벵가지에서 사리르 오아시스까지는 지프차로 갔다. 사리르 오아시스에 수도관 제조공장이 있다.

사리르에 가는 길에 유목하는 낙타와 양들이 가끔 보인다. 완전한 사막이다. 완전한 평지이다. 사리르에 가까이 오자 북한 인공기가 보인다. 놀랐다. 도로 곁에 먼지를 덮어쓴 낡은 벽돌 건물에 북한 인공기 걸려 있다. 북한 병원이라고 했다. 의사 1명과 간호사 2명이 근무한다. 이 벽지에 어떻게 북한 병원이? 1980년대 후반은 북한 김일성과 카다피는 가까운 사이였다. 양국은 미국과 적대 관계에 있는 사회주의 국가였다. 리비아 - 북한 우호 협력을 맺었다. 북한은 경제 사정이 어려운 형편에도 리비아에 의료진을 파견했다.

벵가지에서 사리르까지 도로는 비포장일 뿐만 아니라 보수를 하지 않아 형편이 없다. 400km는 버스로 7시간 걸린다. 버스는 1주일에 한 번 다닌다. 오아시스 주민은 자급자족 경제이다. 동아건설은 사리르 외각에 수도관 제작 공장을 세웠다. 75톤 수도관을 운반해야 하는 트레일러가 다니는 도로이다. 수로 공사 전용 4차선 도로를 건설했다. 벵가지까지 다니는 자동차는 동아건설 자동차뿐인 듯했다. 수시로 다닌다. 지프차로는 5시간이면 주행할 수 있다. 비포장도로이지만 평균 시속 70km를 달린다. 동아건설 고속도로다.

 ——— 아는 척하기 딱 좋은 **아프리카 지식 여행**

사리르 공장에서 1개 75톤 무게의 수도관을 하루 35개를 생산한다. 1천여 명의 노동자와 직원은 모든 것을 캠프 안에서 해결해야 한다. 다른 선택이 없다. 캠프에는 공장 외 식당, 숙소, 병원, 휴게실, 당구장, 탁구장, 노래방도 있다. 1천여 명 중 한국인은 150명 정도이다. 모두 기술자이다. 노동자는 대부분 필리핀과 파키스탄인들이었다. 헝가리 의사를 고용했다. 한국 의사는 희망자를 구할 수 없었다. 월 5천 달러를 지급한다. 캠프 내는 비교적 자유롭다. 리비아는 율법이 매우 엄한 사회주의 국가이다. 회교국이므로 술은 허가하지 않는다. 몰래 술도 담가 먹기도 하고, 캠프 주위를 돌아다니는 유기견을 잡아 보신탕을 끓여 먹기도 한다고 했다. 사막 날씨는 낮은 뜨거워도 밤은 춥다. 동아건설 캠프는 사막의 섬과 같다.

김 씨는 결혼 3년 만에 건설 노동자로 중동에 왔다. 현대건설, 대우건설 노동자로 전전하다가 동아건설에 취업했다. 1973년에 중동에 나온 지 25년 되었다. 아직 한 번도 귀국한 적이 없다 했다. 기인이다. 출국할 때 태어난 아이가 대학을 졸업했다는 졸업 사진을 받았다. 가족에게 돈만 보낸다. 건설 현장이 자유롭고 편하다. 결혼식, 장례식, 동창회 등 번거로운 모임에 나가지 않아서 좋다. 자유인이다. 밤이 되자 모닥불 피워 놓고 이야기를 했다. 캠프에는 여자는 없다. 리비아는 이슬람 국가이다. 여성 고용을 허용하지 않는다. 시장에 가도 여자는 볼 수도 없다. 이야기가 재미있었다. 현지에서 담근 '사티'라는 막걸리를 마셨다. 김 씨와 나는 동향으로, 진주가 고향이다.

회사는 사막에서 일하는 직원을 위로하기 가수를 초청했다. 한국에서 온 2명의 여성 가수가 공연했다. 열광했다. 가수들을 보호하기 위하여 숙소 전체를 지붕까지 철조망으로 감았다. 지게차로 철조망을 들어 올려야만 들어갈 수 있게 했다. 아침에 일어나니 철조망에 걸려 내려오지 못한 사람이 3명이 있었다. 위문 공연단 숙소에 들어가려다 실패한 자들이다. 김 씨는 건설 현장에 약방의 감초격이다. 아랍어를 잘 한다. 현지인과 소통할 수 있는 유일한 사람이다. 현장소장이 있지만, 소장은 임기제로 2년마다 바뀐다. 1년에 한 번 한국으로 휴가를 간다. 1회에 한 달 동안이다. 실제로 김 씨가 현장소장 역을 감당한다.

현지의 일은 모두 김 씨가 한다. 생필품을 구하려 수시로 벵가지에 나간다. 오아시스에도 간다. 벵가지에서 캠프로 오는 길에 북한 병원 앞에서 라면 한 박스와 고추장 한 통을 달리는 차에서 일부러 떨어트렸다. 리비아인은 라면과 고추장을 모른다. 하루는 그대로 있더니 다음날 보이지 않았다. 쌀자루, 김치, 고추장, 약을 벵가지 오가는 길에 던져 놓았다. 그렇게 소통을 시작했다. 버스를 기다리는 북한 간호사를 벵가지까지 태워준 일도 있다.

나는 궁금한 점이 더 있었지만, 더는 말을 하지 않았다. "하모, 하모" 하고 그의 이야기에 추임새를 넣어 주었다. 이야기하던 김 씨가 눈물을 훔친다. 고향 사람을 만나니 가족이 그리워 우는 줄 알았다. 김 씨는 밤이면 자동차를 몰고 캠프를 나와 20km 떨어진 북한 간호사를 만나러 다녔다. 그러던 어느 날 그녀가 나타나지 않았다. 화물선을 타고 북한으로 간다는 연락을 받았다. 벵가지 항구에서 보낸 편지였다. 그 후로 소식을 모른다. 사막 밤하늘의 별은 유난히 빛났다. 우리 일행은 다음날 사막 더 깊숙이 알 쿠프라Kufra로 갈 여정이 잡혀 있었다.

알제리와 프랑스

알제리는 북아프리카에 있다. 프랑스가 알제리를 1830년부터 130년간 식민지 통치를 했다. 프랑스에서 가장 가까이 위치한 아프리카 국가는 알제리이다. 프랑스가 포기 못 하는 식민지는 두 곳, 하나는 베트남이고 또 하나는 알제리였다. 제2차 세계대전 종전으로 많은 식민지가 독립했다. 제2차 세계대전으로 승전국이든 패전국이든 만신창이가 되었다. 유럽 제국주의 국가들은 자국의 문제 때문에 식민지 관리를 할 겨를도 없었다. 또한, 식민지에서 독립 운동이 일어났고 감당하기 힘들었다. 세계의 패권을 거머쥔 미국은 세계질서를 미국 쪽으로 재편하기 위하여 '민족자결주의'라는 이름으로 식민지의 독립을 부추겼다.

프랑스는 제2차 세계대전의 전승 국가라고 하지만, 전쟁 중 역할은 미미했다. 전후 미국의 도움으로 전승 국가 지위를 얻은 셈이다. 전후 프랑스는 쌀의 보고인 베트남과 석유 자원이 있는 알제리를 계속해서 지배하고 싶어 했다. 프랑스는 베트남 디엔비엔푸Dien Bien Phu, 1954 전투에서 패하고 물러났다. 베트남을 포기하고 알제리에 국력을 집중하여 합병하려 했다.

해안 가까이 아틀라스산맥이 동서로 지나고 있다. 지중해 연안에는 비가 많다. 오렌지, 포도, 올리브, 대추야자가 재배되고 농산물이 풍부하다. 프랑스가 집착할 만한 땅이다. 지중해 연안은 유럽인이 즐겨 찾는 휴양지다.

130년간 프랑스가 지배하는 동안 프랑스 문화가 짙게 물들어 있다. 누구나 프랑스어를 한다. 알제리에서 태어난 프랑스인들이 100만 명이 넘는다. 프랑스인은 알제리에 사는데 아무런 불편이 없다. 프랑스어 사용을 의무화했고, 프랑스와 가까운 해안 지역에 교통과 통신망을 구축했다. 프랑스화를 하는데 많은 투자를 했다.

알제리에 식민지 정책은 잔인했다. 살기 좋은 곳을 프랑스인들이 점유했다. 베르베르족은 깊숙이 열악한 사막 지역으로 내몰았다. 창씨개명을 강요하고 프랑스어를 공식 언어로 쓰게 했다. 주민은 99%가 회교인데, 모슬렘에게 메카의 순방을 금지했고, 학교 교육을 하지 않았다. 알제리에 사는 프랑스인과 베르베르인 간에 심한 차별 대우를 했다. 일본 식민지 때 조선인의 대우와 같았다. 불만이 높아갔다. 반기를 드는 마을 주민을 총칼로 다스렸다. 프랑스가 베트남에서 디엔비엔푸 전쟁에서 지고 물러나는 것을 보고 용기를 얻었다. 알제리의 독립 운동이 시작되었다. 알제리 전쟁Algerian War이다. 알제리 독립군과 프랑스군 간의 전쟁이다.

알제리의 독립을 적극적으로 반대하는 쪽은 알제리에 사는 프랑스인들이다. 그들을 피에 누아르Pied Noirs라 부른다. 주로 프랑스 군인의 가족들과 알제리에서 태어난 유럽인이다. 독립 전쟁은 1954년부터 1962년까지였다. 치열했다. 물자가 없는 알제리 민족해방전선NLF, Front de Liberation Nationale은 게릴라전으로 저항했다. 소련이 지원했다. 독립군 진압을 위한 프랑스 정규군은 47만 명에 이르렀다. 알제리인을 대량 학살했다. 독립 전쟁은 장기전으로 접어들었다.

유럽 문명국들 앞마당에서 일어나는 침략 전쟁이다. 유럽 언론들은 프랑스의 도덕성과 부당함을 맹비난했다. 프랑스 내에서도 여론이 좋지 않았다. 알제리를 지배할 명분이 없다는 좌파 쪽과 식민지를 통하여 프랑스 국부를 이루어야 한다는 우파 쪽으로 양분되었다. 결국, 프랑스 4공화국은 알제리 전쟁으로 물러나고, 5공화국 드골이 정권을 잡았다. 알제리를 독립시키기로 했다. 알제리 독립군 민족해방전선FLN과 1962년 에비앙 합의Evian Accords를 했다.

프랑스는 실리를 챙겼다. 메르스 엘 케비르Mers El Kebir에 해군기지와 사막에 핵실험 기지를 확보했다. 석유 채굴권을 확보하고 피에 누아르 재산권을 행사하는 조건이다. 1962년 알제리 독립을 허가했다. 알맹이를 프랑스가 챙겨간 합의이다. 알제리에 주둔한 프랑스 소수 군대는 에비앙 합의를 거역하고 반기를 들었다. 알제리에 주둔한 프랑스군은 한동안 저항을 계속했다. 독립한 알제리는 소련과 손을 잡고 사회주의로 갔다. 1990년 사회주의 종주국 소련이 붕괴했다. 알제리 사회주의 정권은 무너졌다. 프랑스는 아직도 알제리에 빨대를 꽂아두고 있다.

알제리 자원과 정치

알제리는 지중해 넘어 프랑스와 마주하는 아프리카 땅이다. 프랑스보다 알제리가 더 좋은 땅이라고도 한다. 프랑스648천km²보다 3.5배가 더 큰 238만km²이다. 아프리카에서 제일 넓은 면적의 나라이고, 이슬람 국가 중에서는 국토 면적은 알제리, 사우디, 인도네시아, 수단 순이다. 2011년 아프리카에서 제일 큰 면적의 땅, 수단이 남북 수단으로 분리되면서 알제리가 아프리카에서 1위가 되었고, 세계에서 10위의 대국이다. 국토의 크기만큼 지하자원은 있는 법이다. 세계 지하자원의 톱5에 들어가는 것만도, 석유세계 4위, 천연가스세계 5위, 망간세계 3위, 수은세계 3위, 은세계 3위, 납세계 5위, 코발트세계 2위 등이다. 알제리의 주요 도시는 알제 260만 명, 오란Oran 80만 명, 콩스탕틴Constantine 44만 명, 안나바Ananba 24만 명이다.

알제리는 19°N~37°N에 있다. 북쪽은 한국이 있는 위도와 비슷하다. 알제리아 3개의 지역으로 구분된다. 아틀라스Atlas산맥 북쪽 해안 지역, 아틀라스산맥 남쪽 지역, 그리고 그 남쪽 사막 지역이다. 국토 전체가 사막이다. 산림이 있는 지역은 국토 면적의 1%에 불과하다. 아틀라스산맥 북쪽 해안 지역과 산간 지역이다.

산림이 나타나는 해안 지역은 대단히 중요한 지역이다. 강우량은 아틀라스 북쪽에 400~700mm 강우량이 있다. 습한 지중해의 바람이 산맥에 부딪혀 내리는 비다. 강우량은 동쪽에서 서쪽으로 갈수록 증가한다. 동부 산악 지역은 1000mm 강우량이 있는 곳도 있다. 알제리아는 바위 사막erg이다.

아틀라스산맥은 모로코, 알제리, 튀니지까지 동서로 달리는 거대한 산맥이다. 높은 산맥으로 지형성 강우가 있어 많은 비를 내린다. 사막에서 비는 모든 것을 변화시킨다. 알제리 아틀라스 동쪽 끝이 튀니지이다. 아틀라스산맥의 가장 넓은 범위를 차지한다. 두 개의 산맥이 있다.

지도를 펴놓고 보면 알제리 남쪽 중앙 아하가르Hoggar 산지가 있다. 수도 알제Algiers 남쪽 1,500km 지점에 있다. 알제리 기후는 전체로 사막기후다. 낮은 뜨겁다. 밤이면 차다. 특유한 경관이다. 암석사막이다. 최고봉은 2,900m, 타하트Tahat산이다. 투아레그Tuareg족은 유목 생활을 한다. 특유한 경관 때문에 많은 관광객이 찾는다.

알제리는 석유와 천연가스 대국이다. 1969년부터 OPEC 회원국이다. 1일 110만bbl을 생산한다. 세계에서 매일 100만bbl 이상 생산하는 국가는 15개국2024년뿐이다. 천연가스도 대단하다. 수출한다. 천연가스 10위의 매장량을 갖고 있고, 6위 수출국이다. 알제리아 천연가스는 유럽에 주로 수출한다. 유럽 수요량의 15%를 공급한다. 러시아 - 우크라이나 전쟁으로 알제리 천연가스에 의존도가 더 높아졌다.

석유와 천연가스가 알제리아 경제의 주축이 되고 있다. GDP의 30%를 차지하고, 수출액의 87.7%를 차지한다. 천연가스는 매장량이 10위, 석유는 16위다. 알제리의 국영석유회사Sonatrach가 주도적 역할을 한다. 그 외 사람이 살지 않는 넓은 영토가 사막이다. 대체 에너지로 풍력과 태양광 자원이 무한정인 나라다. 인구는 적고 영토가 넓고 사막으로 잠재력이 가장 높다. 정부는 하시르멜 솔라파크Solar Park Hassi R'Mel를 건설했다.

이렇게 자원이 풍부하고 유럽에 인접한 데도 삶의 질은 유럽과 판이하다. 문제는 정치다. 식민지 탓만 할 수 없다. 문제는 독재이고, 독재정치로 인한 경제의 파탄이다. 20년 동안 부트플리카Bouteflika 대통령이 1999~2019년까지 독재를 했다. 대통령을 견제할 세력은 없었다. 의회는 있어도 견제력이 없었고, 언론은 탄압받고 비판하지 못했다. 실질적인 권한은 대통령과 군 정보 사령관이었다. 군은 야당을 탄압하고 언론을 통제하고 국민을 감시했다.

부트플리카 대통령은 5년 임기 네 번을 연임하고, 다섯 번째 대통령에 입후보했다. 시위가 일어났다. 대대적인 시위다. 알제리아 독립 후 가장 큰 시위였다. 시위는 부트플리카 대통령의 5선을 반대하고, 부정부패를 척결하고, 민주주의 정치를 위한 시위였다. 2011년 '아랍의 봄'의 영향도 있고, 이집트 무바라크 정권의 붕괴를 보았다. 영향을 받았다. 거대한 시위히라크, Hirak 결과로 부트플리카 대통령은 물러갔다. 내용이 재미있다. 시위가 계속되고 정치가 불안해지자 군사령관은 아흐메드 살라흐Ahmed Salah 장군이 대통령을 찾아가서 하야를 요구하여 대통령은 하야했다. 군부의 입김이 어느 정도인가를 말해 준다.

알제리의 부정부패는 '뼛속까지 부패Corrupt to bone'다. 돈이 되는 국영 석유 회사Sonatrach가 근거다. 대통령의 측근이 회사 사장으로 임명되고, 사장이 대통령과 짜고 부정을 저지른다. 부정부패의 투명도 지수는 매우 낮다. 180개 국가 중 107위다. 알제리의 정치, 경제, 사회가 어떻게 돌아가는가는 프랑스가 가장 잘 알고 있다. 1962년 독립 전 프랑스인 80만 명이 거주했으나, 지금은 거주 인구는 수백 명에 불과하고, 이동 인구는 10만 명에 이르는 것으로 알려져 있다. 공용어는 아랍어이지만, 사실상 통용되는 언어는 프랑스어다. 고등교육과 문화는 프랑스 문화가 짙게 녹아 있다. 프랑스 언론이 알제리 정치에 비판적이다. 알제리 지식인은 프랑스 언론을 믿는다.

부정의 형태를 세 가지로 구분한다. 국영 석유 회사의 부정 연루가 가장 많다. 정상 수출 가격보다 높게 수출하여 리베이트를 챙기는 경우다. 사장부터 하급 직원까지 부정을 저지른다. 2018년 6월 26일 대통령의 심복인 경찰국장을 해임했다. 경찰국장 하멜의 기사가 코카인 게이트에 연루되었고, 함께 연루된 자는 군사령관 1명, 판사 4명, 검사 2명이 마약 거래의 수뢰자로 밝혀졌다. 투옥되고 해임되었다. East-West 고속도로1,216km highway 모로코-투니시아 고속도로 건설에 실질 건설비보다 더 많은 액수로 낙찰해 장관과 관리들이 5억 달러를 횡령한 사건이다.

현재 대통령은 2019년에 테보네Tebboune가 당선되고 집권했다. 2기를 맞이했다. 2024년 선거에 경쟁자 없이 84.3%를 득표하여 당선되었다. 서방 언론은 공정한 선거도 아니고 유권자의 투표율은 46%이고, 군부의 영향으로 당선됐다고 보도하고 있다. 우선 군부의 허가 없이 대통령 후보를 할 수 없다. 군부는 헌법재판소와 선거관리위원회에 압력을 가하여 후보 등록 거부, 자격 박탈을 할 수 있다. 유력한 야당 후보는 대통령 후보 등록을 못 했다.

대통령도 군부의 지지를 받고 있고, 군부와 밀거래를 하고 있다. 군부가 정치에 깊이 관여하고 있다. 군부는 대통령을 경호하고, 대통령은 군부의 부정부패를 눈감아준다. 오래된 알제리아형 부정부패 고리다. 현역 군인을 각급 행정 관료에 임명하도록 입법했다. 두 번째 임기는 '거의 군사화된 almost militarized' 정권이다. 쉽게 끊어지지 않고 있다.

《르몽드》지가 폭로했다. 소득 1만 6천 달러, 알제리는 독재 정권이다. 군부가 나서면 되는 나라가 없다. 알제리의 민주정치는 아직이다.

모로코 : 천의 얼굴을 지닌 나라

모로코는 특이하다. 모로코만큼 기후와 지형이 다양하고, 식민지 경험이 다양한 나라는 없는 듯하다. 모로코는 아프리카 대륙에 있지만, 아프리카의 운명만 타고난 것은 아니다. 미인박명이다. 국가의 운명도 비슷하다. 아름다운 여성은 자기의 운명을 스스로 결정할 수 없을 때 힘 있는 자의 간섭을 받는다. 오래된 역사, 아름다운 자연, 인적자원을 가진 국가도 스스로 운명을 개척하면, 아름다운 나라가 된다. 못하면 미인의 신세가 된다. 운명은 기구할 수밖에 없다.

모로코에서 한국은 극동Far East이다. 지구가 구형이기 때문에 극동, 극서는 기준을 어디에 두느냐에 따라 다르다. 19세기 말 지리학이 정착될 때 식민지 패권 국가인 영국이 표준중심이었다. 본초자오선本初子午線, Prime Meridian은 영국 런던의 천문대를 통과한다. 기준이다. 영국에서 계산하여 한국은 동경 128°E를 지난다. 모로코는 7°35'W를 지난다. 모로코는 중앙이고, 한국은 극동이다.

모로코는 아프리카에서는 큰 나라다. 인구가 3천 400만 명이고 면적이 71만km²다. 영토 분쟁이 있는 서사하라West Sahara를 제외하더라도 45만km²다. 아프리카에서 6번째로 경제 규모가 큰 나라이다. 인접한 스페인과 영토 분쟁이 있다. 모로코 영토 내에 5곳의 스페인 땅이 있다. 세우다Ceuda, 멜리

—— 아는 척하기 딱 좋은 **아프리카 지식 여행**

아Melilla, 페논Penon, 샤파리나스섬Chafarinas, 페레지Perejil이다. 이유가 있다. 모로코의 북부 지중해 연안 지방은 오랫동안 스페인의 지배를 받았다. 1956년 모로코를 독립시켜 주면서 5개 지역을 자치령으로 스페인의 영토로 떼어갔다. 모로코는 인정하지 않는다. 영토 분쟁이 되고 있다.

모로코의 위치는 묘하다. 서쪽은 대서양, 북쪽은 지중해이고, 남쪽은 사하라 사막이다. 지중해 쪽의 북쪽은 아틀라스산맥이 지나고 그 남쪽은 리프Rif 산맥이 지난다. 토부칼Toubkal, 4,167m산은 북아프리카에서 제일 높은 산이다. 북아프리카에서 가장 추운 곳이다. 해안 가까이 높은 산이 솟아 있어서 많은 비를 내린다. 농사가 잘된다. 큰 도시들도 물이 있는 북쪽에 있다. 모로코의 북쪽은 산지 지형이다. 비가 많이 내린다. 모로코의 북쪽 기후는 아프리카보다 유럽의 해안의 기후와 비슷하다. 지중해와 대서양을 걸쳐 있는 지정학적 위치 때문에 지금도 그렇지만, 이 지역을 지배하는 강대국은 항상 모로코를 괴롭혔다.

5개의 기후 지역으로 나누어진다. 지중해식 기후 지역, 지중해 연안 지역 500km까지가 여기에 해당한다. 여름은 고온 건조하고, 겨울에는 비가 내린다. 여름은 30°C이지만, 겨울은 10°C 내외다. 날씨는 미국의 캘리포니아와 비슷하다. 북쪽과 중앙 산지는 삼림이 무성하게 자란다. 서안 해양성기후 지역, 대서양 연안은 한류인 카나리Canary Isalands 해류가 연안으로 흘러 여름에도 시원하다. 대륙성 기후 지역 중앙의 리프 산맥과 아틀라스산맥이 있는 산지 지역이고, 비가 많다. 참나무, 향나무, 침엽수가 자란다. 고산기후 지역의 높은 지역은 고산기후를 보이고, 스키 리조트도 있다. 사막기후 지역, 산맥의 동남쪽인 알제리 국경 지대는 완전한 사하라 사막지대로 바뀐다. 다양한 기후 지역에 따라 다양 삶의 형태가 나타난다.

19세기 이전의 모로코 역사는 북아프리카 여러 나라와 차이가 없다. 오랫동안 아랍제국의 지배를 받았고, 그 후 근세에 이르기까지 오스만 제국의 지배를 받았다. 서양 근대사 500년은 지중해에서 대서양으로 진출에서 시작한다. 그 후 산업혁명으로 강대국이 된 유럽 국가들은 지중해와 대서양의 관문이 된 모로코의 높은 전략적 가치를 알았다. 스페인, 프랑스, 영국, 독일 등이다. 프랑스는 1830년에 알제리와 모로코를 보호국으로 만들었다. 스페인은 1860년 스페인의 거주지 문제로 모로코와 전쟁을 했다. 모로코의 북쪽 해안 지역을 보호 지역식민지으로 설정하였다. 1904년 프랑스와 스페인은 모로코를 나누기로 합의했다.

영국과 독일도 끼어들었다. 열강들 사이에 긴장은 높아갔고, 1912년 페즈Fez 조약1912년으로 모로코는 실질적으로 프랑스 식민지가 되었다. 스페인은 북부 해안 지역과 모로코의 남부 사하라 사막 지역을 차지하였다. 1926년 리프 산악 지역에서 베르베르족의 독립 운동이 일어났다. 스페인과 프랑스군에 의하여 제압당했다. 1943년 미국의 도움으로 독립당Istiqlal이 창당되고, 모로코 독립을 주도했다. 1956년 드디어 프랑스는 '모로코'의 독립을 허락했다. 그리고 1개월 후 스페인도 북부 모로코의 보호령을 풀고 물러났다. 모로코는 보호국에서 왕국으로 독립했다. 모로코의 공식 언어는 아랍과 베르베르어다. 프랑스어는 학교에서 의무적으로 배운다. 모로코 지식인은 불어와 스페인어를 자유롭게 구사한다. 공영어는 아랍계 베르베르어다.

모로코 엔크라베 세우타

모로코의 지리 키워드는 지브롤터 해협, 아틀라스산맥, 마그레브, 서아프리카이다. 지브롤터 해협은 스페인과 모로코 사이, 지중해와 대서양을 잇

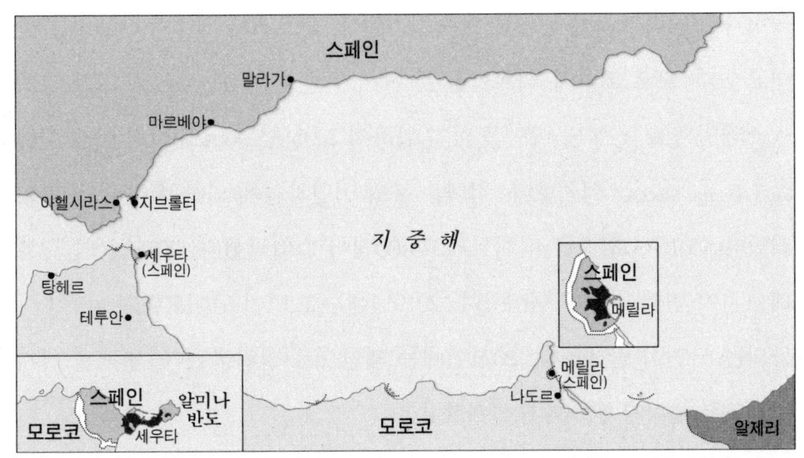

모로코 세우타(Ceuta)와 멜리아(Melilla)

는 바닷길이다. 해협의 양안에 세우타와 지브롤터가 있다. 세우타는 모로코 영토 안에 있지만, 스페인 역외 영토Exclave다. 맞은편 지브롤터Gibraltar는 스페인에 있지만, 영국의 역외 영토다. 모로코의 세우타Ceuta는 고대 로마제국, 중세 오스만제국, 근대 스페인제국, 대영제국이 중요하게 여겼던 전략적 요충 지역이다. 지중해에서 대서양으로 왕래하는 배는 지브롤터 해협, 즉 스페인과 모로코 사이 바다를 반드시 거쳐야 한다. 지금 영토가 그렇게 된 것은 전쟁의 결과이다. 승리한 국가가 등기했다.

세우타는 스페인과 지브롤터 해협 건너 17km 떨어져 있다. 유럽 대륙에서 가장 가까운 아프리카 땅이다. 스페인 본토 카디즈Cadiz 주에 속한다. 면적이 18.5km²이고, 8만 5천 명의 주민이 산다. 기후도 좋고 경치도 아름답다. 안달루시아Andalucia 주 알게시라Algeciras 사이 페리가 주 교통수단이다. 본토까지는 가까운 거리이므로 헬리콥터도 다닌다. 세우타는 군사기지로 출발했다. 지금은 자유무역항이다. 보따리장수porteadoras가 많다. 유럽으로 들어가려는 아프리카 난민들이 득실거린다. 모로코와 국경을 6.4km를 맞대고 있다. 모로코 화폐, 디르함을 쓴다.

스페인 정부는 불법 이민을 막기 위하여 2005년도 6m 높이의 이중 철책 Ceuta border fence을 설치했다. 철책은 불법 이민자들에 의하여 여러 번 파손되었다. 2016년 철책을 넘어트리고 400명이 밀입국했다. 2018년에는 3차례, 1천여 명의 난민이 넘어왔다. 2019년에는 12명이 넘어오다가 4명이 사살되는 사건이 발생했다. 2021년에는 해안으로 밀입국했다. 철책을 넘지 못하도록 레이저 펜스까지 설치했다.

도와주는 브로커가 있다. 난민이 모이는 곳은 불법행위가 일상이다. 경비병에게 뇌물을 주는 브로커, 철책을 잘라 주는 브로커, 사다리를 대여해 주는 브로커, 경비병이 접근을 못 하게 밀입국자 몸에 똥을 발라주고 던져 주는 브로커도 있다.

철책을 넘는 불법 이민이라도 쉽게 총을 쏘지는 못한다. 한반도 휴전선 철책은 넘으면 총을 쏜다. 여기는 사정이 좀 다르다. 사람의 이동을 막는데 가장 간단한 방법은 철조망이다. 세계 곳곳에 불법 이민을 막기 위한 철책이 있다. 미국과 멕시코 간에 총 3,145km를 설치했다. 멕시코에서 들어오는 불법 이민을 막기 위해서다. 이스라엘과 가자지구 사이에도 철책이 있다. 우리나라 휴전선에는 248km 철책이 있다. 남북 간의 교류를 차단하기 위한 것이다. 중국과 북한 간에도 철책이 있다. 철조망을 부수고 들어온 밀입국자라도 총을 쏘면 안 된다. 관례다.

일단 세우타에 들어오면 스페인 땅이다. 강제송환도 간단치 않다. 스페인은 인권을 존중하는 문명국이다. 각종 국제 인권 단체와 기자들이 간여한다. 정치적 망명과 난민 인정을 도와준다. 다시 되돌려 보내기가 매우 어렵다. 난민은 국제법으로 보호해야 한다. 국제인권단체Amnesty Internationale 등

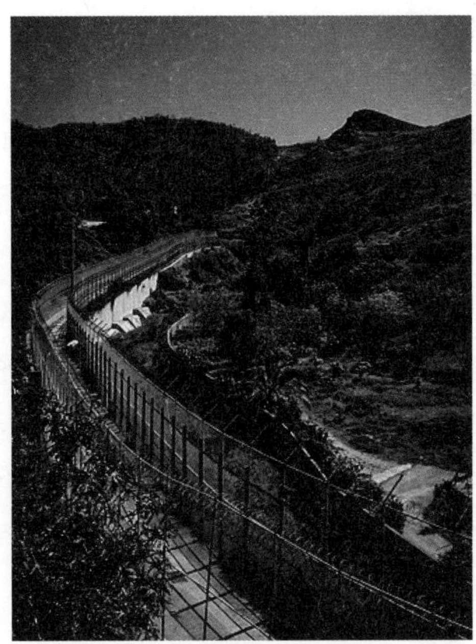

세우타 국경의 철책

이 강력히 항의한다. 일단 입국하면, 난민 캠프에 수용했다가 연고에 따라, 희망에 따라, 받으려는 국가에 따라 보낸다. 대부분의 유럽 국가들이 난민 수용을 반대한다. EU의 가장 큰 골칫거리이다. 아프리카 난민이 왜 이렇게 많이 생기는가의 원인을 따지면 문명국인 유럽의 책임이 적지 않다는 사실을 알고 있다. 수탈적인 식민지와 노예 사냥 등이 원인이다.

전 세계는 교통·통신의 발달로 상품과 돈은 지구상에 어디를 막론하고 자유롭게 이동한다. 반면 사람 이동은 제한한다. 선진국에서 돈 없는 난민에게 비자를 발급하지 않는다. 전쟁에 휩싸인 중동인과 가난한 아프리카인이 지중해 건너 유럽으로 들어 가려 한다. EU 회원국의 가장 큰 정치 이슈는 이민 정책이다. 이민에 대하여 유화적인 쪽은 진보 정당이고, 이민을 받지 말자는 쪽은 보수 정당이다. 영국이 EU를 떠난 것도 이민 정책 때문이다.

우리나라에도 스페인 안달루시아 지방을 여행하는 패키지 투어가 있다. 모로코까지 포함하는 상품이다. 페리에 버스를 싣고 세우타에 들어갔다. 지중해를 건너는 데 30분 걸렸다. 버스를 타고 탕헤르Tangier, 라바트, 카사브랑카를 관광했다. 돌아오는 길이다. 세우타에서 하차하여 버스 쪽으로 걸어갔다. 봉지에 들었던 오렌지가 떨어져 버스 아래로 굴러갔다. 버스 아래를 보았더니 배기통 가까이에 한 소년이 끈으로 허리를 묶어 놓고 손으로 말하지 말라는 신호로 검지로 입을 가린다. 오렌지 줍기를 포기했다. 스페인으로 들어가려는 밀입국자다. 버스 아래 소년이 무사히 스페인으로 들어가기를 바랐다. 스페인 타리파Taifa 항구에 도착했다. 확인하지 않았다. 약한 자를 도와주고, 도망가는 사람을 숨겨주고 싶은 마음은 인간의 측은지심이다.

아랍의 봄 : 튀니지의 전태일

'아랍의 봄'은 대단했다. 지금도 계속되고 있다. 민주화 운동이다. 아랍의 모든 국가는 하나 같이 독재정치를 했다. 민주화를 못한 탓으로 많은 자원을 지니고 있으면서도 잘 살지도 못한다. 인권이 유린당하고 있다. 튀니지는 '아랍의 봄'의 진원지다. 억울한 죽음을 애도하는 시민은 울분했다. 억눌린 분노가 폭발했다. 무지렁이 같은 시민도 들어 일어났다. 시위는 전국 모든 도시로 확산했다. 2010년 12월 17일에 시작했다. 당시 튀니지는 실업, 물가고, 부패가 만연했다. 정치 활동은 제한되었고, 언론은 탄압받았다. 대통령 벤 알리Ben Ali는 23년 동안 독재정치를 했다. 시위대에 경찰이 발포하여 20여 명이 죽고, 수십 명이 부상했다. 시위대는 과열되었다. 독재 타도 운동으로 전개되었다. 데모의 주체는 노동조합이었다. 튀니지 총노동조합연맹, 튀니지 산업노조, 튀니지 인권연맹 등이다. 튀니지 변호사협회는 2015년 "2011년 튀니지의 혁명으로 튀니지에 민주정치를 가능케 한 공로"로 2015년 노벨 평화상을 받았다.

26살의 대학 졸업생인 부아지Bouazizi는 노점상을 하는 행상이다. 8명의 가족을 부양하기 위해 매일 시장에 나갔다. 시디 부 사이드Sidi Bouzid, 인구 4만 8천시는 수도 튀니지에서 300km 남쪽에 있다. 혁명의 발화점은 성냥 한 개비와 같았다. 경찰관이 노점상 단속을 나왔다. 경찰은 노점상 리어커를 차압했다. 리어커 노점상 부아지는 10디나르3달러, 일당 수입를 주고 사정했다. 경찰관은 부아지와 아버지를 불법으로 행상을 한다고 욕설하고 구둣발로 찼다. 리어커 없이는 먹고 살 수가 없다. 부아지는 경찰서로 찾아가서 그의 리어커와 채소를 돌려줄 것을 사정했다. 하지만 뺨만 서너 대 얻어맞고 나왔다. 리어커와 채소를 뺏기고 아버지는 두들겨 맞아 반죽음이 된 채로 경찰서에서 풀려났다.

부아지는 "더러운 세상"이라고 고함을 질렀다. 경찰에 또 얻어맞았다. 후진국 경찰은 폭력의 상징이다. 부아지는 경찰서 앞 시장에서 많은 사람이 보는 앞에서 한 통의 휘발유를 덮어쓰고 분신자살self-immolation했다. 시장 상인들이 공분했다. 경찰은 곤봉으로 시위하는 상인을 때리고 강제로 연행했다. 다음날 분신자살 동영상과 진압하는 경찰이 유튜브와 페이스북 등 SNS를 통하여 전국으로 퍼져나갔다.

뒤늦게 심각성을 인지한 알리 대통령은 12월 28일 화상을 입은 부아지가 치료받는 병원으로 갔다. 부아지는 그날 화상으로 사망했다. 시위는 더욱 격렬해졌다. 지식인과 변호사회가 나섰다. 변호사의 95%인 8천 명의 변호사들의 시위가 뒤따랐다. 정권은 붕괴했다. 부아지가 죽은 지 10일 후인 2011년 1월 14일에 알리 대통령은 하야하고, 사우디아라비아로 도망갔다. 23년간의 독재는 막을 내렸다. 튀니지 시민혁명이다.

부아지의 분신자살은 전태일의 분신자살을 생각하게 한다. 산업화의 신화로 민주주의가 무시될 때이다. 독재정권은 인권을 짓밟았다. 평화시장의 재단사였던 전태일은 비참한 노동 현장을 봤다. 시장의 여공은 한 달에 1,600원을 받고 16시간 노동을 했다. 당시 9급 공무원의 월급은 3만 원일 때이다. 사람의 짓이 아니다. '우리는 기계가 아니다. 근로기준법을 지켜라.' 노동청을 찾아가서 호소하고, 동대문 구청을 찾아가고, 서울특별시 근로감

독관을 찾아갔다. 군사독재 정권 시절이다. 아무 소용이 없었다. 1970년 11월 근로기준법을 들고, 전태일은 온몸에 휘발유를 끼얹고 분신했다. 그 불이 붙은 채로 평화시장을 뛰어다녔다. 그는 당일 오후 10시에 성모병원에서 운명했다. 우리나라의 노동운동과 민주화 운동은 이렇게 불이 붙었다. 부아지의 죽음과 전태일의 죽음은 헛되지 않았다.

튀니지의 시민혁명을 '자스민^{튀니지의 국화} 혁명' 또는 '아랍의 봄'으로 부르고 있다. 튀니지의 혁명은 들불처럼 비슷한 정치 환경을 지닌 아랍 국가들로 전파되었다. 북아프리카와 아라비아반도의 이슬람 국가들이다. 모두 22개국이다. 목표는 민주주의, 자유 선거, 시장경제, 인권, 고용, 정권 교체 등이다. 이집트는 호스니 무라바크가 하야했다. 리비아는 카다피가 반군에 체포되어 총살되었다. 예멘은 알리 살레 대통령이 하야하고 정권은 국가 통합 정부로 넘어갔다.

시리아의 아사드 왕은 정치범을 석방하고 계엄령을 해제했다. 시민혁명은 복잡한 양상으로 발전하여 내전에 휩싸여 있다. 바레인은 정치범을 석방하고 시아파 대표들과 협상을 했다. 그러나 사우디아라비아군의 간섭으로 시민혁명이 좌절되었지만 꿈틀거리고 있다. 전과는 다르다. 쿠웨이트는 총리를 해임하고 국회를 해산했다. 오만은 장관을 해임하고 카부 왕은 많은 재산을 내놓았다.

대대적인 개혁을 단행했다. 모로코와 요르단은 시민 저항으로 인하여 헌법을 개정하고 개혁을 단행했다. 사우디아라비아, 수단, 모리타니는 시민의 저항이 계속되거나 지하로 잠입했다. '아랍의 봄'이라 한다. 결국, 인류 보편적인 정치는 민주주의이다. 민주주의를 하지 않고서는 근본적인 해결 방법은 없다. 아랍제국의 독재 본산은 사우디아라비아이다. 사우디아라비아도 내부는 끓고 있다.

튀니지 : 사하라 사막의 보석

튀니지는 북아프리카의 작은 나라다. 면적은 16만km²이다. 국가는 튀니지이고 수도는 튀니스다. 매우 비슷하다. 혼돈 말기를 바란다. 대한민국의 1.6배다. 인구는 1,100만 명, 한국의 1/5이다. 북아프리카에서 가장 작은 나라다. 시민혁명을 거치고 난 후 정치가 살아나고 있다. 민주주의가 터를 잡아가고 있다는 말이다. 북아프리카에서는 가장 모범적으로 민주화로 가고 있는 나라다.

이웃 나라인 이집트110만km², 리비아175만km², 알제리128만km², 모로코44.6만km²는 큰 나라다. 튀니지는 로마의 식량 창고wheat bucket라고 불렀다. 비옥한 땅이다. 북아프리카를 가로지르는 아틀라스산맥이 지나간다. 산맥을 따라 지중해 해안 쪽에 비가 온다. 연평균 강우량이 400mm다. 제벨참비Jebel ech Chambi산은 1,544m 최고봉이다. 겨울에는 눈을 볼 수 있다. 농업 국가이다. GDP의 11%를 차지한다. 수도 튀니스Tunis는 정치·경제의 중심이다. 튀니지의 남쪽은 사하라 사막이다.

시디부사이드Sidi Bou Said의 인구 6천 명은 '아랍의 봄'의 진원지이다. 튀니지 수도 튀니스에서 10km 북쪽에 있다. 관광도시다. 그리스 산토리니Santorini 섬과 비슷하다. 지붕 색은 파란색, 벽을 비롯하여 그 외 부분의 색은 하얀색이다. 시디부사이드는 산토리니 주택과 같은 색을 쓰고 있다. 집의 모든 색깔은 하얀색이다. 단 문과 문틀만은 파란색이다. 산토리니보다 시디부사이드 도시의 집의 색깔이 더 통일되어 있다. 문틀에 칠한 파란색이 강렬하다. 내가 오션 블루라고 했더니, 채색하는 기술자는 부사이드 브루라고 했다.

페인트 상표도 그렇게 붙어 있었다. 프랑스어가 공용어이다. 사회학자

미셸 푸코Michel Foucault와 소설가 앙드레 지드Andre Gide의 집도 여기에 있다. 경치가 좋고 기후가 좋다. 그리고 물가가 싸다. 파리 물가의 1/3이라 한다. 도시 색은 시 당국의 도시계획법이 그렇게 정해 둔 모양이다. 특이한 색깔 때문에 많은 관광객을 유치한다고도 했다.

튀니지는 사하라 사막 북쪽이다. 튀니스 해안 쪽은 파란 정원이다. 이탈리아 프랑스와 가깝다. 수도 튀니스Tunis에서 이탈리아의 섬, 시칠리의 팔레르모Palermo까지 320km이다. 수도 튀니스의 외항은 카르타고Carthage다. 로마와 전쟁을 한 도시이다. 제2의 로마였다. 지중해에 면하고 있어 어업이 성하다. 유럽과 가깝다. 생선 요리가 유명하다. 북유럽에는 생선을 거의 먹지 않는다. 생선은 대구, 청어, 가재, 새우, 민물고기로는 연어 정도이다. 유럽 남부와 북아프리카는 지중해 바다에서 나는 생선은 모두 먹는다.

문어 요리다. 튀니스 어시장을 갔더니 사람들이 모여 있었고, 문어를 구경하고 사람들의 피부색과 말투가 북유럽 사람들이다. 문어를 보고 야단이다. 영국인은 문어Octopus를 악마의 상징으로 여긴다. 먹지 않는다. 영국을 중심으로 한 북유럽에는 생선 시장이 잘 서지 않는다. 지중해 연안은 다르다. 어시장에서 가장 선호하는 물고기는 문어이다. 문어를 가장 많이 먹는 나라는 아시아와 지중해 연안이다.

유럽의 지중해 연안 국가들은 문어가 최고의 요리 재료다. 문어를 바다 괴물Sea Monster이라고 하지만, 매우 좋아하는 해산물 중 최고다. 매년 25만 톤이 잡힌다. 주 소비층은 지중해 연안 국가와 아시아인들이다. 스페인 문화가 전래된 남미에서도 먹는다. 지중해 연안 국가들은 문어가 주요 요리 재료인 듯하다. 튀니지의 재래시장에서 문어를 판다. 문어의 요리가 다양하다. 나는 네덜란드에서는 어시장에서 문어를 보지는 못했다. 대구와 청어뿐이다. 지중해 연안의 요리는 조개를 비롯하여 다양한 해산물이 식재료가 된다. 삶은 문어를 레몬, 파슬리, 올리브 오일로 버무려 볶아 먹는 카무니아Kamounia는 인기 있는 전통 요리이다.

우리도 문어는 최상의 음식이다. 제사상에 제일 먼저 오른다. 생선 가게 주인이 보란 듯이 산 문어를 들어 올리니 문어발이 손등을 감는다. 구경하던 여자의 목소리에 내가 더 놀랐다. 그 자리에서 삶아 우리나라 초고추장과 비슷한 양념장에 찍어 먹는다. 우리나라 문어와 차이가 없다.

카르다고Carthage는 고대 카르다고 왕국의 수도였다. 튀니스호Lake of Tunis 곁에 있다. 지붕 없는 박물관이라 한다. 많은 유적이 2000년 동안 사막 속에 묻혀 있었다. 사막 바람이 거꾸로 불어 유적이 나타났다. 대부분 유적은 지진으로 파괴되어 산재되어 있다. 그 규모와 파괴된 석조 건물들을 보면 감탄을 금치 못한다. 로마와 같은 규모이다. BC 146년, 3차 포에니전쟁Third Punic War에서 3년 동안 로마군은 포위하고 함락했다. 아프리카에 로마를 건설했다. 로마제국의 거점으로 삼았다. 보기에도 어마어마한 규모였다. 어디에나 고대 로마 시대의 유적이 있다. 이탈리아가 지배했던 시절, 무솔리니는 카르다고의 석조 유물을 실어 가려고 철도까지 부설했다. 로마로 싣고 가지 못한 것만 남아 있는 것들이다. 3차에 걸친 포에니 전쟁은 당시 페니키아인과 로마 간의 세계대전이었다.

 ——— 아는 척하기 딱 좋은 **아프리카 지식 여행**

서사하라

분쟁 지역이다. 아프리카 대륙의 서쪽 끝, 모로코공화국 남쪽에 위치한다. 면적은 한국의 3배 가까운 28.6만km²인데 인구는 1/100 정도인 56만 명이다. 서쪽은 대서양이고, 지역 전체가 사하라 사막이다. 사람이 살 수 있는 곳은 작은 오아시스뿐이다. 북쪽 모로코 국경 근처가 사람 살만한 곳이 있다. 600m 높이 산지가 있고, 비가 조금 내리고, 와디가 있다. 안개가 많다. 대서양에서 습기를 품고 불어오는 바람이 상륙하면서 안개를 만든다. 밤의 육지는 바다보다 기온이 낮다. 철망으로 안개를 받아 물방울로 만들어 식수로 쓴다. 특이한 경관이다. 제일 큰 도시는 엘아이운Laayoune, 21만 명은 여기에 있다. 서사하라 인구의 반은 엘아이운에 살고 있다.

서사하라는 아프리카의 마지막 식민지Last colony of Africa이다. 1975년까지 스페인 식민지였다. 스페인이 손을 빼면서 서사하라의 운명은 마드리드 합의Madrid Accords로 처리됐다. 1975년 11월 14일이다. 24°N를 중심으로 북쪽은 모로코, 동남쪽은 모리타니 영토로 합의했다. 2/3는 모로코가 먹고, 나머지 1/3은 모리타니가 가져갔다. 그리고 스페인은 돈이 되는 광산을 떼어갔다. 마드리드 합의에는 실제로 사는 주민, 사라위Sahrawi족에 대한 배려는 없었다.

사라위족은 사실 독립할 결의도 힘도 없었다. 사라위족에 폴리사리오Polisario라는 무장 저항 단체가 생겨났다. 독립군인 셈이다. 동쪽에 국경 일부를 맞대고 있는 알제리의 후원이 주효했다. 알제리는 모로코 국경 가까이

틴두프Tindouf가 있다. 1997년 인구 1만 명도 안 되는 작은 오아시스 도시였다. 알제리 정부가 사라위 난민 캠프를 설치하고, 난민을 수용하여 10년 만에 5만 명, 지금은 15만 명의 도시가 되었다. 그중 도시 인구의 1/3, 4만 5천 명은 난민이다. 모로코군에 쫓기고 있는 폴리사리오 무장 단체에 은신처를 제공해 주고, 자금과 무기를 공여하고 있다. 사실상 폴리사리오 후원자다. 모로코와 알제리 사이가 좋지 않고 원수지간이 되었다. 분쟁 때문에 국교를 단절한 상태이다. 알제리가 폴리사리오를 돕는 이유가 있다. 서사하라는 보고된 자원은 없다. 대서양으로 접근할 수 있는 통로이기 때문이다. 사라위족이 독립하면 서사하라를 통하여 대서양으로 접근이 쉽다. 국제 문제는 모두가 국가의 이익 때문이다.

폴리사리오의 끈질긴 게릴라전으로 모리타니는 손을 들었다. 국력도 약하고, 넓은 사막을 갖고 있고, 자국도 내전에 휩싸여 있었다. 마드리드 합의에 따라 서사하라의 남쪽 땅을 포기한다고 선언했다. 이제 분쟁은 모로코와 폴리사리오로 집약되었다. 모로코는 게릴라의 침입을 막기 위하여 모로코 장벽Morocco Wall을 설치했다. 1980년부터 2020년까지 7차에 걸쳐 설치하였다. 철조망을 설치하고 그 아래 지뢰밭을 만들고, 레이다를 설치하고, 중간중간 초소를 두고 있다. 남북으로 길이가 2,700km다. 동쪽 알제리와 가까운 쪽은 폴리사리오가 관장하는 지역이다. 전체 면적의 1/5이다. 모두 사막이다.

모로코는 큰 나라이고 아프리카에서는 잘사는 나라다. 인구가 3천 700만 명이고, 1인당 GDP도 1만 달러가 넘는다. 알제리도 큰 나라이다. 면적은 238만km²이고 인구는 4천 500만 명이다. 1인당 소득 1만 3천 달러다. 모로코와 알제리의 국력이 비슷하다. 모리타니는 면적은 넓지만, 인구는 420만 명이고, 1인당 소득 2300달러에 불과한 작은 나라이다. 국제적 지지 여론도

　　　　　

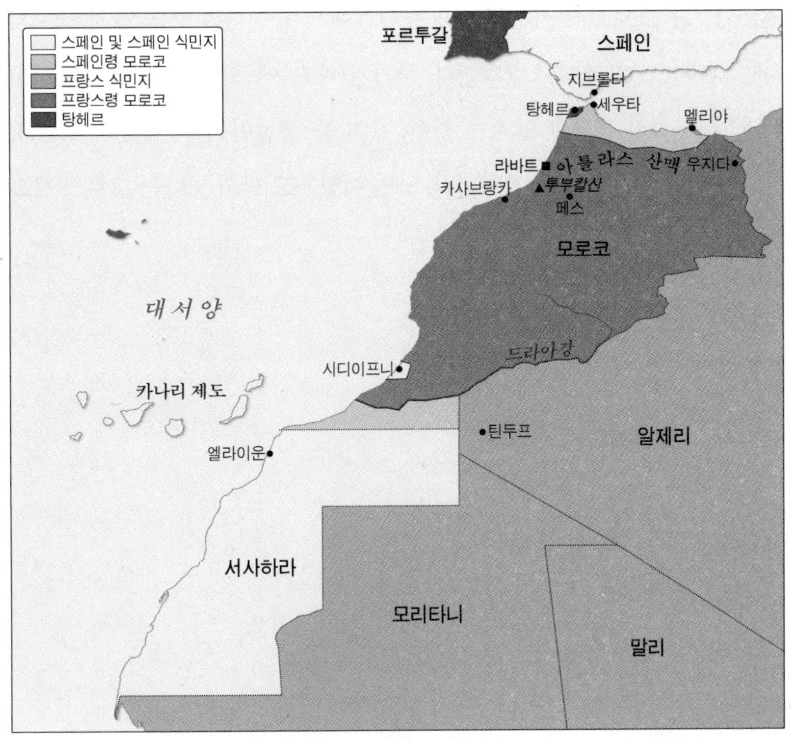

모로코와 서사하라

팽팽하다. 서사하라는 모로코 영토라고 하는 주장에 편을 드는 나라는 47개 국이고, 폴리사리오의 독립에 편을 드는 나라는 41개국이다. 서방 강대국들 은 중립적 태도를 하고 있지만, 모로코 편이다.

UN은 전쟁을 막기 위하여 평화유지군을 파견했다. 한국도 UN의 요구 로 1994년에서 2006년까지 12년 동안 평화유지군을 파견했다. 주둔군 42 명, 연인원 480명의 의료 지원단이었다. 우리도 사막전을 조금 이해한다. 이라크에 자이툰 부대를 보냈다. 영화로 사막전을 보았다. 영화 〈모가디슈 2021〉는 모로코 에사우이라Essaouira에서 촬영했다. 최근 개봉한 〈비공식작

전2023〉은 모로코 카사블랑카와 탕헤르에서 촬영했다. 사막을 배경으로 하는 영화는 모로코에서 촬영한다. 물가가 싸고, 엑스트라를 구하기 쉽다고 한다. 서사하라 해안에 잡히는 문어, 갈치 등 생선이 우리 밥상에 오른다. 물가가 싸고 정치적으로 안정되어, 노인 이민자도 받고 있다는 모로코 광고를 보았다.

제3장

수단, 에티오피아, 아프리카 뿔 국가들

아프리카 뿔 국가들

세계에서 가장 오래된 내전

이집트와 에티오피아 사이에 있다. 수단은 흑인의 땅Land of Black이란 의
미다. 오스만제국의 지배를 받았고, 이집트와 통합된 왕국으로 있다가 영국
지배를 받았다. 1952년 이집트에서 쿠데타로 왕정이 붕괴하자, 이집트를 따

라 1956년 독립했다. 수단의 북쪽 이집트와 마찬가지로 건조한 사막이고, 이슬람을 믿는 아랍인이 대부분이다. 수단은 2개의 수단으로 나누어졌다. '북수단과 남수단'이라 하지 않고, 수단과 남수단이다. 2011년 남북으로 갈라져 싸우다가 남수단이 국민투표에 부쳐 독립했다.

남쪽으로 갈수록 사는 주민의 피부색이 더 짙다. 다양한 부족이 산다. 578개의 부족이 살고, 145개의 소수민족 언어가 있다. 다양한 민족이 사는 것은 다양한 기후 지형이 분포하기 때문이다. 수단의 인구는 4,500만 명, 면적은 188만km², 인구는 한국과 비슷하나 면적은 18배나 되는 큰 나라이다. 북쪽은 사막, 남쪽으로 가면 사헬Sahel, 사바나 기후 지역이고, 더 남쪽으로 가면 열대 습윤 지역으로 변한다. 나일강의 지류 백나일과 청나일이 국토의 한 중앙, 수도 하르툼Khartoum에서 합류한다. 한 줄기 나일강이 되어 이집트로 들어간다.

21세기 스마트 폰이 있고, AI가 주도하는 자율 주행차가 다닌다. 그러나 아직도 자급자족 경제를 하고 먹고 살기에 허덕이는 나라가 지구상에 여러 나라가 있다. 맬서스가 『인구론1798』에서 주장했을 때, 세계 인구는 6억 명이 조금 넘었다. 식량 생산보다 인구가 증가 빨라, 식량 부족으로 기아와 전쟁 같은 대재앙이 올 것이라 걱정했다. 현재2025, 지구상 인구는 80억이 넘었다. 식량 생산이 부족하다는 말은 하지 않는다. 농업 생산이 늘어났다. 굶어 죽는 나라가 있는 것은 식량 생산의 부족이 아니라, 분배가 잘되지 않기 때문이다.

『지리학Geography: Realms, Regions, and Concepts, 2001』의 저자 하름 드 블레이 Harm de Blij는 한 국가의 가난을 가늠하는 척도는 아이들을 보면 알 수 있다 했다. 신을 신지 않고 다니면 가난한 국가다. 빈곤, 연기와 사랑은 속일 수 없다는 속담이 있다. 아무리 부자인척해도 아이들을 보면 가정형편이 보인다. 지리산 빨치산은 산에서 밥을 지을 때 연기를 감추기 가장 힘들었다 한다. 한 직장에서 아무리 비밀리 하는 사랑도 읽힌다.

수단은 가난한 나라다. UN 통계상으로는 더 가난한 나라도 있다. 국민소득을 GDP로 측정한다. 자급자족하는 가난한 국가는 GDP로 젤 수가 없다. 추정만 할 따름이다. 사실 수단은 그렇게 가난할 이유가 없는 나라다. 나일 강 유역에 넓고 비옥한 평야가 있어 전 국민을 먹여 살리고도 남을 식량을 생산할 수 있다. 국토 면적이 넓어 석유를 비롯한 다양한 광물 자원이 풍부한 나라다.

문제는 정치다. 가난의 이유는 정치를 잘못하기 때문이다. 수단의 토지는 인구를 부양하기에 충분하다. 그러나 농민은 농사지을 땅이 없다 한다. 농지의 소유가 문제다. 법으로는 농민만 일정한 토지를 소유하게 되어 있다. 법대로 되지 않는다. 지주는 권력자 손을 잡고 불법으로 많은 땅을 차지하고 돈이 되는 작물인 면화, 사탕수수, 고무나무, 땅콩을 재배한다. 수출하여 큰돈을 만진다.

가난한 농민은 험지에서 식량 작물, 옥수수나 밀을 재배하고자 한다. 식량을 생산할 땅이 농민에게 없다. 정부는 뇌물을 받고 지주 편을 든다. 농민이 먹을 식량이 부족한 이유다. 수단만의 문제가 아니다. 아프리카 대륙이 식량이 부족한 현상은 모두가 비슷비슷하다. 식민지 시절 유럽 지주들은 아프리카 농민들에게 환금작물Cash crop을 재배토록 했다. 영화 〈아웃 오브 아프리카〉에서도 대규모 커피 플랜테이션을 했다. 독립된 후에도 식민지 관행을 권력자들이 이어받았다.

수단의 특수성은 전쟁이다. 전쟁이 있는 곳에는 정치가 없다. 전쟁이 있는 곳에도 부자는 살아남는다. 그러나 가난한 사람은 더 가난해진다. 빈부의 격차가 더 벌어진다. 20년간이나 내전을 했다. 수단 내전은 현대사에서 가장 오래된 전쟁으로 기록되고 있다. 2023년 다시 내전이 일어났다. 갈등의 해결을 전쟁으로 해결하려 한다. 수 없는 전쟁을 했지만, 전쟁으로 부족 간의 갈등을 해결한 경우는 없다. 폭력으로 당한 소수 부족은 복수심을 갖고 있다. 전쟁하면 식량 생산은 더 어려워진다. 농사짓는 사람을 잡아간다.

수단은 1956년 독립 후 지금까지 1969년, 1971년, 1976년, 1989년, 2019년 쿠데타가 일어났다. 독립 이후 지금까지 쿠데타로 정권이 바뀌고 군사정권으로 이어지고 있다. 오마르 알 바시르Omar al-Bashir는 쿠데타를 하여 1989년 정권을 잡았다. 2019년까지 30년간 군사 독재 정치를 했다. 그는 북부 모슬렘 출신이다. 그들 중심으로 정치를 했다. 소수민족의 권익을 무시했다. 획일적인 이슬람 종교법으로 통치했다. 반대파는 체포하고, 고문하고, 투옥하고 처형했다. 바시르 정권에 반대하는 내전이 일어났다. 정부군의 통제는 수도 하르툼과 그 주변이고, 남부 밀림지대는 반란군이 장악하고 있다. 2019년 그의 보안 부대가 쿠데타를 하여 바시르 정권이 붕괴했다.

쿠데타를 한 알 부르한Al-Burhan 장군이 정권을 잡고 있다. 쿠데타 세력 간에 권력다툼이 일어났다. 정규군과 민병대 간의 갈등이 내전으로 발전했다. 정권 교체는 쿠데타뿐이다. 누구도 정권의 합법성을 인정하지 않는다. 힘센 자가 나오면 또 물러난다. 누가 더 많은 자원을 가져가느냐가 권력의 힘이다. 자원 통제권을 놓고 하는 내전이다.

내전의 중심인 서남쪽 다르푸르Darfur 지역은 사헬 지방이다. 바시르 정권 하에서 반군은 있었고 그 내란은 지속했다. 20년 동안 전쟁을 했다. 오랜 내전이었다. 외침보다 내전이 더 아프다. 잠잠했던 내전이 2023년부터 다시 일어났다. 내용이 비슷하다. 부르한 장군과 헤메니 장군 간의 권력 다툼이다.

2025년 현재 지구상에 전쟁하는 곳은 러시아 우크라이나, 이스라엘- 하마스와 수단 내전이다. 이민족 간의 전쟁이고, 수단은 정부군과 반군 간의 내전이다. 세계에서 가장 오래 전쟁을 하는 곳이다. 사망자 수는 전쟁으로 15만 명, 최대 61만 명까지 추정한다. 내전의 피해가 심각하다. 국제사회는 아무도 관심을 가지지 않는다. 관심을 가지는 자체가 수렁이다.

남수단 분리 독립

남수단은 2011년 분리 독립하여 193째 UN 회원국, 54번째 아프리카 독립국이 되었다. 원래 다른 부족국가였으나, 영국이 수단과 남수단을 하나의 나라로 식민지 통치를 했다. 수단은 피부색이 연하고, 이슬람교도가 다수다. 남수단은 피부가 짙고, 기독교이면서 전형적인 흑인이다. 독립 후 북부 수단이 독점적으로 지배를 하므로 남수단은 소외되었고 불만이 높았다.

남수단은 반란을 일으켜 내전은 22년간 계속됐다. 엄청난 희생자가 생겼다. 주변국의 중재로 2005년 케냐 나이로비에서 평화 협정을 맺었다. 6년 후 국민투표를 거쳐 남수단 독립 여부를 결정하기로 했다. 98%의 찬성으로 남수단 독립이 결정됐다.

남수단 민족해방군SPLM, Sudan People's Liberation Movement을 이끌던 갈랑 장군이 독립과 동시에 대통령이 되었다. 초대 대통령 갈랑Galan이 헬기 사고로 죽고, 부통령이던 키르Kiir가 정권을 잡았다. 키르 대통령은 국정을 수습하고 경제 발전을 하고 싶어했다.

남북 수단편의상 남북 수단, 원명은 수단과 남수단. 최대 자원은 석유다. 석유의 75%는 남수단에 있다. 우선 재정 수입 확보를 위하여 수단과 국경 지대에 있는 헤그리그Heglig 유전지대를 점령했다. (북)수단 대통령과 협상을 하여 석유 생산의 1/2을 얻어 냈다. 내륙국인 남수단은 바다로 나가는 길이 없다.

남수단은 북수단을 통하여 석유를 수출해야 한다. 남수단은 수출할 때 수단에 1배럴당 24.50달러를 주기로 합의했다. 남수단은 재정 수입의 90%를 석유에 의존하고 있다.

국정 쇄신을 시도했다. 정부를 구성하면서 제1 부통령, 마차르Machar 장군을 해임했다. 마차르는 뉴에르Nuer 부족으로 독립 전쟁에 공이 큰 장군이다. 수단과 전쟁에서 단일 부족으로 이룬 것이 아니라 여러 부족이 연합하여 성취하였다. 어느 나라나 독립 투쟁과 독립 후 권력 분할은 다르다. 고난은 같이 할 수 있어도 부귀영화는 같이 할 수 없다는 말이 있다. 마차르 부통령은 토사구팽을 당했다. 부통령 마차르는 누에르 부족을 부추겨 무장 투쟁을 선언했다. 또 내전이 시작되었다. 대통령 키르 입장도 이해가 되고 부통령 마차르 입장도 이해가 된다. 키르는 안정된 정권을 위하여, 마차르 해임도 인정된다. 그리고 키르의 부당함에 마차르 저항도 이해는 간다. 전쟁으로 가게 된 것이 문제다. 내전은 7년간 계속되었다. 권력 투쟁에 국민은 어떻게 되는가?

기가 막힌다. 내전은 외국의 침략보다 더 많은 사람을 더 잔인하게 살해한다. 내전에는 인권이라는 단어가 없다. 여자는 성폭행하고, 아이들은 마약을 먹여 총을 들게 했다. 컨테이너에 60여 명을 밀어 놓고, 문을 잠그고 질식사를 시키고, 목에 타이어를 걸고 기름을 부어 불을 붙여 살해하기도 하고, 비닐봉지를 머리에 씌워 살해했다. 총살은 양호한 편이다.

왜, 이렇게 되었을까? 수단의 부족은 다르다면 다르고 같다면 같다. 고립되어 살았기 때문에 언어 차이가 조금 있다. 꼭 이유를 따지자면 19세기 노예 무역이 한창이던 시절, 남수단 쪽에서 더 극성이었다. 노예 시장은 백인의 장사지만, 백인이 직접 간여한 게 아니고, 백인의 돈을 받은 부족이 다른 부족을 잡아 오는 형식이다. 노예 사냥은 이웃 부족 간에 극심한 불신과 갈등을 일으켰다. 피부색이 북쪽은 회색이고 모슬렘이고, 남쪽 부족은 피부색이 더 검고 기독교이다.

남수단은 면적 644천km², 인구 1,100만 명, 주바Juba, 52만 명가 수도다. (북)수단도 못 살지만, 남수단만큼 어려운 나라는 지구상에 없다. 1956년 독립을 하고 32년에 걸친 내전으로 2011년 분리 독립을 했다. 분리 독립과 동시에 남수단은 권력 투쟁으로 또 7년간 내전을 했다. 남수단은 2020년까지 39년 동안 전쟁 속에 살았다. 내전은 마차르를 다시 제1 부통령에 임명하는 조건으로 봉합이 되었다. 2020년 에티오피아 중재로 평화협정이 체결되었다.

남수단의 삶의 질은 156개국 중 152번째이다. 최빈국 1위 부룬디, 2위 중앙아프리카, 3위 탄자니아이다. 모두가 남수단의 인접 국가들이다. 남수단의 내전의 영향을 받고 같은 내전을 겪고 있는 나라들이다. 이웃 나라가 전쟁이 일어나면 수많은 난민 들어오고, 치안이 불안해지고 또 남의 나라 내전에 참여하게 된다. 나라는 다르지만, 부족은 같다. 전쟁을 거들게 된다.

2020년 미국 평화재단이 발표한 취약 국가Fragile States Index 179개 중 2020년은 1위 예멘, 2위 소말리아, 3위 남수단이고, 2025년 통계는 1위 소말리아, 2위 수단, 3위 남수단이다. 일본은 160위, 한국은 161위다. 한국과 일본은 2020년에도 비슷했다.

남수단은 아프가니스탄과 같은 내륙국이다. 북쪽으로 수단, 에티오피아, 서쪽으로 중앙아프리카, 남쪽으로 콩고DRC, 우간다, 케냐를 접하고 있다. 국토 전체가 3°N~13°N 사이에 걸쳐 있다. 동부 고원 지대를 제외하고 전부가 열대우림 지역이다. 백나일강이 수단 영토 한중간을 흘러, 수도 주바Juba, 525천 명를 지난다. 사바나 기후와 열대우림 기후대에 걸쳐 있다. 다양한 생물이 서식한다. 〈동물의 왕국〉의 표본이 되는 세렝게티 같은 국립공원

 ——— 아는 척하기 딱 좋은 **아프리카 지식 여행**

이 3개나 있다. 반딩질로 국립공원Bandingilo National Park, 보마 국립공원Boma National Park, 남부 국립공원Southern National Park이 있다. 인간의 재앙이 없으면 자연자원만으로도 잘 살 수 있는 잠재력이 큰 나라이다.

남수단의 늪지, 수드

지구상에 사는 생물 중에서 인간의 서식지가 넓다. 북극에서 남극까지 사람이 살지 않는 대륙은 하나도 없다. 사막에도 바다 위에도, 강물 위에도 살고 있다. 어떤 생물도 인간만큼 서식지가 넓은 동물은 없다. 늪지나 수렁은 인문학적 의미는 천대받는 땅이다. 난관에 봉착하여 헤어 나오기 힘든 상황이거나, 진퇴양난 상황에 있을 때, 수렁에 빠졌다 한다. 늪은 육지에 물이 고여 있는 지형이다. 세계 곳곳에 늪지 또는 수렁이 있다. 한국은 남사르에 등록된 늪지가 우포늪을 위시하여 24개 있다. 영어로는 wetland, swamp, bog, marsh, lagoon 등이다. 조금씩 뜻이 다르긴 하다. 늪지에도 사람이 산다.

이집트에서 남쪽으로 간다는 말은 나일강 상류로 간다는 말이다. 상류로 가면 수단에서 백나일과 청나일이 합류하고. 나일강의 본류인 백나일을 따라 남수단으로 들어왔다. 백나일강은 유역 면적이 180만km²이다. 같은 강이라도 강이 지나는 마을마다 다른 이름이 있다. 수단은 백나일강이 통과한다. 백나일과 청나일이 (북)수단 하르툼에서 만나서 나일강이 된다. 백나일 상류는 부룬디에 있는 키키지산Kikizi Mount, 2145m에서 발원한다. 상류는 부룬디 루루부강Rurubu → 탄자니아 카게라강Kagera → 빅토리아호 → 빅토리아 나일Victoria Nile → 우간다 교가호Kyoga Lake → 우간다 알버트호Albert Lake에 들어갔다가 남수단으로 들어간다.

백나일은 남수단 국경 도시 니뮬레Nimule와 수도 주바Juba를 지나고 북쪽으로 흘러 남수단 평야를 만나 수드Sudd 늪지가 만들어진다. 늪지는 남수단 중앙적도주Central Equatorial State, 몽갈리아Mongalia에서 시작하여, 북쪽 어퍼나일주Upper Nile State, 말라칼Malakal까지다. 그 늪지의 크기가 우리의 상상을 초월한다. 세계 최대 규모이다. 건기에는 3만km², 우기에는 13만km²다. 한국 1.3배 크기다. 남북 500km, 동서가 200km이다. 위성사진, 항공사진, 드론으로 찍은 사진으로 나타난 현상은 메소포타미아 하류 바슬라Basla에서 보았던 늪지와 비슷했다.

백나일이 만든 수드Sudd 지형은 장애Barrier 또는 Obstruction란 뜻이다. 경관이 특이하다. 늪지에 부초 섬floating vegetation island 또는 mat이 있다. 그 위에 사람이 산다. 오랜 세월 동안 자란 부초가 죽고 말라서 겹겹이 쌓여 육지처럼 모양이 되었다. 강에는 수초의 뿌리가 엉켜 배가 제대로 다니지 못한다. 이집트제국, 로마 네로 황제도 이집트에서 나일강을 따라 남쪽으로 진출을 꾀했으나 수드 때문에 더는 가지 못했다.

수드Sudd에도 사람이 산다. 육지도 아니고 강도 아니다. 집을 짓고 사는 지반은 수초 위다. 수초를 베어 말리고, 말린 수초를 바닥에 깔고, 그 위에 집을 원추형 풀집을 짓고 온 가족이 함께 산다. 물에 잠기면 말린 수초를 깔아 덮는다. 밑에 있는 수초는 오래되면 물을 머금고 가라앉는다. 그 위에 또 수초를 덮는다. 이라크 바스라에도 그런 집이 있고, 페루 티티카카호에도 있다. 집단 주택도 있고, 고립된 원추형 움막도 있다. 대지가 10평이 안 된다. 어른도 아이들도 그 위에 산다. 집마다 작은 배가 있다. 유일한 교통수단이다. 이웃집에 가더라도 배를 타고 가야 한다. 고기를 잡고 수초의 뿌리를 캐서 먹는다. 원주민인 누에르Nuer족이다. 흑인Nilotic이다.

수드 늪지 위의 집

이집트 전 국토는 비가 오지 않는 사막이다. 오직 나일강에서 내려오는 물로서 생명을 기댄다. 이집트는 나일강 수원에 비상한 관심을 가진다. 나일강 상류에 여러 국가가 있다. 상류 나라들도 나일강 물을 이용하여 살아간다. 댐을 만들어 전력을 생산하기도 하고, 농업용수로 이용한다. 나일강 물을 잘라 써야 한다. 이집트와 나일강 상류 국가 간에 나일강 수원을 두고 신경이 날카롭다.

전형적인 예가 에티오피아의 르네상스댐 건설이다. 수원 때문에 전쟁까지 하겠다고 한다. 남수단과도 관계가 미묘하다. 수드 늪에 갇힌 물의 1/2이 증발한다. 늪지의 물이 증발하면 나일강으로 들어갈 수량은 줄어든다. 이집트는 직강 공사운하를 하여, 수단의 늪지에 고인 물의 저수 기간을 줄여 증발량을 줄이고 빨리 강으로 내려보내려는 사업을 시도했다. 종글레이 운하Canal of Jonglei 계획이다. 운하의 건설로 이집트 나일강 수량이 7% 증가할 것이라 한다. 나일강 물의 7% 증가는 이집트 전력의 7% 증가, 농업 생산의 7% 증가를 의미한다. 대단히 중요한 토목공사이다. 종글레이 운하 계획은 이집트에는 수원을 확보할 수 있고, 남수단은 배수하여 농토를 확장할 수 있다.

21세기 들어와서 늪지 중요성을 깨닫기 시작했다. 남사르 협약에 가입하는 국가가 늘어나고 있다. 늪지는 생물 종의 다양성, 정수 능력, 저수 능력, 계절 이동을 하는 철새와 포유류 보호, 홍수조절, 어업자원 확보, 기온 조절과 관광자원이다. 한편에서는 수드 늪지의 건조화를 걱정하는 목소리가 높다. 사막화를 가속한다. 세계적인 호수였던 아랄해와 수단 호수가 운하로 상류에 물을 잘라, 수량이 줄어들었다. 호수를 의지하고 있던 원주민은 재앙을 맞이하고 있는 현실을 보고 있다. 댐 공사로 얻어지는 이익보다 손실이 더 크다는 주장이다.

이태석 신부

〈톤즈야 울지마라〉. 톤즈Tonj, 1만 7천 명은 남수단 아랍주Warab State, 56만에 있다. 적도 지방7°16′N이다. 수도 주바에서 자동차 길로 525km 동북쪽에 있다. 수드 늪 서쪽이다. 수단은 세계에서 가장 가난하고 내전을 하고 있던 나라다. 사람이 살기에 가장 어려운 곳이다. 학교도, 병원도, 경찰도 문화시설은 없다. 이태석 신부는 톤즈에서 어린이를 교육하고 병든 자를 치료하고, 내전으로 총상을 입은 자를 치료해 주었다. 인류사에 큰 발자취를 남겼다. 그는 가톨릭 신부였고, 의사였고, 음악가였고, 대한민국 국민이었다.

이태석 신부가 세계에서 사람 살기 힘들고 위험하다고 하는 남수단 톤즈

 —— 아는 척하기 딱 좋은 **아프리카 지식 여행**

에 왜 갔을까? 가난한 환자를 치료하러 갔다고 한다. 가난한 사람, 병든 사람이 수단에만 있는 게 아니다. 인간도 동물인지라 안전하고 편안한 생활을 원한다. 신부도 사람인지라 고통과 위험을 피하고 싶어한다. 교황청도 포교가 중요한 사업이지만, 위험한 곳에 강제로 사제를 파견하는 경우는 없다. 왜, 매우 위험하고 열악한 수단에 갔을까?

측은지심惻隱之心이다. 맹자의 말이다. 인간의 본성 중에는 불쌍한 사람을 도와주고 싶은 본성이 있다 한다. 측은지심을 과학적으로 증명한 연구가 '거울 뉴런mirror neuron' 이론이다. 이탈리아 신경과학자 리졸라티Rizzolatti, 1992, 1996는 영장류 동물은 같은 종의 고통을 보고 있으면 같은 감정을 갖는다고 한다. 원숭이 실험에서 밝혀냈다. 우물로 기어가는 어린아이를 구하는 것은 무엇을 바래서가 아니다. 이태석 신부는 남수단에서 일어나고 있는 비참한 현실을 듣고, 보고, 측은지심을 가졌다. 그러나 너무나 어렵고 위험하므로 측은지심이 있다 해도 감히 실행하지는 못한다. 이태석 신부는 보통 사람이 하지 못하는 일을 했다. 용기 있는 사람이다. 봉사 활동을 하다가 대장암에 걸려 48세의 젊은 나이로 안타깝게 운명했다.

현대사에는 기독교 선교 봉사 활동을 한 분들이 많이 있다. 슈바이처 박사는 전 프랑스 식민지 가봉 공화국 람베르네Lambaréné에서 봉사 활동을 했다. 적도 아래0°42′S이다. 박사의 봉사 활동은 당시 세계 중심이던 유럽과 미국에 알려져, 많은 후원자를 모았고 병원을 지었다. 그의 유명세는 극동의 작은 나라, 한국 교과서에도 실렸다. 슈바이처 박사는 고향이 독일과 프랑스의 접경 알자스 지방이다. 출생부터 1918년까지는 독일 국적이었다가, 1919년부터 1965년 죽을 때까지 프랑스 국적을 갖게 되었다. 알자스 지방의 특수성 때문이다. 서부 아프리카는 프랑스 식민지였다. 철학박사이고, 의사이고, 음악가인 슈바이처가 열대 아프리카에 가서 인류애를 실천했다.

가봉에 1913년 람베르네에 병원을 설립하여 병들고 가난한 환자를 돌보았다. 그는 생명 존중 사상을 실천에 옮겨, 살아 있는 나무에 옷을 걸지 못하게 하고, 곤충이 불에 타 죽는다 하여 밤에 불을 피우지 못하게 했다 한다. 지금 슈바이처 병원 시설을 아프리카 5대 병원으로 꼽고 있다. 2017년 150병상, 응급실, 약국, 실험실, X-ray실을 갖추고 있다. 160명 직원과 2명의 외과 의사, 2명의 소아과 의사가 있다. 매년 5만 명이 이용한다. 고생도 했지만, 영광도 있었다. 세계적인 인물이 되었고, 1952년 노벨상까지 받았고, 90살까지 살았다. 또 한 분은 다미앵Damien, 1840~1889 신부이다. 그는 벨기에 사람이다. 하와이 몰로카이섬에서 봉사활동을 했다. 문둥병 환자를 돌보았다. 당시 하와이는 미국의 보호국이었지만, 카메하메하Kamehameha 왕국일 때다. 그때 한센병은 불치병이고, 전염성이 강하여 격리하여 캠프에 강제 수용하였다. 우리나라는 소록도小鹿島가 있다. 일제강점기 시대 나환자를 격리하여 강제 수용했다. 하와이 왕국은 8천 명의 한센병 환자를 외딴섬 몰로카이Molokai에 수용하였다. 몰로카이의 나병 환자촌이 가난과 질병으로 처참하게 처해 있음에도 불구하고, 누구도 구원의 손길을 주지 못했다. 다미앵 신부가 나섰다. 자원하여 몰로카이섬으로 들어갔다. 나환자와 생활을 같이했다. 섬에서 교회, 학교, 병원을 짓고, 농장을 일구어 나환자에게 자립의 기반을 만들었다. 자신도 한센병에 걸려 48세의 나이로 현지에서 죽었다. 교황청은 다미앵 신부를 성인Saint으로 추대했다.

프랑스와 벨기에 문명과 경제적 부는 식민지 약탈과 착취에 있다. 서양 기독교는 국가권력과 함께 식민지 경략의 중심에 있었다. 아프리카 가난과 내전은 유럽 열강의 수탈과 노예가 원인이다. 서양 기독교는 식민지 원주민에 가한 잔혹한 행위에 대한 깊은 죄의식이 있다. 교황도 여러 번 사죄했다. 슈바이처 박사나 다미앵 신부는 국가와 교회가 저지른 죄를 대신 속죄한 분

이태석 신부와 톤즈의 아이들

들이다. 이태석 신부는 원죄가 없는 국가에서 태어났다. 그의 봉사는 더 크고 빛났다. 이태석 신부의 명언이 있다. 교회를 먼저 세우자는 주장에 "하나님이라면 이곳에 교회를 먼저 짓겠는가. 학교를 먼저 짓겠는가?" 하고 반문했다. "하나님은 먼저 학교를 세울 것이다."라고 했다. 그는 인간애를 통한 선교를 했다. 위대한 분이다.

남수단의 석유

석유 산출은 남북 수단의 분쟁 원인이기도 하고, 평화 협약의 계기가 되기도 했다. 석유가 얼마나 중요한 자원인가는 여기서 재론할 필요가 없다. 석유는 전 세계의 산업을 이끄는 원동력이 되는 에너지 자원이다. 석유가 없는 후진국은 어느 강대국도 관심을 가지지 않는다. 아무리 후진국이라도 석유가 산출되었다 하면 금방 부자 나라가 되고, 세계의 관심이 집중된다. 로또 복권에 당첨되는 행운을 갖게 된다. 수단이 그런 나라였다.

수단에도 기름이 난다. 산유국이다. 유전 지대가 남북 수단 영토에 걸쳐 있다. OPEC에 초청되기는 했지만, 아직 회원국은 아니다. 1일 48만bbl, 매년 1억 7천520만bbl이 생산된다. 전 세계 석유 생산량의 1%도 안 되는데도 전 세계의 주요 석유회사가 수단 석유에 관심을 가진다. 수단은 종교와 부족 문제로 내전이 일어났다. 수단과 남수단 국경 부근, 무그라드 분지Muglad Basin에서 석유가 발견됨에 따라 자원전쟁이 되고 말았다.

2011년 남수단이 평화적으로 수단에서 분리 독립을 했다. 그러나 수단과 남수단 사이 국경 지대에 석유 자원을 차지하려고 전쟁을 또 했다. 유전 지대를 뺏고 뺏기는 전쟁을 수십 번 치르고 나서, 우선 봉합을 했다2013. 소위 헤그리그 위기Heglig Crisis이다. 당시 반기문 UN 사무총장도 분쟁 조정에 나섰다. 수단 석유에 이권이 있는 국가들이 협력하여 분쟁은 조정됐다.

미국을 비롯한 유럽 국가들은 1950년대부터 수단의 홍해 연안과 남수단 북서부 지역에서 석유 가능성을 탐색했다. 현재 유전 지대 헤그리그Heglig 유전과 유니티Unity 유전에 걸쳐 있다. 광범위한 퇴적층에 석유가 매장되어 있다. 남북 수단의 국경지대다. 미국 셰브론Chevron, 영국 BPBritish Petroleum, 네덜란드 로열더치셸Royal Dutch Shell, 프랑스 토탈Total 등 캐나다의 정유회사들이 참여했다. 다국적 기업들은 수단 영토의 1/3에 해당하는 면적에 석유탐사권을 얻어 조사를 시작했다. 셰브론사는 1977년 시추하여, 1979년에 석유를 채굴했다. 수단이 소비하고 남는 석유는 헤그리그에서 홍해 연안, 항구 포트수단Portsudan까지 송유관을 설치하여 수출하고 있다.

수단 석유의 수요가 늘어나자 더 많은 시추를 하였고, 많은 유전이 발견되었다. 석유의 부존 가능성이 커 남수단의 늪지 알 수드Al-Sudd 탐사를 하던 중 테러가 발생했다1984년 2월. 세브론 직원 4명이 사망하였다. 석유의 발견으로 정부군과 반군SPLM 간 내전은 더 격화되었다. 반군의 테러였다. 자기들의 땅에 생산되는 석유를 팔고 돈을 주지 않는다는 이유다.

분쟁 지역에서 석유를 채굴할 때, 석유회사는 정부군에도 반군에도 상납한다. 세브론사는 모든 석유 생산을 그만두고 철수해 버렸다. 수단에서 지난 40년에 걸친 내전으로 유전 탐사를 제대로 하지 못했다. 석유가 생산되기 전 농업, 산업, 교통, 생활에 필요한 에너지는 전량 수입에 의존했다.

세브론사가 떠난 후, 캐나다 아라키스Arakis사는 세브론의 지분을 샀다. 무그라드 분지Muglad Basin와 벤티우Bentiu 북부 지방 석유탐사권이다. 아라키스사는 1997년 석유 개발을 위해 다국적 콘소시엄을 구성했다. 이집트 GNPOC, 중국 CNPC, 말레이 PETRONAS, 수단 국영석유회사가 참여하였다. 다국적 기업이 들어가면 테러도 포기도 쉽지 않다. 다국적 기업은 함부로 건드리지 못한다. 문제가 심각해진다. 콘소시엄을 구성하면 독점 이익은 줄지만, 다국적 기업이 간여하므로 안전은 보장받는다. 개성공단 입주 기업도 다국적 기업으로 컨소시엄을 구성했더라면 양쪽 다 쉽게 폐쇄 조치는 못했을 것이라는 주장도 있다.

유전은 75%가 남수단에 있다. 남수단은 송유관 정유 시설, 수출항을 비롯한 인프라가 전혀 없다. 2005년 남북 수단 평화협약CPA, Comprehensive Peace Agreement, 2005에서 정한 대로 석유 수익의 1/2씩을 남북 수단이 나누어 갖기로 했다. 힘이 약한 남수단은 북수단이 불공정 거래를 할까 두려워하고 있다. 불공정 거래를 하면 언제라도 전쟁을 할 준비가 되어 있다고 정부 대변인은 말한다. 전쟁의 위험은 여러 곳에 있다. 서로를 배려하여 간신히 평화를 유지하고 있다.

석유값이 배럴당 85달러2021.10로 치솟고 있다. 국가 재정을 전적으로 석유에 의존하고 있는 남북 수단은 호경기를 만났다. 석유값의 상승은 코로나 19로 인한 위축된 세계 경기가 회복세로 돌아섰고, 석유 수요가 늘어났다. 중국의 석탄 생산 감소로 석유 수요가 증가했다. 바이든 미국 정부의 탄소 저감 정책으로 미국 공유지 석유 채굴 금지 조치로 인한 미국 석유 생산 감소 등 복합적 이유가 있다. 석유값 결정은 1차로 국제 원유 가격에 영향을 받지만, 최종 소비 가격은 국가마다 다르다. 각국의 세금 정책 때문이다. 한국 석유 소비는 1일 278만bbl이다. 한국은 석유 의존도가 너무 높은 나라다. 1위 중국, 2위 미국, 3위 인도, 4위 한국이다. 한국은 2023년 현재 9억 3천만 bbl을 수입하였다. 선진국들은 2050년까지 탄소 중립을 선언하고 있다. 한국도 동참해야 한다. 고민이 많다.

에티오피아

에티오피아와 한국

1970년 네덜란드에서 유학 때 일이다. 나는 에티오피아 유학생 베크레 집에 초대받았다. 그는 공산주의자였다. 베크레 책상 위 벽에 커다란 '체 게바라' 포스터 초상화가 걸려 있었다. 후진국 대학생들에게 체 게바라는 우상이었을 때다. 1974년 에티오피아에 공산당이 주도한 쿠데타가 일어났다. 세라시에 정권은 붕괴하고 체포되었다. 공산주의자 맹기스투 소령은 쿠데타를 주도했고, 1977년 정권을 장악했다. 네덜란드 ISS사회과학원 동창회 소식지에 베크레는 맹기스투 공산당 정부의 실세로 등장했다는 소식을 동창회 뉴스레터에서 읽었다.

사하라 이남 동부 아프리카를 답사하고 있다. 지구촌의 일원으로 어떻게 살아가고 있는지를 살피고 있다. '아프리카 뿔Horn of Africa'이라는 별명을 가진 지명이 있다. 에티오피아, 에리트레아, 지부티, 소말리아 등 4개국이다. 아프리카의 동부 지형이 코뿔소rhino 뿔horn과 같이 생겼다고 해서 붙인 이름이다. 4개 나라는 고대사, 중세, 근대사도 비슷한 역사를 경험했고, 근대에 들어서도 이탈리아, 프랑스, 영국의 식민지를 겪었다. 아프리카 뿔의 면적은 200만km², 인구는 1억 3천만 명이다. 에티오피아 1억 1천만 명, 소말리아 1천5백만 명, 에리트레아 6백40만 명, 지부티 1백만 명이다. 인구에서 보듯, 아프리카 뿔은 인구로 보면 에티오피아가 85%로 중심 국가이다. 이웃 나라들은 에티오피아 정황에 따라 휘둘렸다. 3개 나라, 에리트레아, 지부티, 소말리아가 해안을 차지하고 있어, 에티오피아는 해안이 없는 내륙 국가다.

뿔은 고원 지대로, 넓은 에티오피아 고원이다. 열대 지방은 고원 지대가 사람 살기에 좋다. 적도가 가깝지만, 시원하다. 2천m에서 2천7백m 높은 지대이므로, 겨울에는 4°C 여름에는 27°C 정도이다. 계절풍의 영향으로 비가 많다. 고원에 내리는 많은 비는 청나일강의 수원이 된다. 에티오피아의 수도 아디스아바바Adis Ababa, 338만 명의 위치도 고도 2,355m에 있다. 아비시니아 고원이다. 뿔이 의미하듯 인도양으로 내민 반도 지형이다.

홍해, 인도양에 걸쳐 있다. 홍해와 아덴만 사이에 바브엘만데브Bab el Mandeb 해협이 있다. 걸프만 호르무즈 해협 같은 요충지이다. 뿔 끝에서 200km 떨어져 인도양 쪽에 소코트라Socotra, 6만 명섬이 있다. 중세 때부터 아라비아반도, 인도와 무역을 했다. 명나라 영락제 때, 1405년 정화鄭和가 소말리아까지 다녀갔다는 기록이 있다. 해양 교통의 요지, 지중해, 홍해, 인도양을 잇는 전략적인 위치이다. 19세기 이탈리아, 프랑스, 영국이 뿔의 해안 지방을 거점으로 삼고 내륙을 식민지화했다.

에티오피아 고원의 한중간을 서남에서 동북으로, 함몰 지형인 아프리카 대지구大地溝, Great Rift Valley가 지나간다. 지구대를 따라 20여 개의 큰 호수가 분포한다. 서남쪽 케냐와 국경지대 투르카나 호수Turkana Lake가 있다. 호수 분지에서 400만 년 전 인류의 조상, 오스트랄로피테쿠스 아파렌시스를 비롯해 200만 년 전, 호모하빌리스Homo habilis 화석이 발견되었다. 150만 년 전 인류 화석으로 보이는 투르카나 소년Turkana boy도 발견되었다. 11살에 죽은 거의 완전한 상태의 인류 화석이다. 키메우K. Kimeu가 1984년 발견했다. 많은 인류 조상 화석이 출토되었다. 현생 인류 호모사피엔스의 출현도 아프리카 동부 고원 지대다. 지금도 아프리카 동부 고원은 대형 포유동물이 가장 많이 서식하는 지역이다.

뿔에 있는 세 나라는 에티오피아에 비하면 작지만, 열강의 도움으로 해안을 점거한 독립국들이다. 모두가 못사는 나라들이다. 내전 때문이다. 한때 페르시아 제국, 로마제국, 중국과 교류하던 큰 에티오피아 제국을 건설하기도 했다. 20세기에 들어와 유럽 열강이 물러간 자리에 민족 단위로 독립을 했다. 이데올로기, 민족, 국경 문제로 내전이 일어났다. 자급자족하는 경제에서 전통 무기로, 게릴라전으로 내전은 수십 년간 계속되었다. 수단 내전과 비슷한 양상이다. 죽이고 빼앗는 전쟁을 수없이 했지만, 전쟁은 끝나지 않았다. 내전의 결과로 독립은 했다. 하지만 전쟁이 생활화되었다.

1960년대는 에티오피아는 한국보다 잘 살았고, 6·25 전쟁 때 파병까지 한 나라다. 에티오피아 군인 참전 기념비 제막 때 셀라시에 에티오피아 황제를 초청했다. 1968년이다. 박정희 독재 시절 우리는 그를 열렬히 환영하던 행사에 참석했다. 그는 황제였고 독재자였다. 1974년 에티오피아 공산당은 쿠데타를 하여 공산당이 집권했다. 형식만 다른 또 다른 독재 정권이었다. 65년이 지난 지금 한국은 개인 소득 6만 5천 달러ppp, 2025년에 선진국 대열에 들어갔지만, 에티오피아의 개인 소득은 4천 달러다. 에티오피아는 아직도 지구상에서 가장 못사는 나라 축에 들어간다. 바로 정치 때문이다.

에티오피아 내전

전쟁을 생각하면 전쟁이 있고, 평화를 생각하면 평화가 있다. 친구 간의 갈등도 싸움으로 해결하려 들면 항상 싸울 일이 있고, 평생 싸움 한 번 안 하고 지내는 사람도 있다. 국가 간 사정도 별반 다르지 않다. 국경을 맞대고 있는 나라들은 이웃 간에 빚어지는 갈등이 한두 개가 아니다. 사이좋게 잘 지내는 나라도 있고, 국경에 철조망을 치고 수시로 총질하는 나라도 있다. 갈등의 솔루션은 싸움이 아니면 타협이다. 전쟁으로 해결하면 쉬울 것 같지만, 세계사를 들춰보면 전쟁으로 국경 문제가 해결되는 경우가 극히 드물다. 전쟁은 또 다른 전쟁을 부른다.

아프리카 뿔의 분쟁은 복잡하다. 갈등은 에티오피아 내전과 연계되어 있다. 기독교와 이슬람교, 민족주의와 공산주의, 통합주의와 분리주의, 국가주의와 부족주의가 얽혀 있다. 에티오피아는 기독교 국가이고, 이웃은 이슬람 국가들이다. 기독교인과 이슬람교도 간에 갈등이 있다. 에티오피아를 점령한 이탈리아는 에리트레아를 에티오피아에 합병했다. 이탈리아가 물러간 후 에리트레아는 1961년부터 30년 동안 독립 투쟁을 했다. 공산주의 바람이 불 때 1974년 공산당은 쿠데타를 하여, 셀라지에 왕정을 무너뜨리고 공산주의 국가가 되었다.

공산당 정부군에 대항하여 에티오피아 반군, 티그라이 반군, 에리트레아 반군이 연합하여 긴 전쟁을 했다. 소련의 지원이 없는 맹기스투Mangistu 공산당 정권은 1991년 무너지고 말았다. 에티오피아는 70개 소수민족으로 결속력이 약한 연방 정부를 구성했다. 오로모Oromo족, 안하르Anharic족, 소말리Somali족, 티가리Tigriya족, 시다모Sidamo족, 월아리이타Walaytta족, 구라지Gurage족, 아파르Afar족이 대표적인 부족이다. 지방정부도 치안을 위한 국가 경찰이 아닌 지방 군대가 담당한다. 군대가 강한 지방정부는 중앙 연방 정부에 저항한다.

공산당 정권이 물러간 후 티가리 출신 멜레스 제나위Meles Zenawi가 17년간 집권했다. 민간 출신이다. 부족 간 자치를 인정하고 다양성을 존중했다. 성장이 10%에 이르렀다. 에티오피아 근대화에 이바지했다.

아비 아흐메드Abiy Ahmed가 2018년 집권했다. 20년간 지속하던 에리트레
아과 국경분쟁을 한발 양보하여 평화조약을 체결했다. 양국 간에 공항 재
개, 통신 연결, 국경 개방을 주도했다. 에티오피아 국내는 민주화와 시장경
제를 주장했다. 정치범을 풀어주고, 민주정치를 실시했다. 인접 국가는 환
영했다. 에리트레아 전쟁을 종료하고 아프리카 뿔의 평화에 기여했다 하여,
아비 총리는 2019년 노벨 평화상을 수상했다.

그러나 민주화는 소수 부족들이 목소리를 내기 시작했다. 티그라이주는
대표적으로 중앙정부에 대한 불만이 높았다. 티그라이는 소수민족. 인구의
7.6%에 불과하지만, 제나위 수상을 배출했다. 17년간 에티오피아 권력의
중심 부족이었다. 제나위가 물러나고 난 뒤, 새 권력자는 티그라이족을 숙
청했다. 국경 문제는 티그라이주의 마을, 바담Badme을 에리트레아에 양도
했다. 아비 정권은 코로나19 때문에 총선을 연기했다. 티그라이 부족은 불
만이 높을 수밖에 없다.

2020년 반란을 일으켰다. 티그라이주만 아니라, 연방 정부에 불만이 있
는 오로모족과 소수민족 7개가 연합하여 연방 정부에 무장, 저항하고 있다.
노벨 평화상을 받은 아비 총리는 난감하다. 현재 상황이다. 에티오피아 내
전은 내전에만 그치는 것이 아니다. 에티오피아 소수민족은 유목 민족이므
로 누gnu 떼처럼 국경을 넘나들며 살고 있다. 오로모족은 소말리아에도 살
고, 케냐에도 살고 있다. 소말리아로 피난 간 오로모족은 소말리아 오로모
족과 결탁하여 에티오피아에 내전에 참여한다. 에티오피아는 소말리아를
반란의 근거지로 공격한다. 국가 간 전쟁으로 비화한다. 같은 부족이 이웃
나라에 피난 가서 일어나는 문제는 남수단, 지부티, 에리트레아를 비롯하여
에티오피아 국경을 맞대고 있는 나라에도 전쟁이 일어났다.

아프리카 뿔의 내란과 국경분쟁은 실타래처럼 엮여 있다. 정의justice라는

잣대로 어느 한 편을 지지할 형편이 아니다. 연방 정부 이야기를 들어보면 정부군의 말도 맞고, 반란군의 편에서 반란 이유를 들어보면 그 말도 맞다. 내전의 틈바구니 안에 희생되는 민간인의 죽음과 학대에 대하여서는 아무도 책임을 지지 않는다. NGO는 수없이 내란의 현장을 보고하고 있다. 정부군이 반란군을 편들었다고 집단 학살Genocide하고, 연방군을 도왔다고 전깃줄로 묶은 채로 오모강에 수장하고, 가족들이 보는 앞에서 부녀자를 성폭행하고, 인신매매하고, 미성년자들에게 마약을 먹여 총을 잡게 하고, 전쟁 통에 아이들이 학교에 가지 않는다. 소를 모조리 잡아가고, 농민들은 적기에 씨를 뿌리지 못하여 만성적 기근에 시달려야 했다.

참상은 일일이 말할 수가 없다. UN 기구와 AU 정상들과 이웃 국가들이 내전 종식을 위하여 조정에 나서고 있다. 연방군이 응하면 반란군이 거부한다. 그 반대도 마찬가지다. 조정안을 만들어 수락할 것을 종용하고 있다. 조정 내용은 우선 총질을 멈추고 대화를 통하여 문제를 풀어야 한다고 권유한다. 해결이 쉽지 않다.

불만이 있다고 총을 잡으면 문제는 해결되지 않는다. 총을 잡지 않으면 학살은 없다. 에티오피아만의 문제는 아니다. 아프리카는 지형 때문에 부족이 많다. 부족 간의 특성이 있다. 타협이 가장 큰 숙제다. 그래도 협상으로 문제를 풀어야 한다.

비킬라 아베베

"1960년 로마 올림픽 마라톤 우승자는 비킬라 아베베였다. 맨발로 뛰어 마라톤에 우승했다. 아베베는 아프리카인으로 첫 올림픽 금메달이고, 그것도 마라톤에서이다." 그는 하룻밤 사이 아프리카의 영웅이 되었고, 세계적인 명사가 되었다. 영국 런던 《타임》지 기사다. 올림픽 하이라이트는 폐막식 직전의 마라톤 경기다. 다른 종목 금메달리스트는 몰라도 마라톤 우승자는 기억한다.

셀라지에 황제는 아베베가 국위 선양한 공로를 인정하여 병사인 그에게 두 계급 특진을 시켜 부사관으로 임명했다. 또 VW 비틀 자동차와 집 한 채를 마련해 주었다. 아베베는 1964년 도쿄 올림픽에서 또 우승했다. 올림픽 40일 전에 맹장염 수술을 받았다. 경기 출전을 못할 것이라 했지만, 2:12:11:2의 세계 신기록으로 올림픽 2연패를 달성했다. 올림픽 경기는 4년마다 치르는 경기이므로 4년 간격을 두고 우승했다는 것은 정말 어려운 일이다. 타고난 유전자 덕택이다. 황제는 아베베를 장교로 임명하였고, 그는 운동화 광고로 부자가 되었고 저명인사가 되었다. 1968년 멕시코시에서 열린 3번째 올림픽에 출전하여 마라톤 3연패를 시도했지만, 17km 지점에 포기했다. 그도 인간이었다.

올림픽 경기에 육상은 꽃이고, 마라톤은 꽃 중의 꽃이다. 세계 육상 선수 중에 장거리와 단거리를 막론하고 동부 아프리카 고원 지대 국가 출신이 세계대회를 휩쓸고 있다. 아베베가 마라톤에서 2연패를 하기 전에는 동부 아프리카 원주민들은 자신들이 달리기에 소질이 있는 줄 몰랐다. 아베베가 만든 레거시이다. 에티오피아, 케냐, 탄자니아, 우간다, 르완다, 부룬디 원주민들은 달리기를 잘하는 DNA를 갖고 있다는 것을 알았다. 미국과 아메리카 대륙에서 뛰는 유명 육상 선수들은 아프리카 동부에서 잡혀간 노예 후손이거나 이민 간 아프리카 아메리칸이다.

아베베는 적도 아래 고원 지대에서 검은 피부로 진화한 아프리카 동부 인류이다. 달리기는 인류가 두 발로 걷기 시작하면서 다진 가장 기본적인 체력이다. 서서 달리기를 못 했다면 호모사피엔스는 멸종했을 것이다. 맹수를 피하는 일도, 먹기 위한 사냥도 달리기가 기본이다. 자동차와 모터사이클이 나왔다, 잘 걷고 달리기가 생존과 관계없는 현대 사회에서도, 달리기와 걷는 운동이 얼마나 건강에 좋은지는, '보생와사步生臥死'란 말만 봐도 알 수 있다. 걸으면 살고 누우면 죽는다는 말이다. 인간은 두 발로 걷는 포유류이지만, 어떤 포유류도 42km 거리를 2시간대에 달리는 동물은 없다.

비킬라 아베베는 에티오피아 셀라시에 황제의 근위병이었다. 황제 근위부대는 강뉴Kangnew 부대라는 이름으로 1950년 한국 전쟁에 참전했다. 그는 에티오피아군의 일원으로 파병되어 미군 7사단에 배속되었다. 6·25 전쟁의 최대 격전지 '철의 삼각지철원 - 김화 - 평강' 전투에 참전하였다. 철의 삼각지는 6·25 전쟁 중에서 가장 치열한 전투였다. 에티오피아군은 처절하게 싸웠다. 122명이 전사했고 536명 부상했다. 대한민국 국방부 블로그에 따르면 에티오피아군은 전사자는 있어도 한 명의 포로도 없는 용감한 부대였다고 소개하고 있다. 에티오피아군 참전 기념비를 춘천시에 세웠다. 에티오피아군은 아프리카에서 파병된 유일한 지상군이고, 1개 대대 병력, 연인원 3,818명을 파병했다.

에티오피아 근대사는 전쟁터였다. 여러 번 쿠데타가 시도되었다. 1974년 공산주의자들이 쿠데타를 하여 황제는 구속되고, 황제가 임명한 각료들은 모두 총살했다. 1974년부터 1991년까지 집권한 정권은 맹기스투 공산당이다. 공산 정권은 에티오피아에서 피의 숙청을 단행했다. 수천 명이 처형되고, 수백만 명이 이웃 나라로 피난 갔다. 황제 근위 부대는 공산당 정권이 집권하면서 박해를 받았다. 한국전 참전은 공산주의자와 싸운 전쟁이다. 공산 정권이 황제 친위부대 강뉴 부대를 박해한 이유이다. 공산당 정권은 강뉴 부대원을 반공주의자로 몰아 재산을 몰수하고 숙청했다. 에티오피아는 황폐의 길을 걸었다. 1974년부터 1991년까지 고립되어 경제 활동은 극도로 위축되었다. 지금도 경제 상황과 조금도 나아지지 않았고 1950년대 그때 소득 수준이다.

한국은 국가 차원에서도 춘천시 지방자치단체에서도 참전 부대, 강뉴 부대원에 도움을 주고 있다. 시민 단체도 개인도 후원하고 있다. 인터넷 카페를 이용하여 모금하여 현지 방문도 한다. 후원금을 전달하는 카페, '에티오피아 사랑모임(다음 카페)'도 있다. 허옥선 회원은 2020년 현지 물가를 250원한화이면 빵과 과자, 차 한 잔으로 아침 식사를 해결할 수 있다고 설명했다. 에티오피아는 1950년대 국민소득이 1인당 3천 달러에 육박한 중진국 수준이었고, 한국은 소득이 100달러가 안 될 때였다. 대한민국은 전쟁의 폐허 속에 일어나 경제 발전과 민주주의를 이룩했다. 원조를 받던 국가가 원조를 주는 나라가 되었고, 에티오피아는 독재와 내전으로 원조를 주던 나라가 원조를 받는 나라, 세계에서 가장 가난한 나라가 되어 있다.

에티오피아 커피

6·25 전쟁 때 나는 중학교 2학년, 대구 대봉동 미8군 사령부 후문에 살았다. 미군 병사가 나에게 레이션Ration 한 개를 던져 주었다. 열어 보니 모두 맛있게 먹을 것들이었다. 흥부의 박을 연상케 했다. 그중 하나는 은박지에 포장된 검은 고약 같은 진액이었다. 쓴맛이 나서 먹을 수 없었다. 그건 인스턴트커피 진액이란 걸 나중에 알았다. 전쟁 중 잠을 쫓는 커피는 병사에겐 필수 음료이다.

지구상 70개국에서 커피를 생산한다. 커피는 적도를 중심으로 남북 회귀선 내에서 주로 재배하는 열대성 식물이다. 5m 정도 크기로 자라는 관목이고 상록수이다. 반음반양半陰半陽에서 자란다. 커피나무 종류는 40여 종이 있으나 상업적으로 대량 재배하는 커피 종은 아라비카Arabica, 60%와 로부스타Robusta, 40%다.

연평균 1500~2000mm 강수량이 있고, 건기와 우기가 있는 사바나기후가 적지다. 재배 기술이 발달하여 열대 지방에서 넓게 재배하고 있다. 커피는 기호식품이다. 커피를 안 마신다고 죽는 건 아니다. 소득 수준이 높아짐에 따라 커피 소비는 급증했다. 매일 25억 명이 마신다 한다. 세계무역 거래량도 석유 다음으로 많다. 농산물 중에서 가장 많이 유통된다. 커피는 과육이 조금 붙어 있는 열매이다. 생두를 말려 볶아 갈아서 물에 끓여 마신다.

커피의 원산지는 에티오피아 아비시니아 고원 남쪽 카파Kaffa주다. 커피Coffee의 어원도 카파주의 'Kafa'에서 왔다. 커피의 발견에는 전설 같은 이야기도 있다. 우연히 발견되었고, 커피 안에 카페인이 들어 있어 마시면 잠을 쫓고, 활기가 돋는다. 에티오피아 오로모 부족어로 '힘'이란 의미다. 에티오피아 커피는 전 세계로 파급되어, 아프리카보다 중남미 아메리카, 동남아시아에서 더 많이 재배한다.

전 세계 커피 생산량 5위 내 국가로는 2023년 현재, 브라질3백40만 톤, 베트남1백95만 톤, 인도네시아76만 톤, 콜롬비아68만 톤, 에티오피아56만 톤 등을 들 수 있다. 에티오피아 수출 품목 1위가 커피다. 에티오피아 1천600만 농민이 커피 농사에 매달리고 있다. 에티오피아 외환의 30%를 커피 수출에서 얻고 있다. 아프리카에는 30여 개국이 커피를 생산하고 있지만, 부자 국가는 하나도 없다. 커피 자작농은 적고, 대개 커피 플랜테이션 농장의 노동자들이다. 영화 〈아웃 오프 아프리카〉의 주인공 카렌이 운영하던 커피 농장이 전형적인 커피 플랜테이션 모형이다. 농장주는 백인이고 부자이지만, 흑인은 농업 노동자이고 가난하다.

아이러니하게도 커피를 좋아하는 국민은 지구상에서 가장 잘 사는 나라이고, 커피를 생산하는 국가는 가난한 나라다. 커피 소비가 많은 나라들의 1인당 소비량을 보면 핀란드12kg, 노르웨이9.9kg, 아이슬란드9kg, 덴마크8.7kg, 네덜란드8.4kg, 스웨덴8.2kg, 스위스7.9kg, 벨기에6.8kg, 룩셈부르크6.5kg, 캐나다6.5kg 순이다. 한국은 커피 소비가 1인당 3.5kg이다.

커피는 성분에 카페인이 들어 있다. 카페인은 각성제로 잠을 쫓아내고, 기분을 들뜨게 한다. 에티오피아와 근접한 아랍 국가들에 전파된 커피는 이슬람 수피 사제들이 기도할 때 애용했다. 밤 문화를 즐기는 이슬람권에서는 술을 마시지 않는 대신에 커피를 마시면서 기도하고 토론하는 문화로 발전했다. 커피를 이슬람의 술Wine of Islam이라고 했다.

커피만을 전문으로 취급하는 카페도 최초로 오스만의 수도 이스탄불에 등장했다. 커피는 전쟁 때 에피소드가 많다. 항상 긴장을 해야 하는 병사들에게는 필수품이 되었다. 오스만 제국이 기독교 제국 비엔나를 포위·공격했을 때1683년, 오스만 병사들은 커피를 마시고 전투를 했다. 1860년 남북전쟁 때 병사들의 편지에 나타난 어휘 중에서 가장 많은 단어는 어머니, 총, 대포가 아니라 커피였다. 6·25 전쟁 때 레이션 박스 속 커피를 연상케 한다. 오스만군의 비엔나 공격이 비엔나에 커피를 파급시켰다 한다. 오스만 제국의 영향하에 있던 지중해 연안 국가들이 커피권에 들어갔고, 식민지 역사와 함께 런던, 파리, 암스테르담으로 파급되었다.

개화기 유길준의 『서유견문록西遊見聞錄』1902에 처음으로 서양 커피 이야기가 있다. 고종이 커피를 즐겨 마셨다 한다. 서울손탁 호텔, Sontag Hotel, 1902에서 커피를 팔았다. 일제 때 다방은 일본인이 운영했고, 주로 서울의 한량들, 예술가와 문인들이 드나들었다. 6·25 전쟁 때 미군이 가져온 인스턴트

커피가 시중으로 퍼져나갔다. 커피가 기호품인 이유로 한국 사회도 유한 계급, 예술가, 문인, 지식인들이 다방을 찾아 커피를 마셨다. 지난해 한국 은 커피 358만 자루21만 5천 톤를 수입했다. 전 세계에서 8위이다. 한국에는 2016년에 5만 1천 개가 있던 카페가 2024년에는 10만 6천 개로 늘었다. 스 타벅스 매장이 가장 많은 국가는 당연 미국이고, 중국 다음으로 한국이다. 1,870개 매장이 있다. 스타벅스가 1991년 한국에 상륙하면서 커피 문화는 대학생과 청년층을 깊이 파고들어 왔다.

한국은 지금 커피 공화국이라 해도 과언이 아니다. 카페의 크기도 인테 리어도 서빙하는 메뉴도 옛날 다방과는 다르다. 학교 건물만 한 대형 카페 도 있다. 친구를 만나기 위하여 카페를 가는 게 아니다. 카페에 가기 위하여 친구를 만난다. 도시만이 아니라 경치가 좋은 교외에서도 성업 중이다. 학 생들은 도서관보다 카페에서 리포트를 쓰고, 청년들은 인터넷 영업도 카페 에서 한다. 카페는 와이파이Wi-Fi 서비스가 필수이다. 점심 식사 후 직장인 들은 카페에 들러 플라스틱 아이스커피 잔을 들고 다니는 문화가 일상이 되 었다. 커피 문화는 서양에서 전래되었지만, 21세기 한국 카페 문화는 서양 의 것 이상이다. 21세기 초반 '한국의 커피 문화'에 대하여 합당한 해석이 필 요 할 것 같다. 지구상에 이런 나라는 없다.

아디스아바바 철도

아디스아바바는 인구 340만 명의 에티오피아 수도다. 고도 2,300m 아비 시니아 고원에 위치한다. 열대 지방이지만, 높은 고도에 자리해 여름에는 시원하고, 겨울에도 영하로 내려가는 일이 없다. 사람이 살기 좋은 곳이다.

 ——— 아는 척하기 딱 좋은 **아프리카 지식 여행**

아디스아바바는 아프리카 대륙의 중심 도시이다. 아프리카를 유럽이 식민지 분할할 때도, 에티오피아만은 독립을 유지했다. 이탈리아 침략군을 1896년 아도라Adora 전투에서 저지했다. 그러나 산업화를 거부한 에티오피아는 1935년 2차 이탈리아 침략에 당했다. 아프리카 맹주라고 했다. AU 본부도 UN 아프리카 경제협력기구도 여기에 있다. 아디스아바바를 아프리카의 정치 수도The Political Capital of Africa라고 하는 이유다.

인류의 조상 호모사피엔스도 7만 년 전에 아디스아바바가 있는 아비시니아 고원에서 다른 대륙으로 퍼져 나갔다. 에티오피아는 인구가 1억 2천만 명, 아프리카에서 나이지리아 다음으로 큰 나라이지만, 바다에 면하지 못한 내륙 국가이다. 내륙 국가는 해양과 접촉이 없어 산업 국가로 발전하는 치명적 약점이 된다.

아디스아바바는 에티오피아 도시 중에서는 치안이 잘된 가장 안전한 도시이다. 시중에 소매치기를 비롯한 좀도둑은 있지만, 총소리가 들리지 않는 안전한 도시다. 가난한 나라다. 수돗물의 공급이 42%에 불과하고, 화장실은 수세식이 14%, 재래식 70.2%, 화장실이 없는 주택이 14.7%나 된다. 문자 해독이 가능한 남자는 93.6%, 여자는 79.9%다. 종교는 에티오피아 정교기독교 74.7%, 이슬람 16.2%, 개신교 7.7%, 가톨릭이 1.0%다.

바다로 나가려면 이웃 나라를 거칠 수밖에 없다. 작은 이웃 나라 지부티 항구로 나간다. 지부티는 에티오피아에 기대야 살기가 편해서, 바다로 길을 열어 주었다. 상부상조하는 식이다. 지형적으로 아프리카 큰 지구대가 아디스아바바에서 지부티에 걸쳐 있다. 철도는 지구대를 따라 놓여 있다. 산업혁명 때 철도 시대와 운하 시대가 있었다. 산업혁명의 핵심 산업은 증기기관과 철의 대량 생산이다. 철을 생산하기 위하여서는 철광과 석탄의 결합은 필수적이지만, 석탄과 철광은 산지가 다르고 무거운 중량재였다.

중량재를 운반하는 교통수단은 철도와 운하다. 자동차가 나오기 전이다. 식민지 개척도 마찬가지였다. 값싼 원료를 철도와 선박으로 본국에 가져갔다. 또 본국에서 식민지로 완성된 상품을 보내야 했다. 또, 대량의 병력을 분쟁 지역으로 수송해야 했다. 철도 교통이 필수였다. 에티오피아의 자원에 탐을 낸 프랑스는 에티오피아 - 지부티 철도Ethio-Djibouti Railways, 1894~1917와 아디스아바바에서 지부티 항구도시까지 철도를 건설했다. 당시 지부티는 프랑스의 소말리아에 속해 있었다. 식민지 때 건설한 프랑스 철도는 제2차 대전 이후 제대로 유지 보수를 하지 않았고, 자동차 교통에 밀려 사양길에 접어들었다.

중국의 일대일로—帶—路, One Belt One Road 정책의 바닷길의 종착점은 아프리카다. 중국은 아프리카에 엄청난 투자를 하고 있다. 중국은 GDP 총액으로 미국의 72.5%에 근접했다. 현재의 추세로 보면 향후 5년 내에 미국을 추월할 기세다. 미국 트럼프가 중국을 견제하는 이유다. 미·중 갈등의 원인은 세계 패권을 놓고 벌리는 경쟁이다. 발단은 중국 시진핑의 일대일로에서 시작되었다. 정권을 잡은 시진핑은 등소평이 취하던 도광양회韜光養晦에서 한 걸음 더 나갔다. 세계의 패권을 넘어다보는 중국을 미국은 가만히 두지 않았다. 곳곳에서 견제하고 장벽을 치고 있다.

아프리카에서 일대일로의 대표적 사례가 아디스아바바-지부티 철도AddisAbaba-Djibouti Railway 건설이다. 2011년에 시작하여 2018년에 완공했다. 중국철도유한공사CREC가 설계하고, 중국철도공정공사CRECG가 시공하고, 중국은행이 돈을 됐다. 전적으로 중국 기술과 중국 자본, 중국 노동자를 투입하여 턴키베이스로 공사를 했다. 건설비는 1km당 5억 원, 총 4조 5천 억이 소요되었다. 중국도 식민지 경영을 배웠다. 어떻든 본전을 뽑기 위하여 정책을 동원할 것이다. 세상에 공짜는 없다. 지부티 홍해 연안의 아덴만 입

———— 아는 척하기 딱 좋은 **아프리카 지식 여행**

구다.

신설한 중국 철도는 표준궤Standard Gauge, 1.435m이고 전장 784km 전철이다. 아디스아바바와 지부티까지다. 참고로 프랑스 철도는 협궤1.00meter Gauge다. 시베리아 횡단철도TSR는 광궤1.520m다. 미국의 대륙횡단철도는 표준궤1.435m다. 아디스아바바에서 지부티 항구까지 가는데, 낙타로 가면 6주, 자동차로 3일, 철도는 12시간이다. 비용은 자동차의 1/3에 불과하다. 과히 혁명적인 교통수단을 제공했다.

경부선 철도는 1901년에 착공하여 1905년에 완공했다. 식민지 경략에 가장 중요한 인프라는 철도였다. 철도를 통하여 조선의 광물, 식량, 목재 같은 중량재 자원을 일본으로 쉽게 수송할 수 있다. 러일전쟁이 임박하여 대규모 군대와 군수물자를 빠르게 만주로 수송할 수 있었다. 러일전쟁에서 일본의 승리는 경부선 덕이고, 러시아의 패인은 횡단철도를 탓한다. 시베리아 횡단철도는 하자가 많았다.

우리는 미·중 패권 다툼에 적지 않은 스트레스를 받는다. 그러나 하나의 패권 국가가 독점하고 있는 것보다는 낫다. 중국이 없는 미국, 미국이 없는 중국을 상상해 보면 더 끔직하다. 강자는 작은 나라를 갈군다. 미·중이 서로 버티고 있으면, 자기편이 되어 달라고 채찍도 들지만, 당근도 준다. 미·중 갈등이 한국에 고민만 안겨 주는 게 아니다.

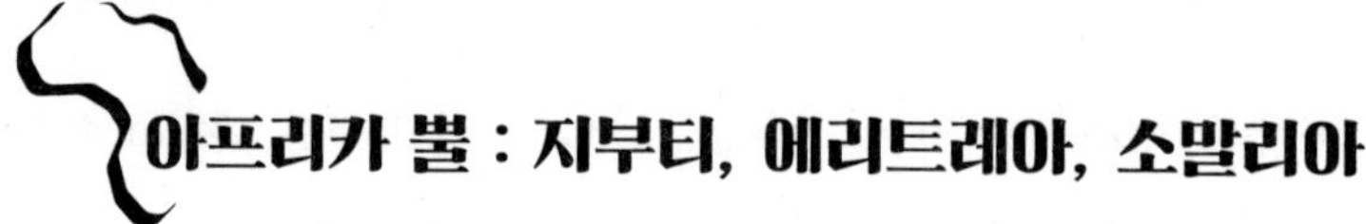

아프리카 뿔 : 지부티, 에리트레아, 소말리아

지부티 해적

지부티는 아프리카 대륙에서 가장 작은 나라다. 인구가 100만 명이 안 된다. 프랑스가 소말리아에서 떼어 내어 1977년에 독립을 시켰다. 전략적 가치를 고려했다. 홍해 남쪽 끝, 지부티와 예멘 사이가 밥 엘 만다브Bab el Mandab Strait 해협이다. 1869년 수에즈 운하가 개통되면서, 만다브 해협의 지정학적 가치는 더 높아졌다. 지중해, 홍해, 아덴만, 아라비아해, 인도양을 연결하는 통로의 병목choke point이다. 페르시아만의 호르무즈 해협과 같다. 지부티와 예멘 사이, 32km, 해협 중간에 작은 섬, 페림Perim, 12km²이 있다. 섬을 중심으로 동해협은 3.2km이고, 서해협은 26km으로 나누어진다. 수심이 낮고 물살이 강하여 항해에 위험 해역이다. 해협의 양안에 두 개의 항구가 있다.

지부티 연안에 6개의 작은 섬. 사와비 제도Sawabi Islands가 있다. 아덴만의 입구는 오래전부터 해적의 근거지로 알려져 있다. 해협을 통과하는 선박은 연간 1만 9천 척2020년이었고, 한국 선박도 1천여 척이 통과한다. 호르무즈는 페르시아 만에 생산되는 석유뿐이지만, 만다브 해협은 아시아에서 유럽으로 가는 해협으로, 수에즈 운하를 통과하는 모든 선박은 만다브 해협을 지나야 한다. 세계 물동량의 12%이다. 전략적 가치가 매우 높다. 지부티 해안에는 프랑스군 기지, 미군 기지, 일본군 기지, 중국군 기지, 이탈리아군 기지를 두고 있다. 수에즈 운하와 아덴만의 안전한 항로 확보가 목적이다.

만다브 해협을 가로지르는 현수교를 계획했지만, 뿔의 내전 때문에 실현되지 못했다. 페림섬 주인은 여러 번 바뀌었다. 포르투갈이 지배하다가 오스만 제국으로 넘어갔고, 영국의 동인도 회사가 1886년부터 100년간 소유하다가 인접한 예멘에 소유권을 넘겼다. 페림 섬이 증기선 시대 석탄과 물의 보급기지로서 역할을 했다. 지부티시Djibouti City, 인구 60만 명의 위상은 소말리아의 사일락Zeila, 인구 1만 8천 명을 능가하였다. 1935년 이후 석유가 석탄을 대체하자 중간 기지의 역할은 사라졌다. 그러나 물류의 증가로 전략적 위치는 더 높아졌다. 섬을 서양 지도에 기록한 것은 인도 고아Goa의 포르투갈 총독, 앨버커키Alfonso Albuquerque였다.

아무런 해害를 끼치지 않고 지나가는 배에, 칼을 들이 대고 통과비를 거두었다. 해적질이다. 국가의 출발도 조직 폭력배와 다르지 않다. 누구의 도움도 없이 살고 있는 주민을 총으로 위협하여 돈을 뜯는다. 규모가 작으면 강도이고, 규모가 커지면 국가다. 18세기 스페인과 프랑스는 아메리카 원주민을 상대로 강도짓을 했다. 카리브 해에서 유럽과 아메리카 대륙을 오가는 스페인 무역선을 해적질하던 악명 높은 '검은 수염Blackbeard, E.Teach'이란 사나이가 있었다. 영국 앤 여왕은 그놈을 사면하고 제독으로 임명까지 했다. 서양사에 지리상의 발견, 식민지 개척 운운하지만, 유럽의 왕국들은 모두 강도이고 해적들이었다みなどろぼうです(모두 도둑놈들이다)', 『거부 실록』, 1982.

아프리카의 뿔 근해는 해적질하기 좋은 위치다. 유럽과 아프리카, 아시아를 오가는 무역선이 많고, 좁은 해협을 통과해야 한다. 만다브 해협 주변 부족들은 오래전부터 통과하는 배를 상대로 통과비를 뜯었다. 21세기 아프리카 뿔의 나라들이 내전에 휘말렸다. 소말리아 해군은 근해에 외국 어선 불법 조업을 감시는 일을 했다. 내전의 격화로 무정부 상태가 된 소말리아는 해군 장병에게 급료를 줄 형편이 못되었다. 수병들은 자구책으로 해적질을 했다. 해적선은 로켓포까지 장착하고, 대형 선박을 위협하고, 사다리로 선상에 올라가 선원들을 납치하여 몸값ransom을 뜯어냈다. 큰 돈벌이가 되었다.

아덴만 해역에 납치 사건이 자주 일어났다. 고심 끝에 이 해역을 드나드는 선적 국가들은 해적을 상대로 정면 대응하고 있다. CMFCombined Maritime Forces를 미국 주도로 창설했다. 본부는 바레인에 있다. 해적들을 토벌하기 위한 다국적 해군인 셈이다. 34개국이고 한국도 가입했다. 중국, 일본, 영국, 인도, 러시아, 미국 선박을 납치하고 높은 몸값을 요구했다. 한국 선박도 8번이나 납치를 당했다.

2010년 4월 '삼호드림'호가 피랍됐다. 34만 톤급의 대형 유조선이다. 기름을 싣고 미국으로 행하던 중, 오만의 수도 무스카트 남쪽에서 납치되어 소말리아 해역까지 끌려갔다. 217일간 억류되었다가 980만 달러110억 원를 주고 풀려났다. 나쁜 사례를 남겼다. 한국은 벼락부자의 나라이고 외교 경험도 일천한 나라다. 해적들의 협박에 잘 응하고, 돈도 잘 준다. 한국 선박은 봉이라는 소문도 있다. 2010년 11월에 '금미호'가 납치되었고, 2011년 1월에 '삼호주어리호', 1만 톤급의 화물선도 납치되었다.

한국 해군 구축함 '이순신호'가 '여명작전'을 수행하여 해적을 토벌했다. 해적 8명을 사살하고, 5명을 생포하고 납치된 배와 선원 전원을 구출하였다. 미국과 파키스탄 군함의 지원을 받았다. 성공했다. 생포된 해적을 수사한 결과 먹고 살기 위한 해적질이었다. 해적질에도 체계가 있다. 목숨을 걸고 배에 올라가는 행동대원, 행동대원에 무기와 생필품을 공급하는 군벌, 선주와 몸값을 흥정하는 브로커, 정보를 주고 그 뒤를 봐주는 대형 보험회사들이 얽혀 있었다. 납치 사건이 있어야 해상 보험금이 올라간다. 보험금

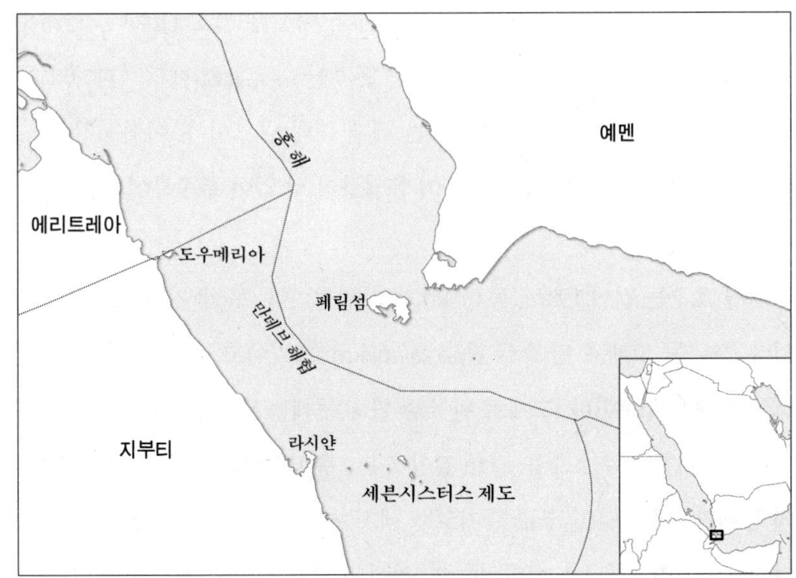

만데프 해협

이 올라가야 보험회사는 돈을 번다. 불을 지르고 119를 부르는 격이다. 대형 보험사의 국적은 영국을 비롯한 선진국들이다.

지부티 아살 소금

소금은 바다에 있다. 바닷물의 소금 농도는 100g당 3.5g, 3.5%이다. 육지에도 암염Halite이 있다. 육지의 암염은 퇴적암으로 존재하는데, 2억 년 전 바닷물이 침전된 퇴적암이 암염이다.

아살Assal 호수는 지부티시에서 서쪽 120km 지점의 호수다. 아프리카에서는 가장 낮은 155m에 위치한다. 아파르 삼각지Afar Triangle이다. 아파르 삼각지는 동부 아프리카 대지구대의 일환이다. 아살은 염호鹽湖이다. 세계에서 세 번째로 염도가 높다. 남극에 있는 돈후안Don Juan호, 에티오피아의 가텔Gaet'ale호 다음이고, 소금 호수로는 세계 최대 규모이다. 아와시강Awash River이 유입되지만, 증발량에 비하여 유입량이 턱 없이 부족하여 소금 호수가 되었다.

아살 호수는 길이 19km, 폭 6.5km의 타원형이다. 두 개 지역으로 나뉘어 있다. 하나는 고체로 된 소금 판salt pan, 68km² 크기이고, 한 쪽은 액체로 된 소금 호수, 54km²이다. 고체로 된 소금 판의 두께는 평균 60m로 소금은 3억 톤이다. 한편, 소금 호수는 평균 깊이 7.4m, 총저수량은 4억 톤, 소금은 1.4억 톤이다. 이는 단일 소금 단지로는 세계 최대 규모다. 생성 원인은 원래 타주라Tajoura만과 같은 바다였는데, 화산 폭발로 바다와 차단되어 호수가 되었다.

소금은 인간이나 가축에게는 필수 영양소이다. 짠맛을 낸다. 석기시대부터 교역이 일어났다. 소금은 인류 최초의 교역품이었다. 소금 생산과 관련한 유적이 BC 6천 년부터 지금의 폴란드, 중국과 레반트 지역에서 발견되었다. 구석기시대 인류가 수렵 채취를 할 때는 소금을 따로 습득하지는 않았다. 신석기시대 농업혁명으로 인구가 증가하고, 주식이 채소와 곡류로 전환되면서 따로 소금을 섭취해야 했다. 소금은 필수 영양소이지만, 식물에는 적고, 소금의 생산지와 소비지가 같지 않아서 먼 거리에서 소금과 교환하는 무역이 일어났다.

인류의 4대 문명 발상지가 소금의 생산지와 일치한다. 모두 건조 지역 지형이고 강이 흐른다. 강이 마르면 자연히 소금이 생긴다. 소금은 필수품이고, 변하지 않아서 고대국가에서는 국가가 전매하였고, 화폐로도 사용하였다. 로마에서는 군인soldier에게 수당으로 소금salarium을 주어 월급의 어원이

——— 아는 척하기 딱 좋은 **아프리카 지식 여행**

되었다. 채소에 소금을 친 것을 뜻하는 살라다salad도 같은 어원이다. 로마로 통하던 모든 길은 처음에는 소금 길로 시작했다. 소금은 필수품이므로 무역으로 얻지 못하면 전쟁을 해서라도 획득하였다. 지중해 연안은 배로 소금을 운반하였고, 사하라 사막 오아시스에는 낙타를 이용하여 소금을 거래하였다.

전 세계적으로 매년 2억 톤의 소금이 생산된다. 중국6,800만 톤이 가장 많고, 미국4,200만 톤, 인도2,900만 톤, 독일1,300만 톤, 캐나다1,300만 톤, 오스트리아1,200만 톤 순이다. 한국은 천일염을 30만 톤을 생산하고 있다. 소금의 매장량은 바닷물이므로 계산하지 않는다. 소금 생산의 70%는 암염이고, 천일염은 30%이다. 귀한 소금은 기계로 대량 생산되고 교통수단의 발달로 어디든지, 언제든지 공급이 가능하므로 그 희소가치는 떨어졌다. 산업혁명 전 소금은 대단한 가치를 가진 재화였다. 식용으로 사용되는 소금은 전체 생산량의 6%이고, 대부분 공업용으로 많이 쓰인다. 겨울철 도로에 쌓인 눈에, 폴리비닐 염화물chloride, 유리, 플라스틱, 종이 펄프 제조 등에도 사용된다.

소금은 부패를 방지하고, 옥도iodine가 들어 있어 치료제로도 쓰인다. 우리 혈액 속에는 0.9% 염분이 들어 있다. 소금은 전해질electrolyte과 나트륨 이온이 삼투압을 조절하여 혈액량을 유지하는 데 필수 요소이고, 혈액의 균형 잡는 역할을 한다. 소금의 짠맛은 염화나토리움, 쓴맛은 염화마그네슘이다. WHO는 과다한 소금 섭취는 심혈관 질환cardiovascular diseases을 유발할 수 있고, 고혈압hypertension을 유발하므로 소금의 섭취를 줄이라고 권고한다. 어른은 하루 5g의 소금 섭취를 추천한다. 소금과 심장병의 발병 사망자를 조사한 결과 'U'자 형을 보였다. 너무 적게 섭취해도 너무 많이 섭취해도 높은 치사율을 보인다는 보고가 있다.

아살호 소금은 작은 나라인 지부티의 주요 자원이다. 호수 주변 유목민인 아파르Afar족과 이사스Issas족은 오래전부터 아살의 소금으로 에티오피아 고원 지대의 민족과 물물교환했다. 현재 2천 명 정도가 소금 거래를 하여 생계를 유지하고 있다. 정부는 기계화로 대량생산을 계획하고 있다. 프랑스 식민지 때 총독은, 1893년 프랑스인 세프너Chefneux에게 50년 동안 소금 채굴권을 주었다. 매년 1만 달러를 받고 매년 5만 톤을 생산하는 조건이었다. 독립 후 지부티는 1988년부터 기업적 생산을 했다. 1998~2000년 사이, 에티오피아와 에리트레아 전쟁 동안 독점 공급하여 큰돈을 벌수 있었다. 그때는 아살호 소금을 하얀 금white gold이라고 까지 했다.

에티오피아와 에리트레아 간에 평화조약이 체결되자, 그런 경기는 사라졌다. 소금 생산은 2008년에 다시 시작되었고, 내륙국인 에티오피아에 수출한다. 2008년에는 11만 톤까지 생산하였고, 정부는 채굴 장비를 현대화하고, 소금의 채취, 정제, 저장, 수송, 수출을 체계화하여 2012년에는 연간 400만 톤을 생산하였다. 소금 채취 노동자의 작업 조건이 최악이었다. 온갖 질병과 부작용이 있다. 소금 길은 최근에 부활하여 타주라Tadjoura만과 연결하는 도로가 포장되었고, 지부티에서 아디스아바바까지 철도가 건설되어 대량 수송의 길이 트였다. 소비지는 에티오피아다. 아살호 소금은 지부티의 주요 경제 자원이고, 또 주변의 화산 아르도코바Ardoukoba 지형과 함께 UNESCO 자연 유산으로 지정되어 관광자원이 되고 있다. 아살호의 소금 채취 동영상이 유튜브에 소개됐다.

우리나라는 오래전부터 가마솥에 바닷물을 넣고 끓여서 소금을 만들었다. 고려 시대는 소금은 국가가 전매를 하였다. 조선 시대는 낙동강 하구 명지鳴旨에 대대적으로 자염煮鹽을 생산했다고 정약용의 『경세유포經世遺表』에 나온다. 소금을 만드는 데 엄청난 화목이 필요했고, 벌목으로 인하여 주변이 민둥산이 되었다. 조선의 민둥산의 원인은 자염을 만드는 화목 때문이라

        ———— 아는 척하기 딱 좋은 **아프리카 지식 여행**

했다. 일제 때 타이완에서 행하던 천일염 제조를 조선에 소개했다. 값싸게 많은 소금을 생산할 수 있었다. 해방 전에는 평안남도 광양만, 분단 후에는 인천 주안에서, 다음으로 전남 신안군에서 천일염을 대량 생산하고 있다. 연간 30만 톤이 생산되고, 90%를 신안군에서 생산한다. 교통의 발달로 우리나라 전역에 값싸게 공급되어 소금의 가치를 잊고 있지만, 소금은 여전히 중요하다.

에리트레아, 선거를 해 본 일이 없는 국가

2022년 1월 지금의 세계 뉴스는 카자흐스탄의 시위 진압이다. 대규모 시위가 일어났다. 천연가스 값이 두 배로 뛴 물가가 발화점이 되었다. 시위가 격화되고, 경찰이 발포하여 164명이 죽고, 9,900명이 체포됐다. 원인은 독재 정치에 있다. 독재 정권은 소득의 불평등을 조장한다. 카자흐스탄 내 150명의 부자들이 국민총생산의 50%를 차지한다. 전 대통령과 그의 가족과 친척이다. 나제르바예프Nazarbayev은 29년간 독재를 하다가 현 대통령 토카예프Tokaeve에게 2019년에 권력을 넘겨주었다.

이번 소요 사태는 오랜 독재 정치에 대한 국민의 저항이고, 또 다른 원인은 전·현직 대통령 간의 권력투쟁이다. 전 대통령은 안보실장과 군 통수권을 갖고 있다. 실질적인 권력을 갖고 있다. 이번 소요 사태를 계기로 전 대통령은 현 대통령의 권한을 제한하고자 했다.

한편, 현 대통령은 외세의 힘을 빌려 전 대통령의 국정 간섭을 배제하고자 했다. 현 대통령은 국가비상사태를 선언하고 러시아에 도움을 요청했다. 러시아는 CSTOCollective Security Treaty Organization, 집단안보조약기구에 평계 삼이 피병을 결정했다. 자국의 시위를 신압하기 위하여 외국 군인을 불러들였다. 민주주의 주권 국가에서는 있을 수 없는 일이다. 아무리 훌륭한 독재라할지라도 독재자는 후계자와 권력 이양이 문제가 된다. 자식이 아니면 선양이 안 된다. 아니면 쿠데타다.

에리트레아는 아프리카 뿔의 나라 중 하나이다. 분리 독립은 여러 유형이 있다. 지부티가 소말리아에서 독립한 국가이고, 에리트레아는 에티오피아에서 분리 독립했다. 체코슬로바키아는 국민투표를 통해 조용히 체코와 슬로바키아로 갈라섰다. 방글라데시는 내전을 하여 파키스탄에서 분리 독립했다. 평화적으로 분리한 나라는 후유증이 적지만, 전쟁으로 분리 독립한 나라는 후유증이 따른다. 1961년부터 30년 동안 오랜 투쟁 끝에 1991년 독립을 쟁취하였다. 독립 투쟁의 목적은 독립된 민주공화국이었다.

제2차 대전 때 에티오피아는 이탈리아가 점령하고 있었다. 에티오피아는 점령군과 싸워 연합군을 도왔다. 공로를 인정받아 에리트레아이탈리아 식민지를 합병했다. 에리트레아는 에티오피아 인구의 1/20도 안 되는 인구인 500만 명의 작은 나라다. 에티오피아가 내전으로 붕괴하자, 에리트레아는 그 틈새를 이용하여 독립했다. 1991년 독립하고, 1993년 국민투표를 했다. 독립 투사였던 아페웨르키Afwerki가 초대 대통령으로 선출되었다. 그는 민주공화국을 표방했다. 1993년부터 지금까지 30년 동안 선거를 해 본 일이 없다. 세계에서 유일하다. '법은 없고 통치만 있다.'

북한은 형식적이지만 간접선거를 한다. 에리트레아에는 대통령이 당수인 '민주주의와 정의를 위한 인민전선당'People' Front for Democracy and Justice 하나밖에 없다. 헌법에는 선거가 명시되어 있다. 독재자는 온갖 구실을 대고 선거를 하지 않는다. 아페웨르키 대통령은 행정 수반과 국회의장을 겸임하고, 모든 권력을 다 갖고 있다. 《알 자지라》 방송과 인터뷰에서 "에리트레아는 서구식 민주주의가 맞지 않다. 50년 후에나 생각해 볼 일이다."라고 했다. 민주주의가 안 된 국가는 소중한 가치인 인권의 유린이 일상이다. 세계의 인권 감시 NGO들은 에리트레아 인권은 세계 최악의 수준으로 평가하고 있다.

대한민국 대통령 선거는 2022년 3월 9일에 있다. 양당의 후보 간에 정책 대결은 치열하다. 특정 후보가 제시하는 정책에 국민 다수가 지지하면 대통령이 된다. 대통령 후보는 국민이 바라고, 실천이 가능한 공약을 내놓고 있다. 이재명 후보가 낸 공약을 윤석열 후보가 카피하고, 윤석열 후보가 낸 공약을 이재명 후보가 베긴다. 공약에 특허는 없다. 국민이 좋아하는 공약을 서로 카피하다가 보면 공약의 차이가 없어진다. 다수의 국민이 원하는 정책은 하나다.

산업 입지론에 '호텔링 법칙Hotelling's Law'이 있다. 직선 해변의 한쪽 끝에 A, 반대쪽 끝에 B, 2개의 아이스크림 포차가 있다고 가정한다. 시장을 더 많이 확보하기 위하여 A는 B쪽으로 B는 A쪽으로 이동한다. 나중에는 A와 B는 중앙에 같이 모인다는 이론이다. 경쟁을 하는 두 후보는 표심을 얻기 위하여 공약을 서로 카피하다 보면 결국 같아진다. 영국의 노동당과 보수당, 미국의 민주당과 공화당이 공약 경쟁을 하다가 보면 결국 비슷해진다. 독일의 기민당과 사민당은 양대 정당이다. 2021년 총선에서 기민당과 사민당이 연정을 하게 이르렀다. 민주주의가 확립된 국가의 선거에서만 볼 수 있는 현상이다.

에리트레아 아프웨르키 대통령은 선거를 하지 않기 때문에 국민의 표심을 살 공약을 낼 이유가 없다. 에리트레아 독재자는 국민의 저항만 잠재우고, 쿠데타만 단속하면 죽을 때까지 독재 정치를 할 수 있다. 정권을 유지하기 위하여서는 국민을 탄압하면 된다. 정권을 비판하면 비밀경찰이 불법으로 체포·구금하고, 고문하고, 처형한다. '코로나'만 전염되는 것이 아니라, 민주주의도 국경을 넘어 감염된다. EU에는 한 나라도 독재하는 나라가 없지만, CIS와 아프리카는 한 나라도 민주주의를 제대로 하는 나라가 없다. 에리트레아 독립 투쟁의 목표는 에티오피아 지배에서 벗어난 민주주의 국가였다. 현실은 이탈리아 지배 후 에티오피아 지배, 주인만 바뀐 또 다른 에리트레아에 대한 지배만 있을 뿐이다. 독재자는 항상 국민을 위하여 일한다고 한다. 1인당 국민소득은 567달러/ppp로 1,821달러다. 가장 가난하다.

소말리아, 실패한 국가

〈모가디슈〉는 2021년 7월에 개봉한 한국 영화 제목이다. 모가디슈Mogadishu, 130만 명는 소말리아의 수도다. 현지 환경과 비슷한 북아프리카 서쪽, 모로코의 항구도시 에사우이라Esaouria, 7만 명에서 촬영했다. 카사블랑카에서 남쪽으로 200km 지점에 있다. 코로나 역병이 유행하는 데도 360만 명을 돌파했다니 성공한 영화였다. 사막 영화를 모로코에서 많이 찍는다. 영화 세트장이 많고, 엑스트라 인력을 구하기 쉽고, 촬영 비용이 싸다고 한다.

영화 이야기는 한반도 남북 갈등이 기저이다. 남북한은 다 같이 1991년에 UN에 가입했다. 양쪽은 경쟁적으로 아프리카 국가들과 자기편으로 만들려고 출혈 외교를 했다. 경제적 형편이 안 되는데도 대사관을 경쟁적으로 설치했다. UN 총회에서 서로 더 많은 지지를 받기 위해서다. 남북 외교관과 정보원은 소말리아에서도 상대를 헐뜯고, 소말리아를 자기편으로 만들기 위한 공작을 했다.

22년간 독재를 하던 바레Barre 공산당 정권은, 1991년 종주국인 소련이 붕괴함에 따라 각지에서 반란군이 수도 모가디슈로 쳐들어왔다. 정권은 붕괴되고 무정부 상태가 된다. 치외법권이 인정되던 외교관도 안전을 보장받지 못한다. 탈출해야 할 운명에 처한다. 북한 대사는 살기 위하여 한국 대사관으로 들어와 도움을 요청한다. 이탈리아에서 날아온 구조 비행기가 유일하다. 이탈리아는 소말리아 식민지와 지배 관계가 있었다. 한국 대사관 직원만 탈 수 있다 했다. 한국 대사는 이탈리아 당국에 귀순했다고 거짓말을 하고 북한 공관 직원과 동승하여 케냐 몸바사 공항으로 탈출하는 데 성공했다. 그리고 "감사하다, 고맙다"라는 말도 못하고 헤어진다는 내용이다. 당시 주 소말리아 한국 대사였던 강신성 대사는 경험을 바탕으로 소설『탈출』2006을 썼고, 소설을 바탕으로 영화를 제작했다.

한국 대사관은 1991년까지 모가디슈에 있었으나 내전으로 철수했다. 영화는 내전과 공관 철수 사실을 배경으로 하고 있다. 지금2022은 여행 금지국이다. 케냐 대사가 겸임하고 있다. 1993년 한국은 UN 안보리 결의에 따라 평화 유지군을 파견했다. 소말리아는 1969년 당시 공산주의자 참모총장 바레가 쿠데타를 했다. 사마르케Sharmarke 대통령을 사살하고 정권을 잡았다. 바레는 1969년부터 1991년까지 22년간 독재를 했다. 바레 정권 초기는 토지와 기간산업 시설을 국유화하고, 학교를 세워 문맹을 퇴치하는 등 개혁을 단행하여 민심을 얻었다.

22년간의 1당 독재로 공무원은 관료화되고, 관료는 부패했다. 삶의 질이 나아지지 않았다. 소련도 비슷한 이유로 1989년 붕괴했다. 이웃 나라, 에티오피아 맹기스투 공산당 정권도 같은 해1991 반군에 밀려 전복되고 말았다. 소말리아 정국도 같은 운명이었다. 에티오피아의 맹기스투 정권이나 소말리아의 바레 정권도 독재 정권이었다. 주민이 선출한 정권이 아니었다.

소련의 붕괴로 아프리카 뿔에 군사적·재정적 지원을 할 형편이 아니었다. 소말리아 반군 연합은 공산당 정권을 붕괴시키고 모가디슈를 점령했다. 소말릴란드Somaliland, 푼트란드Puntland, 갈무두그Galmudug, 지하디스트Jihadist, 임시정부Transitional Federal Somalia 등 14개의 군벌warlord이 각지에 반란을 일으켰다. 북부에 있는 소말릴란드는 1991년 같은 해 독립을 선언했다.

소말리아와 소말릴란드는 다르다. 소말릴란드는 소말리아의 북부 지방명이다. 한때는 이탈리아 식민지였다. 반군의 사령관은 아이디드Aidid였지만, 반군 통합 사령관이 아니었다. 군벌들은 각자 자기 팔을 따로 흔들었다.

대한민국 국회에는 상임위원회가 있다. 나는 국방 분과위원회에 속해 있었다. 국방 상임위원회에는 전문 위원이 있고, 입법 조사관이 있고, 또 각 군에서 고급장교를 연락관으로 파견한다. 나는 육군 연락장교 L대령과 가까이 지냈다. L대령은 UN 평화군에 참전한 이야기를 내게 들려주었다. 소말리아는 내전으로 민간인이 많이 죽고, 기아로 죽은 사람이 속출했다. 안보리 결의 733호로 UN 평화유지군을 소말리아에 파견했다.

1993년에 2차 파병 결의 UNOSOM II에 참여했다. L은 당시 계급이 중령이었다. 분쟁 지역이라 하더라도 'UN군'이라는 표지를 달면 공격하지는 않는다. 2차 파병은 미군이 주도했다. 한국 파견군은 지원자 중 선발하여 보낸다. 경쟁률이 높았다. 외국을 관광할 수 있고, 전투 지역에 파견되어 전시 수당 200만 원 정도가 별도로 지급되고, 또 장교는 참전 경험이 인정되어 승진이 빠르다. 이런 부차적 장점 때문에 장교와 사병 간에 해외 파병은 위험 지역이 아니면 인기가 높다.

L대령도 인센티브 때문에 지원했다. 현지 모가디슈 전시 상황은 인센티브를 즐길 형편이 아니었다. 공항에 내리자마자 총성이 들리고 군인들이 뛰고 방어 자세를 잡았다. 매우 불안했다. 군복을 입지 않은 자가 총을 들고 뛰는 현장을 보았다. 건성으로 들었던 정보가 사실임을 확인하고, 그때부터 여

 ——— 아는 척하기 딱 좋은 **아프리카 지식 여행**

러 번 공격을 받았고 대응 사격을 해야 했다. "죽을 뻔 했다."라고 실토했다.

미국은 소련이 물러간 뒷자리를 차지하기 위하여 적극적으로 대처했다. UN군을 공격하는 남부 군벌 사령관 아이디드 목에 현상금을 걸어놓고 체포하려 했다. 어디든 UN 평화유지군은 현지 주민의 절대적인 협조를 받아야 한다. 현지 사정은 달랐다. 당시 소말리아 반군과 시민은 UN 평화유지군도 침략군interloper으로 간주했다. UN군을 공격했다. 결국 1차, 2차에 걸친 UN 평화유지군 파견은 실패했고, UN군은 1994년 전원 철군했다.

아이디드는 교전 중 전사하고 아들이 사령관이 되어 일부 군벌들만으로 임시정부를 구성했다. 다른 군벌들은 임시정부를 공격하고 있다. 내전은 지금도 계속되고 있다. 국제기구도 손을 들었다. 정치학자들은 'state failure', 곧 실패한 국가로 규정하고 있다. 참담한 실정이다. 총을 잡은 내전으로 평화는 오지 않는다.

소말리아 내전

소말리아 내전은 1991년에 시작하여 지금2022년까지 진행되고 있다. 현재 진행되고 있는 내전 중 세계 기록이다. 내전의 양상이 복잡하고 반군 이름이 많아 헷갈려 반군 단체 이름을 노트에 적었더니 두 쪽이었다. 톨스토이『전쟁과 평화』1869와 나관중『삼국지연의』14세기 후반를 작중 인물이 하도 많아서 노트에 적으며 읽었던 기억이 난다.

소말리아 청년들은 반군에 속해 있든 아니든 간에 총을 들고 다닌다. 총을 들고 다녀야 취직이 된다. 목수가 일을 하러 갈 때 연장을 들고 가듯, 젊은이는 누구나 총을 들고 길가에 나가야 세력 있는 군벌이 고용하는 형태이다. 민병대를 고용한다. 2005년에 현지에 갔던 KBS 취재진도 무장한 민병대원 10명을 고용해 다녔다고 한다. 돈이 있어 민병대를 많이 거느린 반군이 강한 군대이다. 작은 트럭을 운전해도 총을 가진 민병대를 고용한다. 소말리아는 아직도 여행 금지국이다.

『삼국지연의』의 군벌인 조조, 유비, 손권은 패권을 잡기 위해 전쟁을 했다. 권모술수는 복잡하지만 삼국 간 싸움은 간단하다. 소말리아 내전은 31년째이다. 1차, 2차 UN 평화유지군이 소말리아 작전에 실패하고 1994년에 물러갔다. UN군이 주적이었지만, UN이 물러간 뒤 내전은 더 확대되고 깊어갔다. 곳곳에 군벌들이 반란을 일으키고 합종연횡을 하여 더 큰 세력과 싸움을 했다.

소말리아 내전을 관전하기 어려운 것은 외세와 결탁이다. 소말리아를 둘러싸고 있는 케냐, 에티오피아, 에리트레아, 예멘은 물론, 아프리카에서 패권을 노리는 미국, 중국, 영국, 프랑스, 이탈리아 등이 관여하여 군벌과 손을 잡고 있다. UN에서는 평화를 이야기하지만, 이해관계에 따라 재정적 지원, 무기 공여, 정보를 제공한다. 한마디로 어느 반군 하나가 정당성이 있다고 말하기 힘든다. 모두가 "소말리아 민족을 위하여"를 외친다. 소말리아 내전은 다른 민족이 아니라 모두 소말리아족 간의 싸움이다. 세력이 큰 반군이 있고 작은 반군이 있을 뿐이다. 반군은 군소 도시를 점령하고 자기 군벌의 기를 게양한다. 한 개의 도시를 점령한 군벌도 있고, 여러 개의 도시를 점령한 군벌도 있다. 세력 다툼이 심한 곳은 남부 소말리아이다. 아직도 대세를 장악한 군벌이 없다. 홉스가 말한 '무정부 상태', '만인의 만인에 대한 투쟁'이다. 리바이어든의 괴물이 나타날 때다. 강력한 중앙집권 국가가 나타나 만인 간 투쟁을 종식시켜야 한다.

북부 소말릴란드Somaliland를 국가로 인정하는 국제기구는 없지만, 스스로 독립국이라 자처하고 있다. 또 바로 남쪽 독립국에 준하는 자치를 하는 지역이 푼트란드Puntland이다. 북부는 언제 또 영토 문제로 불이 붙을지 모르지만, 아직은 조용하다. 문제는 남쪽이다. 그 중심은 수도 모가디슈이다. 모가디슈는 한때 '아덴만의 백 진주white pearl, 인구 230만 명'라 불린 아름답고 큰 도시였다. 인구가 가장 많고, 소말리아의 정치 경제 중심지이고 상징성도 있다. 소말리아 남쪽 해안의 항구도시이다. 어느 군벌이든 수도 모가디슈를 점령하고자 한다. 모가디슈를 점령한 군벌은 가장 큰 군벌로 인정을 받는다. 강한 군벌로 인정받는 것은 중요하다. 모가디슈를 점령한 군벌은 임시정부를 구성하고, 인접 국가들의 주목을 받고, 외교 관계를 맺을 수 있다. 모가디슈 주인은 여러 번 바뀌었다.

군벌들은 연합전선을 펴 모가디슈를 점령한다. 모가디슈를 점령한 군벌은 항상 다른 군벌들의 도전을 받는다. AUAfrica Union와 UN은 여러 번 중재를 하여 연방 정부 구성을 제의했다. 그때뿐이다. 권력을 분할하는 과정에서 의견이 일치하지 않으면 다시 총을 잡는다. 대부분의 군벌은 패권을 노린 이익 단체다. 이념 단체는 지하디스트Jihadist이다. 중심은 알샤바브Al-Shabaab이다. 이슬람 단체는 이슬람 이데올로기를 기반으로 하고 있다. 가장 격렬하게 저항하고 전쟁을 한다. 미국도 견제를 하고, 에티오피아도 배격한다. 그러나 내부 결속력이 강해서 전쟁 때마다 승리를 한다. 핵심 세력은 IS이다.

아프가니스탄, 시리아, 이라크, 예멘에서 활동하던 IS가 소말리아로 들어왔다. 전투 경험도 많다. 『분쟁의 세계지도』2019의 저자인 전 지리학회장 이정록 교수는 소말리아 분쟁의 원인을 소규모 부족 단위 유목 정치 문화가 민족국가로의 전환에 적응하지 못한 것에서 찾는다. 동의한다. 같은 부족 씨족이 많은 사우디나 이란에서도 민족국가로 전환기에 소말리아 같은 이

전투구는 없었다. 어떻게 설명해야 할까?

내전이 아프리카 뿔에만 있는 것일까? 전 세계에서 내전으로 무력 충돌을 하고 있는 국가가 현재2022년 20개국이다. 그중 아프리카 대륙에 9개 있다. 왜, 아프리카 대륙만 이렇게 내전이 많을까? 아프리카의 분쟁 지역에 흑인이 많이 산다? 인류의 종간? DNA는 문명의 차이를 만들 만큼 차이가 크지 않다는 것이 정설이다. 식민지? 식민지가 원인일 수는 있다. 식민지를 경험한 나라가 아프리카에만 있는 게 아니다. 수많은 나라가 식민지 경험을 했다. 지도를 보면 분쟁 지역은 적도 지방이다. 아프리카만이 아니고 아시아, 남아메리카에도 적도가 지나가는 지방은 모두가 분쟁 지역이다. 적도 지방은 왜 이렇게 내전이 많을까?

백인들은 아프리카 흑인에 대하여 편견이 있다. 아프리카인은 무지하고 교육이 안 되는 인간으로 취급했다. 그들의 주장이고 논증이 안 되는 이야기다. 적도 지방의 내전은 쉽게 평정이 안 된다. 적도 지방의 반군은 밀림 속에서 식생활을 영위할 수 있다. 피신하기 쉽다. 게릴라 활동이 쉽다. 우리와는 다르다. 한반도는 역사상 반란군이 성공한 경우가 한 번도 없다. 높은 산도 없고, 밀림도 없다.

 ——— 아는 척하기 딱 좋은 **아프리카 지식 여행**

제4장

빅토리아 호수 주변 국가들

아웃 오브 아프리카

동부 아프리카 케냐Kenya를 답사하고 있다. 케냐를 한 묶음 경관landscape 으로 보여주는 건 영화 <아웃 오브 아프리카>1985이다. 유럽의 식민지, 수탈의 수단은 기차, 백인 지주와 흑인 노동자, 정장한 백인과 헐벗은 흑인의 몸, 커피 플랜테이션, 키쿠유 노동자, 대형 포유동물이 서식하는 광활한 사바나기후 지역이다. 커피와 상아가 유럽인의 기호품이고 주 무역품이었다.

덴마크의 카렌 브릭센Karen Blixen은 소설 『아웃 오브 아프리카Out of Africa』 1937를 출간했다. 카렌은 실제로 아프리카에서 6천 에이커730만 평의 땅을 소유했고, 6백 에이커73만 평 땅에 커피 플랜테이션을 경영했다. 남편과 이혼하고, 남편 친구 데니스와 깊은 사랑에 빠졌고, 원주민 키쿠유족을 부리면서 17년을 아프리카에서 살았다. 카렌의 연인인 데니스는 비행기 사고로 죽고, 커피 농장도 실패하고, 귀국하여 아프리카의 생활을 회고하며 쓴 자전적 소설이다. 여러 번 노벨상 후보에 올랐다.

소설을 각색한 영화, <아웃 오브 아프리카>는 시드니 폴락이 감독했다. 아카데미 작품상, 감독상을 비롯해 8개 부문의 상을 받았다. 크게 히트를 했다. 제작비 31백 만 달러를 들여, 관객 동원box office과 액수로 2억 2천 7백만 달러를 벌어들인 영화다. 주제는 러브스토리다. 배경이 동부 아프리카이다. 카렌여주인공이 열차를 타고 몸바사에서 케냐의 광활한 내륙 사바나로

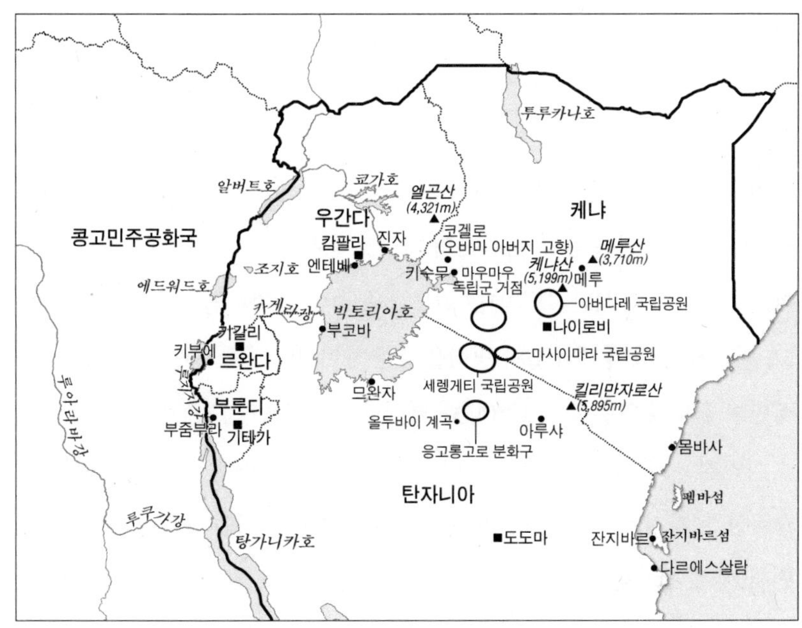

빅토리아호 주변 국가들

들어가는 전경이 첫 장면이다. 인상 깊다. 영화 속의 철도는 역사 속의 철도이다.

1890년이다. 인도와 인도양 연안을 점령하고 있던 영국 동인도 회사가 철도를 건설했다. 지금 일대일로를 하는 중국과 같다. 해안 도시 케냐 몸바사Mombasa, 120만 명에서 키수무Kisumu, 34만 명까지 1,060km의 거리다. 동부 아프리카의 심장, 아프리카 큰 호수Africa Great Lakes들이 있다. 철도가 건설되기 전 사람이나 우마차가 다니던 길이고, 노예를 끌고 해안으로 팔러 다니던 악명 높은 길이었다. 노예 거래를 금지하는 브뤼셀 조약Brussels Conference Act of 1890을 체결한 후, 아프리카 자원을 수탈하기 위하여 1890년 철도를 건설했다. 철도는 식민지 경영에 필수 수단이다.

철도 건설은 동인도 회사가 주도했다. 철도 건설에 인도 노동자를 데려왔다. 미국 대륙 횡단 철도 건설에 중국 노동자를 고용했던 것과 같다. 건설 후 중국인은 샌프란시스코에 차이나타운을 만들었다. 케냐 철도 공사로 인도 노동자가 대거 들어왔고, 귀국하지 않고 영주했다. 지금도 인도인 후손은 케냐의 경제권을 잡고, 몸바사와 나이로비 부동산 부자는 모두 인도인이다. 철도 시대의 식민지 경략은 철도를 통하여 원자재를 영국으로 가져갔고, 철도를 통하여 대규모의 병력을 수송하여 반란군을 제압할 수 있었다. 식민지 철도의 역할이다. 1930년대 케냐에 유럽 백인이 3만 명이 살았다.

식민지 시대, 유럽 귀족의 저택에는 아프리카 상아를 십자로 세워두고, 중국산 도자기로 거실을 장식하고, 커피와 홍차에 하얀 설탕을 넣어 마시면서 세계 지리를 논해야 계몽 시대 귀족의 풍속도였다. 옛날부터 상아는 국제시장에서 고가로 거래되었다. 지금 1kg당 10만 원이다. 보통 크기는 10kg, 큰 것은 40kg 넘게 나간다. 클수록 값이 비싸다. 개당 100만 원에서 수천만 원에 거래된다.

상아는 중국, 일본, 타이완, 싱가포르와 홍콩 등 90%가 아시아에서 소비된다. 아시아에서는 도장, 젓가락, 정밀 조각 장식품이고, 유럽에서는 당구공, 피아노 건반, 악기의 마우스피스로 쓰였다. 지금은 상아 무역이 불법이고, 케냐 정부도 상아 밀매를 단속하고 있다. 대통령 지시로 밀렵한 상아를 거두어 3번에 걸쳐 소각했다. 한 번 소각한 상아의 시중 가격이 1억 달러가 넘었다. 코끼리 밀렵에 강력히 대응하는 이유는 케냐의 관광산업 이미지 때문이다. 케냐 GDP의 12%가 국립공원에서 들어온다. 코끼리 밀렵을 막아야 하는 이유다.

케냐는 영국의 중요한 식민지였다. 영국 여왕 엘리자베스 2세가 황태녀 crown princess 시절, 남편 필립 공과 나이로비 국립공원을 방문했다. 도착한

영화 〈아웃 오브 아프카〉에서 머리 감겨주는 장면

다음 날 아버지 왕, 조지 6세가 죽었다. 일정을 취소하고 대관식을 위해 영국 웨스트민스터 사원으로 돌아갔다. 공주 부부는 케냐 아버다레Aberdare 국립공원에 있는 '나무 호텔Treetops Hotel'에 투숙했다. 황태녀의 수행원인 코르베Jim Corbett는 "아프리카에서 나무에 올라갔다가 내려오니 여왕이 되어 있더라."라고 기록했다. 엘리자베스 2세는 1953년에 왕위에 올라 2022년 96살 나이로 운명했다.

영화의 배경은 아프리카 식민지 경략이 한창일 때다. 아프리카 식민지 때문에 제1차 세계대전이 일어났고, 엄청난 사람이 죽고 전쟁은 끝이 났지만, 식민지 주인은 바뀌어도 식민지 수탈은 변하지 않았다. 독일과 이탈리아가 지배하던 곳을 영국과 프랑스가 차지했을 뿐이다. 착취 형태의 식민지 경영은 플랜테이션 농업으로 바뀌었다. 유럽인은 자본을 대고, 원주민을 고용하여 환금작물, 커피, 차, 사탕수수 등을 재배했다. 문제는 노동자는 저임금이고, 식량을 생산할 땅은 플랜테이션 농장이라는 점이다. 따라서 농민은 저임금으로 식량을 사 먹을 수 없고, 식량을 생산할 땅이 없다. 농민이 굶주리는 이유다.

지금도 케냐 GDP의 40%가 농산물이고, 커피와 사탕수수는 주요 수출품이다. 그리고 유럽인이 가장 좋아하는 관광은 국립공원의 사파리다.

케냐의 독립지사, 키마치

1895부터 케냐를 영국 보호국으로 지정했다. 영국은 1920년부터 1963년까지 43년간 식민지 통치를 했다. 영국이 케냐를 탐낸 것은 영국인이 좋아하는 기후와 땅, 그리고 아프리카의 심장부로 들어갈 수 있는 지정학적 위치였다. 영화 〈아웃 오브 아프리카〉에서 보듯 살기 좋고 비옥한 땅은 모두 영국인이 차지했다.

원주민은 농업 노동자로 전락했다. 한반도와 비슷하다. 케냐의 원주민 Kikuyu, Meru, Embu, Kamba, Masai 부족이 영국 통치에 저항하는 독립 운동이 1952년에 일어났다. 마우마우MauMau는 케냐 해방군이고 독립군이다. '마우마우'를 영어로 KLFAKenya Land and Freedom Army라고 했다. 독립 투쟁에 대하여 케냐 식민지 정부는 1952~1960년의 8년간 비상사태Emergency를 선포했다. 모든 수단을 동원하여 마우마우 독립 운동을 탄압했다.

우선 부족 간에 이간질divide and rule하여 친영파와 반영파 부족 간에 싸우게 했다. 영국은 신무기를 식민지군에 공급하여 토벌 작전을 전개했다. 전쟁으로 죽고 기아와 질병으로 죽었다. 영국 정부 발표로만 1만 2천 명을 살해했다. 대부분 아이와 부녀자들이었다. 내란은 항상 약자가 당한다. 마우마우 지도자, 데단 키마치Dedan Kimachi는 게릴라전으로 저항했다.

영국은 엄청난 재정 지원으로 식민지군을 동원하여 총력전으로 대응했다. 무기와 돈이 없는 독립군은 게릴라전으로 8년간 저항하다가 니에리에서 포위되고 주력 독립군은 진압되었다. 지도자 키마치도 1957년에 체포되었다. 영국군은 마우마우 가담자 8만 명을 특설 수용소 캠프에 가두어 두고 심문해, 4,686명을 처형했다. 총상을 입은 키마치도 1957년 처형됐다. 반란군 진압은 어디를 막론하고 희생이 따르지만, 항복한 원주민 5천여 명을 처형한 것은 문명국, 영국의 잔인한 행위라고 비난받았다. 영국의 식민지 정부 검찰국장인 존스Eric G. Johns가 1957년 총독 바링Baring에게 보낸 보고서에서 "마우마우 봉기에 대한 영국 정부의 대응은 히틀러의 홀로코스트와 스탈린의 대숙청에 비교된다."라고 했다.

마우마우 반란 진압에 영국군도 많은 희생자를 냈다. 영국은 케냐 식민지 경영에 수지 타산이 맞지 않았다. 식민지 유지비가 식민지에서 들어오는 소득보다 더 컸다. 영국은 지구상에 해가 지지 않는 식민지를 갖고 있던 제국이었다. 세계 각지 식민지에서 독립 운동이 일어났다. 식민지 원주민도 교육을 받아 제2차 대전 후 민족주의 의식이 높아갔고, 식민지 주민을 노예 다루듯 할 수는 없었다. 독립을 시켜 주고 영국경제협력기구British Commonwealth로 가는 편이 영국에게 유익하다고 판단했다. 영국 의회의 의결에 따라 케냐를 1964년 12월 12일에 독립시켰다.

독립을 성취한 주체 세력은 식민지 시절 적폐 청산을 한다. 일제강점기 친일파 척결을 시도하듯, 케냐 주민을 차별하고 착취하고 독립 운동가를 감금하고, 고문하고, 처형했던 영국 앞잡이를 처벌하고, 재산을 몰수하는 적폐 청산을 해야 한다. 민족정신을 살리기 위하여 독립 국가가 하는 합리적인 조치다. 케냐 초대 대통령, 케냐타Kenyatta, 1964~1978와 2대 대통령 모이

Moi,1978~2002는 마우마우를 독립 운동으로 대접하지 않고 테러 집단으로 몰았다.

다음은 초대 대통령 케냐타의 연설문 일부이다. "우리는 평화 속에서 독립을 결정했으며, 테러리스트가 케냐를 지배하도록 내버려 두지 않을 것입니다. 우리는 서로를 미워해서는 안 됩니다. 마우마우는 근절된 질병이자, 다시는 기억해서는 안 될 존재입니다(We are determined to have independence in peace, and we shall not allow hooligans to rule Kenya. We must have no hated towards one another. Mau Mau was a disease which had been eradicated and must never be remembered again)." - 1963년 4월 케냐타 연설 중에서

지도자 키마치를 독립 영웅으로 우대하기는커녕, 테러리스트로 매도했다. 독립은 했어도 친영파가 정권을 잡았다. 안중근 같은 독립 투사를 대한민국 정부가 테러리스트로 치부한 경우다. 피를 토할 일이다. 키마치는 40년간 테러리스트라고 방치됐다. 친영파가 정권을 잡았기 때문이다. 1990년 넬슨 만델라가 독립 운동가 키마치 복권을 위하여 케냐를 방문했다. "그는 해방과 자유를 위하여 투쟁하다 죽었다." 키마치를 위해 연설했다. 환호했다. 키마치 부인을 만나고, 키마치 묘지를 찾아 참배했다. 그때까지 묘비는커녕 시신도 수습하지 않았다. 세계적인 뉴스가 되었다.

만델라는 케냐를 두 번이나 찾아왔고, "키마치는 내가 가장 존경하는 인물이다."라고 했다. 영국도 나섰다. 영국 정부는 1964년 외무부 장관이 영국 의회에서, "영국 정부는 케냐 식민지 통치 기간 내 마우마우에게 구금, 고문, 학살, 캠프 설치 등을 포함한 가혹한 처사에 대하여 사죄하고 보상해야 한다."라고 연설했다. 영국 정부는 마우마우 관련자들에게 320억 원 상당을 배상하고, 수도 나이로비 우루Uhuru 공원에 기념비를 세웠다.

 ——— 아는 척하기 딱 좋은 **아프리카 지식 여행**

케냐 정부도 2007년에서야 키마치가 처형된 지 40년 만에 독립 투사로 이름을 올렸다. 그의 동상은 나이로비 중앙 광장에 서 있다. 마우마우는 독립 운동으로 인정하고, 관련 인사를 독립 운동가로 명예 회복시켰다. 대한 민국에도 사례가 있다. 약산 김원봉 선생은 김구 선생에 비견되는 독립 운동가였다. 해방 후 친일 경찰 노덕술은 김원봉을 체포하고 고문했다. 김원 봉은 북으로 갔다. 피우진 보훈처장은 김원봉을 독립지사로 거명하였다. 우파 언론은 문재인 정권을 좌파로 몰았다. 차이가 없다.

오바마의 고향

미국 대통령 버락 오바마의 아버지는 케냐 루오Luo족, 흑인이다. 어머니 던함은 영국계 백인이고, 미국 시민이다. 1961년 하와이에서 만나 결혼해 그해 오바마를 낳았다. 미국 흑인은 대부분 노예의 후손이다. 오바마는 아 프리카 혼혈인이지만, 노예 후손은 아니다. 오바마가 대통령으로 당선되기 전, 아프리카 출신 흑인이 미국 대통령이 된다는 것은 상상하기도 어려웠 다. 오바마 대통령 취임하던 날 TV 카메라는 감격에 울고 있는 잭슨 목사의 얼굴에 초점을 맞추었다. 잭슨 목사는 말콤 X, 킹 목사 다음으로 유명한 흑 인 민권운동가다. 오바마는 흑인으로 미국 대통령에 당선되었다. 기적 같 은 일이 일어났다. 역사상 처음이다.

아버지는 케냐 코겔로에서 태어났다. 코겔로Kogelo, 3,600명는 빅토리아호 수 연안 도시, 키수무Kisumu, 인구 34만 명 근교다. 아버지는 케냐 정부 장학금 으로 하와이 대학에 유학했다. 유학 생활 중 같은 대학에 다니던 어머니 던 함Dunham, 당시 18세을 만나 결혼했다. 미국에서는 흑인과 백인의 결혼 확률이 1%가 안 된다. 당시 흑백 인종 간의 결혼을 금지하는 주도 있었다. 오바마가 3살 때 이혼했다. 아버지는 하와이 대학을 졸업하고, 하버드 대학에서 경제학 석사를 취득하고 케냐로 돌아갔다. 케냐 정부의 경제국장이 되었다. 승진하여 장관에 오르기 직전 케냐 대통령과 사이가 틀어져, 실직했다. 야인 생활을 하다가 두 번의 교통사고를 당하여 사망했다1982, 48세. 케냐 정부는 오바마가 대통령으로 당선되었다는 소식이 전해지자, 아버지의 고향 코겔로에 경찰서를 설치하고, 전기를 공급했다 한다.

오바마는 어머니는 백색 피부이고 아버지는 석탄 같은 검은 피부라고 기억했다. 외할아버지는 제2차 대전에 참전한 군인이었다. 어머니는 이혼 후, 하와이 대학 지리학과에 유학 온 인도네시아인과 두 번째 결혼했다. 어머니는 학업을 마친 계부를 따라 6살 난 오바마를 데리고 인도네시아 자카르타로 갔다. 자카르타에서 인도네시아 학교에 다녔다. 어머니가 1971년 하와이 대학 인류학과 대학원에 입학하자, 오바마10세를 데리고 하와이로 왔고, 하와이 명문 사립학교인 푸나호 스쿨Punaho School에 입학했다. 푸나호는 명문 사립학교로서 가난한 유학생 아들이 다닐 수 있는 학교가 아니었다. 오바마는 외할아버지의 후원으로 입학을 할 수 있었다. 어머니는 1974년에 다시 인도네시아로 돌아갔지만, 오바마는 외갓집이 있는 하와이에 남아 학업을 계속했다.

아버지는 오바마가 10살 때 하와이를 찾아왔고, 한 달 동안 같이 살았던 그때의 기억이 생부와 만남 전부다. 아버지는 농구공을 한 개 사주었다. 어머니와 계부는 결혼한 지 16년 만인 1980년에 다시 이혼했다. 계부는 1985년에 지병으로 죽었다. 어머니는 1992년 하와이 대학에서 인류학 박사학위를 받았다. 후진국의 전통 산업에 관한 연구 활동을 하다가 53살 되던 해 1995년 자궁암으로 죽었다. 오바마와 이복동생은 어머니 유해를 코코헤드

kokohead 전망대 앞 태평양에 뿌렸다.

나는 1975년 하와이 대학 지리학과에 유학했다. 먼 훗날 알았다. 나의 셋 방은 푸나호 학교 뒤편 언덕이었다. 집에서 푸나호 학교 운동장이 내려다보인다. 흑인 학생은 보지 못했지만, 운동하는 학생들을 볼 수 있었다. 같은 시기 나는 하와이 대학, 오바마는 푸나호 학교를 다녔다. 인연은 또 있다. 하와이 대학 사회과학 대학 포테우스 건물은 2층 인류학과, 3층 사회학과, 4층 지리학과, 5층 경제학과, 6층 정치학과였다.

나보다 14년 전 그의 어머니는 같은 건물 3층, 아버지는 5층에서 공부를 했고, 사랑했고 오바마를 낳고 헤어졌다. 어머니는 아버지와 헤어진 후 인도네시아인 소웨토로Soetoro와 결혼했다. 소웨토로는 나와 같은 지리학과 대학원생이었다. 아버지, 어머니, 의붓아버지는 나와 같은 복도를 걸었고, 같은 도서관, 같은 캠퍼스, 같은 식당에서 밥을 먹었다. 이렇게 나와 손에 잡히지 않는 인연이 있다. 오바마는 『아버지의 꿈Dreams from My Father: A Story of Race and Inheritance』을 1995년에 출간했고, 2004년에 중간했다. 서평은 대단했다. 나는 한번 읽어 볼 요량으로 책을 주문했다.

고등학교 때 오바마는 마약도 하고 술도 많이 마셨다고 술회했다. 사춘기 때 극복할 수 없는 인종차별에 대한 고민을 했다. 오바마는 주어진 운명을 포기가 아니라 극복했다. 푸나호 학교에는 흑인이 6명 있었다. 아버지의 농구공이 인연이 되어 학교 농구 선수가 되었다. 고등학교를 졸업하고 LA의 동양대학을 거쳐 컬럼비아 대학으로 갔고, 정치학을 전공했다. 졸업 후 한 해 동안 시카고에서 봉사 활동을 했다. 1988년 하버드 대학 로스쿨 입학 허가를 받았다. 케냐에 아버지 고향을 찾아가 5주 동안 머물며 할머니와 친척들을 만났다. 2015년 대통령 재임 중에 케냐를 방문하여 케냐 민주주의를 걱정하는 연설을 했다. 2018년 대통령을 퇴임하고 또 케냐를 찾았다. 미국

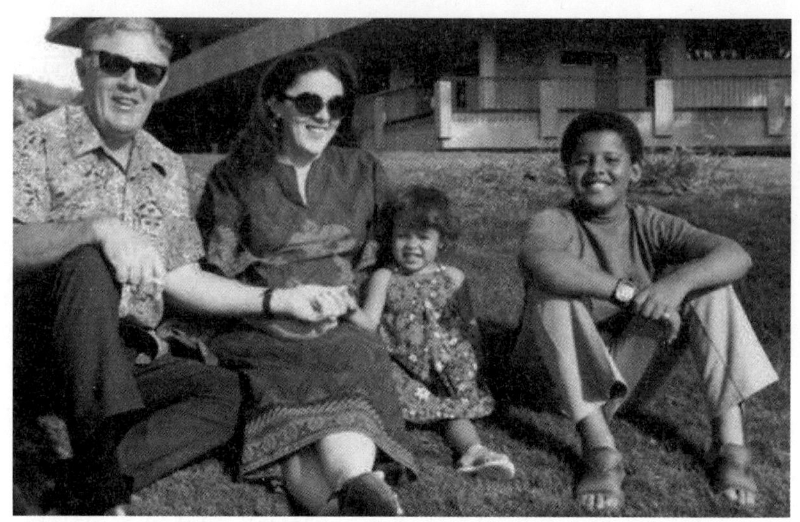

오바마 외할아버지, 어머니, 이복동생, 오바마

대통령으로 아버지의 고향을 세 번이나 찾아간 분은 없다. 인종 문제에 대한 한이 있었다.

하버드 대학 1학년 때 『Harvard Law Review』의 편집인으로 선발되고, 2학년 재학 중에 편집장이 되었다. 『Harvard Law Review』 편집인은 하버드 대학생들에게도 대단히 경쟁이 높은 직종이다. 미국 지성들은 흑인 오바마를 눈여겨보기 시작했다. 졸업 후 로펌 시들니 오스틴Sidley Austin LLP에서 인턴 변호사로 일했다. 거기서 미셸 로빈손을 만나 결혼했다. 1991년 하버드에서 마그나 쿰 라우데magna cum laude, 우수 학생로 법학박사 학위를 받았다. 1992년 2004년까지 헌법학 교수로 시카고 대학 법학 대학원에 재직했다. 인권 변호사로 일했다. 1997년 일리노이주 상원의원으로 정치를 시작했다. 2009년 미국 44대 대통령으로 당선됐다.

—— 아는 척하기 딱 좋은 **아프리카 지식 여행**

마사이족

　마사이Maasai족은 동부 아프리카 고원에 사는 소수민족이다. 120만 명 정도다. 아프리카 소수민족인 데도 우리에게는 물론 전 세계인에게 알려져 있다. 왜 그럴까? 마사이족이 사는 곳은 동부 아프리카 고원 지대다. 기린, 코끼리, 얼룩말을 비롯하여 대형 포유동물이 서식하는 세렝게티 국립공원이다. 식민지 시절 유럽 백인들이 가장 선호한 땅이다. 마사이족은 백인과 동화되지 않았다. 고유한 문화를 지키고 전투적이어서 노예 사냥이 어려웠다. 마사이족은 미국의 인디언 보호 구역처럼 제쳐 둔 곳이다.

　마사이족의 서식지는 지금 케냐 쪽은 마사이 마라Masai Mara 국립공원, 탄자니아 쪽은 세렝게티Serengeti 국립공원 부근이다. 세계 최고 최대 사파리 관광지이다. 원래는 마사이족의 땅이었지만, 유럽인이 사냥터Game reserve로 쓰다가 국립공원으로 지정했다. 계절에 따라 수백만 마리의 포유동물이 이동하는 장면은 세계 7대 장관The 7th Wonders of the World 중의 하나로 꼽히고 있다. 열기구를 타고서 이동하는 동물 떼를 보면 누구나 "아!" 하는 감탄사가 나온다. 영화 〈아웃 오브 아프리카〉에서 최고의 신scene은 데니스와 카렌이 경비행기를 타고 이동하는 동물 떼를 내려다보는 장면으로 기억한다.

　케냐에는 70개 국립공원이 있다. 모두 야생동물 보호 구역이다. 1300~1500m 고원이다. 건기와 우기가 있다. 우기는 6월부터 11월까지, 건기는 12월부터 5월까지다. 마사이 마라에 우기가 끝나면, 남쪽 탄자니아 세렝게티에는 우기가 시작된다. 때를 맞추어 풀을 따라 대형 초식동물이 이동하고, 초식동물을 따라 포식자들이 이동한다. 적도를 중심으로 북쪽이 마사이 마라이고, 남쪽이 세렝게티 국립공원이다. 마라 - 세렝게티 공원 지역은 2만 5천km², 한국의 1/4 크기다. 주변에는 킬리만자로Kilimanjaro, 5,895m, 엘곤

Elgon, 4,321m, 메루Mount Meru, 3,710m, 케냐산Kenya, 5,199m과 옹고롱고로 분화구 Ngorongoro crater가 있다. 산에서 내려오는 여러 줄기의 강물은 동물의 식수원이 된다. 큰 강인 마라강이 흐른다. 서쪽에는 거대한 빅토리아호수가 있다.

식민지 전성시대에는 유럽인이 8만 명이나 살았다. 여기에 사는 마사이족은 문명권에 쉽게 동화되지 않았다. 바로 곁에서 말을 타고 총으로 사냥을 했지만, 마사이족은 창과 방패로 들소와 얼룩말을 사냥했다. 소와 염소가 유일한 가축이다. 기르는 소의 숫자가 부의 척도다. 50마리 이상이면 부자다. 현대는 돈으로 문제를 해결하듯, 마사이는 소가 화폐다. 과실치사는 소 한 마리를 배상한다. 마사이족 청년은 마론maron이라 한다. 포경 수술을 하고 창과 방패만 갖고 혼자 나가서 사자를 잡아야 성인 마론으로 인정한다. 지금은 야생 사자가 있는 곳은 국립공원이므로 사냥을 금하고 있다. 남성 중심의 사회이다. 중혼polygamy이 관행이다. 결혼 때 지참금으로 신부에게 소를 갖고 흥정한다.

죽고 나면 시체는 매장하지 않고, 숲속에 두어 독수리나 하이에나가 뜯어 먹게 하여 자연으로 환원한다. 식단은 고기 또는 생고기, 우유, 소피, 꿀을 먹고 곡물과 채소를 먹지 않는다. 의복은 동물 가죽이었으나 지금은 빨간색이나 자주색 천을 몸에 두르고, 맨발로 다닌다. 얼기설기 나무로 집을 짓고 잔가지로 틈새를 메우고, 소똥과 진흙으로 지붕과 벽을 바른다. 간단하게 집을 짓는다. 집 안 바닥은 흙이고 그 위에 동물의 가죽을 깔고 동물 가죽을 덮는다. 집 안에서 취사를 한다. 마을 단위는 보통 20~30가구다. 마을 전체를 가시나무로 울타리를 친다. 밤이면 가축을 마을 가운데 공터로 몰아넣고, 포식자로부터 보호한다. 마사이 마을 공동체를 엔캉enkang이라 한다. 부족원이 당하면 구성은 목숨을 걸고 복수를 한다. 마사이족을 겁을

—— 아는 척하기 딱 좋은 **아프리카 지식 여행**

마사이족의 학교

내는 이유다.

마사이는 얼룩말에 비유한다. 얼룩말은 보기도 좋고, 힘이 세고, 잘 뛴다. 수없이 가축화를 시도했다. 성공하지는 못했다. 마사이족은 평균 177cm로 키도 크고, 잘 뛰고, 힘이 좋아 노예 시장에서 비싼 값을 받았다. 마사이족을 노예로 잡으려면, 같은 수만큼 사냥꾼이 희생되었다. 죽도록 저항한다는 소문이 파다했다.

전통 방식대로 사는 고집불통 마사이족은 그대로 관광자원이 되었다. 마사이마라에서 사파리를 하는 관광객은 엔캉을 구경하고 싶어한다. 집을 구경시켜 주고, 손으로 만든 장신구를 팔고, 널뛰듯 높이 뛰는 마사이족 춤을 보여주고 돈을 받는다. 케냐 정부는 마사이족 정착을 돕는다. 농작물로 감자, 고구마, 수수, 옥수수를 재배한다. 마을이 있는 곳에 샘을 파서 건기에 먼 곳까지 가축을 데리고 물 먹이러 가지 않아도 된다. 교사를 파견하여 아이들에게 학교 교육을 한다. 마사이어가 있지만, 동시에 케냐어와 영어와 스와힐리어를 가르친다. 남자들은 창을 내려놓고 관광 안내원으로 돈을 번다. 세월이 변하게 했다.

나이로비

나이로비는 케냐의 수도다. 인구 440만 명. 광역도시는 1천만 명이다. 서울과 비슷하다. 동부 아프리카에서 제일 크다. 마사이 언어로 '나이로비'는 찬물cool water이란 뜻이다. 사파리 수도Safari Capital of the World라는 별명이 붙어 있다. 적도 아래에 있다. 같은 위도에 있는 해안 도시 몸바사Mombasa, 120만 명는 찌는 듯한 더위이지만, 나이로비는 연중 시원하다. 사람 살기에 너무 좋다. 1,780m 고원에 있기 때문이다. 나이로비는 넓고 배수가 잘 안 되는 강의 늪지였다. 거대 야생 포유동물이 서식하고 있어, 유럽인들의 사냥터Game reserve였다. 나이로비 공항을 가는 고속도로 주변에서도 야생 코끼리, 들소, 기린이 보인다.

나이로비가 도시로 발전한 계기는 철도 건설이었다. 영국은 기후가 좋은 동부 고원 지역을 개발하기 위해 철도 건설을 계획했다. 유럽의 백인들은 동부 고원에 많은 플랜테이션 농장을 경영하고 있었다. 식민지 경략에 철도는 필수다. 영국은 케냐 몸바사 - 우간다 키수무까지 철도를 건설1889~1901했다. 인도와 파키스탄에서 수만 명의 노동자를 데려왔다. 노동자의 숙소와 철도 건설에 필요한 건설 자재를 저장할 창고depot가 필요했다. 중간 기지였던 나이로비가 급성장했다. 철도 개통으로 기후가 좋은 나이로비는 1907년에 벌써 도시 인구가 몸바사를 능가하였다. 케냐가 독립한 1963년

 ——— 아는 척하기 딱 좋은 **아프리카 지식 여행**

그해, 나이로비를 케냐의 수도로 정했다.

우간다, 탄자니아, 케냐가 둘러싸고 있는 거대한 빅토리아호가 있다. 아프리카 동부 고원이다. 대호수 지역에는 거대한 호수들이 여러 개 있다. 동부 아프리카 대지구대에 생겨났다. 동부 아프리카의 중심이다. 식민지 시대였다. 철도 건설은 인도양 해안에서 내륙 아프리카 대호수Africa Great Lakes 지역을 적극적으로 개발하게 했다. 거대도시 케냐의 몸바사Mombasa, 120만, 나이로비Nairobi, 1천만, 우간다의 키수무Kisumu, 34만, 캄팔라Kampala, 670만가 생겨났다.

수도 나이로비는 정치, 경제, 사회의 중심이다. 도심에는 국제기구와 고층 건물이 즐비하다. 후진국 대도시가 다 그렇듯, 도시의 외곽은 빈민 지역이다. 동남쪽의 키베라Kibera는 거대한 슬럼이다. 아프리카는 물론 세계 최대 슬럼 중의 하나이다. 6.6km² 면적에 100만 명이 넘는 인구가 산다.

주민 모두가 실업자라고 해도 과언이 아니다. 주택가는 화장실이 없고 공중변소가 있다. 아침에는 화장실 앞에 긴 줄을 서야 한다. 상수도는 없고, 물은 키오스크kiosk에서 사서 먹는다. 하수처리는 안 되어 도로가 하수도이다. 위생 시설이 없어 질병으로 사망률이 높다. 아이들의 울음소리와 주민 간의 싸움 소리는 그치지 않는다. 다수의 인구가 에이즈에 감염되어 있다. 여자들은 살기 위하여 몸을 판다. 폭행과 강간이 자주 일어난다.

키쿠유족, 루오족, 루히야족이 대거 들어왔다. 1995년부터 루오족33.0% 이 주류가 되었다. 주변 농촌에 들어온 농민들이다. 내란으로 이웃 나라에서 들어온 난민들도 있다. 하루에 1달러가 안 되는 생활비로 살고 있다. 키베라 슬럼 외에도 나이로비에는 여러 개의 슬럼이 있다. 멕시코의 멕시코시티와 비슷하다. 나이로비 5%도 안 되는 도시 지역에 인구의 50%가 산다. 땅은 소수의 부자가 다 소유하고 있다.

키베라. 최대 슬럼, 공식으로 17만명, 비공식으로 100만 명이 거주한다.

케냐는 인구도 많고 자원도 많지만, 지금도 가난하다. 구매력 기준 개인 소득이 5천 달러에 불과하다. 지니계수GI는 빈부의 격차를 나타내는 지표이다. 케냐는 0.40, 한국 0.34, 중국 0.46, 독일 0.29이다. 지니계수가 높을수록 주민 소득의 격차가 크다. 빈부의 격차가 크면 사회는 불안하다. 정치 권력자는 부자 편을 든다. 지금 세계 경제는 1인당 소득이 문제가 아니고, 불평등 지수가 문제다. 가난한 나라일수록 빈부의 격차가 더 심하다. 불평등 지수가 높은 대륙은 남아메리카 대륙이 1위이고, 다음이 아프리카 대륙이다.

1997년 한국은 금융 위기를 맞아 많은 중소기업이 도산했다. IMF 구제금융을 받았다. 대구에서 섬유공장을 하던 K 씨도 부도를 내고, 도주했다. 죽기 전에 여행이나 하자 하고 듣도 보도 못한 나이로비에 왔고, 값이 싼 빈민가 키베라로 들어갔다. 사진기로 원주민 사진을 찍어 주고 돈을 받은 것이

 ———— 아는 척하기 딱 좋은 **아프리카 지식 여행**

직업이 되어 나이로비에서 사진관을 차렸다. 전업하여 지금은 나이로비에서 제일 큰 식당을 하고 있었다. 나는 그 식당에서 식사하고 뒷이야기를 들었다. 죽을 각오를 하고 뛰어들면 못할 일이 없다. 살길이 있다. 무역하고 사는 한국인의 기질이다. 세계는 넓고 할 일은 많다고 한 김우중의 말이 생각난다. 10년 전만 하더라도 동부 아프리카에 한국인 사진관이 여러 개 있었다.

몸바사의 IAAF

세계육상연맹IAAF, International Association of Athletics Federation 이사회가 2007년 케냐 몸바사에서 열렸다. 이사회에서 2011년 13회 세계육상선수권대회2011 IAAF World Athletics Championships 개최지가 결정된다. 대구 시장이 김범일 씨일 때다. 나는 대구에 세계육상대회 유치 지원을 위하여 몸바사에 갔다. 대구시의 요청으로서다. 경쟁 도시는 러시아의 모스크바, 오스트레일리아의 브리즈번Brisbane이었다. 치열했다.

우리나라 엘리트 스포츠, 즉 축구 협회, 야구 협회, 농구 협회는 재벌 회장들이나 영향력 있는 정치인들이 회장을 맡는다. 팀의 운영이나 내용은 그 종목 운동선수들이 잘 알지만, 돈 때문에 재력가를 모신다.『나라를 위해서 일한다는 거짓말2024』저자 노한동 서기관은 한국 프로 스포츠팀은 자급자족하는 팀이 하나도 없다 했다. 연간 1천만 명 넘는 관중을 동원하는 프로 야구 KBO의 운영마저도 연간 1천억 정도가 적자다. 정부가 지원한다. 그러므로 우리나라의 체육회 이사를 스포츠인들이 못 하는 이유다.

아프리카는 다르다. 케냐는 유럽이나 미국에서 큰 연봉을 받고 은퇴

한 스포츠 선수들이 체육회를 운영한다. 케냐의 킵조게Kipchoge와 켐보이 Kemboi, 케이노Keino는 마라톤 선수다. 그는 올림픽 마라톤에 2연속 금메달을 획득한 전설적인 선수다. 에티오피아의 아베베 비킬라와 같다. 아프리카에 서 IAAF의 이사들은 모두 육상 선수들이다.

당시 IAAF 이사장은 세네갈 국적의 라민 디아크Lamin Diack였다. 자신도 멀리뛰기 선수였다. 권모술수가 능하여 위원장이 되고 스포츠 재벌이 됐 다. 디아크의 아들은 아버지의 후견으로 육상 관련 스포츠 사업의 브로커였 다. 육상 중개료와 스포츠 상품, 신발 등의 후원 업체 선정에 간여했다. 러 시아의 푸틴은 디아크의 아들에게 거액의 뇌물을 제공했다는 소문이 파다 했다.

육상은 우리나라에서는 인기가 없다. 그러나 유럽과 미국에서는 월드컵, 올림픽 다음의 인기스포츠다. 결국, 대구가 IAAF를 유치하는 데 성공하기 는 했으나 뒷거래를 보게 되어 씁쓸했다. 우리나라 2002년 월드컵 유치도 아디다스 스포츠 회장이 간여하여 일본으로 결정된 행사를 한국을 동시 개 최지로 결정했다는 뉴스를 들었다.

대구 2011년 대구 세계육상대회는 아프리카인의 잔치였다. 인종의 특색 이 있다. 아프리카인의 뼈는 무겁다. 비타민D 때문이라 한다. 트랙은 아프 리카 출신 선수들이 휩쓸었다. 대구 IAAF 대회에서 상위권 국가 메달 수는 미국 25개, 러시아 19개, 케냐 17개, 자메이카 9개, 영국 7개다. 80%가 흑인 선수다. 한국은 육상에 메달 1개도 따지 못했다.

대구 유치에 성공했고, 2천700억 예산 행사를 치렀다. 3천억의 경제 유발 효과가 있다고 했지만, 모두 빈말이 되고 말았다. 2011 IAAF를 위하여 건설 한 거대한 육상 경기장이 있다. 매년 50억 원의 유지비는 들어가지만, 이용 자가 없어서 대구시는 걱정이 태산이다. 또, 대구는 2026년 세계마스터즈육상대회를 주관한다. 또 수천억 원의 경제적 파급효과가 있다고 홍보한다. 2011년 IAAF부터 정산하는 게 도리지 싶다.

바르셀로나 올림픽 마라톤 금메달리스트인 황영조 씨를 만났다. 금메달 숫자로 올림픽 성적을 평가하는 것은 사실이지만, 마라톤 금메달과 한 선수가 4개씩 따는 트랙 종목과는 무게가 다르다. 올림픽의 피날레를 장식하는 경기가 마라톤이다. 육상의 꽃이다. 올림픽의 기원도 마라톤에 있다.

우리나라 선수 중에 올림픽 마라톤 메달리스트는 1936년 베를린 올림픽 손기정, 1992년 바르셀로나 올림픽 황영조, 그리고 1996년 애틀랜타 올림픽 은메달 이봉주가 있다. 손기정 선수와 이봉주 선수는 마라톤 선수로서 각광받았다. 그러나 실질적으로 태극기를 가슴에 달고 마라톤 금메달을 딴 선수는 황영조가 유일하다. 이름도 제대로 기억 못한다. 생활이 어렵다고 이야기했다. 한국 엘리트 스포츠에 대한 많은 이야기를 들었다. 최근의 정황을 알아보니 황영조 선수는 한국 마라톤팀 감독을 맡고 있고, 최근 2026년 대구 세계마스터즈육상대회 홍보 대사로 임명됐다 한다.

이디 아민

하와이 대학 지리학과 조교 시절1975년이다. 백지도를 학생에게 나누어 주고, 우간다Uganda가 어디에 있는지를 찍어 보라 했다. 30명의 학생 중 우간다를 제대로 맞춘 학생은 단 2명뿐이었다. 한 명은 탄자니아에서 온 학생이었다. 우리나라 대학생에게 같은 질문을 하면 어떨까? 궁금하다. 우간다라는 나라가 아프리카에 있는 줄은 알지만, 아프리카 백지도에서 정확한 위치를 찾아내는 학생은 많지 않을 듯하다. 우간다는 동부 아프리카 아프리카 대호수 지역에 있는 나라다. 면적24만km²과 인구4천9백만 명는 한반도와 한국과 비슷하다. 적지 않은 나라다.

서방 언론은 우간다 대통령 이디 아민Idi Amin을 '아프리카 백정Butcher of Africa'이라 했다. 전 대통령 오보테가 해외 출장을 간 사이, 아민은 1971년에 쿠데타를 하여 정권을 잡았다. 1979년, 8년 동안 집권하면서 적게는 10만 명, 많게는 50만 명을 살해했다. 잔인성은 극에 달했다. 엔테베Entebbe 작전으로 자존심을 구긴 아민은 경비에 실패한 8명의 부하를 격납고에 집합시켜 놓고, 대통령인 자신이 권총으로 쏴 죽였다. 정적의 시체를 냉장고에 보관해 두고 먹으면서 맛이 짜다는 말을 했다고 한다. 모두 서양 언론의 보도다.

아민은 만능 운동선수였다. 키가 193cm, 라이트헤비급 권투 선수로 8년간 아프리카 챔피언이었고, 럭비와 수영 선수였다. 1925년생이다. 영국의 식민지 시절 식민지 군대King's African Rifles에 취사병으로 입대했다. 영국군에 충성을 다했다. 케냐의 마무마우 독립 운동 진압에 나가서 공을 세웠다. 우간다는 1962년에 독립했다. 우간다의 독립은 스스로 쟁취한 것이 아니다. 식민지 경영에 수지가 맞지 않아서 독립을 허락했다. 독립 후 영연방에 남았다. 여왕 엘리자베스 2세의 관용으로 독립을 한 나라다. 독립국 후 우간다 친영 식민지군은 정부군의 주류가 되었다. 독립을 위해 싸운 독립군을 탄압했다. '친일파 척결' 같은 '친영파 척결'은 우간다에서는 말도 꺼내지 못했다.

아민은 흑인으로 영국군에서 계급이 가장 높았다. 초대 총리 오보테Obote는 아민을 참모총장으로 임명했다. 아민 장군은 이웃 나라 콩고의 군부와 짜고, 상아와 금을 밀수입하였다. 국회는 아민의 비리를 조사하자는 결의가 있고, 1971년 오보테가 해외에 나간 틈을 타서 쿠데타를 했다. 모든 쿠데타가 그렇듯 쿠데타는 부하의 하극상이다. 오보테를 쫓아내고 1979년까지 군사독재를 한다. 오보테 정권은 좌파 정권이었다. 아민의 쿠데타는 처음에는 영국, 이스라엘, 미국을 비롯하여 자본주의 국가들이 환영했다. 아민은 영국의 식민지 군대에서 배운 대로 총칼로 나라를 다스렸다. 아민의 명령은 바로 법이 되었다.

아민은 변했다. 민족주의자가 되었다. 우간다 경제와 이권이 외국인에 의하여 전횡되는 걸 봤다. 아민은 친서방 정책을 포기하고 아프리카 민족주의로 돌아섰다. 국민 다수인 기독교84.4%를 탄압하고 이슬람을 취했다. 리비아의 카다피, 이스라엘과 전쟁을 하는 PLO와 손을 잡았다. 이슬람 국가들은 환영했다. 아민의 절친은 카다피이고, 이스라엘과 적대 관계에 있는 PLO의 아라파트였다. 뒷날 PLO가 납치한 비행기를 우간다 엔테베 공항으로 끌고 온 것도 아민의 특별한 배려 때문이다.

우간다에 거주하는 외국인을 축출했다. 철도 건설 때 들어온 인도인과 정부 관료와 짜고 이권을 챙기던 영국계 외국인들을 추방했다. 그들은 사실상 우간다 경제를 좌지우지하고 있었다. 히틀러가 유대인을 처리하듯 했다. 재산을 두고 떠나라고 했다. 기한 내 떠나지 않는 인도인과 영국인을 체포하고 재산을 몰수했다. '검은 히틀러black Hitler'라는 별명이 붙었다. 재산을 몰수하여 우간다인에 나누어 주었다.

시장이 망가지고 경제는 피폐해졌다. 8번의 쿠데타를 시도했지만, 아민은 살아남았다. 지식인, 종교 지도자, 저명인사를 탄압했다. 우간다 전 총리, 우간다 가톨릭 주교, 언론사 사장, 대학 부총장을 비롯하여 많은 우간다 저명인사를 재판 없이 처형했다. 우간다에 거주하는 수만 명의 아시아인, 유럽인이 해외로 도피했다.

내정 불안을 다스리기 위하여 이웃 탄자니아와 국경을 빌미로 전쟁을 일으켰다. 전쟁으로 국민을 통합하려 했다. 아민의 군은 밀리고, 수도 캄팔라까지 점령되었다. 아민은 리비아 카다피, PLO에게 원조를 요청했고, 회교국인 이라크와 사우디아라비아에도 SOS를 쳤다. 호응은 없었다. 1978년 헬기로 탈출했다. 아민의 8년간 독재정치는 끝이 났다.

아민은 처음에 리비아 카다피에게 갔다가, 다음에는 사우디에 망명했고, 사우디 제다Jiddah에서 78세 나이로 콩팥암으로 죽었다. 서방의 언론은 아프리카의 백정, 우간다 백정, 검은 히틀러라고 한다. 그의 정치 행위는 리비아 카다피, 이라크의 후세인, 독일 히틀러와 닮은 점이 많다. 민족주의 애국자였다. 애국 애족이 지나치면 파시스트Fascist가 된다.

우간다에서는 아민을 애국자라고 많이 말한다. 지금도 우간다의 북서쪽에는 아민 정신을 외치고 정치를 하는 정치 후보생들이 있다. 유럽 열강에 의하여 불균형 무역으로 수탈당하는 현장을 경험하고 있는 아프리카 지도자

 ——— 아는 척하기 딱 좋은 **아프리카 지식 여행**

들은, 아민과 카다피가 아프리카의 진정한 지도자였다는 말을 지금도 한다.

5명의 부인에서 40여 명의 자녀가 있다. 아민의 자손들은 우간다에서 아직 박해를 받지 않고 잘살고 있다. 아들은 주지사에 떨어지기는 했지만, 아버지의 간판을 걸고 선거에 나가 선전했다. 우간다에서 보는 아민과 서양 언론에 비친 그림과는 큰 차이가 있다.

엔테베 작전

1976년 6월 이스라엘 수도 텔아비브 공항에서 248명 승객이 탄 에어 프랑스 여객기가 납치됐다. 텔아비브에서 출발하여 아테네를 거쳐 파리로 행하는 정기 항공이다. 아테네 공항을 이륙한 지 5분 만에 납치하여 리비아 벵가지Banghazi 공항에 착륙시켜 재급유를 받은 후 우간다 엔테베Entebbe 공항으로 갔다. 납치범들은 PLO 4명과 독일 혁명당원 2명 등 모두 6명이었다. 우간다 대통령 아민은 납치범들을 환영했고, 승객 중 이스라엘 국적 98명과 승무원 12명만 억류하고, 나머지 138명은 석방하여 전세기 편으로 파리로 보냈다. 테러범은 이스라엘 교도소에 있는 PLO 단원 40명과 다른 나라에 억류된 18명의 PLO 단원 석방을 요구 조건으로 걸었다. 아민은 인질 관리 비용으로 3백만 달러를 청구했다. 요구 조건을 거절하면 인질을 차례로 살해하겠다는 통첩을 보냈다.

이스라엘 정부는 인질 구출을 위하여 외교적인 노력을 했다. 아민의 오랜 친구를 동원했고, 사다트 이집트 대통령이 아민과 전화를 여러 번 통화했다. 모두 실패했다. 이스라엘 정부는 인질의 요구를 들어주는 한편, 인질 구출 작전을 동시에 모색했다. 모사드Mosad는 이스라엘의 CIA다. 모사드는 구출 작전에 필요한 정보를 수집하고, IDF이스라엘 국방군는 엔테베 작전을 시작했다. 모사드는 엔테베 공항 시공자를 찾아 공항 설계 도면을 얻고, 먼저 풀려난 인질에게 공항 상황을 파악하고, 외교 노선을 통하여 정보를 수집했다. 이스라엘에서 엔테베 공항까지 4천km다. 중간에 급유 없이 작전 이행은 불가능하다. 나이로비 공항에서 재급유를 받는 허락을 받았다.

C-130 미제 수송기 4대에 특공대 100명과 두 대의 장갑차와 벤츠 승용차를 싣고 떠났다. 한 대가 먼저 착륙하여 벤츠를 내려, 아민 승용차로 위장하여 인질 검문소를 통과했다. 인질 구출 작전이 시작되자 특공대와 경비병 간 교전으로 인질 3명이 살해되고, 10명이 부상했으며, 특공대원은 1명 살해, 5명 부상, 테러범은 6명 살해, 우간다 경비병은 45명을 살해하고 인질 전원을 구출했다.

다른 항공기로 싣고 온 장갑차는 주기장에 있는 소련제 전투기 MG19와 MG21 모두 파괴해 버렸다. 작전은 90분 만에 종료되었다. 007 영화 같은 '엔테베 인질 구출 작전'은 통쾌하고 속 시원한 보복이었다. 서방 세계 언론은 007 같은 작전 성공이라고 대서특필했다. '엔테베 작전'은 인질 구출 작전의 모범 사례가 되었다. 영화로도 제작되었다.

속 시원한 작전이었지만, 후유증도 만만치 않았다. UN 안전보장이사회가 소집되었다. 이스라엘의 '엔테베 작전'이 국제법 위반으로 크게 문제가 되었다. 이스라엘 군용기가 인접 국가의 영공을 허가 없이 지나갔다. 이집트, 수단, 사우디아라비아, 에리트레아, 에티오피아, 소말리아 영공을 허가 없이 군용기가 비행했다. 그리고 우간다에 쳐들어가 우간다 경비병을 죽이고 항공기를 파괴했다. '엔테베 작전'은 엄연한 침략 행위다. '동백림 간첩단 사건'은 독일에 거주하고 있는 작곡가 윤이상 씨를 납치한 일로 국제법 위반으로 독일로부터 국교단절까지 당할 뻔한 일이 있었다.

'엔테베 작전' 당사국은 전쟁도 일어날 수 있는 범법 행위다. OAU아프리카 연합기구에서 들고 일어나 이스라엘을 침략행위act of aggression로 맹렬히 규탄했다. UN 사무총장, 발트하임은 '엔테베 작전'은 UN 회원국의 심각한 주권 침해a serious violation of the sovereignty of a Member State of United Nations로 규정했다. 동시에 여객기 납치범에 대한 준엄한 심판을 주문했다. 이스라엘의 영토 침범과 납치범과 공모를 한 우간다를 동시에 질타했다. '엔테베 작전'을 합리화하면, 영토 침략은 수시로 일어날 수 있다.

테러를 왜 하는가? 테러는 억울한 쪽이 취하는 자구책이다. 외교로도 힘으로도 안 될 때 불법적으로 행하는 폭력 수단이다. 테러를 정당화할 생각은 추호도 없다. 일제가 한반도를 강제로 병탄하지 않았으면, 홍구 공원의 윤봉길 의사 폭탄 사건은 발생하지 않았을 것이다. 인질 구출은 평화적으로 해결할 수도 있었다. 통쾌하고 가장 성공적이었다고 하는 '엔테베 작전'도 따져 보면, 손익 계산도 맞지 않았다. 인질 3명을 포함하여 구출 작전 과정에서 56명이 죽고, 다수가 부상했다.

이스라엘을 응징할 힘이 없던 아민은 우간다에 거주하는 케냐 주민에게 보복했다. 케냐가 이스라엘과 내통하여 공중급유와 기지 이용을 허용했다고 봤다. 민간인 245명을 살해했고, 3천 명을 추방했다. 구출 작전으로 사망한 인명 소실만도 인질 248명보다 많다.

그리고 4년 뒤인 1980년 12월 31일, 납치에 실패했다고 생각한 테러범들은 케냐 나이로비에 있는 유대인 소유, 노르포크 호텔Norfolk Hotel에 자살 폭탄을 감행했다. 20명이 죽고, 87명이 부상했다. 엔테베 작전의 보복이라고 PLO는 소명했다. 미국은 '엔테베 작전'을 모방하여 1980년에 이란에 구금된 외교관 구출 작전을 시도했으나 실패했다. 구출 작전도 국제법을 따라야 한다.

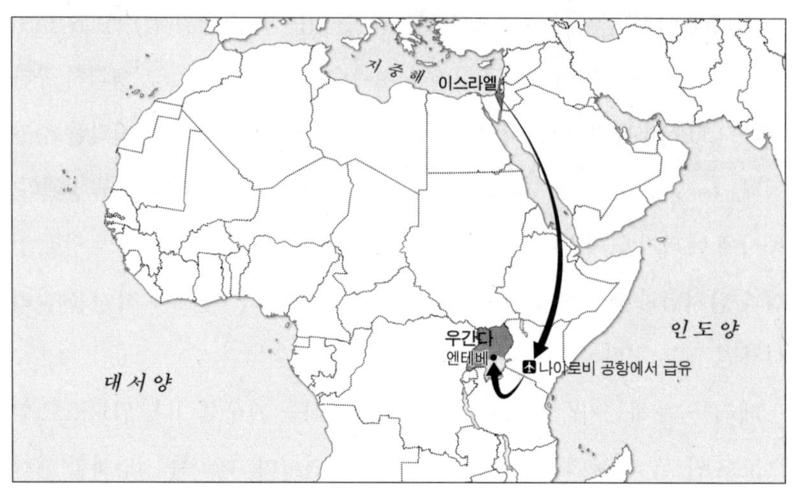

엔테베 작전

남의 나라를 무장해서 들어가면 침략 행위다. '엔테베 작전'은 또 하나의 테러였다. 어느 국가나 인질극을 무력으로 진압하면 더 많은 희생이 따른다는 사실을 알고 있다. 그러나 전시효과가 큰 무력에 의한 인질 구출 작전은 정치적 효과가 있어 선호한다. 아민도 1979년 실각했다. 한국인도 외국에서 인질로 잡힌 일이 있다. 아프가니스탄 탈레반에 납치된 샘물교회 선교단은 평화적인 해결로 인명피해 없이 구출되었다.

빅토리아호의 재앙

빅토리아호는 아프리카에서 제일 큰 호수다. 표면적은 5만 9천km², 한국 면적의 60%다. 세계에서 두 번째로 큰 담수호다. 미국 슈퍼리어호8만2천km² 다음이다. 평균 수심은 40m, 나일강의 최상류, 아프리카 대호수 지역에 있

다. 빅토리아호는 케냐가 6%, 우간다 45%, 탄자니아 49%를 점유하는 다국
적 호수다. 40만 년 전 아프리카 지구대Africa Great Rift Valley의 지각변동 결과
로 형성되었다. 아프리카 대호수 지역에는 비슷한 여러 개의 큰 호수가 있
다. 모두 같은 과정으로 생성되었다. 빅토리아호의 수원은 80%는 강우에,
나머지 20%는 주변 하천에서 유입된다. 적도 아래에 있다. 가장 큰 수원은
카게라Kagera강이다. 호수의 출구는 우간다 진자Jinja 부근, 백나일강이다. 북
쪽으로 흐른다.

빅토리아 호수는 아프리카 대호수 지역의 심장 같은 곳이다. 빅토리아
호 가까이 쿄가Kyoga, 에드워드Edward, 조지George, 앨버트Albert, 키유Kiyu호가
있다. 모두가 나일강의 상류이므로 생태계가 비슷하다. 빅토리아호와 면한
우간다, 케냐, 탄자니아는 무역, 관광, 어업 등으로 경제 활동을 한다. 우간
다 마사카Masaka, 11만 명, 캄팔라Kampala, 670만 명, 엔테베Entebbe, 70만 명, 진자
Jinja, 30만 명, 케냐 키수무Kisumu, 34만 명, 탄자니아 무소마Musoma, 13만 명, 므완
자Mwanza, 13만 명와 부코바Bukoba, 29만 명 등 도시들이 분포한다. 호수 안에
많은 섬이 있고, 모두 어업에 종사하고 있다. 케냐와 탄자니아는 바다와 접
하고 있지만, 우간다는 내륙국이다. 빅토리아호에 크게 의존하고 있다. 우
간다의 민물고기 어획량은 세계 최대이다.

아프리카 대호수 지역 국가들은 모두가 가난하다. 1인당 소득이 600~800
달러 수준이다. 세계 최빈국들의 광장이다. 국가가 국민을 위한 역할이 없
다. 국민이 주인이 아니라 통치의 대상일 뿐이다. 국민은 스스로 농사를 짓
거나 고기를 잡아 생계를 유지한다. 생산과 소비를 스스로 하는 자급자족
경제다. 개인소득이 800달러면, 한 달에 67달러, 하루에 2달러 20센트다. 그
돈으로 아무리 물가가 싸도 살아갈 수 없다. 자급자족 경제는 GDP 계정에
잡히지 않는다. 빈곤의 원인은 정치의 잘못에 있고, 빈곤의 원인은 독재 정

치이고, 독재 정치로 인한 부정과 부패다. 인권의 수준이라 할 수 없다. 폭력에 짓밟힌다. 모든 국가가 최하위 수준에 머물고 있다.

빅토리아호수에 생태계 교란이 일어났다. 빅토리아호에 목줄을 대고 살아가는 인구는 2천만 명이 넘는다. 영국 식민지 정부는 어업을 장려할 목적으로 수익성이 좋은 물고기, 나일 퍼치Nile Perch를 방생했다. 나일 퍼치는 육식 어종으로, 길이가 2m, 무게 200kg까지 자란다. 빅토리아호의 지배 어종은 치칠리드Cichlid다. 치칠리드는 수초와 프랑크톤을 먹고, 성어라도 5cm가 채 안 되는 작은 초식 어종이다. 종류가 다양하다. 나일 퍼치는 주로 치칠리드를 잡아먹는다. 불과 20년 만에 초식 어종인 치칠리드는 멸종 위기를 맞았다.

초식 어종이 사라졌다. 호수에는 풀이 너무 무성하게 자라서 호수의 표면을 덮어 버렸다. 호수 표면을 풀이 덮어 버리자, 태양 광선이 호수 바닥에 도달하지 못하게 되었다. 호수 바닥에서 자라던 수초는 탄소동화작용을 못하여 호수 바닥의 수초가 모두 죽었다. 바닥은 사막이 되었다.

빅토리아는 어족의 다양성으로 유명한 호수이다. 세계에서 물고기의 종이 가장 다양한 호수다. 호수에서만 발견되는 고유종이 500종이고, 300여 종은 아직 제대로 조사가 되지 않았다. 빅토리아호는 진화를 연구할 가치가 높아, '진화의 저수지evolutionary reservoir'라고도 한다. 세계에서 가장 다양한 어종이 가장 많이 서식하는 호수였다. 그중에서도 지배종은 치칠리드이다. 20년 만에서 치칠리드는 나일 퍼치 때문에 지배종에서 소수종으로 전락했다. 생물 다양성이 사라지게 되었다.

빅토리아호의 또 다른 문제는 옥잠화Water Hyacinth의 침입이다. 옥잠화는 열대성 수생 식물이다. 부초浮草이다. 꽃이 예뻐 관상용으로 재배하던 옥잠화가 호수로 들어갔다. 한국에서는 뿌리까지 30cm 정도 자라지만, 열대 호수 빅토리아에서는 뿌리가 2m까지 자란다. 원산지는 아마존강이다. 옥잠화는 번식력이 대단한 식물이다. 세계 각지에 문제를 일으키고 있다. 미국 플로리다주에도, 방글라데시 벵골만에도 옥잠화가 대량 번식하여 문제가 생겼다. '벵골의 테러Terror of Bengal'라고 했다. 문제는 비슷하다. 옥잠화가 수면을 덮고 있어, 선박 운항에 장애가 된다. 어부들은 어망을 칠 수가 없다. 거기에다 주변 도시에서 폐기물이 흘러들어, 수중 BOD가 떨어져 생물이 서식할 수 없는 환경이 되었다. 빅토리아호수가 죽어가고 있다.

우리나라에도 '생태계 교란종'이란 생물이 있다. 외래종이 들어와서 우리나라 생태계 질서를 파괴하거나 파괴할 위험이 있는 생물을 말한다. 황소개구리, 배스, 부르길, 뉴트리아는 생태계 교란종으로 등록되어 있다. 교통 통신의 발달로 대륙별 인간의 이동이 많아졌다. 동식물의 이동도 같이했다. 코로나19도 마찬가지이다.

우간다의 부정부패

아프리카와 유럽, 대륙의 크기도 인구도 비슷한데 유럽의 국가들은 모두 잘살고 아프리카에는 한 나라도 잘사는 나라가 없는 것일까? 자원도 많고, 인구도 많고, 기후도 좋고, 땅도 비옥하다. 오바마가 고향인 케냐를 방문했을 때, 여동생 오마Auma, 나이로비 대학 교수와 나눈 대화다. 교수는 "아프리카에서 취업하려면 무엇을 할 줄 아느냐, 어떤 기술이 있느냐, 어느 대학을 나왔느냐가 중요한 것이 아니다. 누구를 아느냐, 어느 부족인가, 뇌물을 얼마나 주었느냐"가 변수라고 했다. 우간다와 케냐는 이웃 나라이고 형편이 다르지 않다.

국가권력으로 저지르는 부정부패는 두 형태가 있다. 경찰이나 세무 하급 공무원이 뇌물을 받고 구속을 면제하고, 세금을 감면해 주는 작은 부정pretty corruption이 하나이다. 또, 정치가와 고위 공직자에게 뇌물을 주어 경쟁을 못 하게 해 사업권을 따내고, 능력별 인재를 채용못 하게 하고 정실인사를 하게 하는 등 정부 정책을 뒤틀리게 하는 대형 부패grand corruption가 있다. 부패의 형식과 내용은 전 세계에서 차이가 없다. 세계 은행을 비롯하여 시민 단체는 각국의 부패 지수를 재고 있다. 독일에 있는 파사우Passsau 대학에서 시작했다. 세계 12개의 연구소에서 조사한 부패인지지수Corruption Perception Index = 청렴도 Transparency Index를 종합하여 2002년부터 해마다 발표하고 있다. CPI가 국가의 부패 정도를 그대로 반영한 것은 아니지만, 국가의 청렴도를 재는 기준은 되고 있다.

우간다는 부정부패가 만연해 있다. 만연되어 있다는 말은 누구나 부정을 저지르고 부정행위가 상식화되어 있다는 말이다. 예를 들어, 우간다 정부는 캄팔라Kampala에서 지나Jina까지 4차선 고속도로를 건설했다. 형식은 경쟁입찰이었다. 우연히도 정치 후원금을 가장 많이 낸 건설업자에게 그 공사가 낙찰되었다. 수천억 원이 들어가는 토목공사였다. 언론에서 보도하면서 우연이었다고 변명했다. 우간다 군부는 군인이 입을 군복 10만 벌을 입찰했다. 국방부는 입찰 조건을 상세하게 제시해 두고 있다. 가장 값이 싸고, 가장 질이 좋은 군복을 만드는 기업이 낙찰받았다 했다. 그는 키쿠유족이고 대통령의 4촌이다. 장관으로 발탁되었다. 대통령의 오래된 대학 친구이다.

우간다에서는 대학생이 제일 선호하는 직업이 경찰관이고, 세무 공무원이다. 경찰이 되려면 시험을 치고, 면접을 보아야 한다. 시험으로 3배수를 뽑아 놓고, 면접으로 선발한다. 누구를 아느냐, 어느 부족이냐, 뇌물을 얼마를 썼느냐에 따라 결정된다. 경찰관이 되면 1년 안에 수도 캄팔라에서 집을 한 채 살 수 있다. 왜 그런지는 물어볼 필요도 없다.

부정부패가 심하면 나라를 망치는 것을 모르는 정치인은 없다. 최고의 권력자는 어느 나라를 막론하고 부패 척결을 외친다. 그렇게 해서 부패가 줄어든 나라를 보지 못했다. 후진국에서는 부정이 윤활유lubricating oil 역할을 한다. 갑작스러운 부패 척결은 경제 사회가 마비된다. 교통법규대로 자동차를 운행하라고 하면 교통사고는 나지 않겠지만, 자동차가 제대로 다니지 못한다. 세금을 거두는 일에 부정하지 못하게 하면, 상인들은 장부 정리 때문에 장사할 수 없다. 부정은 없어지지만, 시장은 마비가 된다.

우리도 그런 시절이 있었다. 강원도에서 벌목하고 트럭으로 운반하여 서울에 파는 나무 장사가 있었다. 교량마다 헌병이 무장 공비를 잡기 위하여 검문검색을 한다. 트럭 운전사는 40개가 넘는 교량을 통과할 때마다 팁을 주어 하루 만에 서울까지 도착했다. 부정 척결을 외치던 날은 뇌물을 받는 헌병이 잡혀갔다. 팁이 없어지자 교량마다 검문검색이 강화되었다. 강원도에서 서울까지 트럭으로 목재를 운반하는 데 20일이 걸렸다. 나무 장사를 포기했다.

부정과 부패는 선진국에도 있다. 선진국도 경험했던 일이다. 뇌물은 인류의 오래된 관행이다. 선물과 뇌물의 차이를 구별하기 쉽지 않다. 인류학자는 뇌물은 단기적이고 목적이 분명하다. 선물은 장기적이고 묵시적인 목적이 있다.

2021년 아프리카 대호수 주변 국가들의 청렴도가 매우 낮다. 르완다 52위100점 만점에 53점, 우간다 144위27점, 부룬디 165위19점이다. 우간다는 2017년 151위26점, 2018년 149위26점, 2019년 137위28점, 2020년 142점27점, 2021년 151위26점이다. 청렴도CPI 차이가 없다. 부정부패가 개선되지 않고 있다는 증거다. CPI가 50점 이상이면 괜찮은 나라이고, 50점 이하면 부패가

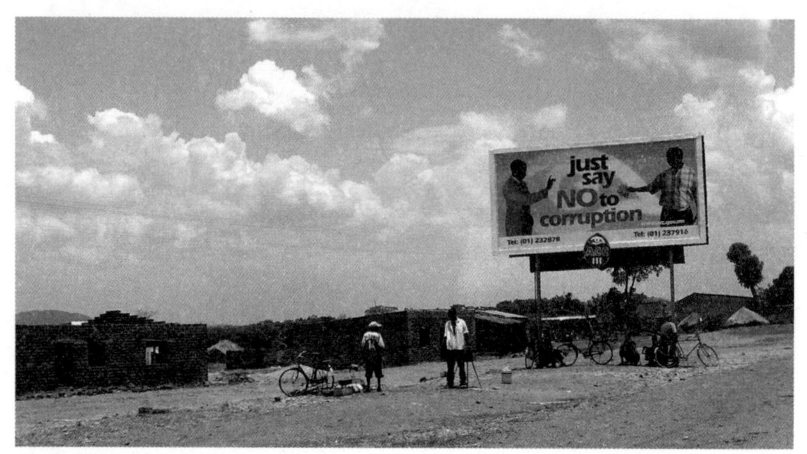

잠비아 부패와 전쟁, CPI는 117위, 33점

심하다고 인정한다. 덴마크, 뉴질랜드, 핀란드. 싱가포르, 스웨덴은 청렴도 최상위 국가들이다. 5030 5천만 인구, 3만 달러 소득에 준하는 국가 중에서는 독일 10위80점, 영국 11위78점, 캐나다 13위74점, 오스트레일리아 18위73점, 일본 18위73점, 프랑스 22위기점, 미국 27위67점, 한국 32위62점, 스페인 34위61점, 이탈리아 42위56점이다. 한국은 문재인 정권 시절, 2017년에서 5년 동안 51위54점에서 매년 향상되어, 2021년에는 32위62점까지 이르렀다.

어떻게 부패를 막고 CPI를 올릴 수 있을까? 공짜를 싫어하는 인간은 없다. 그러나 세상에는 공짜점심은 없다. There is no free lunch. 지도자의 '부패와의 전쟁'만으로는 안 된다. 국민이 감시해야 한다. 소득 수준이 균등해야 하고 민주주의가 되어야 한다. 언론과 시민 단체의 감시와 또 감시다. 한국 CPI 상승은 시민 단체와 스마트폰과 SNS가 이바지했다고 생각한다.

—— 아는 척하기 딱 좋은 **아프리카 지식 여행**

르완다의 제노사이드

르완다는 아프리카 호수 지역에 있는 작은 나라다. 인구 1천만 명, 면적 2만 6천km²다. 인구밀도가 480명, 아프리카에서 인구밀도가 가장 높다. 한국과 비슷하다. 적도 하에 있다. 고원 지대이므로 살기가 좋은 온난한 기후이다. 내륙국이다. 북쪽 우간다, 동쪽 탄자니아, 서쪽 콩고민주공화국, 남쪽에 부룬디가 있다. 특별한 산업이 없고 자급자족 농업이다. 커피와 광산물을 수출한다. 가난한 나라다.

1994년에 르완다에 엄청난 인종 학살Rwanda Genocide이 있었다. 100일 동안에 110만 명을 학살했다. 제2차 대전 이후 최대 살육이다. 20세기 후반에 왜 이런 일이 일어났을까? 아프리카 대륙은 현재 정치적으로 민주주의를 못하고 경제적으로 가난한 대륙이다.

학살의 전모는 이렇다. 베를린 회의1884~1885에서 르완다는 독일 식민지가 된다. 제1차 대전과 제2차 대전에 패한 독일의 식민지, 르완다를 벨기에가 뺏어갔다. 벨기에는 식민지의 직접 통치를 위하여 주민등록증을 만들었다. 주민등록증에 부족명을 쓰게 했다. 르완다에는 3개의 부족인 후투Hutu족 84%, 투치Tutxi족 15%, 트와Twa족 1%로 구성되어 있다. 오랫동안 혼혈해 부족 구분이 잘 안 된다. 주민등록증은 결국 살생부가 되었다. 후투족은 피부색이 더 진하고, 코가 평평하고, 투치족은 피부색이 좀 연하고 코가 더 높다. 통혼하고 같이 살아서 구분이 잘 안 된다.

억지로 구분했다. 민족 구분은 분할 통치를 위해서였다. 벨기에 총독은 투치족에게 더 많은 기회를 주었다. 식민지 권력은 소수인 투치족이 독점했다. 1962년 세계적인 추세에 따라 벨기에는 르완다의 독립을 허락했다. 독립 후 벨기에는 다수족인 후투족 편에 섰다.

권력의 중심에서 밀려난 투치족은 이웃 나라로 들어갔다. 불만이 쌓인 투치족은 르완다 애국전선Rwanda Patriot Front이라는 반란군을 만들어 권력투쟁을 시작했다. 3년에 걸친 오랜 내전 끝에, 아프리카 연합OAU의 권유로 정부군후투족과 반군투치족, RPF 간에 평화협정이 1993년 체결됐다. 탄자니아 아루샤 평화 협정Arusha Accords이다. 부족 차별 없이, 전쟁 없이, 연합 정부를 구성하는 내용이다. 반군은 만족했다. 정부군 내, 후투족 극단주의자들은 반대했다.

평화협정이 체결된 직후인 1994년 4월 6일, 르완다 대통령 전용기가 키갈리Kigali, 르완다 수도 공항 착륙 직전에 유도탄에 맞아 격추되었다. 르완다 대통령과 부룬디 대통령, 군 수뇌부가 타고 있었다. 대통령을 비롯하여 전원이 사망했다. 르완다 정부는 반군 사령관인 투치족 카가메Kagame가 격추했다고 발표했다. 당시 언론은 정부 발표대로 투치족 소행이라고 발표했다.

음모였다. 평화 협정에 불만을 품고 있던 후투족 군부가 저지른 테러였다. 새로 권력을 잡은 후투족 신디쿠아보Sindikubwabo 대통령 권한대행은 "바퀴벌레 같은 투치족을 죽여라."라고 공영방송을 통하여 명령했다. 후투족 민간인 3만 5천 명에게 마세테machete, 칼와 총을 나누어 주었다. 분노한 군중은 미쳤다. 같이 살던 마을에서 이웃을 죽이고, 선생이 학생을 죽이고, 학생이 선생을 죽이고, 친구가 친구를 죽이고, 친구 어머니와 친구 누나를 강간하는 참극이 일어났다. 피난길에 주민등록증을 검색하여 죽였다. 피난

못간 부녀자와 아이들이 주로 살해되었다. 1994년 4월 9일부터 1994년 7월 9일까지 100일 동안 110만 명이 살해되었다.

또 사건이 발생하자 프랑스 정부는 감시단을 파견했다. 르완다 정부 편을 들었고 방관했다. 프랑스 항공기 격추 조사단은, 배후는 투치족의 소행으로 발표했다. 한편 미국 CIA는 대통령을 살해한 것은 같은 후투족 극단주의자의 소행이라는 백서를 냈다. 진실은 뒷날 아루사 협정에 불만을 품은 후투족 극단주의자의 소행으로 밝혀졌다. 학살극은 내전으로 발전했고, 투치 반군(RPF, 르완다 애국전선)이 르와다의 수도 키갈리Kigali를 점령하여 종식되었다. 반군 사령관은 폴 카가메가 정권을 잡아 내전과 집단학살을 종식시키고, 현재에 이르고 있다.

르완다의 신앙 분포는 가톨릭 65%, 개신교 15%, 이슬람 3%이다. 살육이 시작되자 많은 후투족의 가톨릭 사제는 투치족 살해에 가담했다. 대표적인

니야마타(Nyamata) 학살 기념관

사례는 에마뉘엘 은딘다바히지와 가톨릭 사제 아타나세 세롬바다. 은딘다바히지는 학살의 설계자다. 세롬바는 성당에 피난온 투치족을 폭도들에게 넘겨 살해토록 방조했다. 둘은 2004년 체포되어 국제형사재판소에서 종신징역형을 받았다. 프랑스, 벨기에, 이탈리아, 스위스 정부는 범인을 도피시키고 은닉했다. 바티칸 교황청은 사제 개인의 일탈한 행위라고 변명했다. 2017년 카가메 르완다 대통령이 바티칸 방문 때 교황 요한 바오로 2세는 르완다 살육에 가톨릭의 책임이 있다고 사죄했다.

르완다 제노사이드는 20세기 후반, 불과 30년 전에 일어난 사실이다. 치열한 전쟁 속에 일어난 사건이 아니다. 정권을 노린 권력자가 불을 지른 일방적인 학살이다. 군중심리에 흥분하여 죄의식 없이 살육한 건 인간이다. 포유동물은 종 내에 자손을 번식, 먹거리, 서식지 때문에 동족을 물어 죽이는 경우는 있다. 하지만, 수십만 명을 집단으로 살해하는 포유동물은 없다. 제2차 세계대전 기간 동안 히틀러의 유대인 학살과 스탈린의 대숙청은 전쟁 때문이라고 하자. 르완다의 학살은 1994년에 일어났고, 선진국인 프랑스 감시 아래 일어났다는 사실에 경악한다. 르완다에서 일어난 대학살을 들여다보면 세계 어느 곳에서도 일어날 수 있다는 보편성이 더 두렵다.

부룬디와 벨기에

부룬디는 아프리카 호수 지역에 있는 작은 나라다. 우간다, 르완다, 부룬디 세 나라 중의 하나다. 적도 아래이지만 고원 지대평균 1,300m이므로 기후도 좋고 땅도 비옥하다. 농업으로 살아간다. 이웃인 우간다인구 1천1백만 명, 면적 2만 7천km²와 비슷하다. 르완다와 같은 왕국이었다가 독립했다. 내전도 있고, 인종 학살도 있었고, 사회도 불안한 나라다. 부룬디는 1인당 국민소득은 310달러2019년, 빈곤 서열은 180개국 중 180등, 가장 가난한 나라다. 후투족 85%, 투치족 14%, 트와족 1%, 종교의 분포는 가톨릭 65%, 개신교 25%, 이슬람 2.1%이다. 부족과 종교 분포가 내전의 씨앗이 되었다. 부룬디 대통령은 르완다 대통령과 같은 날 죽었다. 대통령 전용기가 르완다 키갈리 공항에서 격추되었다. 비행기 사고 바로 뒤, 부족 갈등으로 르완다와 부룬디에서 제노사이드가 일어났다.

부룬디의 출산율은 4.5명으로 높고, 유아 사망률도 0.6명으로 가장 높다. 지난해 4만 5천 명이 태어났고, 270명의 영아가 죽었다. 높은 출산율과 높은 사망률은 후진국의 특징이다. 부룬디에서 태어난 신생아의 미래는 매우 우울하다. 어머니는 가난하여 잘 먹지를 못해서 제대로 수유를 할 수 없다. 영양실조 상태이다. 우유와 분유를 먹일 수 있는 형편이 아니다. 병이 들어도 돈이 없어 병원에 갈 수가 없다. 내년까지 살아남을지 의문이다. 인구의

90%가 농촌에 살고 수돗물이 없다. 오염된 강물을 먹어야 한다.

폐렴, 설사, 말라리아와 함께 살아간다. 어린이는 초등학교도 제대로 다닐 수 없다. 학교도 없지만 있는 지역도 먹고 살기 위하여, 어린이도 10명 중 8명은 어머니를 따라 커피 농장에서 커피를 나르거나 아니면 카사바를 캐야 한다. 관광객에게 구걸하여 돈을 벌든지 아니면, UNICEF나 세이브더칠드런 등 구호단체에서 보내온 옥수수가루, 밀가루에 의존해 살아가야 한다. 양은 턱없이 부족하다.

고등학교를 통하여 대학을 갈 수 있는 확률은 1%도 안 되고, 대학을 졸업한다고 해도 직업을 구하기는 하늘에서 별 따기다. 수시로 내전이 있어 취직보다 총을 잡는 것이 먹고 살기에 낫다. 총잡이는 총에 맞아 팔다리가 불구가 되어 장애가 되고 죽을 확률이 매우 높다.

벨기에면적 3만km², 인구 1,100만 명와 부룬디2.7km², 인구 1,100만 명는 매우 비슷하다. 부룬디에 사는 벨기에인들은, 자연환경은 부룬디가 월등하게 좋다고 말한다. 벨기에는 부룬디를 46년간1916~1962 지배했다. 벨기에는 선진국이다. 2021년에 2만 명이 태어났고, 유아는 80명이 죽었다. 출생률도 낮지만, 유아 사망률도 매우 낮다. 선진국형이다. 벨기에서 태어난 신생아는 장래가 밝다. 출생 한 달 전에 베이비샤워를 해 준다.

정부에서 출산 예정 아이가 필요한 요람, 옷, 기저귀, 젖병, 분유를 배달해 준다. 출생하면 예방접종은 무료이고, 산모는 2달간 유급 출산휴가를 받는다. 깨끗한 위생 시설에 양질의 식품을 먹고, 질병으로 감염될 확률도 낮지만, 병에 걸린다 해도 의료보험으로 무상으로 완전한 치료를 받을 수 있다. 벨기에서 태어난 아이는 고등학교 졸업까지 무료 교육이고 무상 급식이다. 대학은 가고 싶으면 간다. 고등학교만 졸업하면 취직은 쉽다. 취직이 안 되면 실업수당을 한 달에 160만 원 정도 받는다. 나이 25살이 되면 누구나

한 달에 12만 유로1억 5천만 원의 청년 기금을 받는다. 마음만 먹으면 창업을
할 수 있다. 실업자가 되면 실업수당이 지급되고, 아프면 평생 의료보험으
로 무료이다. 시민에게는 어떤 형식이든 주택이 공급된다.

출생은 나의 의지가 아니다. 아프리카 오지 부룬디에서 태어나고 싶어서
태어난 것도 아니다. 지구상에는 80억 인구가 산다. 200여 개 국가가 있다.
지구상에 어느 누구도 국가에 속하지 않고 사는 인간은 없다. 어느 나라에
서 태어났느냐에 따라서 운명이 달라진다. 부룬디에 태어났느냐, 벨기에서
태어났느냐에 따라서 운명이 달랐다. 인간에게는 사주팔자라는 게 있다.
언제 태어났느냐도 중요하지만 더 중요한 것은 어디에서 태어났느냐. 신
생아의 미래는 출생한 국가에 따라 다르다. 좋은 나라와 나쁜 나라를 만드
는 것은 정치가의 몫이다. 정치를 잘해야 하는 이유이다.

나는 1940년 일제강점기의 한반도에서 태어났다. 사주팔자가 그랬다.
1959년 대학에 입학했다. 제1차 경제개발 5개년계획1962~1967의 목표 연도
인 1967년 1인당 국민소득이 100불이었다. 여름방학이 되어 마산에 놀러
갔다. 밀항하여 일본 친척 집에서 사는 친구의 일본 이야기를 들었다. 천국
처럼 들렸다. 팔자를 바꾸어 볼 생각으로 밀항선을 타고 일본으로 가려고
했다. 사전에 발각되어 좌절됐다. 나는 그러나 제비뽑기를 잘한 덕에 별로
잘한 일도 없이 선진국 대한민국에서 편안한 노후를 보내고 있다. 부룬디에
서 사는 노인을 생각한다.

탄자니아 흑인 피부

올두바이Olduvai는 탄자니아에 있는 지명이다. 킬리만자로산과 빅토리아호 사이에 있다. 인류 조상의 화석이 발견된 곳이다. 아프리카 지구대에 있는 고원 지대이다. 적도 아래 열대 지방이지만, 고도가 높아서 날씨가 시원하여 대형 포유동물이 서식한다. 탕가니카 호수 지방은 태양광 밀도가 높고, 호수가 깊고 커서 다양한 어종이 서식한다. 적도 지방은 생물 다양성의 본산이다. 적도가 지나가는 대륙으로 지구상에 가장 큰 대륙은 아프리카이다. 고인류학자는 다양한 생물이 살아 있는 적도 지방이 인류의 발원지라고 추정했다.

인류 화석은 세계 여러 곳에서 발견되었다. 베이징, 자바, 조지아, 하이델베르크에서도 오래된 인류 화석이 발견되었다. 뒷날 밝혀졌지만, 모두 동부 아프리카 대륙에서 올라간 호모에렉투스종이었다. 인류의 기원은 기록이 없으므로 출토되는 화석으로 판독한다. 눈 밝은 고인류학자들이 한 조각의 뼈를 보고 두 발로 걸어 다녔는지, 뇌의 크기가 얼마인지, 불을 사용했는지, 무엇을 주로 먹었는지를 알아낸다. 대단한 추리력이다. 인류의 발원지도 아프리카 대륙 동부를 지목하고 있었다. 에티오피아, 케냐, 탄자니아이다. 아프리카 대지구대가 있는 고원 지대이다. 인류 화석이 가장 많이 발견된 곳이다.

 ——— 아는 척하기 딱 좋은 **아프리카 지식 여행**

인류 화석이 발견된 장소에 따라 인류의 발생지가 왔다 갔다 했다. 분자 생물학이 발달하고, 유전자 검색이 가능한 21세기에 와서는 인류의 기원이 아프리카 동부 고원 지대라고 믿게 되었다. 다른 대륙에 비교가 안 될 정도로 많은 인류 화석이 에티오피아, 케냐, 탄자니아. 남아공에서 발견되었다. 동부 아프리카 지구대다. 그중에서 인류 화석이 대량으로 발견된 곳은 탄자니아의 올두바이 계곡이다. 발견된 인류 화석을 분석해 보니, 인류Homid 속屬은 오스트랄로피테쿠스Australopithecus가 300만 년 전, 호모하빌리스Homo Habillis가 200만 년 전, 호모에렉투스Homo erectus는 150만 년, 현생 인류인 호모사피엔스Homo Sapiens는 30만 년 전에 출현한 것으로 추정한다. 독자는 연도에 너무 집착하지 않았으면 한다. 시대 구분은 추정일 뿐이고, 학자에 따라 다르다.

2022년 5월 14일, 미국 버펄로에서 18세의 백인 청년이 흑인이 많이 이용하는 슈퍼에 들어가서 총으로 10명을 쏴 죽이고 3명에게 중상을 입혔다. 그는 스스로 백인우월주의자라고 했다. 이유는 간단하다. 흑인은 싫고 흑인은 말살시켜야 한다는 생각이다. 흑인과 백인은 피부색의 차이이다. 어떻게 이런 잔인하고 과격한 행위를 할 수 있을까? 아직도 세계 속에는 피부색으로 차별하는 국가와 민족이 많다. 같은 국가라도 피부색에 따라서 보이지 않는 손으로 차별을 한다. 교육과 취업 거주지를 차별받는다. 유럽, 남미는 물론이고 미국과 캐나다에도 하얀 피부색이 부자이면서 잘 살고, 피부색이 짙을수록 못살고 가난하다. 차별을 받고 있다.

같은 조상으로 태어난 인류가 피부색이 다르게 진화한 것은 언제부터일까? 170만 년 전 호미드Homid의 피부는 검은색이었다. 인류가 적도하에 나타났으므로 뜨거운 태양광을 받고 살았다. 밀도가 높은 태양광으로부터 피부를 보호하기 위하여 멜라닌 색소가 피부에 침착되었다. 검은색 피부멜라닌 색소는 자외선을 차단하는 효과가 있어 피부암을 방지하고 피부병을 일으키지는 않는다. 태양광의 밀도가 높은 적도하에서는 검은색 피부가 자연에서 선택된 피부이다. 검은색 피부만이 살아남았다. 흑인 호모에렉투스가 170만 년 전에 아프리카 대륙에서 유라시아 대륙으로 걸어나갔다.

유라시아 대륙은 고위도 지방이다. 태양광 밀도가 떨어진다. 검은색 피부는 자외선을 차단하므로 비타민 D를 잘 만들지 못한다. 비타민 D를 만들지 못하면 뼈가 잘 부러지고, 골다공증이 발병하고, 면역력이 떨어져 생존에 어렵고, 자손의 번식에 치명적 손상을 입힌다. 유라시아 대륙으로 이주한 호모에렉투스 중 유전자 변형으로 하얀 피부가 나타났다. 하얀 피부는 자외선을 받아들여 비타민 D를 만들어 개체를 보존하고, 자손이 번식하는 자연선택을 받아 오늘에 이르렀다.

하얀 피부가 일반화된 것은 7000년 전으로 추정한다. 고위도 지방으로 이주한 연대는 170만 년 전이고, 하얀 피부의 등장은 7천 년 전이라면 비타민 D의 가설이 성립하지 않는다. 그레고리 코크란의 『1만 년의 폭발The 10000 Year Explosion』2009에서, 고위도로 올라간 인류는 오랜 세월 동안 사냥을 해서 육식을 하고 살았기 때문에 동물로부터 비타민 D를 흡수할 수 있었다.

1만 년 전, 농경으로 정착하면서 인구는 급증했다. 사냥한 동물 고기보다는 곡류를 주식으로 하게 되었다. 곡류의 섭취만으로 비타민 D를 생성할 수 없다. 피부를 통해서만 비타민 D를 생성할 수 있었다. 하얀 피부의 변이가 일어났고, 자연선택을 받아 고위도 지방은 하얀 피부로 살게 되었다는 가설이다. 형질인류학계에서 받아들이는 정설이다. 열대 지방의 검은 피부는 자외선을 차단하고, 면역력을 높이고, 피부의 노화를 지연시킨다. 피부 노화의 순위는 백인, 황인종, 흑인 순이다. 열대 지방 검은 피부의 인종은 다

    ——— 아는 척하기 딱 좋은 **아프리카 지식 여행**

양성이 고위도 지방보다 더 많다. 하얀 피부보다 검은 피부의 장점이 더 많다. 그러나 현대인은 검은 피부를 좋아하지 않는다.

잔지바르 노예 시장

잔지바르는 탄자니아의 영토다. 잔지바르는 동해안에서 배로 1~2시간 거리, 탄자니아 해안에서 20~50km 떨어진 인도양에 있는 섬이다. 운구자Unguja, 1,666km²와 펨바Pemba, 988km²는 그중 큰 섬이다. 제주도1,846km²만 하다. 잔지바르는 탄자니아와 합병되었지만, 독립국처럼 자치를 허용하고 있다. 인구는 150만 명 정도이고, 경제는 본토와 비슷하게 가난하다. 향신료와 관광이 주 산업이다.

잔지바르는 산호섬이다. 산호섬은 평지다. 가장 높은 곳이 150m 정도다. 비치가 아름다워 관광지로 유럽인에게 인기가 높다. 열대 지방, 이슬람 문화권이다. 본토탄자니아, 기독교 63%, 이슬람 34%와는 달리, 잔지바르는 99%가 모슬렘이다. 1964년 여기서도 공산당 바람이 불어 혁명이 일어났고, 이슬람의 술탄을 쫓아내고 공화국이 되었다. 스스로 방어할 국방력이 없어, 이웃 탕가니카와 합병했다. 탕가니카Tanganika와 잔지바르Zanzibar가 합하여 탄자니아Tanzania가 되었다.

잔지바르가 세계사에 등장한 것은 콜럼버스가 서인도 제도를 발견했을 무렵1491년, 다가마Vasco da Gama가 1498년에 인도 항로를 발견했다. 다가마는 처음으로 잔지바르에 상륙한 서양인이다. 그때는 항해하다가 섬을 보고 지도에 기입했다 하면, 자신의 나라 땅으로 등기되던 때다. 원주민도 모르는 사이 잔지바르는 포르투갈령이 되었다. 포르투갈은 잔지바르 왕sultan에게 조공을 바칠 것을 요구했다. 불응하면 해안을 돌면서 대포를 쏘고, 주민을 짐승처럼 살육하던 시절이다. 잔지바르는 200년 동안 포르투갈의 식민지가 되었다.

100년이 지난 후, 1591년에 영국은 잔지바르의 큰 섬 운구자Unguja에 군사기지를 만들었다. 동아프리카와 아라비아반도의 인도를 잇는 영국 동인도 회사의 일환이었다. 인도인이 동아프리카에 대거 진출한 것도 이때부터다. 인도인은 동인도 회사의 무역로를 따라 동아프리카에 이주했다. 인도양은 동아프리카, 아라비아반도의 페르시아 제국, 인도가 공유하는 바다다. 잔지바르는 흑인의 해안이란 뜻이다. 페르시아어에서 유래했다. 장zang은 검다black, 바르bar는 해안이란 뜻이다. 흑인의 땅land of the blacks, 잔지zanji는 흑인이란 말이다. 정치적으로는 1631년부터 1890년까지 이슬람 술탄이 잔지바르를 259년간 지배했다. 잔지바르에는 아랍의 문화가 깊게 남아 있다.

잔지바르는 몸바사와 다르에스살람과 함께 인도양 무역의 거점이 되었다. 인도와 아랍 상인이 주로 활동했다. 후추, 정향, 계피, 상아, 가죽이 거래되었다. 그중에서 가장 이익이 나는 사업은 노예 무역이었다. 잔지바르는 동부 아프리카 노예 무역East Africa Slave Trade의 중심 시장이 되었다. 문명이 앞선 아랍과 인도인이 아프리카인을 노예의 표적으로 삼았다. 아프리카 동부 고원, 탄자니아, 케냐, 말라위 내륙지방이다. 3°S와 5°N 사이에 거주하고 있는 아프리카 흑인을 노예 사냥했다. 건장한 신체의 흑인을 잔지바르 노예 시장에서 거래했다. 아랍과 인도로 팔려 나갔다.

노예는 전쟁의 산물이다. 전쟁에 이긴 부족은 패배한 부족을 잡아가 노예로 삼았다. 병자호란 때 청은 20만 명의 조선인을 잡아갔다. 노예 사냥은 부족 간의 전쟁으로 이긴 부족이 패한 부족을 데려가 팔았다. 대량 노예 무역은 시작은 대서양보다 인도양을 중심으로 중동과 인도에서 먼저 시작했

—— 아는 척하기 딱 좋은 **아프리카 지식 여행**

다. 식민지에서 플랜테이션 농장, 사탕수수와 면화 재배에 노동자 수요가 커지자, 인도양을 건너 대륙 간 무역이 활발해졌다. 대규모 노예 시장이 형성되었다. 19세기 중엽에는 잔지바르 노예 시장에 매년 5만 명의 노예가 거래되었다.

최재천 교수는 개미도 노예를 거느리는 종이 있다고 했다. 내가 알기에는 인간 말고 같은 종을 노예로 거느린 동물은 없다. 노예의 역사는 인류 역사와 함께했다. 함무라비 법전BC 1750에도 노예 기록이 있다. 그리스나 로마 인구의 반이 노예였다. 노예가 없었던 인류 역사는 없다. 아무리 좋은 AI 로봇도 노예만 한 로봇은 없다. 사람을 닮은 로봇은 최고의 로봇이다. 노예는 같은 사람이지만, 인권은 없다. 가축과 같다. 사고팔고 한다. 노예의 건강 상태를 식별하기 위하여 옷을 벗긴 채로 흥정이 되었다. 유럽의 강대국이 열대 지방에 플랜테이션 농업을 하면서 대량 노예 시장이 형성되었다. 인간은 자유를 추구한다. 자유는 노예로부터 해방이다.

노예제는 가장 잔인하고, 가장 반인륜적인 행위이다. 노예해방은 인류 보편적 가치다. 1807년 노예제는 영국에서부터 폐지되기 시작하여 미국과 프랑스, 스페인 포르투갈에서 폐지되었다. 영국에서 인도적 차원에서 노예해방을 주장하기는 했다. 영국은 산업혁명으로 계약 노동자를 대거 고용해야 했으므로 노예가 필요 없었다. 노예 무역은 도덕적으로 엄청난 비난을 받았고, 경제적으로 실익이 없는 사업이 되었다. 산업혁명이 늦은 나라일수록 노예제는 더 오랫동안 지속했다.

모리타니Mauritania는 아직도 노예제가 있는 나라이다. 2012년 총리는 "노예는 없다no longer exist."라고 했지만, 인권 단체인 자유보행재단Walk Free Foundations, 2018년은 모리타니 인구의 2%는 아직도 노예 신분이라고 했다. 아프리카 모리타니는 노예제를 암묵적으로 시행하고 있는 나라다. 형식적으로 노예제는 지구상에 없다, 기업의 이익은 노동에서 나온다. 노예 노동 같은 매력적인 생산요소는 없다. 노예 노동이 사라지지 않는 이유이다. 선 진국에서도 중소기업에 불법 이민자의 약점을 이용하여 노예 노동을 강요 한다.

킬리만자로

"Kilimanjaro is a snow covered mountain 19,710 feet high, and is the highest mountain in Africa. Its western summit is called by Masai " Ngaje Ngai, "the House of God. Close to the western summit there is the dried and frozen carcass of a leopard. No one has explained what the leopard was seeking for at that altitude."

킬리만자로는 눈 덮인, 19,710피트 높이 산이고, 아프리카에서 제일 높은 산이다. 그 서쪽 봉오리를 마사이족은 '응가에 응가이라 하고, 하느님의 집' 이라 부른다. 서쪽 봉오리 근처에 얼어서 말라 죽은 표범 사체가 있다. 표범 이 그 높은 곳에서 무엇을 찾으려고 했는지 아무도 설명하지 못한다. 헤밍 웨이 소설『킬리만자로의 눈The Snows of the Kilimanjaro』1936의 첫 문장이다.

킬리만자로의 등정에는 돈이 많이 들어간다. 입산료 850달러2021를 국립 공원에 내야 한다. 그 외 혼자 등반에는 가이드 1명, 포터 2명, 요리사 1명은 필수 요원이다. 단독 등산은 국립공원 측이 요구하는 조건이다. 정상으로 가는 코스는 여러 개 있다. 6박 7일은 잡아야 한다. 킬리만자로 등반은 에베 레스트산이나 K2봉 같이 생명이 위태로운 위험한 산행은 아니다. 에베레스 트는 등반하다가 죽는 확률이 5.4%이다. 올해도 350명 등산객 중 벌써 11명

 ——— 아는 척하기 딱 좋은 **아프리카 지식 여행**

이 사망했다.

킬리만자로는 하루 10km를 걸을 수 있고, 가이드의 안내를 받아 고산병 적응acclimatization만 하면 7일이면 누구든 등반할 수 있다. 89세 노인도, 10살 어린이도 등반했다는 기록이 있다. 힘든 건 고산병High Altitude Acme이지만, 4,700m에 올랐다가 다시 4,000m로 내려가 1박을 하고 다시 같은 고도로 올라가는 적응 훈련만 하면 대부분 등정에 성공한다.

킬리만자로는 독일인, 한스 메이어Hans Meyer가 1889년 처음으로 올랐다. 킬리만자로 산록에는 오래전부터 마사이족이 살고 있다. 그들이 정상을 올랐을까? 기록이 없어 모른다. 내 생각에는 오르지 않았지 싶다. 사람도 포유동물이다. 동물의 행위는 포식자를 피하여 도망을 가든지, 먹이를 찾아다니든지, 짝을 찾아다니는 행동이다. 이유가 있다. 킬리만자로 정상까지 추적하는 포식자는 없고, 산정에는 먹을 것도, 사랑할 배우자도 없다.

왜, 그 많은 사람이 위험한 산정을 도전할까? 정상의 경치가 아름답다고 하지만, 4,000m까지는 동식물이 있어 경치가 있다. 5,000m를 넘으면 흙과 바위와 눈밖에 없다. 경치라 할 수 없다. 사막이고 설산이다. 등산 비용이 많이 들어가고 산소가 부족하여 건강에도 좋지 않다. 잘못하면 목숨을 잃을 수도 있다. 매년 5만 명이 킬리만자로 국립공원을 찾는다. 어떤 포유동물도 목적 없이 산 정상을 오르는 짐승은 없다. 왜, 인간만이 산을 오르려 할까?

에베레스트를 처음으로 등정한 맬러리에게 왜 산을 올랐느냐고 물으니, "Because it is there산이 거기 있기 때문."라고 했다. 그 말을 언론에 회자되기는 했지만, 말이 안 되는 소리다. 병이 들어 병원을 가는 사람에게 병원에 왜 가느냐고 물으면, 병원이 거기 있기 때문이라고 하면, 미친놈 취급을 할 것이다. 입산료를 4천만 원이나 내면서 죽을 각오를 하고, 에베레스트를 도전하는 이유가 무엇일까? 네팔 관광국은 이제까지 1인당 1만 달러를 하던 입

남쪽 모시(Moshi)에서 바라 본 킬리만자로산

산료를 올해부터 에베레스트 등정은 3.5만 달러, 다른 8천m 고봉은 2만 달러로 올렸다 한다.

킬리만자로는 원추형 사화산이다. 5,895m이다. 적도 아래 만년설이 붙어 있는 산이다. 산 아래는 열대우림, 2천~3천m에는 산림지대, 3천~4천m 관목지대, 4천~5천m 사막, 5천m 이상은 만년설 지대다. 수직으로 기후대가 분포한다. 학문적으로는 수직으로 생태계의 분포는 높은 연구 가치가 있다. 멀리 떨어진 탄자니아의 도시, 모시Moshi, 20만 명에서 보면 열대 지방에서 만년설이 덮인 산은 참으로 아름답다. 가까이 가면 흙과 나무다.

1960년대 김찬삼『세계여행기』는 베스트셀러였고, 당시 나는 경북대학교 지리학과 학생이었다. 애독했다. 그의 아프리카 여행기를 읽고 큰 감동을 받았다. 해외 여행은 나의 꿈이었다. 꿈을 실천하고 싶었다. 때가 왔다.

나도 1989년에 킬리만자로 등반을 시도했다. 등반 이틀째 되는 날 호롬보 Horombo, 3,720m 산장에서 하산했다. 힘들었거나 고산병 중세 때문이 아니다. 저녁에 왜 내가 고통스러운 등반을 해야 하는가, 하는 의문이 생겼다. 올라야 가야 할 아무런 이유도 가치도 없었다. 정상 등반을 위하여 단체 산행 그룹에 2천 달러가 넘는 돈을 냈지만, 포기했다. 한 사람의 포터만 대동하고 하산했다. 동행한 튀르키예 등반대원들은 나를 조금 이상한 사람으로 취급했다. 조금도 후회하지 않았다. 그 후 나는 또 에베레스트와 안나푸르나 베이스캠프까지 간 일이 있다.

헤밍웨이는 작가로서 삶의 절정을 맛본 사람이다. 원하는 소설을 썼고, 소설이 대중의 인기를 얻어 많은 돈을 벌기도 했고, 또 작가의 최고 영예인 노벨 문학상1958을 받기도 했다. 많은 여성과 사랑도 했다. 평생 좋아하는 아프리카 국립공원에서 사자 사냥을 했다. 정상을 누렸다. 그러나 그는 소설 속의 표범과 같이 정상에서 죽었다자살. 실존의 성공은 그랬다. 김영삼 대통령과 김대중 대통령의 자서전에 청와대 생활을 감옥과 같았다고 회고했다. 그러나 정치인은 누구나 대통령을 원한다. 왜, 인간은 정상에 오르려 하는 것일까? 산꼭대기에 오르고 싶은 것은 인간 유전자 속에 있는 듯하다.

제5장

모잠비크와 이웃 나라

말라위와 한국

2022년 5월 21일, 네이버 블로그에 말라위에 관한 글이 올랐다. "한국의 도움으로 5개 마을에 우물을 팠고, 한국산 K2소총을 수출했고, 농어촌공사에서 통일벼를 보급했고, 시레Shire 고원을 개발했다. 한국은 말라위 경제 발전에 크게 기여했다. 말라위 차퀘라 대통령은 감격하여, 한국에 편입하고 싶다."라는 글이었다. 사실 여부는 확인되지 않았다. 주짐바브웨 대사관말라위 대사 겸임 홈페이지에 관련된 정보는 찾았지만, 확인하지 못했다. 여운이 있다.

해외에 땅 한 치 없는 대한민국은 거리가 멀기는 하지만, 동부 아프리카에 식민지를 갖는 건 꿈 같은 일이다. 기후가 좋고 땅이 비옥한 면적 11만 km² 땅과 2천만 명 인구가 한국 땅이 된다. 말라위와 합병을 하면 한국은, 인구가 7천만, 면적이 20만km² 크기의 대국이다. 한국 자본과 기술이 접목되면 말라위는 10년 내 중진국 수준이 되고, 말라위가 성공하면 이웃 나라들도 다투어 한국과 합병을 원할 것이다.

우리는 말라위의 수도 릴롱궤Lilongwe, 100만 명 국제공항에 정기 노선으로 '동물의 왕국' 사파리 여행을 할 수 있고, 말라위 호수에서 유람선을 띄우고, 말라위산 커피를 마시고, 유럽인이 가장 살기 좋다는 시레 고원에 별장을 지을 수 있다. 생각만 해도 마음이 들뜬다. 같은 생각은 19세기 영국, 프랑

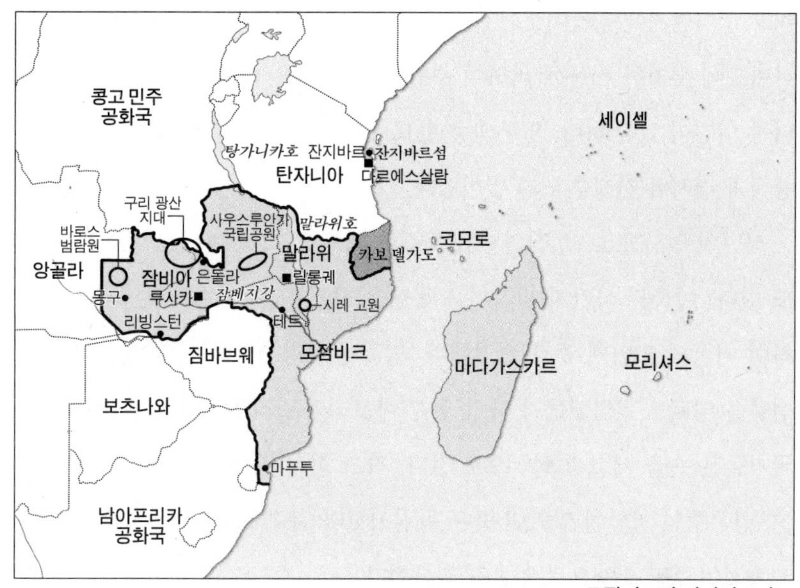

모잠비크와 마다가스카르

스. 스페인, 네덜란드 귀족들이 가졌던 꿈이었다. 제국주의 국가들은 앞다투어 군대를 파견하여 식민지를 접수했다. 식민지를 통한 국부의 창출이었다.

과연 그럴까? 영국은 아프리카 대륙은 물론, 5대양 5대주에 식민지를 가진 제국주의 국가였다. 식민지가 얼마나 국부를 창출한 것일까? 제1차 대전의 패배로 독일은 해외 식민지를 모두 잃었다. 식민지 없이도 과학기술로 산업화한 독일은 강대국이 되었다. 제2차 대전 직전 당시 독일 GDP는 410억 달러였고, 영국은 380억 달러로 독일의 84.4%에 불과했다. 총력전을 한 제2차 대전에서도 독일이 러시아와 양면전을 하지 않고, 미국이 거들지 않았으면, 독일은 태양이 지지 않는 식민지를 가진 영국, 프랑스와의 전쟁에서 승리했을 터다.

제국주의 국가들은 해외 식민지를 가진 강대국일 뿐이다. 식민지 관리

비용이 식민지에서 들어오는 수입보다 더 컸다. 일본이 한반도를 지배하고, 한반도에 투자한 비용에 비하여 수탈해 간 자산은 더 적었다. 학자에 따라 다른 의견이 있긴 하다. 일본의 한반도 투자는 조선인을 위한 것이 아니라, 중국과 러시아 전쟁을 위한 것이었다.

식민지 역사를 보면, 식민지가 독립한 때도 있고, 합병되어 영토가 된 때도 있다. 미국은 식민지 필리핀을 독립을 시켜주었고, 하와이 왕국은 합병하여 미국의 50번째 주로 편입했다. 영국과 프랑스도 서인도 제도의 작은 섬들을 영토로 편입했는가 하면, 동부 아프리카 말라위를 비롯한 고원 지대 국가들은 손을 떼고 독립국으로 갔다. 작고 힘이 없는 섬은 영토로 합병했고, 민족주의 저항이 있었던 곳은 독립시켰다. 우리도 일본의 지배 기간 내 지속적인 무장 투쟁으로 일본을 괴롭혔다.

제2차 대전 기간 내 강대국들은 식민지 주민을 징집하여 전쟁에 동원했다. 영국의 아프리카 식민지 군대King's African Rifles는 아프리카인으로 영국군에 편입했다. 제1차 대전과 제2차 대전 때 영국을 위하여 싸웠다. 전후 식민지에서 민족주의 운동이 일어나 독립 투쟁을 했다. 독립 투쟁은 원주민과 영국군의 전쟁이다. 활과 창으로 시작한 아프리카 식민지 전쟁은, 전후 아프리카 독립 전쟁으로 영국제 총과 대포를 갖고 영국군과 싸웠다. 영국은 고전했다. 독립군이나 진압군은 무기도 같고, 영국군 전술로 싸웠다. 제2차 대전 후 패한 국가는 물론, 승전국도 식민지를 독립시켜 주었다.

독립을 시켜 준 이유는 식민지 국민의 인권이나 정치와 경제의 발전을 위한 것이 아니라, 오로지 모국의 정치적, 경제적 사정에 달려 있었다. 동부 아프리카 지역, 케냐, 탄자니아, 우간다, 르완다, 부룬디, 말라위를 1964년 한꺼번에 영국 의회가 독립을 허락했다. 식민지 없이 교육과 과학기술로 성공한 한국은 해외 부동산으로 부자가 된 스페인, 포르투갈보다 더 잘산다.

 ──── 아는 척하기 딱 좋은 **아프리카 지식 여행**

　말라위의 합병으로 식민지를 갖고 부동산 덕을 볼 것이라는 생각은 낭만적인 꿈이다. 영토가 크고, 자원이 많은 나라라고 잘사는 게 아니다. 러시아, 카자흐스탄, 브라질, 인도네시아는 큰 나라이긴 하지만 국민이 잘사는 나라는 아니다. 현대에 성공한 국가는 자원이 많고 큰 면적의 국가가 아니라, 자국의 인적·물적 자원을 이용하여 교육과 과학기술에 투자한 나라다.

잠비아 광산물

잠비아는 내륙국이다. 북쪽에 콩고민주공화국, 동쪽에 탄자니아, 말라위, 모잠비크, 남쪽에 짐바브웨, 보츠와나, 나미비아, 서쪽에 앙골라 등 8개국과 면하고 있다. 아프리카 대륙에서 콩고민주공화국이 10개국을 접경하고 있고, 다음으로 잠비아가 많은 국가와 접경하고 있다. 많은 국가와 국경을 공유하고 있다는 것은 이웃 나라와 관계가 복잡할 수 있다. 이웃 나라의 내전에 휩싸일 수도 있고, 국경 근처에 나는 자원 문제로 분쟁의 소지가 있다. 한편 여러 국가와 국경을 접한 나라는 이웃과 통상이 쉽고 이동이 쉬운 장점이 있다. 잠비아가 바다로 나갈 때는 탄자니아를 거쳐 나간다.

영국의 식민지였다. 19세기 세실 로드가 설립한 로데시아Rhodesia 국가였다. 로데시아는 로드가 설립한 영국 남아프리카 회사British South African Company 땅이다. 다이아몬드로 돈을 번 세실 로드는 잠비아에서 구리를 발견했고, 채광했다. 당시 잠비아는 로데시아였고, 로데시아는 '세실 로드의 땅'이란 말이다.

영국 남아프리카 회사는 영국 동인도 회사와 같다. 영국으로서는 회사이지만, 자체 군대도 있고 외교권도 있었다. 전쟁도 할 수 있고, 조약도 맺을 수 있다. 식민지를 경영하기 편리하게 만든 영국 회사다. 국가가 군대를 동원하고 침략을 하려면 의회의 승인을 받아야 하고 국제 관계가 복잡해진다.

회사는 간단하다. 영국에 비난이 돌아오면 회사의 일탈된 행위라 하고 일시적으로 사장만 바꾸면 된다.

동인도 회사나 남아프리카 회사가 행하는 무력 행사는 영국 의회의 승인 없이도 할 수 있다. 다이아몬드 회사로 엄청난 돈을 번 제국주의자 세실 로드는 카이로 - 케이프타운까지 아프리카 대륙을 남북으로 관통하는 식민지를 건설했다. 북쪽에서 남쪽으로 이집트, 수단, 케냐, 탄자니아, 잠비아 짐바브웨, 남아공은 당시 사실상 영국의 식민지하에 있었다. 세실 로드의 꿈이 실현됐다.

잠비아는 동부가 고원이다. 75만km^2, 인구는 2천만 명이다. 면적은 큰 나라다. 열대 지방이다. 위도 8°S~18°S에 있다. 동부 고원 지대는 열대 지방이지만 고원 지대라서 시원하다. 잠비아는 두 개의 강이 흐른다. 강 유역에 농사도 짓고, 물고기를 잡아 생계를 유지한다. 강 유역에는 거대한 포유동물이 살고 있어 좋은 관광지가 되고 있다. 잠베지강과 콩고강 상류다. 잠베지강의 유역 면적은 전 국토의 3/4을 차지한다. 잠베지강은 남쪽으로 흘러 짐바브웨 국경에서 빅토리아 폭포를 만들고, 국경을 따라 흐르다가 모잠비크로 들어가 인도양으로 나간다. 잠베지강은 아프리카에서 3번째로 큰 강이다.

또 하나의 강은 콩고강 상류다. 유역 면적이 잠비아의 1/4을 커버한다. 콩고강의 상류 루아라바Lualaba강이 잠비아 동북부 지방을 흐른다. 콩고민주공화국으로 들어가서 대서양으로 나간다. 잠비아 고원은 콩고강과 잠베지강의 분수령이 되고 있다.

잠비아는 가난한 나라다. 8개의 이웃 국가도 잘사는 나라는 없다. 국민은 농업과 어업으로 자급자족하고 있고, 정부는 광산물을 수출한다. 구리는 1920년대부터 잠비아의 중요한 광물이었다. 구리 벨트copper belt가 있다.

이웃 DR콩고와 국경지대다. 구리와 코발트가 주 수출품이다. 미국은 사하라 이남 아프리카 국가들에 대하여 무관세 혜택을 주었다. 즉, AGOA African Growth and Opportunity Act법에 따랐다. 그러나 지금 트럼프는 가난한 나라, 잠비아에도 10% 관세를 부과했다. 타격을 받고 있다.

주 수출품은 구리와 코발트다. 구리는 2024년 82만 톤을 생산하여 잠비아 수출의 70%를 차지한다. 아직도 많은 매장량2천100만 톤이 있어, 해마다 생산량이 증가한다. 구리 광산 지역은 코발트 광산 지역과 일치한다. 코발트도 세계 13위 생산국이다. 코발트는 전기차의 필수 원료다. 배터리의 에너지 밀도를 높이고 수명과 안정성에 기여한다.

잠비아에는 여러 개의 국립공원이 있다. 우리나라 TV에서도 여러 번 소개했다. 유럽인들이 즐겨 찾는 생태 공원이다. 짐바브웨와의 국경에 빅토리아 폭포가 있다. 2024년에는 2백19만 명이 찾았다. 2025년은 250만 명이 방문할 것으로 예상한다. 잠베지강 유역에는 사우스 루앙가South Luangwa, 카퓨Kafue, 로어 잠베지Lower Zambezi 국립공원이 있다. 인구에 비교하여 자연 자원은 크고 많다. 정치가 안정되자 많은 관광객이 찾는다.

잠비아 사회

로데시아는 지금은 역사적 이름으로 존재하지만, 20세기 초 로데시아는 북쪽 잠비아, 말라위, 남쪽 짐바브웨를 포함했다. 이 땅은 제국주의자 다이아몬드 기업가 세실 로드의 남아프리카 회사의 개인 땅이었다. 1964년에 독립시켜 주었고, 영연방으로 묶어 두고 있다. 공용어는 영어다. 영국의 영향이 강하게 남아 있다.

독립 투쟁을 한 케네스 카운다Kaunda가 초대 대통령이 됐다. 아프리카 국가들 다 그렇듯, 독립 운동을 사회주의자들이 주도했고, 독립 후 사회주의가 정권을 잡았다. 잠비아는 다양한 부족으로 된 나라다. 중심 부족은 반투어를 쓰는 벰바Bemba족 21%, 통가Tonga족 13%, 로지Logi족 6%가 큰 부족이고, 그 외 80개의 다른 소수 부족이 있다.

아프리카 적도의 이남은 아프리카인은 피부색이 더 짙다. 적도 이북 아프리카와 민족 구성이 다르다. 아프리카의 진수다. 북아프리카는 피부색이 연하다. 북쪽은 이슬람의 영향이 강하고 이슬람교도가 많다. 남쪽은 식민지 영향으로 기독교가 많다. 잠비아는 헌법에 국교를 기독교로 정한 나라다. 아프리카에서 유일하다. 그러나 종교의 자유를 인정한다. 95.5%의 기독교인 중 개신교가 75.3%, 가톨릭이 20.2%다.

독립 후 초대 대통령 카운다는 다양한 부족을 인정하면서도 'One Zambia, One Nation'으로 하나의 국가를 강조했다. 국부로 존경받고 있다가 96살에 죽었다. 사회주의 국가로서 남아공의 아파르트헤이트를 비난하고 아프리카 공동체를 주장했다. 카운다는 유럽인이 소유하고 있던 광산을 국유화하고, 플랜테이션 농장을 국유화했지만, 소정의 성과를 거두지는 못했다. 시장의 위축과 관료의 부패 때문이다.

잠비아는 건국 후 지금까지 쿠데타가 없었다. 3번의 쿠데타의 시도가 있었지만, 성공하지는 못했다. 우여곡절 끝에 민주주의를 지키고 있는 나라다. 1991년 소련의 붕괴로 힘을 잃은 초대 대통령 카운다는 물러났다. 쿠데타로 물러난 것이 아니고, 다당제를 하고 대통령제를 만들고 물러났다. 잠비아에서 존경받는 정치인이다. 퇴임 후에도 민주화 운동을 계속했다. 아프리카 국가들이 모두 가난하다. 아프리카 대륙이 특별히 인구가 많고 자원이 부족해서가 아니다. 정치가 문제다.

가난한 이유가 자원이 부족하고 자연환경이 나빠서가 아니다. 그래서 나는 못사는 나라의 정치를 들여야 본다. 잠비아는 현재는 가난하다. 그러나 희망이 있다. 정치가 안정되고 있다. 증거는 선거다. 군대가 간여하지 않고, 공정한 선거를 하고, 선거 결과를 승복하면 민주주의가 자리 잡고 있다고 본다. 쿠데타 시도가 있었던 것으로 보아 군대가 정치에 아직도 간여하고 있다.

2016년 잠비아 대통령 선거가 있었다. 1월 22일 선거에서 여당인 룽구Lungu 대통령은 48.33%를 득표했고, 야당인 히치레마Hichilema는 46.67%를 얻어 1.66% 표차로 현직 대통령 룽구가 당선됐다. 야당은 부정선거를 주장했다. 헌법재판소는 받아들이지 않았다. 5년 후 2021년 잠비아 대통령 선거가 있었다. 투표율은 70%였다. 야당인 히치레마가 59% 득표하였고, 현직 대통령 룽구는 39%를 득표했다. 야당이 이겼다. 룽구 대통령은 TV에서 야당 히치레마에게 당선을 축하했다. 정권을 이양했다. 민주주의가 작동하고 있다는 증거다. 투표 기간 내 외국 참가단을 초청했다. 영연방, AU, EU를 초청하여 평가를 받았다. 평화로운 정권 교체로 아프리카 민주주의 모범 사례가 되고 있다. 민주주의가 제대로 작동하면 빈부의 격차가 줄어들고 가난하지만, 평화롭게 산다.

현재는 가난하지만, 죽고 죽이는 아프리카 내전은 없다. 희망이 있다. 민주주의 정착되어 가고 있고, 산업이 점진적으로 발전하고 있다.

천연가스

포르투갈이 먼저다. 아메리카로 가는 대서양 항로를 연 콜럼버스, 아시아로 가는 인도양 항로를 발견한 다가마, 세계 일주를 한 마젤란도 포르투갈인이었다. 15~16세기의 식민지 시대에 전 세계를 누비던 대제국이었다. 포르투갈은 전 세계에 식민지가 있었다. 앙골라, 기니, 카보베르데, 상투메프린시페, 모잠비크는 아프리카에 있는 포르투갈 식민지였다. 모잠비크를 제외하면 모두 아프리카 서해안에 있다.

1498년, 모잠비크에 다가마가 도착한 후 1505년부터 포르투갈이 점령했다. 1975년 모잠비크와 앙골라가 독립했다. 470년간 이어온 포르투갈 해양 제국Thalassocracy은 실질적으로 끝이 났다. 지구상에 가장 오래된 식민지였다. 모잠비크의 공용어는 포르투갈어다. 1975년 모잠비크의 독립은 1974년에 일어난 포르투갈의 쿠데타 덕택이다.

포르투갈은 지구상에 많고 큰 식민지2백16만 8천km²를 1970년대까지 오랫동안 갖고 있었는데도 같은 서부 유럽 중심 국가들에 비하여 잘살지를 못했다. 포르투갈 독재 정권Estado Novo은 지속해서 식민지에 미련을 지니고 있었다. 한편, 식민지에서 독립 전쟁을 진압하고 있던 군부는 식민지 전쟁에 한계를 느꼈다, 당시 군사령관 안토니오 스피놀라 장군은 탈식민지를 주장했다. 그를 추종하던 청년 장교단은 쿠데타를 하여 독재 정권을 엎고 사회주의 공화국으로 갔다. 아프리카에 있는 포르투갈 식민지들은 그때 독립했다. 모잠비크에서 독립 운동을 해 오던 공산주의자들이 정권을 잡았다.

독립된 지 2년 만에 내전이 일어났다. 정권을 잡은 사회주의전선FRELIMO은 사회주의 정부였다. 쿠바와 소련이 지원했다. 유럽의 앞마당 아프리카에서 공산주의 정권의 수립을 가만히 두지 않았다. 서방이 지원하는 반정부단체RENOMO가 결성되었다. 미국, 영국, 프랑스가 지원했고, 이웃인 남아공, 잠비아, 말라위가 후원했다. 내전은 1977년에 시작되어 16년간 지속하다가 1992년에야 끝났다. 사회주의 모국인 소련이 붕괴한 직후였다.

모잠비크는 아프리카 동남부의 인도양에 면한 나라다. 튀르키예78만km²보다 큰 80만km², 인구는 3천만 명이다. 한국의 8배 면적이다. 산업은 농업과 관광이 위주이고, 매우 가난한 나라다. 경제적 잠재력은 매우 크다. 아직도 가경지可耕地, arable land의 90%가 유휴지遊休地로 남아 있다.

최근에 엄청난 크기의 가스전이 발견되었다. 로또 복권이다. 탄자니아와 국경 가까이, 카보 델가도Cabo Delgado 해안, 로붐마 분지Rovuma Basin다. 천연가스가 얼마나 중요한 자원인가는 설명할 필요가 없다. 우크라이나-러시아 전쟁으로 전 세계가 타격을 입고 있는 자원은 식량과 천연가스다. 모잠비크는 식량과 천연가스 자원을 다 가지고 있는 나라다.

2013년 4월 BBC는 보도했다. "2011년 해안에서 발견된 가스전과 내륙에서 발견된 석탄 자원은 세계에서 가장 가난한 나라, 모잠비크는 로또 복권에 당첨됐다.(The 2011 discovery of a major off-shore gas field, combined with extensive coal reserves inland, has prompted some to suggest that Mozambique, one of the world's poorest countries, has hit the jackpot)." 미국 아나다르코 석유Anadarko Petroleum가 탐사했다. 매장량은 3조 2천억m³이

 ——— 아는 척하기 딱 좋은 **아프리카 지식 여행**

다. 세계 5위의 가스전이다.

한국가스공사가 모잠비크 천연가스 개발에 참여하고 있다. FLNG와 LNG 조선 기술은 한국이 세계 최고 수준이다. FLNGFloating Liquefied Natural Gas선은 바다에서 채굴과 동시에 액화가스로 만드는 선박 가스 액화 구조물이다. 세계에 4척밖에 없는 FLNG선은 모두 한국에서 건조했다. 2021년 11월에 거제에서 삼성중공업이 건조한 FLNG선 진수식을 보았다. 모잠비크 코랄 광구로 떠났다. 문재인 대통령과 모잠비크 뉴시Nyusi 대통령이 참석했다. 세계적인 뉴스였다.

가스전 발견을 두고 모잠비크 앞에 두 개의 길이 있다고 했다. 노르웨이와 나이지리아의 길이다. 1960년 같은 해, 대규모 유전이 발견되었다. 노르웨이는 국내 소비의 6배를 수출하여, 세계에서 가장 잘사는 나라가 되었다. 한편, 나이지리아는 연간 4천 억 달러의 석유를 수출했지만, 정부의 부정부패로 모두 탕진했다. 나이지리아 국민의 다수는 지금도 하루 1달러 이하로 생활하고 있다.

모잠비크가 복권 당첨을 즐거워할 일만은 아니다. 정치 엘리트와 기업인의 정경 유착은 모잠비크의 만연된 부패 구조다. 부정부패를 근절하지 않는 한, 거대한 가스전 발견도 남가일몽南柯一夢일 수도 있다. 잘해야 한다. 잘못하면 더 나빠질 수도 있다. 내분과 외세의 간섭으로 내전으로 발전할 수도 있다. 아프리카에 내전은 아프리카 자원 때문에 일어난다.

잠베지강

EBS의 〈걸어서 세계 속으로〉에서 잠베지강 탐사 관련 프로그램을

2013년 3월 4~7일 방영했다. 신미식 여행가 작품이다. 그는 아프리카를 50여 회 다녀왔다. 전문 다큐 작가다. 잠베지강 탐사는 15일에 걸친 긴 여행을 2시간 13분에 걸쳐 방영했다. 그는 사진작가다. '감동이 없으면 셔터를 누르지 마라'는 작가의 말이다. 디지털카메라는 셔터를 누르는 데 비용이 들어가지 않는다. 무한정 셔터를 눌러도 된다. 수천 번 셔터를 눌러도 마음에 드는 한 장의 사진을 얻기 힘들다. 명포수는 한방으로 승부를 건다. 여러 번 총을 쏘면 아마추어이고 산돼지를 잡지 못한다. 프로다운 말이다. 그는 잠베지강을 탐사하기 위하여 한국에서 고무보트까지 갖고 갔다.

그는 탐사를 위한 여행가였다. 인간 이외 어떤 동물도 관광을 위하여 여행하는 동물은 없다. 긴수염고래는 북극해에서 적도까지 이동한다. 북극해 근처에서 주로 살지만, 출산을 위하여 적도 지방으로 이동한다. 수천km를 이동하지만, 먹이와 자손 번식을 위한 일이다. 철새도 그렇다. 여름에는 동부 시베리아에 살다가 겨울이면 한반도에 날아온다. 생존을 위한 이동이다. 아프리카의 코끼리, 버팔로, 임팔라는 건기와 우기를 따라 집단 이동을 한다. 대형 초식동물은 풀이 있는 마사이마라에 살다가, 건기가 되면 적도를 넘어 풀이 자라는 세렝게티 쪽으로 이동한다. 초식동물을 따라 사자와 하이에나도 따라 이동한다. 생존을 위한 여정이다. 관광 여행이 아니다.

코로나 직전인 2018년과 2019년은 한해 한국인 해외여행자가 2천800만 명. 2024년에는 2천686만 명이었다. 놀랄 만한 숫자다. 걸어 다닐 때는 인간의 이동도 동물과 비슷했다. 전쟁을 피하여 피난을 갔고, 흉년에는 식량을 찾으러 이동했다. 21세기 여행은 생존을 위하여, 즉 생명의 위협을 받아 피난, 짝짓기, 식량을 구하기 위하여 이동하는 경우는 드물다.

잠베지강은 아프리카에서 나일, 콩고, 나이저강 다음으로 큰 강이다. 2,475km를 흐른다. 앙골라 고원에서 발원하여 잠비아, 짐바브웨를 거쳐 모

　───── 아는 척하기 딱 좋은 **아프리카 지식 여행**

잠비크 남부를 지나 인도양으로 흘러 들어간다. 한국인들은 아프리카 남부, 잠베지강이 흐르는 국가와 지역을 잘 모른다. 우리와 교류가 적었기 때문이다. 잠베지강으로 먹고사는 인구는 3천만 명이다. 앙골라의 차좀보Cazombo, 3만 4천 명, 잠비아의 몽구Mongu, 17만 9천 명, 잠비아의 리빙스턴Livingstone, 13만 명, 짐바브웨의 카리바Kariba, 2만 6천 명, 모잠비크의 테트Tete, 30만 5천 명는 잠베지 강변에 발달한 도시들이다. 강은 상류, 중류 하류로 구분한다. 상류는 차좀보에서 빅토리아 폭포까지, 중류는 빅토리아 폭포에서 카리바 폭포까지, 하류는 카리바에서 하구까지다.

인간 생활에 하천이 얼마나 중요한가는 설명할 필요가 없다. 생명은 물에서 탄생했다. 나사의 제임스 웹 망원경으로 본 우주 속에서 물의 존재 여부가 비상한 관심이었다. 물이 있는 곳은 생명이 존재하고, 생명이 있다면 인간과 비슷한 생물도 생존할 확률이 있기 때문이다. 지구상에도 지형이 다르고 기후가 달라서 형태가 다른 하천이 흐른다. 같은 모양, 같은 길이의 강은 없다.

범람원은 하천이 유로流路를 넘쳐서 만든 지형이다. 범람원은 자연 제방, 충적지, 늪지, 우각호, 호수를 만든다. 잠베지강의 특징은 범람원Floodplain이다. 내륙지방에 발달한 범람원으로 세계 최대 규모이다. 유역에는 코끼리, 버팔로, 코뿔소, 기린, 악어와 하마 같은 대형 동물이 서식한다. 관광자원이 된다. 잠베지강 유역에는 7개나 되는 국립공원이 있다. 아프리카 대륙에만 거대한 동물이 서식하고 있는 것일까? 아프리카를 흐르는 강의 범람원 때문이다. 우리나라의 오래된 내륙 도시들, 서울, 평양, 대구, 광주는 범람원에 발달한 도시들이다. 범람원에서 벼를 재배하고 강에서 고기를 잡았다.

생물의 다양성을 가장 많이 품고 있는 지형이 늪지marsh이다. 잠베지강에는 바로체 범람원Barotse Floodplain이 있다. 잠비아 빅토리아 폭포의 북쪽에 있다. 리빙스턴에서 보츠와나에 있는 오카방가 삼각주Okavango delta를 구경하러 가는 길이었다. 카티마Katima, 2만 5천 명 부근이라고 했다. 낮은 고도로 나르는 경비행기였으므로 늪지를 건너는 코끼리 떼와 항공기 소리에 놀라서, 호수 위로 날아오르는 물새 떼를 보았다. 끝이 보이지 않는 큰 범람원이었다. 잠베지 범람원Zambezi Floodplain이라고도 했다. 잠베지강이 우기에 상류에서 내려오다가 평야를 만나, 범람하여 거대한 습지를 만들었다. 폭 25km, 길이 200km이다. 평야는 2개월 동안 물에 잠긴다. 작을 때는 550km², 클 때는 1만km²를 넘는다. 여기에 사는 로지족Lozi은 우기에는 사냥을 포기하고 시칠리드Cichlid 물고기를 잡아 생계를 유지한다. 쌀도 재배한다. 아프리카의 쌀은 인도인이 전파했다. 습지의 변화에 따라 식물과 동물 서식지가 변하고, 따라서 인간 생활도 변한다. 우기는 10~4월까지이고, 홍수는 1월에 물에 잠기기 시작하여 4월이면 절정에 이른다. 6월이면 물이 빠진다. 때를 맞추어 가면 잠베지의 경이로움을 구경할 수 있다.

 ——— 아는 척하기 딱 좋은 **아프리카 지식 여행**

바오밥 나무

마다가스카르는 아프리카 동해안에 있는 큰 섬이다. 대륙에서 400km 떨어진 인도양에 있다. 참고로 서울에서 제주시까지는 446km이다. 모잠비크 맞은편에 있다. 섬나라로는 인도네시아 다음으로 크다. 세계에서 네 번째로 큰 섬, 592만km², 한국의 6배 크기다. 인구는 2천 9백만 명이다.

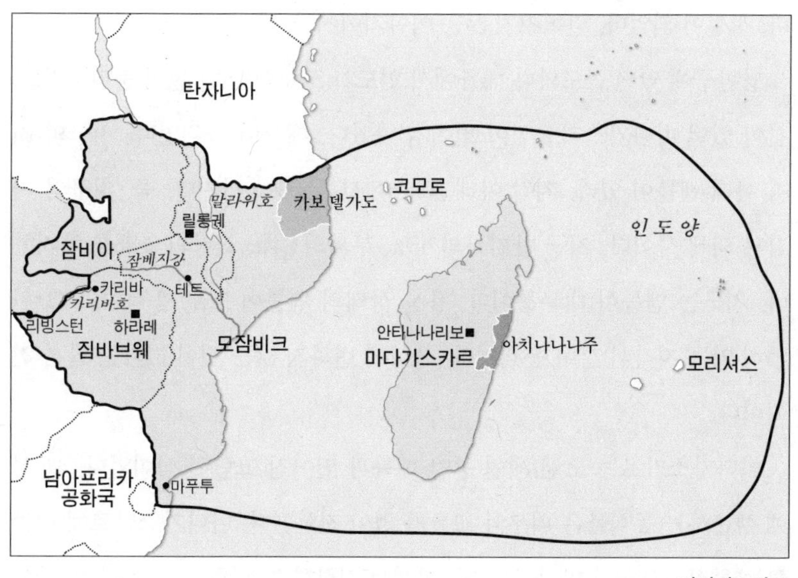

마다가스카르

마다가스카르섬의 생성은 대륙이동설로 설명한다. 원시 대륙 판게아 Pangaea는 트리아스기2억 1천5백만 년~1억 7천5백만 년 전에 2개의 대륙으로 갈라졌다. 북반구는 로라시아Laurasia, 남반구는 곤도와나Gondwana 대륙이다. 지구본을 보면 남미의 동해안 선과 아프리카의 서해안 선이 일치한다. 아라비아반도와 아프리카 뿔의 해안선의 퍼즐이 맞다. 오스트레일리아 남해안과 남극대륙의 북쪽 해안선이 일치한다. 누가 봐도 함께 있다가 분리된 형상이라 생각할 수 있다.

독일 지질학자 베게너Alfred Wegener는 지구본을 보고 같은 생각을 했고, 대륙이동continental drift을 가설로 세웠다. 1950년까지 지질학계에서는 황당무계한 이론이라고 일축했다. 2억 5천만 년 전 빙하퇴적층에서 메소사우르스Mesosaurus 화석이 남미대륙과 아프리카 대륙에서 발견되었다. 그리고 고지자기Paleomagnetism에서 대륙의 이동을 입증할 증거를 찾아냈다. 지각 아래 있는 맨틀Mantle이 지열에 의하여 이동하므로 표면의 지각도 따라 움직인다. 정설이 되었다. 믿어지지 않는 이야기이지만, 사실이다.

남반구에 있던 곤도와나 대륙에서 인도가 8천8백만 년 전에 분리되었고, 같이 있던 마다가스카르섬이 떨어져 나왔다. 대륙이 움직인다. 지구의 지각 아래 맨틀이 있다. 지각 아래 30km에서 2,900km까지다. 즉, 지구의 지각과 외핵 사이다. 지구 반지름의 45%, 부피의 84%, 질량의 68%를 차지한다. 지구는 맨틀이 대부분이다. 용융 상태의 맨틀이 열로 움직이고 그 위 얹혀 있는 지각이 같이 움직인다. 세상에 변하지 않는 것이 없다는 말은 진리이다.

마다가스카르는 오랜 세월 동안 대륙과 떨어진 고립된 섬이었다. 그 섬에 생존하는 동식물은 외부와 교류가 없이 진화했다. 마다가스카르에 생존하는 동식물 90%가 마다가스카르섬에서 진화한 고유종endemic이다. 사람이

섬으로 들어간 때는 1천 년 전이고, 현재 원주민으로 사는 말라가시Malagasy
인은 아시아종이다. 동남아시아, 특히 보르네오인과 아프리카인의 혼혈족
이다. 동남아시아와 일찍부터 교류가 있었다. 마다가스카르도 아프리카 대
륙과 다르지 않게 가난하다. 외화 수입은 관광산업이다. 관광자원은 생태
계다. 다른 대륙에서 볼 수 없는 생물을 보기 위하여 찾아간다. 대표적인 식
물은 바오밥나무이고, 동물은 여우원숭이lemur이다.

바오밥나무 이야기는 생텍쥐페리의 『어린 왕자』1944에 나온다. 세계에서
가장 많이 읽힌 소설이다. 판매 부수가 2억이 넘는다 한다. 바오밥나무가
유럽 사회에 널리 알려진 것은 소설 때문이다. 마다가스카르는 프랑스의 지
배를 받았다. 생텍쥐페리는 프랑스인이고 항공기 조종사였다. 그가 바오밥
나무를 상상의 세계 속에 올린 것은 나무의 기이함도 있고, 프랑스 식민지
마다가스카르 나무이기 때문이다. 바오밥나무는 나무이긴 하지만 생김새
가 특이하다. 수종은 8개가 있다. 6개가 마다가스카르 원산지인 종이고 둘
은 오스트레일리아와 수단의 종이다. 나무를 처음 보았을 때, 나무를 거꾸
로 심어 놓은 듯한 인상을 받았다. 다른 사람들도 비슷하게 보았던 모양이
다. '거꾸로 선 나무upside-down tree'라고 했다.

나무등치는 뚱뚱하고, 나뭇가지는 가늘고, 잎은 적다. 등치, 가지, 잎의
균형이 안 맞다. 이상하게 생겼다. 오래 산다. 수령이 1천 년 넘은 나무들이
많이 있고, 2천 년이 넘는 나무도 있다. 서식지는 우기와 건기가 분명한 열
대 사바나 지역이다. 우기에는 바오밥은 물을 품어 퉁퉁하다. 건기가 되면
물이 빠져 홀쭉하게 보인다. 열매의 과육도 먹고, 씨앗도 먹는다. 말라가시
인은 큰 바오밥을 소중히 여긴다.

쌀을 재배하기 위하여 산림을 벌채한다. 그러나 논 가운데 서 있는 바오
밥나무는 살려둔다. 열매는 식량이 되기 때문이다. 수령이 많으면 등치의

바오밥 마다가스카르, 메나베(Menabe)주에 있는 바오밥 나무 길

둘레가 10m, 높이가 30m나 되는 거목이 된다. 나무 생김새 때문에 원주민은 신성시하기도 한다. 열대림은 대부분이 경목hard wood이다. 바오밥은 덩치는 크지만, 목질이 푸석푸석하여 목재로서 가치는 없다. 나무의 속을 파낸 뒤 사람 사는 집으로 사용하기도 하고, 창고나 무덤으로 사용하기도 한다. 나무가 물러서 코끼리가 뜯어 먹는다.

우리나라 온라인 시장에서도 어린 바오밥을 판다. 나무는 수령이 어릴 때는 보통 나무와 차이를 모른다. 정부는 바오밥나무의 서식지가 관광자원이 되므로 보호한다. 2015년 천연기념물로 지정했다. 논을 만드는 데 지장이 되는 작은 바오밥을 벌목한다. 관광 수입은 정부가 가져가고 농민은 소득이 없다. 농민에게도 혜택을 주어야 바오밥 보존도 가능할 것이다.

 —— 아는 척하기 딱 좋은 **아프리카 지식 여행**

원숭이는 열대에 사는 동물이다. 일본 나가노현에는 8개월이 눈으로 덮인 추운 산악 지역에 원숭이가 살고 있다. 한반도에는 원숭이가 없다. 원숭이가 살았다는 흔적은 있다. 원숭이 화석이 충북 충주와 제천에서 발견되었다. 한반도 원숭이의 멸종은 기후 탓으로 돌린다. 호랑이를 탓하는 학자도 있다. 일본에는 야생 호랑이가 없다. 최근, 일본 학자는 일본 원숭이가 중국 대륙에서 한반도를 거처 일본 열도에 건너왔다고 주장한다.

원숭이는 인간과 촌수가 가장 가까운 동물이다. 제2차 대전은 기계로 다투는 전쟁이었다. AI인공지능는 없었을 때이다. 전쟁은 많은 사람이 죽는다. 지능이 높은 동물을 길들여, 전쟁을 대신할 수 없을까 하고 연구했다. 인간 다음으로 몸에 비교하여 뇌가 큰 동물은 원숭이와 돌고래다. 적진에 군인 대신에 폭탄을 배달하고, 절벽 위에 세워진 벙커에 수류탄을 던져 넣는 일을 원숭이가 하면 좋을 것 같았다. 육군은 원숭이를 교육했고, 해군은 돌고래를 훈련했다. 적의 항공모함에 어뢰를 운반하고, UDT 대신 기뢰機雷를 설치할 수 있다고 생각했다.

미국, 일본, 독일, 영국이 많은 공을 들였다. 성공하지는 못했다. 전후 참전국들은 그 시설을 이어받아 학문적 목적으로 연구하고 있다. 지금의 영장류연구소Primates Animal Research Center와 돌고래연구소Dolphin Research Center 등이다. 영장류 연구는 인류학, 생물학, 심리학, 의학, 사회학, 정치학자들이 참여하고 있다. 원숭이를 훈련해 집 안에서 물건을 집어주고, 전신 마비 장애인의 손 역할을 하기도 했다. 열대 지방에서는 키 큰 코코넛나무에 올라가 코코넛을 따기도 한다. 영장류 중 유인원Ape, 類人猿, 침팬지, 바분, 고릴라, 우랑우탄은 너무나 인간을 닮아, 유인원 권리선언Declaration of the Rights of Great Apes을 추진하고 있다. 유인원으로 인간을 위한 동물 실험을 못 하도록 하고 있다. 스페인은 권리를 인정하고 법으로 제정했다.

레머Lemur는 원숭이다. 마다가스카르의 천연기념 동물이다. 마다가스카르에만 산다. 마다가스카르섬은 1.5억 년 전 아프리카 대륙에서 떨어져 나왔고, 다시 8.8천만 년 전에 인도에서 분리된 섬이다. 마다가스카르에 사는 동식물은 90%가 고유종endemic이다. 원숭이 종류에는 두 종류가 있다. 보통 원숭이monkey와 영장류 원숭이primate다. 레머는 어느 쪽에도 속하지 않고 마다가스카르 고유종으로 진화했다. 한 무리의 원숭이가 아프리카 대륙에서 모잠비크 해류를 따라 뗏목을 타고 마다가스카르섬으로 들어왔다고 추정한다. 5.5천만 년 전이다. 레머는 여우원숭이라고 한다. 마다가스카르의 상징적 동물flagship animal이다. 국립공원 트레이드마크는 레머다. 모두 희귀종이고 멸종 위기에 처해 있다. 인간이 섬에 들어온 후 멸종된 레머는 17종이나 된다.

레머에 대하여 세계인이 관심을 쏟고 있는 것은 희귀종이고, 멸종 위기종이기 때문이기도 하지만, 귀여운 생김새 때문이다. 사람 손가락에 매달리는 30g, 달걀 크기만 한, 작은 쥐 레머도 있다. 몸무게가 200kg, 큰 고릴라만 한 레머도 있었다. 인간의 사냥으로 멸종되었다. 살아 있는 레머 중에는 인드리Indri, 9kg가 가장 크다. 레머는 103종으로 알려져 있다. 특징은 눈이 크고, 꼬리가 매우 길고, 주둥이가 튀어나와 있다. 야행성이다. 영장류와 비슷한 점이 있다. 손발의 마디 수가 같고, 손톱과 발톱이 있다. 손끝은 말랑하고 예민한 촉감이 있다. 원숭이에 비하면 머리가 큰 편이긴 하지만, 다른 영장류에 비하면 작다. 소통은 냄새와 소리로 한다.

영장류는 눈이 발달했지만, 레머는 시력이 떨어지고 후각이 발달해 있다. 작은 포유동물은 육식하는 것이 보통이지만, 레머는 초식이고 식물의

호랑이 꼬리 레머

열매가 주식이다. 주로 숲속에 살지만 땅 위에 걸어 다니는 종도 있다. 호랑이꼬리 레머, 흑백목테 레머, 피그미 레머는 정말 예쁘다. 중국의 판다, 오스트레일리아의 코알라와 같이 동물 애호가의 사랑을 받는다. 미국 듀크 대학에 있는 듀크 레머센터Duke Lemur Center가 있다. 멸종 위기에 처한 레머를 번식시켜 마다가스카르에 보내고 있다. 맹수가 없고, 레머를 포식하는 천적이 없다. 사람이 들어가기 전에는 섬 전체가 레머 서식지였다. 인간 생활 영역의 확대로 섬의 원시림은 1/10로 줄어들었고, 따라서 레머 서식지도 1/10로 줄어들었다. 사람이 유일한 천적이다.

레머 연구가 활발한 것은 보존과 번식에 관한 연구도 있지만, 영장류와 인간의 진화 연구에 도움이 되기 때문이다. 국제자연보존협회International Union for Conservation Nature는 멸종 위기에 처한 가장 심각한 동물로 레머를 지칭하고 있다. 이대로 방치하면 레머의 90%가 20년 안에 멸종할 것이라고 했다. 마다가스카르를 찾는 관광객은 식물은 바오밥을, 동물은 레머를 보러 온다. 마다가스카르 생태 관광eco-tourism은 세계자연유산으로 지정되었다. 아치나나나 열대우림 지대Atsinanana를 비롯한 레머 서식지를 모두 국립공원으로 지정하여 보호하고 있다. 보존할 가치가 높은 동물이지만, 인간 삶의 터전과 맞물려 공원 관리는 제대로 되지 않고 있다. 가난한 나라다.

안타나나리보

안타나나리보는 마다가스카르의 수도다. 면적은 95km²이지만, 마다가스카르 역사의 90%가 수도에서 일어났다. 600년 역사를 지닌 한반도의 수도, 서울도 다르지 않다. 안타나나리보를 타나Tana, Antananarivo 약칭라고도 부른다. 프랑스 식민지 시대 이름이다. 1,270m 고원 지대에 있다. 마다가스카르는 열대 지방이다. 해안 도시와는 평균기온이 8°C 차이가 난다. 해안이 섭씨 30°C이면, 타나는 22°C이다. 쾌적하다. 열대 지방에 있는 수도는 이런 곳이 여러 개 있다. 멕시코의 수도 멕시코시티는 2,240m, 케냐의 수도 나이로비는 1,795m에 있다.

수도Capital city를 정할 때는 여러 가지를 생각한다. 지금이야 인터넷으로 송금하는 세상이지만, 100년 전만 하더라도 크게 달랐다. 통치자는 외적을 방어하기 쉽고, 내란을 평정하기 쉬우며, 세금을 거두기가 좋은 곳에 왕도를 정한다. 안타나나리보는 그런 의미에서 수도의 입지 조건이 좋다. 국토의 중앙에 있다. 메리나 왕국은 17세기부터 안타나나리보를 수도로 정했다. 그 후 프랑스가 식민지 통치를 하면서도, 왕궁을 식민지 총독 관저로 사용했다. 일본도 총독부를 경복궁에 두었고, 총독 관저는 경복궁 후원청와대에 두었다.

마다가스카르는 농업 국가이다. 원주민 말라가시는 약 1천 년 전에 인도네시아에서 온 민족이다. 아프리카 대륙보다 먼 거리이지만, 남인도 해류와 남동 무역풍을 타고 들어왔다. 인도네시아 문화가 깊이 배어 있다. 쌀을 재배한다. 소의 등에 혹이 있는 인도 소zebu다. 국민의 주식은 쌀이고 가장 중요한 농작물이다. 마다가스카르섬은 중앙에 고원, 동쪽과 서쪽은 평야다. 동사면은 급하고, 서사면은 완만하다. 한반도 지형과 비슷하다. 인도양에서 부는 계절풍과 사이클론은 습한 공기를 품고 중앙 고원을 맞으면서 많은 비를 내린다. 수도가 놓인 중앙 고원은 높지만, 주변은 벼를 재배하는 논이다. 사람이 살기 좋은 곳은 중앙 고원이다. 고도 800m, 남북 길이 1,400km이고, 동서 폭이 50km다. 수도 안타나나리보도 여기에 있다. 마다가스카르 인구는 모두 2,300만 명이다. 인구에 비교해 농지가 넓고, 천연자원이 풍부하다. 주 마다가스카르 손용호 대사는 '인도양의 보물섬'이라 했다.

안타나나리보의 전통 가옥은 모두가 목재이다. 석조건물이나 벽돌 건물은 없었다. 석물과 벽돌 구조물은 무덤뿐이다. 영국과 프랑스와 접촉하면서 왕의 칙령으로 가정집을 벽돌이나 석재로 짓도록 했다. 왕궁 주변 벽돌 이층 집들은 부잣집이고 권력자들의 집이다. 목조와 초가집은 가난한 서민들의 집이다. 조선 시대 건축물도 모두가 목조였다, 병자호란으로 문화유산은 모두 불타버렸다. 전쟁을 더 많이 치른 유럽 국가들은 가옥이 벽돌이나 석재로 되어 있어 그때의 건축물이 그대로 보존되어 있다. 부럽다.

후진국의 인구는 수도에 집중한다. 수도에 정치권력이 있다. 정치권력과 경제 권력의 결탁이 후진국의 지배 구조다. 프랑스의 지배근대화를 받으면서 수도 안타나나리보는 급격하게 인구가 불어났다. 1829년에 인구 8만 명에 불과했는데, 2018년에는 230만 명이 됐다. 우리나라 수도권1/2의 집중도에 비하면 양호한 편이다. 수도권에 교통과 통신의 발달로 인구의 유입은 계속 늘어난다. 2030년에는 400만 명이 될 것이라 한다.

마다가스카르는 폭력에 의하여 개방했다. 1897년 프랑스 침략군이 쏘는 대포를 맞아 왕궁 일부가 날아갔다. 라나발로나Ranavalona 3세 여왕은 겁이 나서 싸우지도 않고 943km 떨어진 섬 레위니옹Reunion으로 도망을 갔다. 1897년부터 프랑스 식민지가 되었다. 1958년 식민지 행정부를 폐지하고, 1960년 말라가시 공화국Malagasy Republic으로 독립했다. 프랑스는 1975년까지 간접 통치를 했다.

프랑스는 강화도를 침략했고, 전쟁했다. 병인양요1866다. 20년 뒤 조불수호통상조약을 맺었다. 싸우지 않고 내어 준 땅은 쉽게 돌아오지 않는다. 마다가스카르의 공식 언어는 프랑스어다. 교육받은 상류사회의 언어다. 학교교육의 언어는 프랑스어다. 민족 언어로 말라가시어가 있다. 지금도 프랑스의 영향은 막강하다.

1960년대 소매치기, 들치기, 깡패, 창녀, 좀도둑이 도시 서울의 문화였다. 도시의 범죄는 빈곤과 비례한다. 지금은 ATM에 현찰을 두고 가도, 열차에 핸드폰과 카메라를 두고 가도 손대지 않는다. 1960년대와 비교하면 지금은 거짓말 같은 세상이다. 안타나나리보는 그때의 도시, 서울을 연상케 한다. 포장된 도로도 적지만, 군데군데 구덩이가 파여 있다. 쇼핑은 길거리에서 한다. 노천 시장은 세계 최대 규모이다. 시내를 다닐 때는 소매치기를 조심하라는 말은 관광지 가이드가 늘 하는 말이다. 여성 분들은 귀걸이를 조심하라고 당부한다.

수도 도심에도 벽돌집을 제외하면, 서민 주택은 8집마다 공동 화장실이 있고, 동네에 1개의 공동 수도가 있다. 전기가 들어오는 가정이 50%가 안 된다. 배수 시설이 되어 있지 않아 비만 오면 길바닥이 개천이 된다. 아이들

  ─── 아는 척하기 딱 좋은 **아프리카 지식 여행**

안타나나리보 아소니(Asony) 호수 주변 벽돌 주택, 멀리 산 아래 빈민가가 보인다.

은 맨발이다. 서울에도 사람 사는 비닐하우스가 있었다. 그렇게 가난했던 한국은 어떻게 선진국이 되었을까? 마다가스카르는 무엇을 어떻게 해야 할까?

제6장

남아프리카공화국과
그 이웃 나라들

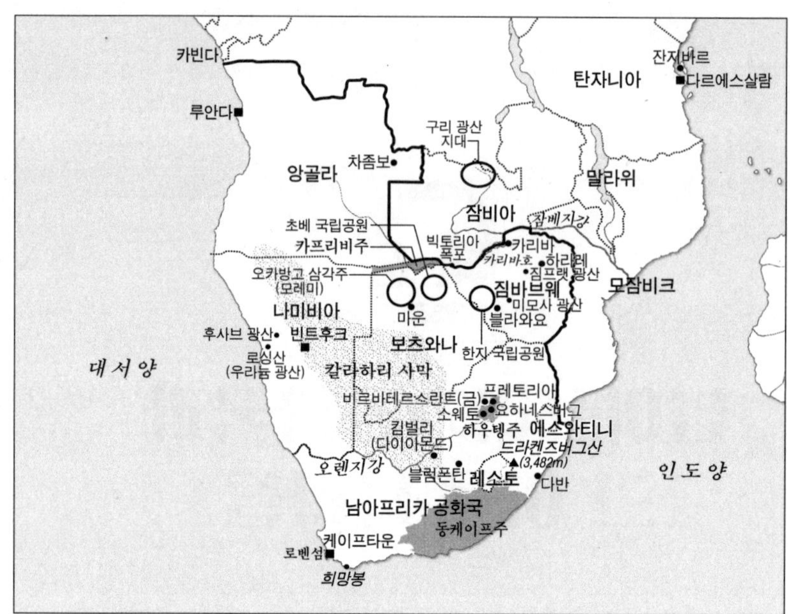

남아프리카공화국과 이웃 나라들

짐바브웨

짐바브웨 하이퍼 인플레이션

돈이 없으면 어떻게 될까? 돈이 없는 시대도 있었다. 물물교환barter하면 된다. 케냐의 시골에서 티셔츠를 벗어 주고, 옥수수 한 바구니와 바꾸어 먹었다는 여행자 이야기를 들었다. 자급자족하고 살아가는 농촌에서는 돈이 없어도 된다. 모든 재화를 화폐로 거래하는 현대 사회에서 돈이 없는 세상은 상상할 수 없다. 21세기에 들어와서도 그런 나라가 있었고, 지금도 있다. 인플레가 심해지면 초인플레hyperinflation가 일어난다. 미국을 비롯한 전 세계가 인플레를 잡는다고 안간힘을 쓰고 있다.

세실 로드Cecil Rhodes, 1853~1902는 영국의 영웅이고 애국자이지만, 아프리카 원주민들에게는 나쁜 사람이다. 동인도 회사처럼 남아프리카 회사를 설립하고 남아프리카연방 총독을 지냈다. 남아프리카연방은 남아공, 북로데시아잠비아, 남로데시아짐바브웨를 포함하는 크기다. 카이로에서 케이프타운을 연결하는 동아프리카 영국 식민지의 연장이다. 막대한 부를 대영제국에 안겼다.

로드는 인종차별 정책의 설계자architect of apartheid이고, 백인 지상주의자 white supremacist였다. 영국 백인만이 사람이다. 아프리카 흑인은 사람이 아니다. 아프리카 흑인의 삶터를 뺏어도, 강제 노동을 해도, 구타와 고문을 해도 죄가 안 된다. 로드의 주장이다. 사후에 막대한 재산을 옥스퍼드 대학에 기증했다. 로드 장학금은 지금도 옥스퍼드의 자랑이다. 백인에게만 주다가 최근에 한국 학생도 받았다는 뉴스를 들었다. 남아공 케이프타운에는 로드의 동상이 있고, 짐바브웨 블라와요Bulawayo에 로드의 묘지가 있다.

짐바브웨는 내륙국이다. 북쪽은 잠비아, 남쪽은 남아공, 남서쪽은 보츠와나, 동쪽은 모잠비크이다. 여러 부족이 함께 산다. 16개 공용어가 있다. 상류층은 영어, 하류층은 자기 부족어를 쓴다. 고대 문명의 유적지가 있는 곳은 사하라 이남은 짐바브웨뿐이다. 옛날부터 제대로 된 왕국이 건설될 만큼 농산물이 풍부했다. 아프리카의 보석Jewel of Africa이라고 한다. 남로데시아짐바브웨는 백인 국가로 1965년 독립했다. 백인 통치에 반대하여 흑인 무장 단체는 게릴라전을 했다. 인종차별 국가로 국제적으로 고립되었고 제재를 받았다. 1980년 영국으로부터 독립했다. 남로데시아는 짐바브웨 공화국으로 탄생했다. 독립 투쟁을 하던 무가베Mugabe가 정권을 잡았다. 정치적 독립은 했지만, 경제적 이권은 여전히 백인이 소유하고 있었다. 백인이 소유하고 있던 농토와 광산의 국유화를 시도했다. 백인 지주와 기업인은 영국의 엄호를 받고 있어서 쉽지 않았다.

무가베는 사회주의 정치 노선을 택했다. 냉전 시대다. 사회주의 국가라고 미국과 영국이 제재sanction를 했다. 결단을 내렸다. 백인 소유의 농지를 국유화하고 광산을 접수했다. 문제가 생겼다. 플랜테이션 농장은 기업농이다. 경영 기술이 있어야 하고, 해외 판로가 있어야 한다. 백인의 재산 몰수는 영국과 미국의 반감을 샀다. 짐바브웨 수출 상품에 대하여 엠바고embargo를 쳤다. 사탕수수와 커피, 광산물은 판로가 막혔다. 수출을 못 하니 돈이 없어 생필품을 수입할 수 없었다.

물가가 올라갔다. 하이퍼인플레이션hyperinflation은 매달 50% 이상 물가가 오르는 현상이라 한다. 생산은 안 되는데 소비는 여전했다. 경기가 침체하니 세수는 줄어들었다. 교사, 경찰, 군인에게 월급을 줄 수 없었다. 중앙은행에서 돈을 찍어 냈다. 돈의 가치는 떨어지고, 물가는 폭등했다. 1년 동안 2천만% 인플레가 되었다. 10조 원짜리 화폐가 등장했다. 짐바브웨 화폐를 받는 사람이 없어졌다. 미국 달러, EU 유로, 남아공 란드를 사용했다. 재정이 파탄 났다. 짐바브웨에 여행한 친구가 1억 원짜리 지폐를 기념으로 주었다. 여교사가 1달러를 받고 성매매를 했다. 버텨냈다. 서방 국가들이 제재를 풀자 경기는 회복되었다.

지구상에 영국과 미국처럼 가까운 나라가 없다. 세계의 질서를 만들고 경찰을 자처한다. 경찰과 맞서는 나라는 나쁜 나라이다. 무가베는 영

 ──── 아는 척하기 딱 좋은 **아프리카 지식 여행**

국에 대들었다. 서방 언론은 나쁜 독재자라고 평한다. 듣기에 따라 다르다. "depending on who you listen to … Mugabe is either one of the world's great tyrants or a fearless nationalist who has incurred the wrath of the West(서방 언론은 무가베를 독재자, 아프리카 언론은 서방을 분노케 한 용감한 민족주의자)"라 평한다.

나의 견해는 아프리카의 자유 언론을 따랐다. 무가베는 2017년 쿠데타를 맞아 실각했다. 군부는 그를 추방하지 않았고 망명도 하지 않았다. 다수의 국민은 그를 지지했다. 94살에 병으로 죽을 때까지 짐바브웨에 살았다. 생전에는 아프리카 어디를 가든 환영 받았다. 죽고 난 후 아프리카의 영웅으로 칭송한다. 리비아의 카다피와 우간다의 아민은 미국에 대들었다가 독재자가 되어 죽었다. 아프리카에는 서방 언론과 다른 견해가 있다.

영국, 미국, 프랑스는 제2차 대전에서 승리한 국가다. 아프리카 국가들은 승전국 식민지로 있다가 독립했다. 정치적 독립은 했다. 경제는 여전히 유럽 백인들이 쥐고 있다. 코모로에서 마요트를 떼어가고, 모리셔스에서 디에고 가르시아를 떼어가듯 했다. 일본이 전쟁에 이겼으면 흥남 질소 비료 공장, 수풍 발전소, 경부선 철도 운영권은 그대로 일본인이 소유했을 터이다. 우리가 패전국에서 독립하게 된 것은 천만다행이다.

짐바브웨 백금

짐바브웨는 농업과 광산업의 나라이다. 자연에서 직접 재화를 획득하는 산업을 1차 산업으로 분류한다. 농업, 수산업, 임업과 광업이다. 광업은 성질이 좀 다르다. 은광, 금광, 철광, 석탄광 같은 광산업에는 2차 산업의 모든 기술이 동원된다. 2차 산업은 1차 산업에서 얻어진 재화를 가공하여 얻어지는 재화이다. 즉, 제조업이다. 금을 캐기 위하여 폭약, 채굴 기계, 터널에서 싣고 나오는 엘리베이터, 철로, 운송 수단 그리고 에너지를 공급하는 전기 설비를 해야 한다. 공업 기술engineering의 종합편이다. 화학, 물리학, 기계공학, 토목공학, 전기공학은 공대의 필수 과목들이다. 유럽과 미국의 명문 공과대학의 전신은 광산 학교mining school들이 많다.

산업혁명은 광산업에서 일어났다. 석탄과 철광을 채굴하여, 철의 대량생산이 산업혁명의 요체이다. 산업혁명은 유럽을 강대국으로 만들었고, 세계를 지배하는 식민지 시대가 열렸다. 서구 열강은 식민지 자원을 수탈해 갔다. 가장 쉬운 방법은 원주민을 고용하여 금과 은을 채굴해 가는 것이었다.

한반도도 예외는 아니었다. 서구 열강은 20세기 초, 한반도의 광산에 손을 댔다. 금광과 은광이었다. 금과 은은 당시 국제무역의 결제 수단, 화폐였다. 한반도는 금이 많다는 소문이 나 있었다. 조선 양반은 금과 은으로 치장했다. 사실, 금이 많이 생산되는 나라이다. 평안북도에 운산 금광은 미국이 채굴권을 가졌다. 1903년에서 1938년까지 35년 동안 미국이 소유했다. 같은 곳 평안북도 동창군 대유동 금광은 프랑스인이 소유했다가 일본인에 넘겼다. 한반도의 운산 금광과 대유동 금광은 당시 세계적인 금광이었다. '노다지'란 속칭도 그때 생겼다. 독일의 당현 광산, 영국의 은산 광산, 일본의 식산 광산은 모두 금광이거나 은광이었다. 1937년의 한반도에는 6,513개의 광산이 있었다. 330종의 광물이 생산되어 '광물 박물관'이란 별명도 있다.

백금은 세계에서 남아프리카와 러시아 다음으로 짐바브웨에서 많이 생산한다. 금, 은, 니켈이 있는 곳에 백금이 난다. 남아프리카공화국과 같은 지질 구조이다. 세계의 금 생산량은 21만 톤2021년이다. 백금은 214톤이다. 희귀 금속이다. 백금은 Pt, 78이고 금은 Au, 79이다. 금과 백금은 비슷하지만, 많이 다르다. 금은 1,064°C에서 녹지만, 백금은 1,768°C에서 녹는다. 백금은 부식도 잘 안 되고 열에도 강하다. 자성magnetic도 없다. 중립적인 원소이다. 금, 은, 구리에 비교하여 더 강하고 질기다. 지각 속에 0.005% 있다. 백금은 30%는 보석으로, 45%는 산업용, 나머지는 25% 투자용이다. 프랑스의 루이 15세는 백금을 황제의 금속이라 했다.

금값과 비교된다. 21세기 항상 금값을 상회했다. 백금의 값이 하락했다. 디젤엔진의 공기 정화 시스템에 백금이 들어간다. 전기차의 등장으로 디젤차 생산이 줄어, 백금의 수요가 줄었다. 최근 다시 오르고 있다. 수소 전기차가 등장했다. 수소 전지에 백금은 필수 원자재다. 백금의 수요가 늘어나고 있다.

백금은 성질 때문에 도량형의 척도尺度가 된다. 1미터 길이의 원형prototype을 백금으로 만들었다. 지구의 둘레는 약 4만km이다. 적도에서 북극까지 거리는 1/4인 1만km다. 1/1만㎞ = 1미터meter로 정했다. 길이를 나타내는 척도다. 파리에 있다. 1킬로그램kilogram 용기를 백금으로 가로, 세로 높이 10cm로 만들었다. 표준 온도계도 백금으로 만들었다. 즉, 화학 반응이 거의 없는 열에 강한 백금을 척도의 기준으로 삼았다. 스위스 고급 시계도 백금으로 만든다. 상의 기준도 백금이 상위다. 동상, 은상, 금상, 백금상, 다이아몬드상 순이다. 음반 회사에서 100만 장이 팔리면 골드 디스크, 1천만 장을 넘기면 플래티넘platinum 디스크를 가수에게 준다. 백금은 가치의 기준이 되고 있다.

앙그로 플래티넘Anglo Platinum은 짐바브웨에 백금을 채굴하는 영국의 광산 회사이다. 세계 백금의 38%를 공급한다. 짐바브웨의 수출 상품 1위는 백금이다. 정부가 보호한다. 백금 광산의 노동자는 모두 짐바브웨 흑인이다. 수익금은 회사와 정부가 가져간다. 얼마 전 드라마 〈수리남〉NETFLIX, 2022년

9월 9일이 방영되었다. 마약을 거래하는 전요환 사장은 수리남 대통령에게 매달 거액의 뇌물을 바친다. 대신에 마약을 거래해도 신분보장을 받고, 마약 거래에 도움을 받는다. 문제가 있으면 즉시 대통령에게 전화를 걸어, 경찰과 군대가 출동하여 해결한다. 백금 광산 회사와 짐바브웨 정부 간의 관계도 비슷하다.

앙그로 플래티넘 백금은 짐바브웨에서 수출을 가장 많이 하는 기간산업이다. 주요 광산은 짐프랫Zimplat, 미모사광산Mimosa Mine, 웅키광산Unki Mine이다. 2024년 18톤을 생산했고, 수출액의 80%를 차지한다. 광산은 백인이 소유하고, 광산 노동자의 처우는 열악하다. 갱도에는 안전시설이 부실하여 수시로 낙반 사고가 일어난다. 2016년 갱도가 무너져 광부 6명이 매몰되었다. 노조는 파업했다. 안전시설 확충, 주 40시간 노동시간 준수, 임금 5% 인상을 요구했다. 1주일간 파업을 했다.

짐바브웨 방송은 백금을 수출하지 못하여 수백만 달러의 손실이 났다고 떠들어 댄다. 경찰을 투입하여 시위 노동자를 강제로 해산시켰다. 노조 간부를 구속하고 관련자는 1천여 명 해고했다. 짐바브웨는 실업자가 넘쳐난다. 백금의 국제가격과 관계없이 노동 임금은 최하 수준이다. 회사는 수익금의 1/3을 홍보비로 쓴다. 홍보할 게 없다. 뇌물용이라고 의심한다. 아프리카 자유 언론 보도이다. 드라마 〈수리남〉과 다를 게 없다.

정치는 민주주의를 못하고 있다. ZANU 정당이 장기집권을 하고 있다. ZANU는 사회주의 정당이다. 대통령제를 하고 있다. 선거가 공정하지 못하다고 외국 언론들은 평하고 있다. 대통령과 힘 있는 엘리트들이 권력과 경제를 독점하고 있다. 야당과 언론은 탄압하고 있다.

오카방고 델타

세상에 이런 곳도 있다. 비행기로 내려다보아도 끝이 보이지 않는 거대한 늪지다. 사막 가운데에 있다. 듬성듬성 나무가 서 있고, 수초로 덮여 있다. 보츠와나에 있는 오카방고 삼각주다. 앙골라 고원에서 발원한 오카방고강은 1,200km를 흘러 칼라하리 사막을 만나 거대한 내륙 삼각주를 만든다. 경상북도 면적18,000km² 크기다. 내륙 델타로 세계 최대 규모다. 큰 강은 사막을 만나 땅으로 스며들고, 증발하고, 증산되어 사라진다. 큰 와디이다. 우기에는 거대한 포유동물이 나타난다. 케냐 마사이마라, 탄자니아 세렝게티, 남아공 크루거, 짐바브웨 한지 국립공원과 동물은 비슷하다. 보츠와나 모레미Moremi와 초베Chobe 국립공원은 습지 국립공원이다. 경관이 다르다.

오카방고 삼각주는 강이 바다를 만나는 삼각주가 아니다. 거대한 하천이 사막을 만나 늪지를 만든 지형이다. 건기가 되면 늪지는 마른풀만 남는 메마른 땅이 된다. 그동안 번식했던 물고기들은 땅속에 알을 낳고 죽는다. 철새들은 물 있는 곳으로 이동하고, 대형 초식동물들도 풀을 찾아 상류로 이동한다. 대부분 죽고 소수만 살아남는다. 생명의 근원은 물이다. 우기에는 상류에서 강물이 내려온다. 늪지에 풀이 자라고, 풀을 찾아 초식동물이 들어오고, 초식동물을 따라 포식자들이 들어온다.

마른 땅에 어슬렁거리는 코끼리를 보는 것과 광활한 늪지에 떼를 지어

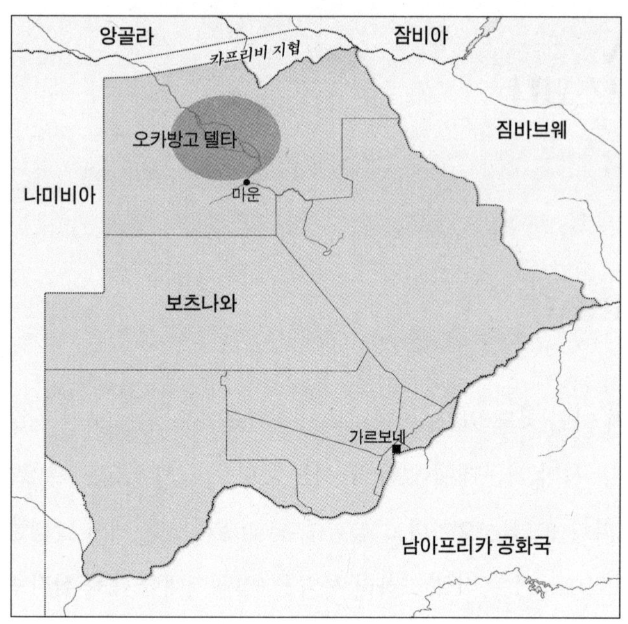

보츠와나의 오카방고 늪지

이동하는 코끼리를 보는 것과는 다르다. 나는 코끼리가 늪지에서 잠을 어떻게 자는지 궁금했다. 서서 잔다고 했다. 오카방고의 명물은 사슴과의 리추에Lechwe다. 개체 수가 가장 많다. 리추에는 사슴인 데도 진화하여 앞발에 물갈퀴가 있다.

초식동물을 따라다니는 사자, 표범, 치타, 점박이 하이에나, 아프리카 들개가 있다. 동물만이 아니다. 습지에서 자라는 식물도 다양하다. 늪지는 습지식물로 덮여 있다. 물길을 방해하는 것은 파피루스왕골 뿌리다. 모터보트가 풀뿌리 때문에 잘 다니지 못한다. 통나무배, 모코로Mocoro는 원주민의 교통수단이다. 물의 깊이는 얕다.

관광은 늪지에 물이 들어 있는 4월, 5월이 좋다. 건기에는 볼 것이 없고,

우기는 물 때문에 육상 교통이 매우 불편하다. 관광객 수는 적다. 유럽, 아시아, 미국의 대도시에서 보츠와나로 가는 직항로는 없다. 보츠와나의 수도 가보로네Gaborone와 남아공의 요하네스버그에서 환승하여 들어온다. 요하네스에서 마운Maun까지 자동차로 12시간, 항공기로 1시간 거리이다. 먼 거리는 아니다.

한국인 관광객도 많다. KBS와 EBS에서 방영했다. '오카방고'는 이국적인 이름 때문에 '부시맨'처럼, 우리나라 카페, 베이커리, 식당 이름으로 다양하게 사용한다. 패키지 투어를 이용한다. 마운Maun, 5만 5천 명이 중심 도시이다. 삼각주 사파리 관광 서비스를 제공한다. 마운 공항에는 경비행기가 수십 대 늘어서 있어 장관이다. 사파리는 수상, 육로, 항공기로 한다. 모코로Mocoro라고 불리는 통나무배를 많이 이용한다. 좁아서 한 사람씩 앞뒤로 앉는 3m 길이다. 막대로 밀어서 수초를 헤치고 운행한다. 가장 대중적인 교통수단이다. 산이 없는 광활한 늪지이므로 경비행기를 많이 이용한다. 비행기를 타야 멀리 삼각주가 눈에 들어온다.

어느 국가나 자연은 원형 그대로 보존하고 싶어한다. 오카방고 델타는 UNESCO에 등재된 영원히 남기고 싶은 인류 자연 유산이다. 습지 보존이 힘들게 되어 있다. 경제개발과 자연보호는 상충되는 정책이다. 어느 하나를 고집할 수 없다. 오카방고 델타에 많은 석유가 매장되어 있다. 석유를 채굴하면 삼각주는 오염되기 마련이다. 가난한 나라에서 돈이 되는 석유를 외면하기 어렵다.

오카방고강은 나미비아 영토를 가로질러 흐른다. 나미비아는 강의 상류를 잘라 관개하여 농업용수로 쓰기 시작했다. 오카방고 삼각주에 들어갈 물이 사라진다. 보츠와나와 앙골라 사이 폭 32km, 길이 200km의 좁은 카프리비 지협Caprivi Strip이 있다. 나미비아의 땅이다. 일명 오카방고 손잡이

Okavango panhandle라 한다. 이상한 모양의 땅이다. 식민지 역사가 있다. 독일은 아프리카 대륙 서쪽 나미비아와 동쪽 탕가니카를 잠베지강을 통해 연결하고자 했다. 영국과 독일은 조약을 체결했다. 독일은 아프리카 인도양에 있는 잔지바르섬을 영국에 주고, 창살처럼 생긴 길쭉한 프라이팬 손잡이 땅을 받았다. 당시 독일의 수상 카프리비Caprivi 이름을 땄다. 카프리비 지협isthmus은 4개의 나라, 보츠와나, 나미비아. 앙골라, 잠비아가 마주하고 있다. 전략적 요충지가 되고 있다. 석유로 오염되고 물이 없으면 습지가 사라지고, 코끼리도 리추에도 사라진다. 환상적인 자연경관도 멀지 않아 사라질 운명에 놓여 있다.

식용 곤충

모페인Mophane은 나무 이름이다. 아프리카 대륙의 서남부에 서식하는 나무다. 누에는 뽕잎을 먹고 자란다. 모페인 유충은 모페인 잎을 먹는다. 아프리카인의 중요한 단백질 공급원이다. 물고기와 비견할 정도로 많이 먹는다. 모페인 성충Moth을 먹는 나라는 보츠와나, 나미비아, 남아공, 잠비아, 짐바브웨, 서남아프리카 국가들이다. 농민들은 모페인 유충을 잡아서 반찬도 하고 간식으로도 먹는다. 길거리에서도 많이 판다. 가공한 모페인 성충은 슈퍼마켓에서 살 수 있고, 통조림으로 팔기도 한다. 우리나라 번데기와 같다. 보츠와나는 남아공으로 연간 800만 달러를 수출했다. 농가의 주요 소득원이다.

모페인 알에서 깨어나 유충이 자라나 나방이 되기 직전이 수확기다. 모페인 성충이 되는 기간은 3~4일뿐이다. 고치 치기 전 누에와 같다. 시기를 놓치면 나방이 되어 날아가 버린다. 먹지 못한다. 1년에 2번 수확한다. 12월과 4월이다. 많이 잡는 사람은 하루에 10kg를 잡는다. 고기잡이를 하는 것과 비슷하다. 성충을 잡기 위하여 모페인 나무가 있는 곳은 성시를 이룬다. 축제다.

국제무역을 하기 전 상업적으로 모페인을 재배하는 농가는 없었다. 때가 되면 누구나 자연 채취 형식으로 수확했다. 모페인 성충의 수요는 급격하게 늘어났다. 자연 채취로 감당할 수 없었다. 뽕나무처럼 모페인 나무를 재배하여 성충을 키우기 시작했다. 땅을 가진 사람은 모페인 나무를 심어 부자가 되었다. 자연산 모페인 나무도 소유자가 생겨났다. 가난한 사람은 자연으로 채취할 곳도 사라졌다. 가난한 농민은 부잣집에 벌레를 수확하는 농업 노동자로 전락했다.

곤충은 탈바꿈metamorphosis을 한다. 포페인은 '알 ⋯▸ 유충 ⋯▸ 번데기 ⋯▸ 나방'으로 4번 변신한다. 사람은 사람으로 태어나서 사람으로 죽는다. 곤충은 전혀 다는 형태로 변신하여 일생을 마감한다. 곤충은 왜 변신을 하는 것일까? 곤충은 지구상에 종이 가장 많고 오래 살아남은 4억 년 동물이다. 200만 종이나 된다. 지구 환경에 가장 적응을 잘한 동물이다. 곤충의 적응력은 수천 개의 알을 낳고, 환경에 따라 변신한다. 여름에는 나방으로 하늘을 날아다니다가, 겨울이면 번데기가 되어 땅으로 들어간다. 참으로 묘한 삶이다.

베이징 전통 시장에서 곤충 튀김 요리를 먹었다. 나는 벼를 수확할 때쯤 메뚜기를 잡아 볶아 먹었다. 하와이 대학 곤충학과에서 손가락 크기의 바퀴벌레 튀김 요리를 시식하기도 했다. 아산병원에서는 암 환자에게 곤충 단백질을 식단으로 제공하여 좋은 결과를 얻었다는 신문 기사를 보았다. 인터넷에 식용 곤충을 검색했다. 쿠팡에서 '고소애'를 한 봉지를 주문했다. 고소애는 딱정벌레 유충이다. 곤충의 단백질은 쇠고기에 비하여 고단백질이고 양질이다. 불포화지방이라 건강에 좋다.

식용 곤충은 현재 1,900종에 이른다. 곤충을 가장 많이 먹는 나라는 중국과 인도다. 우리나라도 등록된 식용 곤충이 10종이다. 세계에는 28억의 인구가 매일 먹는다. 2020년 스위스를 비롯한 EU 선진국들은 식용 곤충을 신생식품novel food으로 등록하여 먹기를 권장하고 있다. 인류는 시작과 함께 곤충을 먹었다. 현재도 곤충을 먹지 않는 민족은 없다.

단백질은 인간의 필수 영양소이다. 동물성 단백질을 섭취하기 위해 가축을 기른다. 가축을 기르기 위하여 사료 작물과 곡물을 재배해야 한다. 대량 사육으로 사료 생산이 한계에 이르렀다. 가축만으로 80억 세계 인구의 단백질 수요를 충족시킬 수 없게 되었다. 국제연합식량농업기구FAO, Food and Agriculture Organization는 2050년경 식량 위기가 올 것을 경고하고 있다

단백질 공급의 대안으로 식용 곤충을 제안한다. 곤충은 가축에 비하여 단백질 생산의 가성비가 대단히 좋다. 쇠고기 1kg을 생산하는 데 풀 100kg을 먹어야 한다. 모페인 1kg 생산에 풀 3kg이면 된다. 단백질의 생산 주기가 빠르다. 송아지를 키워서 쇠고기를 만드는 기간이 최소 2년 6개월이 걸린다. 곤충의 경우, 알에서 누에 번데기가 되는 기간은 1개월이다. 단백질 생성이 곤충은 쇠고기에 비하여 30배나 빠르다. 쇠고기 대신 곤충이 등장한 이유이다. 환경의 변화에 적응하지 못하는 생물은 멸종한다. (곤충학 전공인 경북대학교 명예교수인 한명세 박사의 자문 받음.)

산(San)족

부시맨Bushman은 미개인의 대명사다. 산San족을 보어인들이 부시맨이라

불렀다. 21세기에 구석기시대에 살아가는 생활 관습 때문에 전 세계에 알려졌다. 영화 〈부시맨〉을 비롯해서 동화, 뮤지컬, 연극, 애니메이션 등으로 문명사회에서 풍자되고 희화화되었다. 전체 10만 명 정도 있다. 보츠와나 6만 3천, 나미비아 1만 5천, 앙골라 1만 2천, 남아공 1만 명이 살고 있다. 칼라하리 사막 주변에 산다. 보츠와나 정부는 산San족 거주지가 야생동물 보호 지역이고, 다이아몬드가 나는 지역이라고 하여 강제로 이주시켰다. 이젠 극소수 산족만 남아 있다.

문화인류학자나 지리학자들은 다른 문화를 연구할 때, 그 부족이 사는 곳에 들어가 1년 또는 2년을 같이 생활한다. 그 연구 방법을 참여관찰 participant observation이라 한다. 인류학자는 미개인과 문명인이란 말을 구별하여 쓰지 않는다. 다른 환경에 적응한 다른 문화의 차이일 뿐이다. 산족은 줄곧 수렵 채취를 하고 살았다. 산족은 '소를 키우지 않는 사람those who do not rear cattle'이다. 방목도 농사도 하지 않는다. DNA를 조사해 본 결과 1만 3천 년 전부터 이렇게 살았다.

농사를 짓고 문명 생활을 하는 부족과 불과 200km 떨어져 있다. 농업과 인구는 밀접한 관계가 있다. 보저럽E. Boserup은『농업의 발달 조건The conditions of Agricultural Growth』1965에서 농업 발달의 조건이 인구 증가라고 했다. 필요는 발명의 어머니다. 야생에서 먹이를 구하지 못하면 농사를 지어야 한다. 산족은 자연 속에서 생필품을 얻어 살아가고 있다. 소를 키우고 농사를 지을 필요를 느끼지 않았다.

산족의 생존 조건은 물과 사냥터이다. 일체 문명의 이기利器는 사용하지 않는다. 사냥한 동물 가죽으로 몸을 가리고 보자기도 만든다. 마른나무와 막대기를 마찰을 시켜 불을 지핀다. 식단의 75%는 식물성, 카사바 구근과 각종 채소이다. 채집은 여자가 한다. 남자들은 사냥을 하여 단백질을 얻는다. 땅속의 물을 빨대로 빨아서 먹고, 수액을 타조 알껍데기로 받는다. 환경이 열악해지면 물과 풀이 있는 곳으로 이동한다. 선물 경제gift economy다. 남으면 다른 가족에게 준다. 화폐는 없다. 자급자족한다.

일은 하루 3시간 정도밖에 안 한다. 여가를 즐긴다. 농담도 하고, 춤도 추고, 노래도 부른다. 일정하게 아침, 점심, 저녁 식사를 하지 않는다. 있으면 먹고 없으면 못 먹는다. 평균수명은 60세다. 문명사회와 비슷하다. 남자들은 활과 창을 항상 가지고 다닌다. 추장이 있지만 의사 결정은 논의를 거친다. 여자도 동등한 발언권을 갖는다. 1부1처제다. 화살촉에 독을 발라 사냥한다. 독은 곤충의 애벌레에서 얻는다.

인류학자 리처드 리Richard Lee, 1979가 연구를 위하여 산족을 찾아갔다. 부족에게 살찐 소 한 마리를 끌고 갔다. 답사를 하는 동안에 편의를 봐 달라는 의미다. 큰 선물로 소를 한 마리를 선물했는데도 부족장은 반기지 않았다. 시큰둥한 반응을 보였다. 소가 기름이 많아 먹을 수 없으니 도로 가져가라 했다. 사실은 산족은 동물 기름을 너무 좋아한다. 마른나무를 마찰시켜 불을 일으키는 일이 힘들어 보여 성냥 통을 여러 개 가져가 나누어 주었다. 산족들은 성냥을 아껴 써야 할 터인데 하루 종일 성냥을 그려 없앴다. 산족도 유럽의 백인처럼 매우 합리적으로 사고한다. 왜 그랬을까?

1995년 6월 25일 김영삼 대통령은 북한에 쌀 10만 톤을 보냈다. 나는 다음 해인 1996년 김순권 박사의 "옥수수 프로젝트"를 따라 북한에 갔다. 1995년의 북한은 흉년과 공산권 붕괴로 원조가 끊겨 '고난의 행군'을 하고 있을 때다. 외신은 50만 명 이상 굶어 죽었다고 했다. 북한에 있는 동안 조통위 간부 Y씨와 가까이 지냈다. 그는 체코슬로바키아에서 유학했고, 모스크바 북한 대사관에서 참사관을 지낸 엘리트였다. 저녁에 술을 하면서 허심탄회하게 많은 이야기를 했다. 북한 김 씨 일가 독재도 이야기했고, 남쪽의 경제

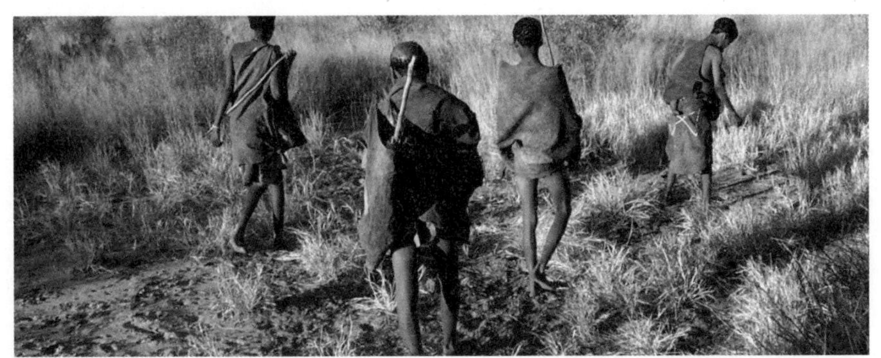

사냥을 떠나는 산(San)족

발전과 민주화도 인정했다.

3년 전 남쪽에서 쌀을 보낼 때, 하역 작업을 찍던 사진기자를 체포한 사건이 있었다. "그럴 수가 있느냐?" 하고 내가 물었다. Y는 "남쪽에서는 못사는 동생을 도울 때, 제수하고 조카들이 모두 보는 앞에서 동생에게 돈을 주느냐, 북쪽에서는 제수씨 모르게 동생 호주머니에 돈을 찔러 넣어준다." 쌀 포대는 대한민국 김영삼 대통령의 사진이 크게 인쇄된 쌀자루였다. 북조선 사람은 쌀만 보면 남쪽 쌀인지, 베트남 쌀인지, 중국 쌀인지 안다. 꼭 그래야 합니까? 선물을 할 때 받는 사람 입장을 먼저 생각해야 하는 것 아닌가요 했다. KEDO한반도에너지개발기구는 연 10년 6개월 동안 지속하다가, 2006년 사업을 접고 냉전 체제로 돌아갔다. 남북 당국이 서로 믿지 못한 소치다. 살찐 소를 반기면서도 '안 먹는다. 소를 도로 가져가라'고 몽니를 부린 산족과 같다.

앙골라

앙골라 내전

앙골라의 인구는 3천900만 명이다. 포르투갈 식민지였다. 500년간 지배했다. 현재도 20만 명의 포르투갈인이 앙골라에 살고 있다. 앙골라의 공식 언어는 포르투갈어, 주민의 75%가 포르투갈 종교인 가톨릭교도다. 종교가 같고 같이 살면 같은 민족이다. 완전히 포르투갈화 된 해외영토였다. 백인 포르투갈인과 흑인 앙골라인 간에 엄연한 차별이 존재한다. 포르투갈인은 상전이고, 앙골라인은 하인이다. 포르투갈인은 지주이고, 군대의 장교이고, 정부 고위 공무원, 경찰 간부, 회사 사장이다. 앙골라인은 소작인, 군대 사병, 정부 하급 공무원과 하급 경찰이다. 일제강점기 36년 동안 일본인과 조선인의 관계와 같다.

포르투갈은 서양에서 가장 먼저 식민지 제국을 건설한 국가다. 현재 포르투갈은 서부 유럽 국가들처럼 잘살지 못한다. 방대한 해외 식민지를 갖고 있었다. 앙골라, 모잠비크, 기니비사우, 카보베르데, 상투메 프린시페, 고아, 마카오 등이다. 브라질도 한때 식민지였다. 식민지에서 독립 운동이 일어나면, 포르투갈은 군대를 보내 진압했다. 영국과 프랑스, 네덜란드는 일찍 식민지를 포기했다. 포르투갈 내에서 식민지 정책에 대하여 비판의 목소리가 나왔다. 군인들의 불만이 높아갔다. 스피놀라 장군은 공개적으로 식민지 전쟁을 반대했다.

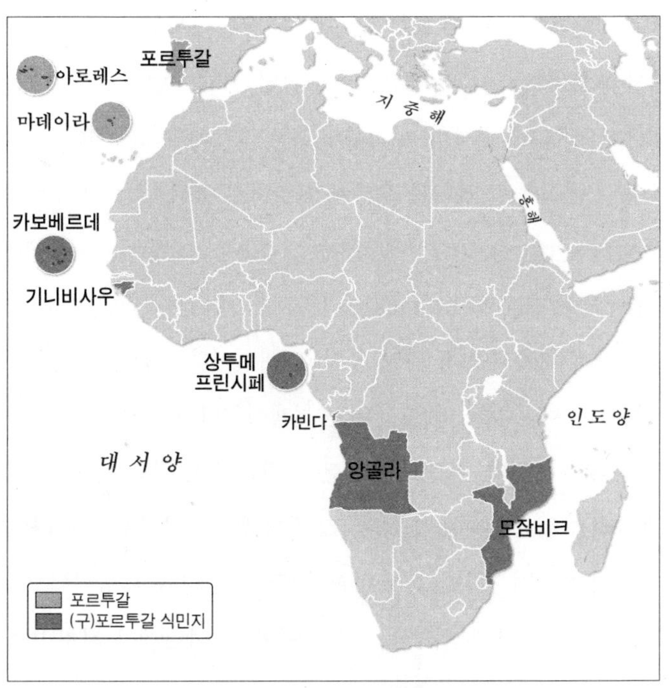

포르투갈과 아프리카 전 식민지

1970년대는 전 세계 국가의 통치 이념이 사회주의가 지배적이었을 때다. 남미, 아프리카, 아시아에서도 예외는 아니었다. 미국은 월남전에서 고전을 면치 못했다. 미국과 유럽에서 반전운동이 극렬하게 일어났다. 전 세계 후진국들을 수박이라 했다. 겉은 자본주의이지만, 속은 공산주의란 뜻이다. 포르투갈도 다르지 않았다. 우파가 정권을 잡고 있었지만, 공산주의 운동이 일어나고 있었다.

포르투갈 좌파는 국내 산업화를 추진하고, 해외 식민지에서 군대를 철수하고, 해외 식민지를 독립시켜야 한다고 주장했다. 우파는 해외 식민지가 경제 토대이다. 식민지는 오래된 전통이고, 지주와 가톨릭의 중심이다.

1974년 쿠데타가 일어났다. 좌파 청년 장교들이 주동했다. 장기 집권을 한 우파 독재자 토마스Thomas는 브라질로 달아났다. 1975년 포르투갈 식민지들은 독립했다. 앙골라, 모잠비크, 기니비사우, 카보베르데 등이다.

앙골라 독립 운동도 좌파와 우파가 따로따로 했다. 소련과 쿠바는 공산당 MPLA앙골라인민해방전선를 지원했다. UNITA앙골라독립연맹전선, FLN앙골라민족해방전선 등은 우파이다. 앙골라는 1975년 독립과 동시에 내전이 시작되어 2002년까지 계속되었다. 가장 오래 한 내전이다. 130만 명이 죽고 국토는 초토화됐다. 아무것도 얻은 것 없는 전쟁이었다. 사람만 죽고, 집은 불타고, 농토는 황폐해졌다. 아직도 농촌은 지뢰밭이다. 다리 잘린 야생동물이 많고, 팔다리를 잃은 어린이가 많다. 지뢰 희생자가 가장 많은 나라이다. 결국, 공산권의 적극적 지원이 많았던 MPLA당이 승리했다. 공산당으로 출발한 MPLA는 공산주의, 사회주의, 사회민주주의, 다당제를 거쳐 변신했다. 아직도 MPLA당이 집권하고 있다.

앙골라의 내전은 미·소 냉전의 대리전 양상이다. 미국은 월남전에 빠져 있었다. 앙골라까지 돌아볼 겨를이 없었다. 지지한다는 말만 했다. 소련을 위시한 공산권이 적극적으로 지원했다. 포르투갈 좌파 정권도 앙골라 좌파를 응원했다. 공산주의자들에게 쿠바는 3만 명의 대군을 파병했다. 탱크와 대포를 지원했다. 루마니아는 항공기, 유고슬라비아는 군함, 우크라이나에서도 탱크를 보냈다. 러시아는 군사고문과 군사원조를 했다. 중국도 지원했다. 앙골라인은 오랜 식민지의 모국인 서방국가의 지원을 꺼렸다. 우파 지원은 미국과 남아공이 했지만, 소극적이었다.

앙골라의 내전은 미국 포드, 클린턴, 레이건, 부시 대통령까지 지속했다. 소련이 1990년 붕괴했다. 우파가 득세하기 시작했다. 미국, 남아공, 이스라엘이 지원했다. MPLA당은 정책을 바꾸어 석유와 다이아몬드 광산에 해외 자본의 투자를 허용했다. 아직도 공산당 전신인 MPLA당이 집권하고 있지만 정책은 사회주의가 아니다. 시장경제를 지향하고 있다. 다당제다.

한반도에서도 항일 독립 운동은 크게 2가지의 주류가 있었다. 민족주의와 공산주의이다. 노선은 달랐다. 민족주의 항일 운동은 무장 투쟁보다는 교육을 통한 민족 계몽과 산업의 근대화였다. 공산주의는 무장 투쟁이었다. 미 군정하에서도 좌파, 우파의 갈등은 치열했다. 대구 10·1사건1946, 제주 4·3사건1948, 여수 순천 사건1948, 지리산 빨치산1947~1956, 6·25 전쟁이다. 학자들은 한반도 내전을 얄타 회담 탓으로 돌린다. 그런 점도 인정된다. 더 심각한 것은 항일 독립 운동 당시 민족주의와 사회주의 이데올로기가 있었다. 한반도에 미·소가 진주하지 않고 패전한 일본만 철수했다면 어떻게 되었을까? 앙골라와 달랐을까? 가난한 나라, 지정학적으로 중요한 위치다. 한반도의 좌파와 우파가 이데올로기를 접고 평화롭게 타협하여 지도자를 뽑았을까? 쉽지 않았을 것 같다. 앙골라 내전이 앙골라에서만 있는 일이 아니다. 보편성이 있다.

앙골라의 중국인

아프리카 대륙의 인구는 14억이다. 중국의 인구도 14억이다. 대륙 면적은 중국의 3배, 3천만km²이다. 아프리카에 투자를 가장 많이 하는 나라는 중국이다. 앙골라에 가장 많이 투자하고, 최대 무역 파트너 또한 중국이다. 일대일로 정책의 일환이고, 일대일로의 종점은 아프리카다. 서양은 자본과 기술만 투자하고, 노동자는 현지인을 고용한다. 중국은 다르다. 중국 대형 공사의 노동자는 모두 중국인이다. 자본, 기술자, 노동자, 원자재를 중국 선박으로 수송하여 공사한다. 우리도 그럴 때가 있었다. 중동 건설 현장에 많은 노동자를 보냈다. 지금은 아니다. 수만 명을 고용하는 대형 프로젝트에도 한국인은 감독과 기술자, 소수에 불과하다.

앙골라는 자원이 풍부한 나라다. 다이아몬드는 세계 3위, 석유는 매일 120만bbl 생산한다. 비옥한 농토가 있다. 한때 아프리카 밀의 바케스라고 했다. 1인당 GDP는 7,077달러2023년다. 포르투갈 식민지였다. 공용어가 포르투갈어이다. 오랫동안 내전을 했다.

산토스 대통령공산당이 1979부터 2017년까지 38년간 독재를 했다. 다이아몬드와 석유 수출 대금은 대통령, 정치인, 군인, 정부 고위 관료들이 착복했다. 부정부패가 만연하다. 산토스 대통령 가족이 국가 자산의 30%를 소유하고 있다 한다. 《뉴욕타임스》는 '도둑의 나라kleptocracy'라고 했다. 다수의 국민, 70%가 하루 2달러 이하로 살아가고 있다. 빈부의 격차가 극심하다.

수도는 루안다Luanda, 250만 명이다. 대서양 연안에 있는 항구도시다. 도시 경제는 광산물 수출로 대단히 활발하다. 고층 건물이 올라간다. 땅값은 아프리카에서 가장 높고, 서울 땅값에 비교된다. 인구는 증가하고 정비가 되어 있지 않아 도시는 무질서하다. 앙골라 대학Agostinho Neto University은 앙골라의 서울대학교다. BBC 기자가 대학생에게 졸업 후 희망 직업을 물었다. 제1위가 경찰이다. 특히, 교통경찰BET이다. 루안다의 도로교통법은 아무도 지키지 않는다. 아니 지킬 수가 없다는 편이 낫다.

교통법규는 선진국과 똑같다. 승용차가 많이 다닌다. 교통법규를 지키지 않는 자동차는 교통경찰관의 밥이다. 가난한 농민의 아들이라도 교통경찰 3년만 하면 수도 루안다에 좋은 집 한 채를 살 수 있다. 좋은 직업이다. 대한민국에도 1970년대 교통경찰관이 좋은 직업일 때가 있었다. 《경남일보》가 보도했다. 효성이 지극한, 가난한 경찰관이 있었다. 경찰서장은 그 경찰을

 ────── 아는 척하기 딱 좋은 **아프리카 지식 여행**

교통계로 발령을 냈다는 기사를 보았다. 교통경찰관의 수입이 좋을 때였다.

루안다에서 자동차 운전은 신호등을 보는 것이 아니라, 교통경찰을 봐야한다. 교통경찰은 시내를 다니는 아무 자동차나 잡는다. 자동차는 물론이고 걸어 다니는 외국인도 검색한다. 아시아인을 많이 검문한다. 잡히면 적어도 5달러는 내야 한다. 안 주면 경찰서로 데려간다. 앙골라 경찰관은 중국인 패스포트를 보이면 놓아준다. 한국인도 때로 중국인으로 위장한다. "I'm a Chinese." 하면 풀어준다는 인터넷 기사를 읽었다. 루안다에 사는 아시아인의 2/3는 중국인이다. 중국인은 잡혀도 돈을 안 낸다. 돈을 안 내면 경찰서로 데려간다. 잡힌 중국인은 경찰서에서 영사관에 전화한다. 곧 풀려난다. 중국 영사와 경찰서장 간에 어떤 밀약이 있는지는 모른다. 큰소리 치고 나온다. 중국인 회사는 노동자가 경찰에 잡힌 날짜도 근무 일수로 계산한다. 노동자가 손해를 볼 일은 없다. 중국인 인권은 외국에 있을 때 존중받는다 한다.

중국 국내에서 경찰 공권력은 대단하다. 중국인은 정말 경찰을 매우 무서워한다. 벌벌 떤다. 아프리카에서는 다르다. 중국 대사관은 어느 나라를 막론하고 제일 크거나 미국 다음이다. 중국인은 활개 펴고 다녀도 대사관이 보호한다. 중국 노동자는 공사가 끝나도 상당수는 귀국하지 않는다. 앙골라에서 살려고 한다. 식당, 소매상 부동산까지 장사한다. 중국에서 싼 물건을 수입하여 팔고 있다. 중국 상품이 넘쳐난다. 중국인 천지이다. 2016년 5만 2천 명이던 중국인이 한때 많을 때는 30만 명에 이르렀으나, 2025년 현재 2만 명 정도라고 한다. 중국인 디아스포라가 일어나고 있다.

서방 언론은 중국의 앙골라 투자에 대하여 신식민지 정책이라고 비난한다. 계약서를 엉성하게 작성하여 자의적으로 해석한다. 정치인과 관료들에게 뇌물을 주어 부정부패를 조장한다. 건설한 도로와 공장은 부실공사가 많다. 중국인이 시장 상권을 장악하여 앙골라 서민들의 직업을 빼앗는다. 비난 조의 글이 많다. 앙골라 정부의 관리와 언론은 중국 투자의 피해와 부작용을 인정한다. 그러나 그들 포르투갈과 서방 식민지 열강보다는 중국이 훨씬 낫다. 사람을 잡아가 노예로 팔지도 않고, 강제 노동을 시키지도 않는다. 사람을 매질하거나 죽이지도 않았다. 사람 대우를 한다. 중국 일대일로의 단면이다.

카빈다 독립

12년간 지속하던 앙골라의 독립 무장 투쟁은 끝났다. 포르투갈 알보르Alvor에서 1975년 1월 15일 독립을 위한 협정이 체결되었다. 게릴라 독립군 3단체, MPLA, UINTA, FLN을 초청했다. 포르투갈이 손을 떼자 앙골라의 문제는 앙골라 독립군 단체들이 해결해야 했다. 3단체는 연정을 하여 지도자를 뽑는 데까지 여러 번 합의도 하고 협정도 맺었다. 지켜지지 않았다. 권력 투쟁, 내전으로 발전했다. 27년 만에 끝났다.

해결되지 않는 문제가 있다. 면적 7,290km², 인구 82만 명, 카빈다Cabinda다. 카빈다도 포르투갈에 저항하여 독립 투쟁을 했다. 알보르 회의Alvor Agreement에 초청받지 못했다. 카빈다는 앙골라 내 문제로 남겼다. 6·25 전쟁 휴전 협정을 했다. 북한은 휴전 협정에 지리산에서 고전하고 있는 남부군 빨치산에 대하여 일언반구 언급도 없었다. 빨치산도 북한과 김일성을 위하여 싸웠다. 자연 소멸하도록 내버려 두었다. 비슷한 형국이다.

카빈다는 앙골라의 역외 영토이다. 콩고민주공화국 국경 안에 있고, 대서양과 면해 있다. 역사가 있다. 바콩고Bakongo족이 살고 있다. 마니콩고

Manikongo 왕국이었다. 포르투갈이 앙골라와 함께 지배했다. 포르투갈의 군사기지였다. 좋은 위치다. 아프리카에서 두 번째로 큰 콩고강 하구에 있다. 내륙으로 들어가 자원을 수송하기 좋고, 내륙으로 들어가 제품을 팔기도 좋다. 노예 장사도 했다.

앙골라와 카빈다는 같은 식민지였지만, 따로 관리했다. 카빈다 경비 초소의 포르투갈 경비병은 원주민을 잡아다가 강제노역을 시키거나, 성노예로 삼았다. 1885년 베를린 조약으로 카빈다는 포르투갈 식민지가 되었다. 콩고는 벨기에의 식민지다. 카빈다는 앙골라와 같다면 같고, 다르다면 다르다. 지역은 다르다. 문화, 민족, 언어, 종교는 같다. 베를린 회의1884는 아프리카 갈라 먹기scramble of African를 위한 조약이다.

신생 국가 앙골라는 카빈다를 앙골라의 한 주이고, 역외 영토exclave라고 선언했다. 카빈다 무장 투쟁은 포르투갈 항전에서 분리 독립 투쟁으로 전환했다. 카빈다는 열대우림 지역이다. 본토 앙골라와는 콩고강 하구를 사이에 두고, 30km 떨어져 있다. 콩고민주공화국과 앙골라는 콩고강을 국경으로 하고 있다. 카빈다 분리 독립 투쟁은 차별과 경제적 이유 때문이다. 카빈다의 수출품은 전통적으로 코코아, 바나나, 커피와 열대산 목재였다. 석유가 발견되었다. 석유는 현금과 같다. 후진국에서 석유가 산출되면 싸움이 일어난다. 앙골라2019년는 아프리카에서 석유가 가장 많이 생산되는 국가다.

카빈다의 앞바다 대서양에서 주로 채굴된다. 앙골라 석유 생산의 60%를 차지한다. 카빈다에서 생산되는 석유를 카빈다 주민에게 돌려주면 1인당 소득이 10만 달러도 넘는다. 페르시아만 카타르와 같은 소득 수준이 된다. 그런데도 카빈다 주민의 생활수준은 앙골라에서 가장 낮다. 불만이 높을 수밖에 없다. 중앙정부는 석유 판매 대금을 다 가져갔다. 석유 판매 대금의 10%를 지방세로 할당했다. 그것마저도 중앙정부 지방 관리들이 가로챘다.

독립을 위한 반군이 일어날 만한 조건이다.

지구상에는 그런 지방이 많다. 영국의 스코틀랜드가 분리 독립을 원한다. 스코틀랜드 연안에서 북해 유전이 발견되었다. 독립해도 잘살 수 있다는 확신이 있다. 신장웨이우얼자치구와 티베트 지방도 독립을 원한다. 중국이 힘으로 합병했다. 언어도 다르고, 종교도, 민족도 다르다. 차별을 받는다. 타이완도 분리 독립을 원한다. 중국과 통합보다 분리 독립해서 얻는 이익이 더 크다고 판단한다. 스페인의 카탈루냐, 캐나다 퀘벡주도 독립을 원한다. 분리 독립을 원하는 지방은 종교, 언어, 민족을 내세우지만, 근본적인 이유는 경제적 이유와 차별이다. 본토와 합병을 원하는 지방도 있다. 미국령 푸에르토리코, 괌, 사이판 등이다. 미국의 주가 되면 하와이처럼 소득도 높아지고, 교육과 사회복지의 혜택이 늘어난다.

카빈다가 독립하면 가장 좋아할 나라는 이웃 나라인 콩고민주공화국이다. 카빈다의 영토는 콩고민주공화국의 영토 내에 있다. 대마도가 독립하면 가장 좋아할 나라는 가까이 있는 한국이다. 제주도가 독립한다고 하면 좋아할 나라는 일본이다. 중국과 일본은 한반도가 통일되어 덩치가 커지는 것을 바라지 않는다. 나누어져 있으면 도움을 청하고 간섭하기도 좋다. 1971년까지 파키스탄과 방글라데시는 한 국가였다. 인도를 사이에 두고 있다. 동파키스탄이 분리 독립 전쟁을 일으켰다. 인도는 동파키스탄 분리 독립을 도왔다. 방글라데시가 되었다. 카빈다와 앙골라 사이에 콩고, 콩고민주공화국이 있다. 카빈다 독립 운동을 콩고민주공화국이 지원한다. 몰래 자금을 지원하고 무기도 공급한다. 게릴라에게 피난처를 제공한다. 콩고민주공화국과 앙골라 사이가 갈등이 높아간다. 좋지 않다. 언제까지 지속할지는 모른다.

한반도의 민족 염원은 통일이었다. 남한이 가난할 때 못사는 이유를 분

아는 척하기 딱 좋은 **아프리카 지식 여행**

단 때문이라 했다. 70년의 세월이 흘렀다. 남한의 1인당 소득은 6만 5천 달러, 북한은 1천800달러2025년로 남·북한 개인소득의 차는 30배이다. 당위성은 분단된 민족이므로 통일을 말한다. 북한 주민은 삶의 질 때문에 진정으로 통일을 원하는 것 같다. 남한은 다르다. 통일을 바라는 주민 숫자가 줄어간다. MZ세대는 통일을 원하지 않는다. 전쟁 없이 교류하고 따로 살기를 원한다. 이처럼 통일과 분리 독립은 양면성이 있다.

나미비아

나미비아의 물

나미비아의 면적은 82만 5천km²로 한국의 8배이다. 반면 인구는 255만 명, 1/20에 불과하다. 세계에서 몽골2.0/1km² 다음으로 인구밀도가 낮다. 3명/1km²이다. 한국은 1km²당 500명이다. 국가 간 이민이 있기 전, 한 나라의 인구수는 그 나라의 농업 생산과 비례했다. 나미비아는 나미비아 사막이 대부분을 차지하는 건조 지방이다. 앙골라, 남아공, 잠비아, 보츠와나의 국경 지역에 하천과 면하고 있다. 지류가 걸쳐 있을 뿐 내륙으로 흐르는 강이 없다. 농사를 짓기에 물은 턱없이 부족하다. 나미비아의 주산업은 농업이다. 물이 있는 곳에 한정적으로 농업을 한다. 인구가 적은 이유다.

나미비아 생활용수의 90%는 지하수이다. 우리도 그럴 때가 있었다. 1960년대 도시화가 되기 전 농어촌의 식수는 샘물이었다. 산업화와 도시화가 진행되면서 식수가 수돗물이 되었다. 나미비아는 지표수地表水가 거의 없는 나라이다. 지하 사암층에 어마어마한 규모의 지하수가 있다고 런던 대학과 영국 지질연구소가 공동으로 발표했다2012. 나미비아 인구가 현재 쓰는 양으로 400년간 쓸 수 있는 수량이라 한다. 7,700km³, 가로와 세로의 깊이가 각 20km 되는 규모의 지하수다. 아직 개발하지 않고 있다.

아프리카 대륙 지하수의 존재는 나미비아만이 아니다. 사하라 사막 지하에도 대규모 지하수가 있다. 리비아는 막대한 양의 지하수를 퍼 올려 생활용수와 농업용으로 사용하고 있다. 카다피 정권 때 리비아 대수로 공사Great Manmade River를 하여 물을 쓰고 있다. 아프리카는 지금은 사막으로 악명이 높지만, 1만 년 전에는 지구상에 비가 가장 많이 오는 대륙이었다. 현재 지하수로 저장되었다.

　문명이 발달할수록 담수fresh water 수요는 빠르게 증가한다. 일본과 캄보디아는 연간 강수량은 같이 1,600mm이다. 일본인은 하루 500리터의 물을 쓰고, 캄보디아인은 하루 50리터, 일본인의 1/10이 안 된다. 물의 사용량은 문명의 척도가 되었다. 세계 인구의 증가와 산업의 발달로 너무 많은 물을 써서 한계에 다 닿았다. 물 쓰듯 한다는 말은 옛말이다. 세계 각지에서 물 재앙이 일어났다. 아무다리아와 시르다리아강의 남용으로 아랄해Aral Sea가 말라버렸다. 에티오피아 청나일강에 르네상스댐 건설로 나일강 하류에 물 부족 현상이 일어났다. 이집트는 에티오피아에 전쟁도 불사하겠다고 했다.

　유프라테스강 상류에 튀르키예가 댐을 건설했다. 하류에 있는 시리아와 이라크의 물 문제가 심각해졌다. 중국이 상류에 댐을 건설하여, 메콩강 하류에 있는 라오스, 베트남, 캄보디아 등의 생태계에 비상이 걸렸다. 미국 LA에서 쓰는 물은 1,600km 떨어진 콜로라도강에서 가져온다. 미드호Mead Lake 수위가 한계에 다 닿았다. 네바다주도 부족하게 되었다. 계속해서 캘리포니아로 물을 보낼 형편이 안 된다. 캘리포니아는 따로 수원을 찾아야 한다.

　물의 과용과 남용은 국가 간, 지역 간 갈등을 빚고 있다. 물 갈등은 피할 수 없다. 모든 생명의 조건은 물이다. 물 부족으로 지구상에 위기가 오고 있다. 우리가 일상으로 쓰는 담수는 강물이나 호수다. 담수의 대부분은 빙하와 지하수로 저장되어 있다. 지구의 물은 해수 97.5%와 담수 2.5%이다. 담수의 구성비는 빙하 69%, 지하수 30%, 지표수호수와 강가 1%이다. 우리가 상용하는 지표수는 전체 담수의 1.2%에 불과하다. 지표수만으로 세계 인구의 물 수요를 감당할 수 없다. 분쟁 없이 물 문제를 해결할 방안을 찾아야 했다.

대안은 지하수 개발과 해수의 담수화 프로젝트이다. 지하수는 한정된 수자원이다. 유일한 대안은 해수의 담수화Desalination화 프로젝트다. 이미 전 세계 177개국에서 담수화 플랜트가 1만 6천 개 가동하고 있다. 하루에 9천 500만 톤을 생산한다. 건조 지방 산유국들은 담수화 플랜트가 필수적이다.

지구의 온도가 올라가면 빙하가 녹아서 문제이고, 지하수를 많이 퍼 올리면 지반 침하라는 다른 문제를 일으킨다. 댐을 건설하면 상류와 하류에 있는 국가 간, 지역 간 갈등은 피할 길이 없다. 사막 국가인 사우디아라비아, 이스라엘, 이란에서는 대대적인 담수화 프로젝트를 운용하고 있다. 담수화 플랜트 하나가 100만 톤의 물을 생산한다고 하면, 100만 명의 인구를 유치할 수 있다. 해수를 담수화하는 방법은 바닷물을 증류하여 얻는 방법과 역삼투압Reverse Osmosis 방법이 있다. 증류법은 기압을 낮추어 저온에서 해수를 끓여 물을 얻는다. 역삼투압은 해수를 멤브란membrane 막膜을 통과시켜 담수를 얻는다. 한국 기업이 이 분야에 세계적인 경쟁력을 갖고 있다. 사우디아라비아, 쿠웨이트를 비롯하여 중동 국가들의 담수화 플랜트 수주를 독점하고 있다. 멤브란 막은 구미공단에서, 증류기는 창원공단에서 생산하고 있다.

나미비아 우라늄

우라늄은 20세기 후반에 들어와서 전략 에너지로 주목받고 있다. 원자번호 92번, 은백색이고 무거운 물질이다. 황산에 매우 잘 녹고 방사능을 방출한다. 지각 속에 2.7ppm, 바닷물 속에 1ppm 들어 있다. 흔한 물질이다. 우라늄의 매장량은 석유와 천연가스 같은 화석연료에 비하면 무한정이다. 우라늄 자연광 속에는 우라늄 238U이 99.28% 들어 있고, 235U가 0.72% 들어 있다. 우라늄 235U는 반감기가 7년이고, 238U은 45억 년이다. 우라늄 235U는 원자력 발전과 핵폭탄을 만드는 원료이다.

우라늄을 가장 많이 생산하는 국가는 카자흐스탄이고, 연간 2만 1천8백 톤, 세계 생산의 45.1%를 차지한다. 2위는 나미비아가 11.9%, 5천700톤을 생산했다. 나미비아는 로싱Rossing 광산에서 채굴한다. 최근에는 중국 자본이 들어와 후사브Husab 광산을 개발하고 있다. 2억 8천만 톤이 매장되어 있다. 우라늄을 정광精鑛하여 노랑 떡Yellow cake을 만들어 수출한다. 나미비아의 우라늄광은 액체 굴착법In-Situ Leaching으로 채굴한다. 지하에 있는 우라늄 광맥에 용매를 넣어 녹여 액화시키고, 우라늄 액체를 펌프해서 채굴한다. 공해가 적고 주변을 오염시키지 않고 채굴 비용이 적다. 전 세계 우라늄광의 57%가 액체 채굴법에 따른 것이고, 고체 우라늄 채굴은 43%이다. 나미비아의 최대 수출품은 우라늄과 다이아몬드이다. 광산물을 수출하고 공산품을 수입한다.

한반도에도 우라늄이 매장되어 있다. 북한은 황해도 평산 광산에서 생산하여 핵무기를 개발했다. 남한에도 대전 - 옥천 - 괴산 지질 구조에 다량의 우라늄광이 매장되어 있다. 채굴을 둘러싸고 오스트레일리아 우라늄 광산 회사와 대전, 금산 군민들 간에 갈등이 있다는 뉴스를 보았다. 2014년 일이다. 1979년도에 괴산에서 우라늄 광산을 하여 큰돈을 벌었다는 친지의 이야기를 들었다.

한국은 4곳에 25기의 원자로를 가동하고 있다. 전력의 40%를 원전에서 얻는다. 한국의 원자로는 1개를 제외하고 모두 경수로이다. 경수로에는

4.5%로 농축된 우라늄235U을 쓴다. 농축우라늄은 러시아에서 33.8%를, 나머지 중국, 영국, 프랑스에서 수입한다. 저농축 우라늄(235U)은 원전에 쓰지만, 고농축 우라늄은 핵무기를 만들 수 있다. IAEA 감시가 엄격하다. (핵물리학 전공 경북대학교 명예교수 강희동 박사, 화공학 전공 경북대 명예교수 이만호 박사 자문).

우라늄 농축은 아무 곳에서 하지 못한다. 농축 허가를 받은 나라가 따로 있다. 아르헨티나, 브라질, 미국, 러시아, 캐나다, 영국, 프랑스, 독일, 이탈리아, 스페인, 벨기에 네덜란드, 중국, 일본이다. 무허가로 농축하는 나라는 인도, 파키스탄, 이란, 이스라엘, 북한 등이다. 한국은 발전용으로 농축우라늄을 미국, 프랑스, 중국, 일본, 러시아 다음으로 많이 쓰는 나라다. 우라늄은 1kg당 85달러다. 우리나라는 매년 3천 톤2억 6천만 달러의 농축우라늄을 수입한다.

원자력 발전은 방사능이 누출되지 않는 한 깨끗한 무탄소 에너지다. 에너지 값이 저렴하다. 스리마일아일랜드, 체르노빌, 후쿠시마 원자로에서 방사능 유출 사고가 났다. 미국, 러시아, 일본은 원전 기술의 최선진국이다. 경험하지 못한 대재앙이었다. 사고 뒤 처치를 못 하고 있다. 그대로 방치하고 있는 셈이다. 사고는 예상치 않는 곳에서 예상치 못한 원인으로 일어났다. 인간이 만든 구조물은 언제 어디서나 사고가 일어날 수 있다. 원전 트라우마가 있다. 선진국들이 손쉬운 핵발전을 기피하는 이유다. 한국의 진보정권은 원자력발전을 지양하고, 천연가스와 대체 에너지에 비중을 두었다. 같은 이유이다.

화석 에너지의 과용으로 지구 기온의 상승이라는 심각한 문제가 제기되었다. 화석연료 발전이 주범이다. 전기가 없으면 하루도 살아갈 수 없다. 대안으로 태양광, 풍력, 지열을 비롯한 대체 에너지에 착수했다. 에너지를 많

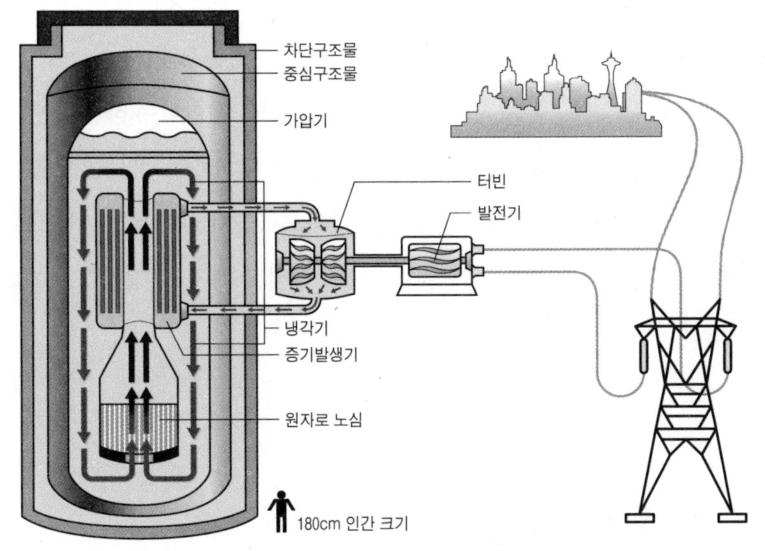

차세대 원자로 SMR 구조

이 쓰는 국가들은 어느 나라를 막론하고 대체 에너지로 에너지 수요에 부응하지 못하고 있다. 방향은 옳으나 긴 시간이 필요하다. 에너지 자원 대국인 러시아가 우크라이나를 침공했다. 미국과 서방은 러시아산 천연가스와 석유에 대해 제재를 했다. 천연가스와 석유값이 폭등했다. 윤석열 정권은 원전 쪽으로 방향을 바꾸었다. 원전 정책에는 찬반이 있다. 선진국은 어느 나라를 막론하고 원전 정책을 두고 갈등을 빚고 있다. 원전 가동 여부가 좌파냐 우파냐를 가르기도 한다. 핵발전 선진국들은 딜레마에 빠져 있다.

탈탄소, 천연가스 공급 차질, 방사능 유출 사고를 고려한 4세대 원전이 거론되고 있다. 빌 게이츠와 일론 머스크가 소형 원자로SMR, Small Modular Reactor에 투자했다. 개발 경쟁이 치열하다. 미국 뉴스케일파워사가 SMR 건설을 수주받았고, 러시아는 극동 페벡Pevek, 인구 5천 명에 있는 쇄빙선에 2022

년에 장착했고, 중국은 링룽 1호玲珑一号를 2026년에 가동할 것이라 한다. 한국도 개발을 서두르고 있다. 아직도 완성된 표준형은 없다.

　SMR은 가압, 노심, 증류, 냉각으로 분리된 시설을 통합하여 하나의 통 안에 넣어 모듈로 생산하는 방식이다. 전통 원전에 비교하여, 방사능 유출 가능성이 적고, 표준화하여 대량 생산이 가능하고, 공기工期가 짧고, 어디에나 설치할 수 있고, 건설비가 적게 들고, IAEA 감시도 적다. 기업가가 투자하는 것으로 보아 개발이 멀지 않았다고 생각된다.

요하네스버그의 금

　'좋은 기후는 좋은 문명을 만든다.'라는 E. 헌팅턴의 말은 부분적으로 맞지만, 틀린다. 세계 최고 문명이 있는 뉴욕, 런던, 파리, 동경, 서울은 사람이 가장 살기 좋은 기후 지역은 아니다. 현대 문명이 일어나는 도시는 교통과 위치가 기후 인자보다 더 중요하다.

　요하네스버그Johannesburg, 1천만 명를 남아공 수도로 생각하는 사람들이 많다. 요하네스버그는 남아공의 가장 큰 도시이지만, 수도는 아니다. 남아공의 수도는 3개이다. 케이프타운에는 국회, 블룸폰탄Bloemfontein, 74만 명은 대법원, 프리토리아Pretoria, 290만 명는 행정수도다. 보통 같은 도시에 입법, 사법, 행정부가 있다. 남아공은 3부가 3도시에 나누어져 있다. 지역 균형 개발에 방점을 두어 나누어 가졌다. 연방에서 공화국으로 전환하면서 일어났다. 역사적 이유가 있다. 행정 수도 프리토리아는 요하네스버그 북쪽 40km 지점에 있다. 행정 수도가 요하네스버그에 있다는 말도 크게 틀리지는 않는다.

　케이프타운은 교통 위치location 때문에 성장한 도시이다. 아프리카 대륙의 최남단이다. 수에즈 운하가 개통되기 전, 유럽에서 아시아로 가는 모든 선박과 아메리카 대륙에서 아프리카 대륙을 거처 아시아로 가는 모든 선박은 케이프타운을 거쳐야 했다. 케이프타운 끝은 희망봉Cape of Hope이다. 현대 도시가 일어나고 현대 문명이 발달하는 것은 기후가 아니라 도시가 놓여 있는 위치location 때문이다. 희망봉에서 필요한 물, 식량과 석탄을 공급받았다. 케이프타운의 발전은 교통 입지의 영향이다. 교통 입지는 인간이 만들어 낸다. 서울의 강남은 원래 배추밭이고 농지였다. 아파트가 들어서고, 교통로 정비되면서 금싸라기 땅이 되었다. 금값으로 된 것은 교통 때문이다.

1849년 샌프란시스코 새크라멘토강에서 금이 발견되었다. 세계 각지에서 일확천금一攫千金을 꿈꾸고 수많은 사람이 몰려왔다. 미국의 골드러시gold rush다. 순식간에 샌프란시스코가 생겨났다. 요하네스버그는 내륙에 자리한 도시다. 1886년 요하네스버그에서 금이 발견되었다. 요하네스버그 비트바테르스란트Witwatersrand다. 금의 발견으로 요하네스버그가 태어났다. 금이 발견되기 전 이 땅은 교통도 없는 산San족의 사냥터였고, 농토였다. 지금도 금은 비싼 귀금속이다. 19세기 금은 지금보다 더 가치가 있었다. 국제무역에 금은 기본 결제 수단이었다. 기축통화였다. 요하네스는 사람 이름이다. 요하네스Johannes는 금의 대명사가 되었다. 버그Brug는 도시, 요하네스버그는 바로 '금의 도시city of gold'라는 말이 되었다. 보통 금광이 아니었다. 금이 쏟아져 나왔다. 1970년, 전 세계 금 생산의 40%가 요하네스버그의 비트바테르스란트 광산에서 생산되었다.

금은 지구에 있었던 금속이 아니다Battison, 'Meteorite delivered gold to Earth', Science, Sept. 2011. 운석meteorite에서 왔다. 텅스텐 동위원소를 분석한 결과이다. 39억 년 전 소행성이 요하네스버그 지역에 충돌해 직경 300km 되는 거대한 분지를 만들었다. 먼지 속에 담겨, 지구 천체로 날아갔다. 바다에도 금이 많이 들어있다. 바닷물 100만 톤에 6g 금이 들어 있다. 충돌로 인하여 분지 주변 산지에 많은 금이 배어 있었다. 하천이 산지에 함유하고 있던 금을 싣고 와, 분지 바닥에 퇴적시켰다. 무거운 금을 따로 퇴적시켜 금광상金鑛床을 만들었다. 비트바테르스란트Witwatersrand 분지이다.

황금을 찾아다니는 낭인들이 모이는 광산촌은 무법천지이다. 오랫동안 농사를 짓는 커뮤니티는 도덕과 질서가 있다. 광산촌은 다르다. 서부영화는 미국 골드러시 때가 배경이다. 주먹이 왕이다. 총 잘 쏘는 놈이 대장이다. 광산촌은 금, 돈, 술, 도박, 총잡이, 창녀가 키워드이다. 투자한 백인 광산주는 부자가 된 사람도 있다. 대부분 보헤미안은 폐인이 되었다. 금의 발견은 요하네스버그의 인구를 당장에 10만 명의 도시로 만들었다.

요하네스버그의 금광 흑인 노동자들은 노예 생활과 다르지 않았다. 인도와 중국에서도 노동자를 대거 데려왔다. 컬러드coloured, 유색인종이 되었다. 고용주 백인과 노동자 삶의 차이는 같이 살 수 없을 정도였다. 요하네스버그 다운타운에 광산 노동자들의 출입을 금지했다. 노동자들은 요하네스버그 서남쪽에 따로 살게 했다. 흑인촌, 소웨토Soweto, South West Town이다. 인종차별 정책, 아파르트헤이트Apartheid의 시작이다.

1994년 만델라가 풀려나 대통령이 되었다. 인종차별 정책에 무력 투쟁을 하던 ANC아프리카민족회의가 합법화됐고, 아파르트헤이트는 불법이다. 소웨토에 살던 흑인들이 대거 백인 타운으로 들어왔다. 짐바브웨, 르완다 난민도 들어왔다. 중심가CBD는 이민과 낭인들로 범죄 도시가 되었다.

백인들은 살던 다운타운을 포기하고 북쪽으로 교외 타운을 만들어 나갔다. 하이드파크Hyde Park와 샌톤Sandton의 샌드허스트Sandhurst 등이다. 고급 쇼핑센터, 문화시설이 있고, 치안이 잘 되어 있다. 최고급 주택가이다. 부자들만 살 수 있다. 주민의 구성은 백인47.7%, 흑인39.3%, 아시안8.4%이다. 프리토리아와 요하네스버그 사이에 있다. 요하네스버그 인구구성은 흑인76.4%, 백인13.7%, 컬러드5.2%, 아시아인4.5%이다. 요하네스버그에는 아직도 빈부의 차이에 따라 여전히 아파르트헤이트가 존재한다.

세계에서 빈부의 격차가 가장 심한 나라는 남아공South Africa Republic이다. 소득 불평등을 재는 척도는 지니계수Gini Index다. 숫자가 크면 불평등이 심하다. 남아공은 지니계수가 0.63이다. 세계 최고다. 소득 불평등이 가장 크다는 말이다. 빈부의 격차가 심하여 사회가 불안하다는 의미도 된다. 독일 0.29, 프랑스 0.29, 영국 0.36, 미국이 0.48이고, 한국과 일본이 0.34 수준이다. 노르웨이0.25, 스웨덴0.26, 덴마크0.27, 네덜란드0.28는 낮다. 아프리카의 앙골라0.51, 보츠와나0.53, 나미비아0.59는 높다. 국민소득이 평등한 국가들이 잘산다. 국가의 최고 덕목은 국민이 안전하게 평등하게 잘살게 하는 일이다. 통치자는 지니계수를 낮추려고 노력한다.

남아공은 세계에서 살인사건이 가장 많은 나라 중의 하나다. 1년 평균 살인사건이 2만 건이 넘는다. 전쟁하는 러시아 - 우크라이나의 희생자(1.4만 명)보다 더 많다. 인구 10만 명당 1년에 35.9명이 죽는다. 세계 평균 살인 건수는 10만 명당 6.2명이다. 한국은 0.6명이고, 일본은 0.3명이다. 가장 낮다. 남아공은 아프리카 대륙에서 민주주의도 잘하고 소득이 꽤 높은 나라1인당 소득 1만 5천 달러다. 소득이 높은데도 왜 이렇게 살인사건이 많을까? 빈부 격차가 원인이다.

남아프리카 부자들은 신변 보호를 사설 경찰에 의뢰한다. 남아공은 사설 경비업체의 천국이다. 등록된 경비단체가 9천 개 있다. 사설 경비회사에 고용된 청원 경찰관이 45만 명이다. 무장한다. 남아공 경찰관 1만 9천 명, 군인 7만 4천 명이다. CNN 방송은 사설 경찰관이 남아프리카의 군인과 경찰을 합한 수보다 많다고 했다. 150만 명은 사설 경찰관 자격증이 있다. 국가 경찰 1명당 사설 경찰관이 2.57명꼴이다. 경찰 업무를 아웃소싱outsourcing하고 있다. SAPS남아프리카 경찰이 있지만, 경찰력만으로 치안을 감당하지 못한다.

남아공에 여행한 적이 있다. 1994년에 인종차별 정책이 철폐되었다. 12년이 지난 2006년에 서케이프타운 백인 부자 동네를 가 보았다. 케이프타운의 서쪽 대서양, 테이블 베이Table bay다. 고급 주택가다. 관광버스로 부자 동네를 한 바퀴 도는 것이 전부다. 내려서 사진을 찍지도 못한다. 모두 단독 주택들이다. 담장 높이가 교도소 담장 높이만 하고, 그 위에 철조망이 있고, 방범용 고압 전선이 걸려 있다. 빨간색 페인트로 '고압 전력 주의High voltage, Caution!'라는 문구가 전선에 걸려 있다. 대문 곁 높은 위치에 경기관총이 걸려 있다. 대문에는 개를 거느린 무장한 경찰관이 서성거린다. 사설 경비원이라 했다. 우리나라 은행에 가스총을 찬 헐렁한 청원경찰과는 차이가 있다.

둘러본 주택가는 웨스트케이프주, 테이블베이 란두노Llandudno 비치다. 해운대 같은 곳이다. 땅값이 가장 비싸다. 란두노 앞바다는 대서양이다. 6.9km 앞에 로벤섬Robben Island이 있다. 만델라 대통령이 27년 동안 감금되었던 감옥 섬이다. 지옥 같은 감옥 섬 맞은편에는 천국 란두노 비치가 있다. 뒷산은 테이블마운틴Table Mountain, 남아프리카의 아름다운 국립공원이다. 사람 살기 좋은 지중해 기후의 지역이다. 란두노 주민 구성은 백인 87%, 흑인 10%, 컬러드 2%이다. 남아공 인구의 구성은 흑인 81%, 컬러드 9%, 백인 8%이다. 란두노는 백인 거주 특구인 셈이다.

남아공에서는 피부색에 따라 소득이 결정되고, 소득에 따라 주택지가 결정되고, 주택지에 따라 치안이 결정된다. 백인 최고 소득층인 컬러드는 그 아래, 최하위는 흑인black이다. 컬러드는 백인과 혼혈이다. 아파르트헤이트 때1994년는 유색인종으로 분류했다. 남아프리카에서는 백인이 사는 곳은 경치도 좋고, 기후도 좋고, 치안도 좋다. 상류층 부자들은 경비를 보안 회사가 한다. 백인 중산층은 게이트 커뮤니티Gated Community에 산다. 커뮤니티 전체 주위를 철조망이나 높은 펜스로 주변과 왕래를 차단하고 있다. 출입문 경비실은 외부 자동차 출입을 엄격히 통제한다. 차량 번호와 신분을 확인하고, 초대한 호스트의 확인을 받아야 동네에 들어갈 수 있다. 보행자도 마찬가지다. 미국에도 있다, 우리나라에는 없다.

요하네스버그 교외에는 빈민가인 소웨토Soweto가 있다. 소웨토는 남아공의 최대 도시 요하네스버그인구 440만 명의 근교 빈민가다. 흑인 98.5%과 백인 0.1%가 산다. 관광객을 빼고는 백인을 보지 못했다. 경치는 황량하다. 나무가 없다. 녹슨 함석으로 덮인 지붕이고, 판지로 가린 가건물이 많다. 실업률이 25%다. 영어보다 줄루Zulu어를 쓴다. 뜨겁고 포장도 안 된 흙먼지 날리는 도로다. 도로인지 하수도인지 구분이 안 된다. 130만 명이 거주한다 했다. 집에는 수도와 화장실이 없고, 전기가 들어오는 집은 40%에 불과하다. 마을에 공동 화장실과 공동 수도가 있다. 까만 아이들은 맨발로 도로에서 축구를 한다. 경찰차가 하루에 한 번 순찰하고 가는 게 경비의 전부이다. 소득 불평등과 강력범죄 간에 상관계수가 매우 높다는 연구가 있다.

더반 사탕수수

2010년 FIFA 월드컵은 남아공에서 주관했다. 아프리카 대륙에서 처음이다. 인종차별 정책은 없어졌지만, 가진 자는 여전히 백인이고 다수의 흑인은 가난하다. 극심한 빈부 격차는 세계 최고 수준의 범죄를 불렀다. 세계 언론은 범죄 때문에 경기를 제대로 치를 수 있을지 걱정했다. 경기는 무사히 치렀다. 1등은 스페인, 2등 네덜란드, 3등 독일, 4등은 우루과이였다. 한국은 16강에 들어갔지만, 우루과이에 2대1로 패하여 8강 진출은 못했다. 2022

 ——— 아는 척하기 딱 좋은 **아프리카 지식 여행**

년 FIFA 월드컵은 카타르에서 열리고 있다. 1차 우루과이전에서 무승부였다. 2차 가나전은 3대2로 패했다. 목표는 여전히 16강 진출이다. FIFA 월드컵은 올림픽보다 더 인기 있는 경기가 되었다.

남아공 인구는 북서부에 많다. 인구 밀집 지역은 요하네스버그가 있는 하우텡Gauteng주다. 다음은 더반Durban, 인구 330만 명 있는 나탈Natal주다. 더반은 요하네스부르크, 케이프타운, 다음으로 큰 도시이다. 남아공의 부산이다. 수에즈 운하와 파나마 운하가 개통되기 전에는 미국 동부와 유럽에서 아시아로 가는 모든 대양선은 남아공의 더반항을 거쳐야 했다. 수에즈 운하의 개통으로 중요성은 떨어졌다. 지금도 수에즈맥스Suezmax를 초과하는 초대형 유조선이나 초중량 화물선, 세계 일주를 하는 크루즈는 남아공 더반에 정박한다. 남반구에서 4번째로 큰 컨테이너 항구다. 연간 4백50만 TEU 컨테이너를 처리한다. 부산은 같은 해 2천1백만 TEU를 처리했다.

나탈주는 줄루족이 사는 곳이다. 동쪽으로 모잠비크와 에스와티니Eswatini 서쪽에 레소토Lesotho와 접하고 있다. 남아공 지형은 특이하다. 국토 대부분은 1000~1500m 고원에 놓여 있다. 대서양과 인도양 해안에는 좁은 해안평야가 있다. 내륙에서 바다 쪽은 절벽이다. 내륙 고원 지대는 사바나기후 지역이다. 이웃 레소토와 국경에 드라켄즈버그Drakensberg, 3,482m산이 있다.

고원 지대에서 사탕수수를 재배했다. 열대 지방이 아니면서도 상업적으로 사탕수수를 재배하는 유일한 곳이다. 얼지 않는 겨울 때문이다. 사탕수수는 열대작물이다. 나탈에서 재배한 사탕수수를 더반까지 운반, 설탕으로 정제하여 수출했다. 현재 설탕 산업은 브라질과 인도에 밀려났다.

식민지 초기 경제는 광산업이었다. 금, 은, 동, 백금, 다이아몬드를 채굴했다. 다음은 플랜테이션 농업이다. 18세기의 설탕은 유럽인에게 가장 인기 있는 식품이었다. 귀족은 설탕을 먹고, 평민은 꿀을 먹었다. 열대 지방에서 생산된 설탕을 온대 지방에서 소비했다. 식민지 농업이다. 백인 지주는 원주민 노동자를 고용했다. 사탕수수 플랜테이션은 많은 노동자가 필요했다. 노예 무역이 시작되었다. 2천만 명이 넘은 아프리카인을 잡아갔다. 대서양을 건너는 동안 학대로 10%에 해당하는 200만 명 이상 죽었다. 사탕수수 농업은 금 노다지보다 더 이익이 컸다. 영국은 설탕을 유럽에 팔아 엄청난 부를 축적했다. 영국 자본주의의 발달과 산업혁명의 계기가 되었다.

사탕수수 플랜테이션은 쿠바를 위시하여 서인도제도에서 성행했다. 전세계 아열대 지방으로 재배가 확산했다. 하와이도 사탕수수 플랜테이션 농장이 있었다. 흑인 노예가 금지되자, 아시아에서 노동자를 데려갔다. 조선인 노동자도 사탕수수 재배를 위하여 하와이로 갔다. 경남 의령과 황해도 해주에서 모집했다. 1905년이다. 하와이에 조선인 후손이 3만 명이나 사는 이유이다. 1970년대만 하더라도 하와이에 사탕수수 농장이 남아 있었다. 2016년에 인건비가 싼 동남아시아에 밀려 끝났다.

세계사의 핵심은 농업이다. 농업의 발달, 인구의 증가, 전쟁으로 갔다. 1차 농업혁명은 기원전 1만 년 전 인류가 수렵 채취를 그만두고 정착 농업을 시작한 때다. 인구가 증가하고, 국가가 나타났다. 2차 농업혁명은 17세기에서 19세기 사이다. 지리상의 발견으로 신구 대륙 간 농축산물의 이동이다. 신대륙에서 사탕수수, 옥수수, 콩, 감자가 구대륙으로 들어왔고, 구대륙에서 말, 소, 돼지가 신대륙으로 건너갔다. 새로운 농산물의 전파는 농업 생산의 증가와 인구의 증가를 가져왔다. 자원 확보를 위한 식민지 쟁탈전이 전개되었다. 3차 농업혁명은 1930~1960년대 농업에 대한 과학기술의 적용이다. 화학비료, 농약, 기계화, 관개가 시행되었다. 농업 생산은 급증하고, 인구가 폭발하였다. 자원 확보를 위하여 제2차 세계대전이 일어났다.

대영제국 시절 홍차에 설탕을 첨가해 마시는 것은 귀족 신분의 상징이었

　　　　　—— 아는 척하기 딱 좋은 **아프리카 지식 여행**

다. 홍차는 중국에서, 설탕은 인도에서 수입했다. 100년 전만 하더라도 대부분 국가는 농산물만은 자급자족하고 살았다. 지금은 어느 나라도 모든 농산물을 자급하고 살아가지는 않는다. 사탕수수 한 포기 없는 나라지만, 설탕 없이는 한 끼도 살 수 없는 세상이 되었다.

킴벌리 다이아몬드

남아공은 식민지 백과사전이다. 남아공 근대사만 들여다보면, 제국주의 시대의 식민지 역사가 다 보인다. 식민지 시대의 최대 산업은 광산업이었다. 값싼 원주민 노동을 부려서 값비싼 광물을 채굴했다. 남아공은 금과 다이아몬드의 대명사다. 한때, 세계 금의 40%, 세계 다이아몬드의 50%를 생산했다. 킴버라이트Kimberlite는 다이아몬드를 함유한 화강암이다. 보통 명사다. 킴벌리는 다이아몬드 산업의 원조다. 다이아몬드에 관한 전문 용어는 킴벌리가 표준이다.

킴벌리Kimberley, 22만 명는 남아공 북쪽 케이프주에 있다. 1866년 제이콥Jacobs은 오렌지강 둑에서 놀다가 반짝이는 돌을 주웠다. 아버지에게 주었다. 아버지는 친구에게 돌을 팔았다. 21캐럿 크기 다이아몬드였다. 다이아몬드 1캐럿Carat은 0.2g이다. 3년 뒤 같은 장소에서 83.5캐럿 크기가 발견되었다. '남아프리카 별Star of South Africa'이라 명명했다. 별은 1만 1천 파운드1천 7백만 원에 팔렸고, 런던 시장에서 2만 5천 파운드3천9백만 원에 팔렸다. 킴벌리에 다이아몬드 광풍이 불었다.

한꺼번에 수천 명이 몰려들었다. 보어인의 땅이다. 오렌지강과 발강의 합류 지점이다. 다이아몬드 회사가 우후죽순으로 생겨났다. 킴벌리 광산에서 1871~1914년 동안 5만 명의 광부가 곡괭이 하나로 2,722kg 다이아몬드를 채굴했다. 커다란 웅덩이가 생겼다. 현재 UNESCO 문화유산으로 등재됐다. 다이아몬드 광산에서 성공한 세실 로즈Rhodes는 수십 개의 다이아몬드 광산을 사들여 드비어즈De Beers Consolidated Mines Ltd. 회사를 설립했다. 드비어즈는 1900년부터 21세기까지 120년 동안 전 세계 다이아몬드 생산, 가공, 판매를 독점했다. 드비어즈 하면 다이아몬드, 다이아몬드 하면 드비어즈를 연상한다. 동의어가 되었다.

오래된 귀금속인 금과 은에 비하면 다이아몬드는 20세기 보석이다. 조선 시대 양반은 금, 은, 옥으로 목걸이와 반지를 했다는 말을 들어도, 다이아몬드 반지를 했다는 소리는 듣지 못했다. 내가 다이아몬드 이야기를 처음 들은 것은 〈이수일과 심순애〉1913라는 신파극에서다. 부자 김중배, 가난한 순정파 이수일과 심순애는 삼각관계였다. 김중배는 심순애에게 다이아몬드 반지를 선물했다. 심순애는 다이아몬드 반지에 혹하여 가난한 이수일을 배신했다. 훗날 이수일은 성공하여 사랑의 복수를 한다는 내용이다. 개화기 때 서양에서 들어온 다이아몬드는 조선의 보석이 되었다. 다이아몬드를 금강석金剛石으로 번역한다. 금강산 이름 때문에 다이아몬드는 조선 시대 보석으로 보는 이도 있다. 금강산은 불교 화엄경에 나오는 전설의 산에서 왔다. 보석 다이아몬드와는 관계가 없다.

다이아몬드가 우리나라에 들어온 것은 일제 식민지 때다. 보석으로 인기를 얻기 시작한 것도 일본의 근대화, 즉 서구화와 함께했다. 미군의 점령으로 절정에 이르렀다. 원석 자체로는 보석으로 가치가 없다. 아름답지도 않고, 광채도 없다. 보석으로 가치를 인정받은 것은 가공 기술이 발달하면서부터다. 가공 기술은 암스테르담, 안트베르펜, 홍콩이 최고 수준이다. 생산 2021년은 러시아, 보츠와나, 캐나다, 콩고민주공화국, 남아공 순이다.

　——— 아는 척하기 딱 좋은 **아프리카 지식 여행**

다이아몬드 때문에 일어난 전쟁도 있다. 영국은 킴빌리 지역을 떼어 내어 그리쿠아Griqua Land국으로 독립시켰다. 강대국은 탐나는 자원이 있으면 독립시켜 주고, 약자의 손을 비틀어 자원을 가져갔다. 흔히 하는 일이다. 페르시아만에 UAE, 오만, 카타르, 바레인, 쿠웨이트 같은 작은 독립국들이 있다. 석유 부존 지역이다. 영국이 독립시켜 주고 석유를 가져갔다. 미국은 파나마를 콜롬비아에서 떼어 내어 독립시켰다. 독립시켜 준 대가로 파나마 운하 운영권을 가져갔다. 프랑스는 코모로를 독립시켜 주고 마요트를 떼어 갔다. 같은 맥락이다.

고대의 왕실 유물에 금과 은이 있지만, 다이아몬드는 없었다. 다이아몬드는 현대판 보석이다. 보석의 1위 자리를 지키고 있다. 상업적 선전 효과이다. 드비어즈 회사의 모토는 "다이아몬드는 영원해A Diamond Is Forever"이다. 사랑할 때 누구나 영원하기를 원한다. 영원한 건 없지만 말은 그렇게 한다. Love is Forever. '영원한 사랑의 증표는 다이아몬드를!' 대대적인 홍보를 했다. 유레카! 다이아몬드는 약혼과 결혼 예물의 필수품이 되었다.

1939년도 미국 약혼자 3/4은 다이아몬드 반지를 했다. 1개 평균 80달러 했다EJ. Epstein, <Have you ever try to sell a Diamond, The Atlantic> 2009. 결혼 때 몇 캐럿짜리 다이아몬드 반지를 받았느냐는 얼마나 권력 있고, 부자인 남자와 결혼했느냐를 의미했다. 사랑과 다이아몬드를 하나로 묶었다. 최고의 보석이 되었다. 드비어스 상술에 속았다. 금을 비롯한 광산물은 경기변동에 따라 가격이 출렁거렸다. 그러나 다이아몬드는 경제공황 때도 가격변동이 적었다. 어려운 환경일수록 사랑은 강렬하다.

조선에서 다이아몬드는 보석이 아니었다. 한국에서 보석은 옥, 산호, 호박, 진주, 금, 은이 귀금속 보석이었다. 일제강점기 다이아몬드가 알려지기는 했으나 전파되지 않았다. 보석으로 자리 잡은 것은 미군의 한국전쟁에 참전 후, 서양식 약혼과 결혼이 성행하던 때부터다.

케이프의 날씨

　남아공 케이프타운은 국회가 있고, 두 번째로 큰 도시470만 명이다. 백인의 도시이다. 백인이 사는 데는 기후가 좋다. 네덜란드인과 영국인이 주역이다. 케이프타운Cape Town은 아프리카의 최남단이다. 동쪽으로 인도양, 서쪽으로 대서양을 끼고 있다. 남아공에는 9개 행정구역이 있다. 주province 단위이다. 북케이프, 서케이프, 동케이프 3개 주가 남아공 남서부에 해당한다. 케이프타운이 중심 도시이다. 농업이 주산업이다. 남아공 유명 포도주 생산도 이 지역이다.

　세계의 지리학자 50명에게 사람이 살기 가장 좋은 기후를 물었다. 지중해식 기후 지역이라고 했다. 가장 살기 어려운 곳은 열대기후 지역이라 했다. 열대 지방은 기온이 높고, 비가 많고 모기를 비롯한 병충해가 많다. 인간 생활에 가장 영향을 많이 미치는 자연조건은 기후다. E. 헌팅턴은『문명과 기후civilization and climate』1925에서 기후가 문명을 결정한다고 했다.

　이 책은 틀린 이야기도 있지만 재미있는 사례가 많다. 식물이 싹이 트고, 자라는 데는 태양, 바람, 습도, 온도가 필요하다. 아무리 좋은 종자라도 물이 없으면 싹이 트지 못하고, 꽃이 필 때 서리가 내리면 열매를 맺지 못한다. 식물의 생존은 기후가 좌우한다. 기후 지역에 따라 자라는 동식물이 다르고, 사는 인간도 다르다. 인간은 햇볕이 나고 기온이 적당하고 바람이 산들산들 불면 기분이 좋고, 열심히 일한다. 구름이 끼고, 기온과 습도가 높으면 땀이 나고 일하기 싫다. 온대 지방에서 문명이 일어나고, 열대 지방은 문명이 일어나지 않는 이유라고 했다.

지중해식 기후는 여름에 비가 오지 않고, 겨울은 따뜻하고 비가 온다. 지구 여러 곳에 나타난다. 식생은 마퀴스maquis, 캘리포니아 차퍼랄chaparral, 칠레 마토랄matorral, 오스트레일리아 마리mallee, 남아공은 핀보스fynbos이다. 건조기후에 잘 견디는 키 작은 관목이다. 그 지역의 기후를 가장 잘 대변하는 생물은 동물도 사람도 아닌, 식물이다. 지중해식 기후 지역의 농작물은 밀, 포도, 올리브, 귤이고, 가축은 양, 낙타, 소다. 바다를 낀 대륙의 서안에 나타난다.

쾨펜Koeppen은 지중해식 기후를 여름 기온을 기준으로 Csa와 Csb로 구분했다. Csa는 비가 없는 뜨거운 여름이 특징이다. 그리스 아테네, 스페인 바르셀로나, 이탈리아 플로렌스, 모나코 지중해 연안이다. Csb는 비가 없는 시원한 여름 지역이다. 아프리카 케이프, 미국 샌프란시스코, 칠레 콘셉시온 등이다. 쾨펜은 식물을 관찰하여 기후 지역을 설정했다. 셀바와 정글이 나타나면 열대우림, 침엽수림만 있으면 한대 지방, 이끼만 자라면 툰드라, 식물이 자라지 못하면 사막이라 했다.

여행자sojourner는 기상은 알아도 기후는 모른다. 기상은 하루, 일주일 한 달 날씨를 말한다. 30년간 기상의 평균값이 기후다. 교통이 불편했던 시절, 인간의 삶도 그곳의 식물군과 동물군의 서식지에 따라 결정되었다. 기후에 따라 유럽 백인Caucasoid, 아시아 황인Mongoloid, 아프리카 흑인Negroid으로 진화했다. 지금은 교통의 발달로 한국인이 뉴욕에도 살고, 케이프타운에도 산다. 인간은 서식지가 한정되지 않는 동물이 되었다.

아프리카 케이프는 겨울은 따뜻하고 비가 많고, 여름엔 시원하고 비가 적다. 겨울5~8월 평균온도는 18°C, 최저는 8.5°C다. 여름12~3월의 최고는 26°C이고, 최저는 16°C이다. 연평균 강우량은 515mm다. 여름 4개월 강우량은 69mm이고, 겨울 4개월은 321mm다. 케이프는 연간 3,100시간서울 2,143시간 햇볕이 난다. 우리의 겨울과 여름에 비하면 케이프타운의 여름은 시원하고 겨울은 따뜻하다.

부자들에게 가장 인기 있는 세계적인 휴양지는 지중해 연안 리비에라Riviera다. 프랑스 남쪽 해안과 이탈리아 북동해안이다. 마르세유, 칸, 니스, 모나코, 이탈리아 제노바가 있다. 지중해 연안이다. 영화배우와 스포츠 스타들의 별장이 있다. 항구에는 고급 요트가 즐비하다. 영국 황태자비 다이애나와 연인도 여기에 호화 요트와 별장을 갖고 있었다. 러시아가 탐을 내고 점령한 크림반도는 러시아에서 가장 날씨가 좋다는 지중해 기후 지역이다. 러시아인의 별장Dacha이 가장 많은 곳이다.

기후는 인간의 피부색을 결정한다. 피부색은 인간의 운명을 결정한다. 지중해식 기후 지역에는 검은색 피부가 살았다. 케이프에는 원주민 코사Xhosa족이 살던 곳이다. 항해 시대 백인이 들어와 원주민을 쫓아냈다. 더 건조한 사막으로 갔다.

남아공은 인류의 요람the Cradle of Humankind이라고 한다. 하우텡Gauteng주 동굴과 동케이프주 크라시스Klasies강 동굴, 서케이프주 피나클 동굴에서 가장 오래된 인류의 화석이 나왔다. 30만 년 전에 현생 인류인 호모사피엔스흑인가 출현했다. 7만 년 전에 아프리카 대륙에서 유라시아 대륙으로 넘어갔다. OOAOut of Africa이다. 태양광 밀도가 약한 고위도에서 검은 피부는 비타민D를 만들지 못한다. 멸종 위기에 처했다. 변이가 일어나 하얀 피부가 생겼다. 살아남았다. 까만 피부는 하얀 피부가 되어 400년 전, 남아공으로 돌아왔다. 하얀 피부는 강한 태양을 받으면 피부암을 일으킨다. 까만 피부가 되어야 오래 살아남는다. 아이러니 한 일이다.

제7장

콩고강 분지 국가들

콩고 분지

콩고강

　우리는 콩고강을 어떻게 알고 있을까? 아프리카 밀림, 콩고 내전, 피그미족, 콩고민주공화국이 떠오른다. 나는 1990년대 학회가 있어 갈 기회가 있었지만, 콩고 내전이 있을 때라 겁이 나서 가지 못했다. 콩고에 대하여 상식적 수준밖에 아는 게 없다. 아프리카 대륙의 특징은 극한의 건조 지역 사막과 극한의 적도 열대우림이 있다. 사하라 사막은 물이 너무 부족하여 사람이 살지를 못하고, 콩고강 유역은 물이 너무 많아 살기 힘들다. 콩고강 유역은 아프리카 면적의 13%를 차지하는 400만km², 한국 면적의 40배 크기다. 아프리카의 큰 강은 나이저강을 제외하고는 나일강, 콩고강, 잠베지강 상류는 모두 적도 아프리카 동부 고원 같은, 발원지이다.

　콩고강 유역은 아프리카 대륙의 한중간이고, 적도가 지나간다. 식민지 고난과 빈곤을 대변하는 아이콘은 콩고강 유역이다. 사하라 사막 북부 지방은 아프리카 대륙 중에서는 가장 잘사는 지역, 아프리카 대륙이지만 민족이나 문화가 아프리카가 아니다. 중동과 유럽풍이 더 강하다. 아프리카를 기후대로 구분하면 사막 지역Desert, 건조 지역Shahel, 열대우림 지역이다. 건조 지역과 사막 지역은 물만 있으면 사람이 살기에 좋다. 콩고강 유역은 열대우림 지역이고, 1년 내내 비가 내려 인간의 힘으로 어쩔 수 없고 적응하며 살아왔다.

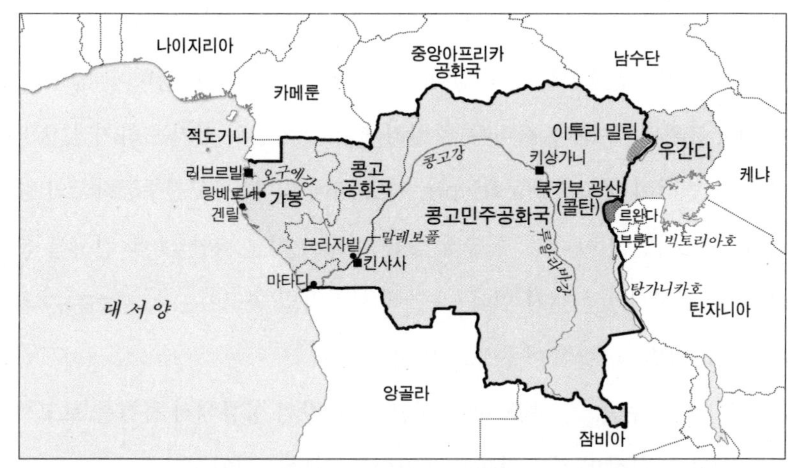

콩고강 유역 국가들 : 콩고민주공화국, 콩고공화국, 가봉

콩고강은 세계에서 9번째로 긴 강이고, 수량水量은 아마존강 다음으로 많다. 2위다. 아프리카에서는 나일강 다음으로 긴 강이고, 아프리카에는 여러 개의 큰 강이 있지만, 수량은 콩고강과 비교할 만한 강은 없다. 수심은 세계 하천 중에서 가장 깊다. 1초당 5만 톤의 물을 대서양으로 내보낸다. 아프리카 담수의 30%가 콩고강에 있다. 콩고 분지의 인구는 아프리카 대륙의 10%에 불과하다. 콩고강은 본류로는 콩고강Congo, 큰 지류는 루알라바Lualaba강과 샴베시Chambeshi강이 있다. 전장 4,370km다. 루알라바강은 보요마Boyoma폭포에서 상류 1800km까지다. 콩고강은 적도를 두 번이나 지난다. 적도 북쪽이 우기가 아니면 남쪽이 우기이다. 콩고강 유역은 강우량이 많고, 전체가 울창한 열대우림 지대이다. 숲의 크기는 아마존강 유역 다음으로 크다.

백인들은 콩고강을 고약한 강impassable river이라 불렀다. 콩고강 중간중간 급류나 폭포가 걸려 있어 배가 하류에서 상류로 배를 타고 갈 수가 없다. 유럽 식민지는 바다와 강으로 연결하여 내륙으로 들어가 식민지를 개척하였다. 바다가 없고, 강이 없는 곳은 식민지가 되지 못했다. 콩고강 유역은 콩고공화국, 콩고민주공화국, 중앙아프리카공화국, 앙골라, 잠비아, 남수단, 우간다, 르완다, 부룬디, 잠비아, 앙골라에 조금씩 걸쳐 있기는 하지만, 90%의 유역 면적이 콩고민주공화국DRC 영토 내에 있다. 콩고민주공화국의 강이라 해도 과언이 아니다. 콩고강 상류 400km 지점 좌안左岸에 킨샤사 콩고, 수도 킨샤사750만 명가 있다. 우안에 브라자빌 콩고Brazaville, 콩고공화국의 수도 브라자빌70만 명이 마주 보고 있다.

강의 좌안, 우안, 곧 좌측, 우측 하는 것은 강의 상류에서 하류를 보고서 하는 말이다. 한강의 경우 강북은 우안이고, 강남은 좌안이다.

브라자빌 콩고는 프랑스의 지배를 받았고, 1958년에 독립했다. 킨샤사 콩고는 벨기에의 지배를 받았고, 1960년에 독립했다. 편의상 콩고민주공화국Democratic People's Republic은 DR콩고, 콩고공화국은 R콩고라 부른다. R콩고와 DR콩고는 이름은 비슷하지만, 크기는 다르다. R콩고는 작다. 인구는 580만, 면적 34만km², DR콩고는 인구 1억, 면적 234만km²이다. DR콩고는 R콩고보다 면적으로 7배, 인구로는 17배가 더 크다. 해안에서 140km까지 콩고강을 사이에 두고 양국의 수도는 킨샤사 콩고는 앙골라와 맞대고 있다.

항해가 어려운 콩고강은 수량이 많고 급류와 폭포가 많다. 수력 자원이 세계에서 큰 강이 되고 있다. 콩고강 유역 수력 자원을 제대로 개발하면, 아프리카 대륙 전력 수요의 90% 전력을 충당할 수 있다. 콩고강 유역의 발전 잠재력은 세계 최대의 수력발전소인 중국 싼샤댐 발전 용량의 2배나 된다. 40GWT이다. 참고로 대형 원자로 한 기의 발전량은 1GWT이다. 현재 콩고강에는 40개의 수력발전소가 있다. 그뿐 아니다. 콩고강 물을 아프리카의 건조 지역에 공급하면 사막을 옥토로 만들 수 있다.

유럽인으로 콩고 분지를 처음으로 탐험한 사람은 헨리 노튼 스탠리Henry

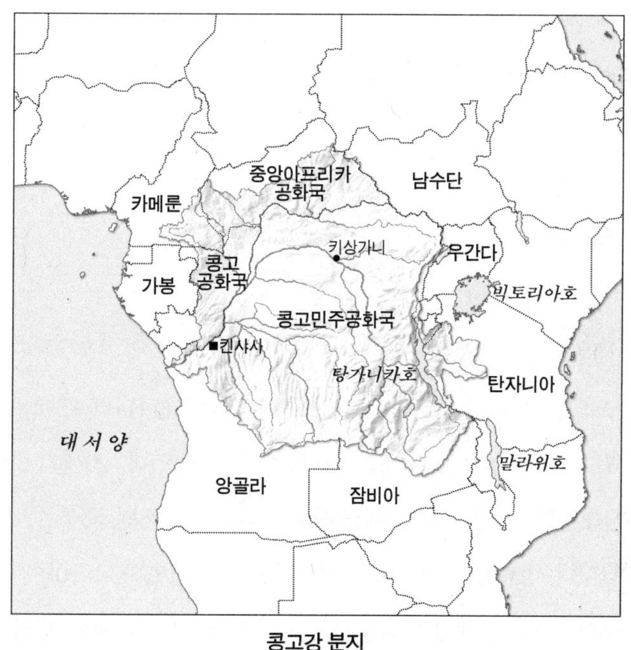

콩고강 분지

Norton Stanley이다. 1876~1878년간 콩고강을 탐험했다. 지명을 유럽식으로 작명했다. 아프리카의 동부 잔지바르Zanibar에서 출발하여 콩고강을 따라 답사하고 보고서를 만들었다. 사람의 접근이 어려운 열대우림 지역이고 자원이 없다 하여 영국과 프랑스는 콩고 분지는 관심 밖이었다. 벨기에 왕 레오폴드 2세가 스탠리의 보고서를 받고, 개인의 사유지, 콩고자유국Congo Free State, 1885~1908으로 식민지를 시작했다. 그리고 규모가 커지자 벨기에 식민지Belgian Congo, 1908~1960가 되었다.

세상에 알려지지 않았던 지구상 가장 오지이다. 콩고강 유역을 가장 비인간적인 방법으로 식민지를 통치했다. 벨기에 백인은 피그미족에게 고무 채취를 시키면서 작업량을 채우지 못하면 팔을 자르는 잔인한 짓을 자행했다. 잔인한 침탈 행위가 19세기 후반에서 20세기 초반, 식민지가 끝날 무렵 행해졌다는 사실에 경악을 금치 못한다.

콩고강 수력발전

영국인 암스트롱은 1878년 수력발전으로 자기 방에 전등 하나를 켰다. 영국의 크랙사이드Cragside다. 1886년에는 미국과 캐나다에 45개 수력발전소가 생겼고, 1889년에는 200개의 수력발전소가 있었다. 20세기 초반은 수력전기 시대였다. 프랑스의 그르노블Grenoble에서 1925년 국제 수력발전 박람회가 열렸다. 100만 명이 다녀갔다. 대단한 인기였다. 1920년까지 미국 전력 공급의 40%는 수력2022년 현재, 6.6%이었다. 댐을 축조하여 대형 수력발전이 가능했다. 댐으로 거대한 인공 호수가 생겨났다. 발전, 홍수조절, 관개, 생활용수, 해운, 관광에 이르기까지 다목적이었다. 미국에서는 1928년 후버댐Hoover Dam이, 1933년에는 테네시강 유역개발공사TVA, Tennessee Valley Authority가 설립되었다. 어느 나라를 막론하고 자연조건이 되면 수력발전을 했다. 2022년 현재, 전 세계는 수력으로 141GW 발전을 하고 있다. 전 세계 10GW 이상 대형 발전소는 7개 중 4개가 중국에 있다. 수력전기를 가장 많이 생산하는 국가는 중국이다.

콩고강 하류에 엄청난 수량의 급류가 흐른다. 식민지 시대부터 발전의 가능성을 타진했다. 잉가 급류Inga rapids이다. 급류 지역은 수도 킨샤사에서 하류 270km 지점, 마타디에서 상류 100km 지점이다. 이미 소규모 발전 시설을 갖추고 있다. 인가 1호와 인가 2호 발전소이다. 내전으로 정비하지 않아, 시설 용량의 40%밖에 전력을 생산하지 못한다. 지금 논의하고 있는 것은 잉가 대형 발전 프로젝트Grand Inga Project이다. 45GW 발전을 계획하고 있다. 세계 최대 규모이다. 현재 세계 최대 규모는 중국 싼샤댐 발전소이다. 22GW이다. 그랜드 잉가는 중국 싼샤댐의 2배이다. 표준 원자로 1기의 발전 용량은 1.0GW이다. 잉가 발전소는 원전 45개와 맞먹는 규모이다. 아프리카는 전력이 턱없이 부족한 대륙이다. 콩고강 대형 발전을 아프리카 꿈이라 하고 있다. 이웃 나라인 앙골라, 남아공을 비롯하여 10여 개국이 콩고강 하류 발전에 비상한 관심을 지니고 있다.

콩고강은 특별한 강이다. 대개 강은 하류로 갈수록 유속은 감소하고 수량은 많다. 콩고강은 하류에 폭포에 가까운 급류가 형성되어 있다. 수백 개의 작은 폭포들이다. 전체를 리빙스턴 폭포군Livingstone falls이라 부른다. 하류에 형성되어 있는 것은 지형 때문이다. 강은 폭이 300~800m인 콩고 협곡을 지난다. 협곡을 지나는 수량은 4만 2천 톤/s이다. 충주댐이 홍수 때 방류하는 수량이 5천 톤/s이다. 콩고강 급류 구간의 수량이 얼마나 많은지 가늠할 수 있다.

그랜드 잉가 프로젝트Grand Inga Dam Project는 유로 변경형 수력발전이다. RORRun off the River hydroelectric 방식이다. 급류를 여러 작은 댐으로 막아 유로를 변경시켜 발전하는 방식이다. 장점이 많다. 높은 댐을 축조할 필요가 없어 비용이 적게 든다. 저수지가 생기지 않으므로 수몰 지구가 발생하지 않는다. 대규모 저수지가 생기지 않으므로 생태계 교란이 일어나지 않는다. 댐이 붕괴하더라도 하류에 피해가 없다. 잉가 급류 지점은 콩고강의 최하류이다. 종합해 볼 때, 콩고강 하류의 수력발전은 좋은 자연조건을 갖춘 최적의 입지 조건이다. 콩고강은 DR콩고의 영토 내로 흐르고 있다. 수력발전의 수원을 두고 벌어지는 국제 간 갈등 소지도 없다. 에티오피아의 르네상스댐으로 하류에 있는 이집트와 분쟁이 있고, 중국 윈난성댐 건설로 메콩강 수

량이 줄어 라오스, 베트남, 캄보디아와 갈등을 빚고, 유프라테스강 상류에
튀르키예의 댐 건설로 하류에 있는 시리아와 이라크가 저항하고 있다.

전 세계 대형 거대 토목 회사들이 투자를 제의한다. 아프리카에서는 남
아공화국, 서방에서는 덴마크, 이탈리아, 벨기에, 미국이, 아시아에서는 중
국과 일본이 사업 제안을 했다. 콩고강 하류의 대규모 발전 가능성과 경제
성이 모두 인정된다. 중국의 참여 가능성이 가장 크다. 중국은 이미 수도 킨
샤사와 대서양 연안까지 철도를 부설했다. 세계 최대 수력발전소를 건설한
노하우가 있다. 그랜드 잉가 프로젝트에 관심을 가지는 것은, 콩고가 부존
하고 있는 광산물이다. 광산 개발에 많은 전력이 필요하다. 중국은 독재 국
가이므로 의사 결정이 빠르다. 일대일로의 일환이다. 걸림돌은 DR콩고로,
정국이 불안하고, 부정부패가 만연한 후진국이다. 정국만 안정되면 간단
하다.

한반도의 최초 수력발전은 1905년 운산 수력발전소이다. 500KW였다.
평안북도 운산 광산에 전력 공급을 목적으로 수력발전을 했다. 압록강 수
풍댐 수력발전소는 1943년에 완공했다. 제2차 세계대전 준비를 위한 군
수물자를 생산하기 위한 목적이었다. 그때는 동양 최대 수력발전소였다.
800MW이다. 압록강에 5개의 대형 수력발전소가 있다. 운봉, 문악, 기원, 수
풍, 태평양댐이 있다. 북한은 수력을 하기 좋은 지형이다. 남한은 사정이 다
르다. 100MW 이상 출력하는 큰 발전소는 충주댐412MW, 소양강댐200MW,
청평댐140MW, 팔당댐120KW, 화천댐108KW뿐이다. 다목적댐이다. 총 전력
생산 중 화력 65.3%, 원전 31.1%, 기타 2.0%, 수력은 1.6%에 불과하다. 한국
은 노년기 지형이다. 댐을 축조하면 수몰 지역이 너무 넓다. 수력발전의 잠
재력은 없는 나라다.

 ——— 아는 척하기 딱 좋은 **아프리카 지식 여행**

콩고민주공화국

킨샤사

    콩고민주공화국에는 26개 주가 있다. 킨샤사Kinshasa는 콩고민주공화국의 수도다. 특별시이다. 면적 1,462km^2, 인구 1천700만 명, 세계에서 가장 큰 도시 중의 하나다. 아프리카에서는 이집트 카이로, 나이지리아 라고스 다음으로 크다. 세계에서 가장 빠르게 인구가 증가하는 도시이다. UN-HabitatUN 인간거주센터에 의하면 인구는 매년 50만 명씩 증가하고, 도시의 면적은 8km^{2}씩 확대된다 했다. 콩고는 내전으로 악명이 높다. 내전이 있는 나라는 수도권에 사람이 몰린다. 끝까지 안전한 곳은 대통령이 사는 수도다. 콩고 내란의 진원지는 아프리카 대호수 지역, 우간다, 르완다, 부룬디와 국경 지대이다. 주민은 전쟁을 피하여 콩고강을 따라 수도 킨샤사로 들어왔다. 빠르게 인구가 증가하는 이유다.

    나는 1950년대 반란군이 있던 경남 산청에서 살았다. 빨치산이 사람을 죽이고 약탈을 하는 것이 두려워서 부산으로 이사 가자고 아버지에게 졸랐다. 많은 사람이 대도시 부산으로 이사 갔다. 부산에는 빨치산이 없다. 아버지는 결심하지 않았다. 빨치산이 출몰하는 고향에서 농사를 짓고 살았다. 훗날 알았다. 부산에 친척이나 연고가 없었다. 부산으로 이사는 빨치산이 출몰하는 산청에서 사는 것보다 더 힘들었기 때문이다. 시골에 산다는 것은 위험한 일이다. 그러나 연고 없는 도시에 나간다는 건 더 위험한 일이다. 내전이 있는 콩고민주공화국의 농민도 다르지 않다. 반군이 사람을 죽이는데 쉽게 도시로 나오지 못한다. 먹고사는 문제 때문에 농촌에 살아야 했다. 대도시에 나오지 못한 시골 후투족은 학살을 당했다. 처음에는 투치족이 학살 당했다. 보복으로 투치족이 후투족을 학살하기 시작했다. 르완다 인종 학살의 연장선에 있다. 르완다와 콩고민주공화국은 이웃 국가다. 국경 넘어 콩고까지 가서 학살했다.

피난민으로 도시 인구가 폭증하면 선진국에서조차 도시계획을 세울 수가 없다. 킨샤사는 그냥 방치하고 있다. 거대한 전통 시장이 있다. 시장은 상품을 교환하는 기능이다. 진열된 상품을 보면 그 나라의 생활상을 읽을 수 있다. 악어고기, 뱀고기, 메기와 시칠리드를 비롯한 민물고기가 대종이다. 옷과 공산품은 중국 제품이 많다. 선진국 대도시의 토지이용은 고층화를 해야 한다. 땅값 때문이다. 단위 면적당 땅값을 소화하기 위하여 고층화를 시도한다. 평당 1억 하는 땅이라도, 100층을 올리면 평당 100만 원으로 낮아진다. 킨샤사의 중심가도 땅값은 높다. 정치가 불안하여 고층화를 시도하지 않는다. 대신, 도시는 평면으로 확대된다. 도시 주변은 모두 빈민가 slum이다. 위생 시설과 교통은 전무한 실정이다.

보통 식민지의 수도는 해안에 있다. 수도 킨샤사는 내륙에 있다. 300m의 고도, 콩고강 유역, 대서양 하구에서 480km 상류 지점이다. 콩고강은 특별한 강이다. 수량은 엄청나다. 세계에서 2번째, 하구 부근에서 40km 구간에 고도 차이 때문에 작은 폭포들이 수없이 걸려 있다. 급류와 폭포의 중간 형태다. 어떤 배도 하구에서 상류로 올라갈 수도, 내려갈 수도 없다. 킨샤사에서 내륙으로 들어가는 철도는 없다. 도로 교통은 매우 열악하다. 교통로는 대부분 콩고강과 지류가 뱃길이다. 킨샤사는 콩고강 뱃길의 종점이다. 킨샤사에서 하류로 급류 때문에 뱃길은 없다. 킨샤사에서 상류 2천100km 지점에 있는 키상가니Kisangani, 160만 명까지 대형 선박이 다닌다. 대도시들은 모두 콩고강 연안에 있다. 상류와 수상 교통은 문제가 없다. 하류로 이동이 문제이다.

킨샤사는 말레보Malebo pool 호수 출구, 콩고강 남쪽에 있다. 바로 맞은편, 북쪽에 콩고공화국의 수도, 브라자빌Brazzaville, 180만 명이 있다. 두 도시 사이에 콩고강이 흐른다. 폭은 4km이다. 두 나라의 수도가 이렇게 가까이 마주 보고 있는 곳은 지구상에 여기뿐이다. 북쪽 콩고공화국은 프랑스 식민지였고, 남쪽 콩고민주공화국은 벨기에 식민지였다. 다 같이 프랑스어가 공식 언어다. 두 도시 간에 교량은 없다. 배로 다닌다. 킨샤사 콩고강 연안에 부두가 있다. 브라자빌에 가는 여객선 터미널이 있고, 내륙에서 배로 들어오는 화물 터미널이 있다. 마레보 호수 주변에서 작은 도시들이 발달해 있다.

킨샤사에서 대서양 연안 항구도시 마타디Matadi, 20만 명까지 육로를 이용한다. 기차와 자동차로 간다. 킨샤사의 옛 이름은 레오폴드빌Leopoldville이다. 식민지 도시로 성장했다. 식민지와 본국과 무역은 해양 무역이다. 어떻게든 대서양과 교통로를 만들어야 했다. 해안에서 킨샤사까지 칸샤사 - 마타디까지 철도를 건설했다. 366km, 난공사였다. 지형과 기후가 좋지 않고, 질병으로 공사 도중 2천 명이 죽었다. 1880년에 착공해 1889년에 완공했다. 철도 건설로 고무와 상아 수출로 킨샤사는 빠르게 성장했다. 자동차의 등장으로 철도는 폐쇄되었다. 중국이 투자하여 철도는 2015년 다시 개통했다. 중국은 콩고 분지에서 광산물을 대량으로 수입하고 있다. 일대일로의 일환이다.

피그미족

베르나르 베르베르의 소설 『제3의 인류』2013에서, 수억 년 전 제1의 인류는 키가 17m, 현생 인류는 1.7m, 제3의 인류는 0.17m라고 했다. 미래 인류는 작은 키가 대세다. 인간의 몸도 환경에 적응하여 진화했다. 산업혁명 전 생산 활동과 생존을 위한 경쟁에는 큰 덩치가 유리했다. 21세기 정보화 시대에는 큰 키와 힘센 몸이 필요한 곳은 스포츠뿐이다. 생산수단은 아니다. 현대 전쟁은 작은 몸이 유리하다. 항공기와 탱크에 작은 몸이면 작은 공간도 넓게 사용할 수 있다. 작은 몸은 총구를 피하기 싶다. 큰 발은 지뢰 밟기가 쉽다. 19세기 농사는 사람의 근육이나 축력에 의존했다. 지금은 컴퓨터를 장착한 기계가 한다. 자판을 두드리는 데 힘세고 큰 손보다는 작고 유연한 손이 더 유리하다. 소와 돼지 같은 가축은 큰 덩치가 효율적일 수 있다. 사람은 아니다.

필리핀에서 아시아 피그미족을 만났다. 승용차를 타고 필리핀 대학 구내 있는 국제미작연구소IRRI에 갔다. 승용차에 8명이 승차했는데도 공간은 넉넉했다. 피그미만 산다면 지금의 자동차, 도로, 집, 식량, 에너지 모두 1/2만 하면 충분하다. 현재 80억 인구로도 자원과 공해 걱정을 할 필요가 없다. 인간의 큰 몸은 작은 몸에 비하여 많은 에너지를 소비해야 한다. 많은 자원이 필요하고, 많은 공해를 유발한다. 피그미는 작은 것의 대명사가 되었다. 피그미 고래, 피그미 원숭이, 피그미 하마, 피그미 토끼, 피그미 돼지가 있다. 예쁘고 아름답다.

피그미Pygmy족은 키가 작은 흑인이다. 평균 130cm, 체중 30kg 정도다. DNA 조사에 따르면 오래된 인류다. 5천 년 전 이집트 고문서에도 나온다. 아프리카 피그미는 원래 사바나 지역에서 사냥하고 살았다. 덩치 큰 민족에

───── 아는 척하기 딱 좋은 **아프리카 지식 여행**

쫓겨 열대우림으로 들어갔다. 열대우림은 사람이 살기 가장 좋지 않은 환경이다. 온도가 높고 습기가 많다. 피그미는 열대우림에 살았기 때문에 왜소한 인간으로 진화했다는 설이 있다. 열대우림은 태양광 밀도가 낮다. 자외선의 부족으로 비타민D 형성이 안 되었다. 비타민D는 뼈를 형성하는 요소이다. 밀림에서 성장에 필요한 영양소와 칼슘 섭취를 못한다. 뜨겁고 습한 기후에 적응하려면 큰 몸집보다 작은 편이 유리하다. 열대 밀림에서 가장 사냥을 잘하는 민족이 피그미이다. 활, 창, 그물로 사냥을 한다. 이웃에 농경하는 반투족과는 사냥한 짐승과 곡식을 바꾸어 먹는다. 종합해 보면 유전적인 이유와 환경 요인에 의하여 작은 인종으로 진화했다.

콩고민주공화국에 가장 많이 산다. 50만 명 내지 100만 명으로 추정한다. 콩고 인구의 1.0%에 가깝다. 주로 콩고민주공화국의 동부 이투리Ituri 열대우림 지역에 많이 거주한다. 음부티Mbuti족과 트와Twa족이다. 우간다, 르완다, 부룬디 국경 지역이다. 10살이면 결혼하고 평균 5명의 아이를 낳는다. 사냥하고, 구근과 열매를 따 먹고 산다. 농사를 짓지 않는다. 평균수명은 30살이 조금 넘는다. 열악한 환경이다. 3일은 걸어가야 도시 병원에 갈 수 있다. 피그미는 적도 서부 콩고공화국에도 있다. 콩고의 내란으로 많이 죽고, 강제로 도시로 나온 부족도 있다. 작은 몸으로 춤과 노래를 관광 상품으로 팔아서 산다. 불쌍하다. 평화롭게 살던 피그미는 문명이 들어가면서 고난의 세월을 맞았다.

벨기에 식민지 시절, 귀엽고 작은 피그미 아이들을 잡아 유럽 동물원에 팔았다. 원숭이와 인간 중간쯤 진화한 유인원으로 홍보했다. 뉴욕 브로녹스Bronox 동물원에 전시된1906 오타벵가Ota Benga 이야기는 세기적 뉴스가 되었다. 백인들만 농락한 것이 아니다. 이웃 반투족에게도 박해를 받았다. 잡아가 노예로 팔았다. 강간하고, 살해하고, 심지어는 마법을 쫓아낸다며

피그미족의 움막

피그미를 잡아먹기Cannibalism도 했다. 밀림에 사는 피그미는 국적이 없다. 어느 나라도 국적 카드를 발급하지 않았다. 열등 인간으로 간주했다. 카드가 없어 학교에 다닐 수도 없고, 병원에도 갈 수 없다. 내전으로 밀림에 사는 피그미는 양쪽에서 박해를 받았다. 르완다에서 1만 명, 콩고민주공화국에서 7만 명이 살해되었다. UN은 내전으로 10만 명이 희생되었다 한다.

21세기의 인류는 4차산업 시대에 살고 있다. 사람의 키와 몸무게가 경제 활동에 기여하는 정도는 매우 낮다. 피그미의 움막은 한 평 남짓한 공간이다. 평균 7명이 산다. 보통 사람은 두 사람이 거처하기도 어렵다. 인간으로 태어난 몸을 줄일 수도 없지만, 키워서도 안 된다. 우리나라는 사람 키를 키우는 데 열을 올린다. 배우자 선정에 육체적인 조건 제1호가 키다. 남자가 키가 크면 미인 배우자를 만난다. 여자가 키가 크면 돈 많은 남자를 만난다. 키를 키우려고 뼈를 잘라 늘어뜨리고, 성장 호르몬 주사를 한다. 인류 문명

 ——— 아는 척하기 딱 좋은 **아프리카 지식 여행**

과 역행하는 행위이다.

콩고민주공화국 내란

아프리카에 2개의 콩고 국가가 있다. 콩고민주공화국DRC과 콩고공화국RC이다. DR콩고는 남쪽의 큰 나라이고, R콩고는 북쪽의 작은 나라이다. DR콩고의 수도는 킨샤사이고, R콩고의 수도는 브라자빌이다. 두 도시는 콩고강을 두고 마주 보고 있다. 교량이 없다. 배로 다닌다. DR콩고는 벨기에가 오랫동안 지배했다. 1960년에 독립했다. 아프리카 국가들은 모두 가난하다. 세계에서 가장 가난한 나라이다. 1인당 국민소득이 1,300달러다. 면적은 한국의 23배인 234만km²이다. 인구는 1억 명이다. 아프리카에서 면적은 2위, 인구는 4위의 큰 나라다. 속살을 들여다보자.

DR콩고의 중앙으로 적도가 지난다. 국토의 1/3은 적도 북쪽, 2/3는 적도 남쪽에 있다. 6°N과 14°S 사이에 걸쳐 있다. 열대우림, 콩고 분지이다. 분지 내에 콩고강이 흐른다. 적도 지방은 비가 많이 온다. 연평균 강우량은 2,000mm가 넘는다. 많은 강우가 큰 강을 만들었다. 수심도 깊다. 교통로는 콩고강을 이용한 수상 교통이 육상 교통보다 앞선다.

콩고 하면 내란을 떠올린다. 오랫동안 내란에 휩싸여 있다. 원인은 불만이다. 불공평과 차별 때문에 일어난다. 많은 사람이 죽었다. 제2차 세계대전으로 죽은 사람에 비견할 정도이다. 전후 세계에서 가장 큰 내란이라 한다. 콩고 내란은 왜 그치지 않는 것일까? 거대한 콩고 분지가 하나의 국가이다. 면적은 크고 지형이 복잡하고, 열대 밀림 지역이다. 부족은 많고, 서로 믿지 못한다. 국가는 세금을 거두기 쉽고, 치안을 하기 쉬워야 한다.

　DR콩고는 도로와 철도가 매우 부족하다. 건설하기 매우 어려운 지형과 기후이다. 매우 불편하다. 중앙정부의 공권력이 지방까지 제대로 미치지 못한다. 다양한 부족과 언어로 구성되어 있다. 콩고국 안에 250개의 부족이 살고 있고, 700개의 지방 언어가 있다. 공용어는 프랑스어다. 벨기에의 식민지였다. 벨기에의 공용어도 프랑스어다. 학교에서 프랑스어를 가르친다. 소통이 제대로 안 된다.

　교통이 없는 밀림 속에 반군이 나타났다. 게릴라전을 하고 있다. DR콩고는 아프리카 내륙의 한복판에 있다. 많은 나라들과 국경을 맞대고 있다. 아프리카에서 가장 많은 국경을 맞대는 나라다. 접경 국가가 10개국이다. 북쪽에 R콩고, 중앙아프리카, 남수단, 동쪽에 우간다, 르완다, 부룬디, 탄자니아, 남쪽에 잠비아, 앙골라, 서쪽에 가빈다가 있다. 르완다에서 내전이 일어나자 피난민들과 반군은 콩고 영토에 들어왔다. 앙골라에 내전이 일어나자 국경을 넘어 DR콩고에 들어왔다. 콩고에서 내전이 일어나자, 반군은 이웃 나라로 달아나 숨는다. 국경 경비가 쉽지 않다. 콩고의 이웃은 다른 나라이지만, 전쟁 때는 같은 고통을 겪는다.

　내전으로 사람이 죽었다. 희생자는 주로 농촌에서 나왔다. 반란을 해야 할 이유가 있다. DR콩고는 자원이 풍부한 나라이지만, 부패가 만연한 후진국이다. 국민은 가난하다. 빈부의 격차가 심하다. 부족 간 차별도 크다. 부족 간에 갈등도 있고, 중앙정부와 지방 간에 갈등도 있다. 중앙정부는 대규모 병력을 적시에 투입할 수가 없다. 반군은 밀림 속에서 오랫동안 자급자족하면서 버틸 수 있다. DR콩고는 값진 광물이 많다. 콜탄, 리튬, 코발트, 금, 다이아몬드, 탄탈륨과 석유가 생산된다. 희토류도 있다. 대규모의 광산은 중앙정부가 관리한다. 소규모 광산은 개인이 채굴하여 밀반출한다. 반군의 자금줄이 되고 있다. 반군이 접근하기 좋다. 미군이 한국전에는 강했는데도, 월남전에는 힘을 쓰지 못했다. 베트남의 밀림 때문이다.

남부군 빨치산이 지리산에서 쉽게 진압된 것은 자연 조건 때문이다. 1953년 정전협정이 체결되었다. 육군 1개 사단 병력이 들어왔다. 지리산은 산청군, 함양군, 남원군, 구례군, 하동군으로 둘러싸인 정상이 지리산 1,915m이다. 게릴라 장기전을 하기 어려운 지형이다. 휴전 당시 지리산에 남아 있는 빨치산은 800여 명에 불과했다, 지리산에서 먹을 것이 하나도 구할 수 없었다. 산촌 민가를 약탈하여 식량을 조달해야 했다. 산에서 마을까지 내려와야 했다. 국군은 산중 마을을 소개疎開하고, 보급로를 차단했다. 정전 3년 만에 소탕됐다. 조선 시대에도 많은 반란이 있었다. 성공한 반란은 하나도 없었다. 지형 때문이다. 숨을 곳이 없다. 모두 토벌되었다.

DR콩고는 다르다. 내전은 해방과 동시에 시작했다. 뿌리 깊다. 좌파, 우파로 나누어 독립 투쟁을 했다. 내란의 본질은 부족 간의 권력투쟁이다. 나중에는 공산주의도 아니고 자본주의도 아니다. 진영 싸움이었다. 친구를 죽이고, 친척을 죽이고, 같이 살던 부족을 죽인다. 어린 소년이 마약을 먹고 총을 잡게 했다. 힘이 없는 부녀자와 어린 아이들이 가장 많이 당했다. 아이들과 부녀자를 납치하여 전쟁에 이용했다. 내전은 더러운 전쟁Dirty war이다. 콩고 내전 피해도 크고 오래 지속되었다. 국가 자원을 두고 벌어지는 부족 간 싸움이다. 내전이 오래 간 것은 많은 국가와 국경을 접하고 있고, 교통로가 없는 열대우림에 있고, 반군이 자생할 수 있는 자금줄이 있었다. 또, 자원을 탐하여 각 반란군의 뒤를 봐주는 강대국들이 있다. 속전속결을 할 수 없는 자연적·사회적 조건이다.

DR콩고는 넓은 영토230만km²를 갖고 있다. 광물은 지하에 부존하는 자원이다. 과학기술이 발전함에 따라 자원으로 가치가 없던 것도 자원으로 가치를 갖게 되었다. 농사를 짓던 시설, 땅에서 석탄이 출토되면 저주받은 땅이라 하여, 피하여 다른 곳으로 이사를 했다. 검은 돌, 석탄은 산업혁명 때 귀한 자원이 되었다. 21세기 탄소 중립화와 미세먼지 발생으로 석탄은 가치를 잃었다. 쳐다보지도 않던 태양과 바람이 자원이 되고 있다. 자원의 가치는 기술 발전에 따라 변한다.

DR콩고는 내전이 그치지 않는다. 희귀 광물 자원 때문이라 한다. 3Ts : Tin, Tantalum, Tungsten를 비롯하여 콜탄, 구리, 금, 다이아몬드, 리튬 등이 생산된다. 콜탄Coltan은 전 세계 생산량의 85%를 차지한다. 21세기 떠오르는 광물이다. 콜탄에서 추출한 탄탈룸Tantalum은 전지 제조에 쓰인다. 모바일 폰, PC, 카메라, 전기자동차의 전지에 필수 원료이다. 콜탄에서 추출한 탄탈룸이 스마트폰 한 대에 0.02g 들어간다. 전기자동차의 최대 생산국은 중국이다. 콜탄을 중국에서 많이 수입하고 있다. 우리나라는 전기자동차 배터리와 스마트폰 최대 생산 국가이다. 여러 경로를 통하여 콜탄을 수입한다. 콜탄의 수입국은 1위 중국, 2위 독일, 3위 미국, 4위 일본, 5위 한국이다.

콜탄은 콩고 노르키부North Kivu주에서 생산된다. 우간다, 르완다, 부룬디와 접경하고 있다. 반란군이 있는 곳이다. 소규모 장인ASM, Artisanal Small Mining 방식으로 생산한다. ASM에서 콜탄 채광, 선광, 운반, 판매를 한다. ASM 방식으로 생산된 콜탄은 콩고 전체 생산량의 63%를 점유한다. 반군이 대부분의 ASM을 장악하고 있다. 강제노동을 시킨다. 노동자는 여성이 대부분이다. 아이들과 함께 광산에 들어온다. 채광採鑛은 수작업으로 한다. 삽 하나는 들고 지하로 들어간다.

보호 장구가 없다. 매우 위험하다. 지반의 붕괴로 사고가 잦다. 생명을 잃는 경우가 많다. 밤에는 군인에 의한 성폭행이 다반사로 일어난다. HIV/AIDS가 만연한다. 아이들은 학교에 보내지 않고 노동을 시킨다. 콜탄은 값비싼 광물이다. 1kg당 300달러에 가깝다. 하루 12시간 노동 대가로 3달러를 받는다. 미국 ABC방송은 '전형적인 19세기 식, 원시적 약탈적 채광'이라 했다. 값비싼 콜탄을 채굴하여 판매한 수익금은 주민이나 노동자에게 돌아가지 않는다.

반군에도 정의와 윤리가 있었다. 박해받는 부족의 권익을 위하여 총을 들었다. 무기를 사기 위하여 ASM을 운영했다. 초기의 취지가 퇴색되었다. 지금은 돈을 벌기 위한 반군이다. 반군이라기보다 도적떼다. ASM을 운영하기 위하여 총을 들고 있다. 즉, 콜탄을 채굴하기 위하여 반군이 됐다. 마약 카르텔 조직과 같다. 콜롬비아 밀림에서 코카를 재배해서 돈벌이를 하는 형식이다. 이웃 나라인 르완다는 반군들이 밀반출한 콜탄을 수출하여 큰돈을 벌었다. 콩고 정부는 짐바브웨, 부룬디에게 채굴권을 주고 반군과 싸우게 했다. 콜탄이 없는 곳은 내전도 없다는 말을 한다. 콜탄은 악마의 저주가 되고 있다.

DR콩고의 정부도 콜탄을 생산한다. 세계적인 기업들은 콩고정부와 공식적으로 수입 계약을 맺고 있다. 정부의 공식 생산량은 ASM의 30%에 불과하다. 대기업들도 브로커를 통하여 뒷거래를 하고 있다. 밀거래는 값이 싸고, 품질이 좋다. 테슬라와 구글을 비롯하여 벨기에 2개, 네덜란드 4개, 독일 3개, 영국의 2개 기업이 콜탄 밀거래를 하고 있다. 서방 언론은 고발하고 있다. UN인권위원회서 결의안을 냈다. 미국 오바마는 2010년 소비자보호법Dodd-Frank Consumer Protection Act에 서명했다. '피의 휴대폰Bloody mobile'과 피

의 다이아몬드Blood Diamond 원료인 콜탄과 다이아몬드를 사지 말자는 운동
이 있다. 분쟁 지역 광물Conflict Minerals의 국제 무역을 금지하는 법안이다. 팔
지 못하면 생산을 하지 않을 것으로 생각했다.

중국의 뒷손이 무섭다. 중국이 콜탄의 최종 소비지이다. 브로커는 중국
인이다. 브로커를 통하여 분쟁 지역의 광물이 몰래 팔려나간다. 그래도 콩
고 원주민은 콜탄 생산을 해야 먹고 산다. 대기업들은 콜탄을 수입해야 큰
돈을 벌수 있다. 성업 중이다. 반군에 의한 피의 콜탄이 근절되지 않는 이유
다 가장 가난한 나라에서 가장 가난한 사람들이 가장 어려운 여건 속에서 강
제노동으로 체굴한, 콜탄으로 만든 휴대폰을 우리는 쓰고 있다. 벨기에 레오
폴드 왕이 고무 생산을 독려하기 위하여 콩고 원주민의 팔을 잘랐다. 큰돈을
벌었다. 벨기에는 그 돈으로 도로를 건설하고 아름다운 궁전을 지었다.

출산율

    R콩고콩고공화국는 DR콩고에 비하여 작은 나라다. DR콩고 인구의 1/20, 550만 명, 면적은 1/7, 34.2만km²이다. 적도 아래 대서양에 면해 있다. 콩고강을 국경으로 R콩고와 DR콩고가 마주하고 있다. 하류에 있다. 동쪽은 DR콩고, 북쪽의 중앙아프리카와 카메룬, 서쪽의 적도기니와 가봉, 남쪽의 앙골라 역외 영토인 카빈다Cabinda와 접경을 하고 있다. DR콩고와 같은 반투Bantu족이고, 같이 프랑스어를 쓴다. 그러나 식민지의 역사는 다르다.

    아프리카 대부분의 나라가 그렇듯, 제2차 대전 이후 공산주의 바람이 불었다. 공산주의자들이 독립 운동을 했다. 독립 후, 친식민지주의자와 공산주의자 사이에 내전이 벌어졌다. 반식민지주의와 토지개혁을 주장하는 공산주의자들이 민심을 얻고 정권을 잡았다. 초기 공산주의 정부가 수립되었다. 소련의 지원을 받고 서방과 대립각을 세웠다. 식민지 잔재 세력이 유럽 모국의 지원을 받아 반군이 되었다. 다시 내전이 일어났다. 초기 공산주의 정부는 식민지 세력으로 대체되었다.

    1차 고비는 후원을 해 주던 소련의 1991년 붕괴다. 아프리카에서 공산주의 이데올로기 정치 이념은 끝이 났다. 서방의 정치체제를 모방하였다. 21세기 중국의 영향이 커졌다. 식민지 ⋯▸ 독립 ⋯▸ 공산주의 정권수립 ⋯▸ 쿠데타 ⋯▸ 친서방 정권 ⋯▸ 친중국. R콩고는 이 트랙을 밟고 있다. 1인당 국민소득이 4,600달러로 가난한 나라다.

R콩고는 니제르와 함께 세계에서 출산율이 가장 높은 나라다. 가임 여성 1인당 5.1명을 출산한다. R콩고의 출산은 의무가 아니다. 출산율이 가장 높은 대륙은 가장 가난한 아프리카 대륙이다. WHO는 가난한 나라가 출산율이 높은 현상을 소득출산역설Fertility Income Paradox이라고 한다. 선진국은 소득과 복지 수준이 대단히 높지만, 출산율은 매우 낮다. 소득이 높은 국가일수록 출산을 기피한다.

세계적으로 평균 소득은 높아지고 평균 출산율은 낮아지고 있다. 소득과 출산율은 반비례한다. 미국의 출산율을 보면 재미있다. 백인 1.6명, 흑인 2.4명, 히스패닉 5.9명이다. 소득이 가장 높은 백인의 출산율이 가장 낮다. 히스패닉 출산율이 흑인보다 높은 것은 가톨릭의 영향이다. 가톨릭은 다자녀를 선호하고 낙태를 반대한다. 젊은 사람은 도시에 많고, 소득은 농촌보다 더 높다. 그럼에도 도시의 출산율이 농촌보다 낮다.

영국, 프랑스, 독일은 출산율을 높이기 위하여 많은 정책을 내놓았다. 출산 장려금Baby Bonus을 비롯하여 교육과 의료 등 다양한 방법으로 지원했다. 가시적 효과는 없다. 프랑스는 출산율이 약간 높아지기는 했다. 누가 출산을 하느냐가 문제이다. 프랑스 백인은 복지 혜택에도 불구하고 출산하지 않는다.

가난한 이민자알제리인, 시리아인, 튀르키예인, 러시아인, 폴란드인가 높은 출산율을 보였다. 독일, 영국, 유럽의 경우도 다르지 않다. 출산율을 높이는 쪽은 난민 이민자들이다. 미국에서 출산하면 불법체류자라 할지라도 강제 출국을 못한다. 속지주의를 따르므로 출생한 아이는 미국 시민권을 갖는다. 이민자는 살기 위하여 출산한다. 복지 혜택만으로 고소득층의 출산율을 높이는 데는 한계가 있다. 트럼프 정권이 들어서고 난 후부터 많이 달라졌다.

 ——— 아는 척하기 딱 좋은 **아프리카 지식 여행**

국가의 구성 요소는 주권, 영토, 국민이다. 그중에서도 가장 중요한 건 국민이다. 영토와 주권은 뺏겨도 복원할 수 있다. 국민이 없으면 나라는 없다. 인구가 감소하면 국민이 줄어들고, 그 현상은 영토가 물에 잠겨 사라지는 모습과 같다. 국민의 의무는 국가 존폐에 관한 조항이다. 병역, 납세, 노동, 교육의 의무가 있다. 모두 국민이 한다. 인구는 국민이다. 우리나라의 출산율은 0.78명2024년이다. 세계 최하위이다. 위중한 일이다. 지난 15년간 300조에 가까운 예산을 출산 장려를 위하여 투입했다. 실효가 없었다. 특단의 대책이 요구된다. 인구를 늘이는 방안은 출산과 이민을 받는 일이다.

이민 정책은 쉽다. 따르는 부작용이 크다. 유럽 국가들이 이민으로 인구 충원하는 정책을 기피하는 이유다. 어느 선진국도 쉬운 이민을 인구 증가 정책의 기본으로 하는 나라는 없다. 사회 갈등 때문이다. 출산율을 높이기 위해는 복지 정책을 택하고 있다. 그러나 복지 수단, 즉 소득, 의료, 교육으로 목표 출산율을 성취한 선진국의 사례는 없다. 나라를 지키기 위한 수단이 국민 의무이다. 국민의 생명과 재산을 지키기 위하여 병역의 의무가 있다. 국가 존속을 위하여 인구정책을 복지에만 맡겨도 될까? 아직 출산을 의무화하고 있는 나라는 없다.

슈바이처 박사

가봉은 적도 지방, 3°N과 4°N에 걸쳐 있다. 연평균 기온은 27°C, 열대우림 지방이다. 국토 전체가 열대 지방의 나무인 맹그로브가 밀생한다. 89%의 국토가 밀림으로 덮여 있다. 연강우량은 2,000mm이다. 가봉의 중앙을 오구에Ogooue강이 흐른다. 가봉 전체가 오구에강 유역이다. 1,200km의 긴 강이다. 수량은 아프리카에서 콩고강, 나이저강, 잠베지강 다음으로 많다. 하구에는 큰 삼각주가 발달해 있다. 상류는 급류가 형성되어 있어 배가 다니지 못한다. 하구에는 수도인 리브르빌Libreville, 70만 명과 포트장틸Port-Gentil, 13만 명이 있다. 큰 배가 알베르네까지 올라간다. 오구에강 우안에 랑바레네 Lambaréné, 3만 8천 명가 있고, 맞은편에 슈바이처 박사 병원이 있다. 1913년에 개원했다. 150개 병상, 160명 직원, 2명의 외과 의사, 2명의 소아과 의사가 있다. 지금은 HIV/AIDS와 결핵을 치료하는 병원이다. 연간 5만 명이 이용한다. 아프리카의 5대 병원 안에 들어간다. 큰 병원이다.

슈바이처는 음악가, 철학가, 신학자, 의사였다. 그는 일생 동안 적도 지방에서 흑인들을 치료했고, 가봉에서 죽고, 묻혔다. 1875년에 출생하여 1965년에 운명했다. 90살을 살았다. 우연의 일치로 이승만 대통령과 출생과 사망 연도가 같다. 알베르트 슈바이처와 알베르트 아인슈타인을 혼동하는 경우도 있다. 혼동의 이유가 있다. 둘 다 독일인이고, '알베르트'라는 이름이

　　　──── 아는 척하기 딱 좋은 **아프리카 지식 여행**

같다. 둘 다 노벨상을 받았다. 아인슈타인은 1921년 물리학상, 슈바이처는 1952년 평화상을 받았다. 서로 잘 아는 사이이다. 제2차 세계대전이 끝이 나고 같이 반핵 운동을 했다.

슈바이처는 알자스로렌 지방에서 태어났다. 알자스 지방은 프랑스와 독일의 국경 지대에 있는 라인강 유역이다. 프랑스가 200년간 지배했다. 비스마르크가 프랑스를 정복하고 알자스Alsace를 독일에 편입했다. 슈바이처는 그때 독일 국적의 땅에서 태어났다. 독일인이다. 오랫동안 프랑스가 지배했지만, 알자스는 독일 사투리를 쓰는 지방이다. 제1차 대전 후에 프랑스 영토가 되었다. 제2차 세계대전 중 독일 영토가 되었다가, 전후 다시 프랑스 영토가 된 땅이다. 중요한 땅이기도 하지만 기구한 운명을 갖고 있는 땅이다. 그 땅에 태어난 슈바이처도 주민등록증도 복잡하다. 독일 국적으로 1913년 가봉에 갔다. 프랑스가 가봉을 점령하여 슈바이처는 프랑스군에 잡혀 수용소에 수감되기도 했다. 국적을 바꾸어 프랑스인이 되었다. 프랑스 국적으로 노벨상을 받고 프랑스 국적으로 죽었다. 그러나 슈바이처는 독일인 부모 밑에 자랐고, 독일에서 교육받아 평소에 독일말을 하여 독일인으로 안다.

슈바이처가 가장 시간을 많이 투자하고 공부한 분야는 음악이었다. 음악가로서 바하 작곡의 연구를 많이 했고, 파이프오르간 개혁 운동Organ Reform Movement에 기여했다. 그가 1905년에 설계한 파이프오르간이 스트라스부르 토마스 성당에 있다. 지금도 연주되고 있다. 나이 88세에 파이프오르간을 연주했고, 음악 평론가는 슈바이처의 손가락은 살아 있다고 평했다.

가봉으로 의료 봉사를 가면서 좋아하던 음악을 접었다. 그 사상은 생명 존중 사상reverence of life이다. "나는 살고자 하는 생명이다I am a life which wills to live." 모든 생명은 살고자 하는 의지가 있다. 슈바이처는 인도 자이나Jaina교의 영향을 받았다. 책을 쓰고, 유럽의 교회를 다니면서 모금했다. 병원을 짓고 치료하는 데 썼다. 부인도 간호사 자격을 취득하여 현장에 동참했다. 모금을 하다가 보면, 그 많은 돈을 어디에 썼느냐 하는 비판을 듣는다. 슈바이처도 예외는 아니었다. 그의 사후 자산 처리를 분석한 결과, 모금한 돈이 랑바레네 병원 외 어디에도 흘러간 흔적은 없었다.

아프리카에서 자선한다는 많은 서양인들은 자선보다는 사리사욕을 챙겼다. DR콩고의 레오폴드 왕이 그랬고, 탐험가 스탠리도 그랬다. 아프리카의 근대화는 유럽 백인 착취의 연장선에 있다. 리빙스턴과 슈바이처는 달랐다. 우리나라에도 이태석 신부가 있다. 이태석 신부는 내전을 하는 남수단 톤즈Tonj에서 봉사 활동을 했다. 이태석 신부도 음악을 좋아했고, 의사였다. 48살에 대장암으로 선종했다. 두 분은 초인적인 일을 했다. 슈바이처 박사와 이태석 신부는 보통 사람일까, 특수한 유전자를 타고난 인간일까? 우리가 존경하는 인간이라면 우리와 같은 DNA를 타고난 인간이라야 한다.

가봉의 봉고, 봉고의 가봉?

우리나라 자동차 중에 봉고가 있다. 기아자동차 미니버스의 상표다. 지금은 소형 트럭만 생산한다. 대단한 인기 차종이었다. 오마르 봉고 대통령은 자기 이름 받은 한국 자동차가 다닌다고 자랑했다. 사실은 아니다. 봉고는 대통령 이름을 받은 것이 아니고, 1980년 기술제휴를 한 일본의 마쯔다 봉고 자동차를 그대로 사용한 것이다.

가봉 대통령 봉고는 박정희 대통령의 초청으로 1975년 3박 4일 한국을 다녀갔다. 최고의 국빈 대우를 했다KBS 역사스페셜 213회 "가봉의 봉고 대통령, 그

 —— 아는 척하기 딱 좋은 **아프리카 지식 여행**

는 왜 한국 최고 국빈이 되었나?". 대단했다. 미국 대통령의 예우와 같았다. 대통령이 지나가는 길거리에는 수십만의 시민이 나와 태극기와 가봉기를 흔들었다. 높은 빌딩에서 반짝이 종이를 뿌렸다. 어떻게 보잘것없는 작은 나라의 대통령을 초청하여 대대적인 잔치를 한 것일까?

외교적 목적이 있었다. 아프리카 대륙에 식민지를 대거 갖고 있던 영국과 프랑스는 1960년대 식민지를 해방했다. 아프리카 54개국 중 37개국이 1960년대에 독립하였다. UN 회원국 193개 중에서 54개국, 27%를 차지한다. 대륙의 크기에 비하여 독립 국가가 많다. 분단된 남북한 정권은 '한반도에 유일한 합법적 정권'의 정통성을 인정받기 위하여 UN의 지지가 필요한 때이다. 자기편으로 만들기 위한 로비를 했다.

봉고 대통령 초청 환영 행사는 그 일환이었다. 1975년 가봉의 봉고 대통령을 북한과 남한이 동시에 초청했다. 봉고에 대한 극진한 환대에 보답하여 한국의 손을 들어 주었고, 북한행을 취소했다. 그가 한국 손을 들어준 것은 아프리카 서부 프랑스어권 국가들의 지지를 얻어 내는 데 큰 도움이 됐다. 당시 한국의 경제는 북한보다 못했고, 박정희가 쿠데타를 하여 정권을 잡은 국가다. 국제사회에서 한국이 북한보다 더 좋게 평가받을 수 없었다.

한국은 아프리카 국가들에 대사관을 설치할 형편이 안 되는데도, 무리해서 아프리카에 신생국에 많은 한국 대사관을 개설했다. 대사관에는 여러 명의 외교관이 있어야 했지만, 한 국가에 한 사람만 있는 대사관도 있었다. 북한도 마찬가지였다. 후속 조치로 한국은 가봉의 수도 리브르빌Libreville, 70만 명에 유신維新 백화점을 건설했다. 유신의 이름은 유신 헌법에서 따온 것이다. 한국 기업과 가봉 정부가 반반씩 투자한 초현대식 백화점이었다. 처음으로 에스컬레이터가 설치되었다. 가봉인은 백화점의 에스컬레이터를 타기 위하여 입장권을 받고 대기해야 했다 한다. 북한은 이에 대응하여 평양

박정희 대통령과 봉고 대통령

김일성 동상과 같은 거대한 봉고 대통령의 동상을 세웠다. 남북한은 UN 회원의 지지를 받기 위하여 출혈경쟁을 했다.

60대 이상 나이는 봉고 대통령 환영 행사를 기억할 것이다. 봉고 대통령의 가봉인지, 가봉 대통령의 봉고인지 기자들도 혼동해 오보했다. 가봉은 작은 나라다. 인구가 230만 명, 면적 26만km²다. 서아프리카에 있다. 가봉이 어디에 있는 나라인지도 모르는 한국인이 많다. 아마르 봉고 대통령은 1967년 집권을 하여 2009년까지 43년을 독재정치를 했다. 심장마비로 죽었다. 아들에게 권력을 넘겨주어 현재 이르고 있다. 한국과는 가깝다. 한국 대사관이 있다. 겸임국으로 적도기니와 상투메 프린시페가 있다.

세월이 흘렀다. 한국과 북한은 1991년 동시에 UN에 가입했다. 북한을 밀고 있던 소련이 붕괴했다. 북한은 더 가난해졌고, 한국은 제대로 하는 민주국가이고, 선진국 대열에 들어섰다. 1996년 OECD에 가입했다. 한국은 정통성을 인정받기 위한 경쟁을 할 필요가 없어졌다. 아프리카에 무리하게 개

　　　　———— 아는 척하기 딱 좋은 **아프리카 지식 여행**

설했던 16개 대사관을 폐쇄하고 통폐합했다. 유신백화점은 정부의 지원이 끊어져 폐쇄되고, 노후한 건물만 남아 철거 대상이 되고 있다.

가봉 인접 국가들 R콩고, 북쪽으로 적도기니, 카메룬도 모두 프랑스 식민지였다. 프랑스가 식민지를 한 지 150년이 넘었다. 1960년에 독립했다. 프랑스 문화를 따라가고 있다. 프랑스 식민지를 통하여 근대화가 되었다고 교육한다. 공식 언어는 프랑스어이고, 행정구역과 정치제도도 프랑스식을 택하고 있다.

아프리카 대륙 국가 중에서 가봉은 잘사는 나라이다. HDI는 모리셔스, 세이셸, 남아공 다음으로 높다. 4위이다. 1인당 소득은 1만 7천 달러, 세이셸, 모리셔스, 적도기니, 보츠와나 다음으로 5위이다. 석유 때문이다. 수출의 80%, 국가 재정의 40%를 점유한다. 요즈음 국가를 평가할 때, GDP 대신 HDI 지수를 많이 쓴다. HDI는 평균수명, 교육, 개인소득을 도입한 지표이다. 한국은 HDI 0.925, 일본과 함께 세계 19위, 미국은 20위다. 독재하지 않으면 가봉은 불평등이 사라지고 3만 달러 소득 국가는 될 것이라고 서양 언론은 평가한다. 2011년 가봉 대통령 선거에서 야당이 부정선거를 탓하며 봉고 대통령의 정통성을 부인했다. 반기문 UN 사무총장은 현직 대통령, 봉고의 손을 들어주었다. 보답해 준 셈이다.

적도기니

쿠데타 용역

적도기니는 스페인의 식민지였다. 서아프리카 적도기니만에 있다. 1968년, 스페인으로부터 독립했다. 초대 대통령은 마시아스 응게마다. 독재자였다. 군 참모총장이던 오비앙이 1979년 6월에 쿠데타를 하고, 정권을 잡았다. 같은 해 9월에 전 대통령, 마시아스 응게마를 처형했다. 응게마는 오비앙의 삼촌이다. 2023년 현재, 적도기니의 대통령은 오비앙이다. 살아 있는 통치자 중 가장 오래 집권하고 있는 국가원수이다. 44년째다. 아들이 부통령이고 후계자다.

적도기니는 작고 가난하다. 열대 지방에서 재배하는 커피, 카카오, 바나나와 열대 목재를 수출하고 사는 나라였다. 독립할 당시 카카오는 GDP의 75%를 차지했다. 면적은 2만8천km², 인구는 170만 명이다. 1996년 해안에서 석유가 나왔다. 대박이 터졌다. 2021년 현재, 1일 13만 2천bbl를 생산했다. 100만 명당 석유 생산의 순위는 1위가 쿠웨이트 54.1만bbl, 그다음으로 카타르 46.5만, UAE 33.3만, 노르웨이 32.4만, 사우디 26.5만, 가이아나 22.8만, 오만 21.4만, 리비아 18.1만, 바레인 11.6만, 캐나다 11.4만, 이라크 9.9만, 카자흐스탄 9.1만, 적도기니 8.8만 bbl 순이다. 세계에서 12번째 석유 부자 나라가 되었다.

독재한다고 해서 모두 국민을 못살게 하는 건 아니다. 오만, 바레인,

UAE, 쿠웨이트 왕들도 독재자들이다. 오비앙과는 다르다. 중동의 독재자들은 개인 착복도 하지만, 국가를 위하여 담수화 프로젝트, 항만과 도로, 원자로를 건설하여 국민소득과 생활의 질을 높였다. 적도기니는 한때 아프리카 제3위의 산유국이었다. 2005년 1인당 소득이 5만 불이 넘은 적도 있다.

세계에서 룩셈부르크 다음으로 1인당 국민소득이 높은 나라였다. 현재 1인당 구매력 평가ppp 소득은 18,127달러다. 아프리카 국가로서는 대단히 높다. 소득 통계 평균의 함정이다. 지니계수불평등 지수가 0.65, 세계에서 가장 나쁜 나라다. 국민 70%가 하루에 1달러로 살아가고 있다. 2019년 인간개발지수HDI, Human Development Index 지수는 189개국 중 145위이다. 원인은 독재로 인한 고질적인 부패endemic corruption에 있다. 《르몽드》지는 "독재 정권은 대물림하고 있고, 석유 대금은 대통령 가족들이 다 가져간다"Equatorial Guinea, one dictatorship to the next", Le Monde diplomatique, Nov. 2021. 국가원수로는 오비앙이 세계에서 최고 부자다. 개인 재산이 960억 달러가 넘는다.

오비앙은 세계 유수 은행에 예금시켜 놓고 44개의 계좌를 직접 관리한다. 오비앙이 가장 존경하는 인물은 박정희라고 했다. 1960년대 최빈국 서열에 같이 있다가 한국은 선진국 대열에 들어갔다. 오비앙도 그렇게 하고 싶다고 했다. 2010년에 방한하여 현대건설 김중겸 회장을 적도기니로 초청했다. 2015년 방한 때 쌍용건설 김석준 회장을 만났다. 아프리카 국가 중에 박정희 쿠데타와 산업화를 벤치마킹하려는 정치 지도자들이 있다. 산업화에 성공하지는 못했다.

아프리카에서 석유가 산출되면 반드시 유럽 국가들이 끼어든다. 석유 대금 운용만으로도 잘 살 수 있는 나라다. 독재 정권은 국가 재산을 사유화했다. 적도기니 해안에 제주도만 한 비오코Bioko섬이 있다. 수도는 비오코섬에 있는 사우다드데라파스Ciudad de la Paz이지만 말라보Malabo, 16만 명가 더 유

적도기니. 비오코섬의 말라보는 적도기니의 옛 수도이다.

명하다. 악명 높은 정치범 수용소 블랙비치 감옥Black Beach Prison도 여기에 있다. 2004년 쿠데타 실패 이후 정적들을 체포하고, 고문하고, 처형하는 곳이다. 외신들은 독재자 오비앙과 그 가족을 제거하면 적도기니는 해방을 맞는다고 보도한다.

2004년 3월 7일, 짐바브웨 경찰은 남아공에서 날아온 항공기를 하라레 공항에서 차압했다. 항공기에는 64명의 완전 무장한 군인들이 있었다. 적도기니 대통령 오비앙을 제거하기 위한 쿠데타군이었다. 기관총 20자루, AK-47 자동소총 61정, 수류탄 150개, 로켓포 10개로 무장했다. 행동 대장은 토아(Toit) 장군이다. 적도기니 대통령궁으로 들어가 오비앙을 제거하고, 야당 대표 스베로 모토Severo Moto를 옹립할 계획이었다.

쿠데타에 성공하면 새 정권으로부터 석유 이권을 얻어내는 조건으로 쿠

 ─── 아는 척하기 딱 좋은 **아프리카 지식 여행**

데타 용역을 맡았다. 비밀이 누설되었다. 시몬 만Simon Man과 토아 장군을 체포했다. 뒷돈을 댄 자는 아프리카에서 어머니 이름을 팔아 무기 장사를 하여 큰돈을 번 마크 대처였다. 영국의 수상인 대처의 아들이다. 마크는 남아공에서 체포되었다. 양형 거래plea bargain를 하여 벌금을 물고 풀려났다. 지금은 새 부인을 얻어 지브롤터에서 잘살고 있다. 어머니 찬스로 교도소를 가지 않았다고 외신들은 전한다. 와그너 그룹 같다. 독재자도 나쁘지만, 쿠데타를 용역 받은 영국 무기 상인도 도덕적이지는 않다.

제8장

서아프리카 국가들

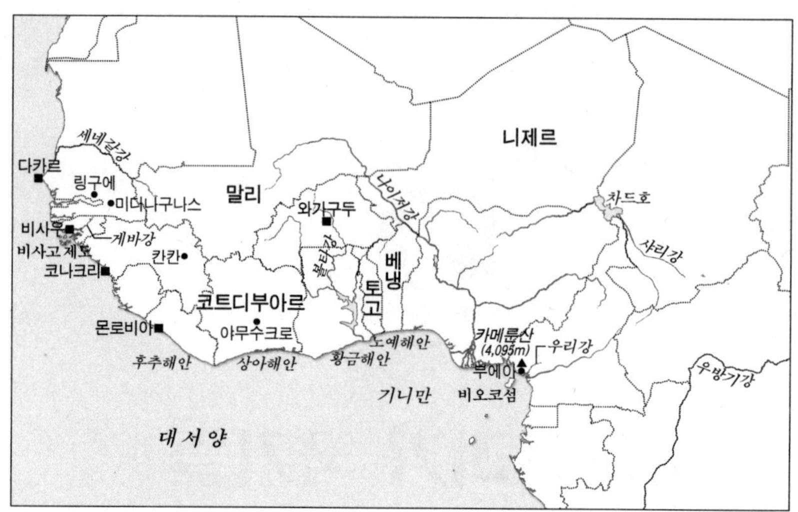

서아프리카 프랑크폰 8개국 : 베냉, 부르키나파소, 코트디부아르, 기니비사우, 말리, 니제르, 세네갈, 토고

중앙아프리카공화국

와그너 그룹

프랑크폰Francophone 국가들은 국민의 다수가 프랑스어를 쓰는 국가이다. 북아프리카 모로코, 알제리, 튀니지를 비롯해 서부 아프리카의 세네갈과 8개국, 중앙 아프리카에 카메룬 외 6개국, 동부 아프리카에 마다가스카르 외 5개국이다. 아프리카 54개국 중 19개국에서 프랑스어가 통용된다. 아프리

카 대륙만큼 프랑스 본토 외에서 프랑스어를 많이 쓰는 대륙은 없다. 프랑스는 주로 아프리카의 서부 지역, 영어는 아프리카의 동부 지역이다. 아프리카에서 다양한 유럽어를 쓰는 것은 식민지 때문이다. 포르투갈, 스페인, 프랑스, 영국, 독일, 벨기에, 이탈리아 등이다.

한 국가 내에도 많은 부족이 있다. 국가 크기에 따라, 적게는 수십 개, 많게는 수백 개의 부족이 있다. 갈등의 씨앗이다. 국가의 공식 언어official language는 지배한 식민지 모국어를 사용한다. 아프리카 국가 간에도 소득 차이는 있다. 평균 소득과는 관계없이 대부분 국민은 최빈곤선인 하루 1.9 달러 이하로 생활하고 있다October 2015, the World Bank updated the International Poverty Line (IPL), a global absolute minimum, to $1.90 per day. 아프리카 54개 국가는 거의 모든 국가가 독재하고 있고, 쿠데타를 경험했다. 소득 불평등이 심하다. 내전을 하고 있다. 아프리카의 특징이다.

국가도 개인과 같아서 어디에 태어났느냐에 따라서 팔자가 다르다. 유럽에서 태어난 나라는 모두 잘산다. 아무리 작고, 자원이 없고, 침략을 당했어도 이웃 나라와 비슷하게 민주주의도 하고, 경제 발전도 했다. 아프리카에서 태어난 나라는 어느 나라를 막론하고 못산다. 쿠데타를 통하여 정권이 교체되고, 가난하고, 내전을 경험한다. 모두가 독립 국가인데도 그렇다. 농업 기술만 파급되는 것이 아니라 독재정치도 파급되고, 쿠데타도 파급되고, 내전도 파급된다.

중앙아프리카공화국CAR도 예외는 아니다. 독재하고, 가난하고, 내전을 하고 있다. 내전이 있는 곳에는 지하자원이 있다. 우라늄, 금, 다이아몬드, 석유가 나온다. CAR는 남쪽은 기독교, 정부군이 장악하고 있고, 북쪽의 건조 지방은 이슬람 반군이 장악하고 있다. 힘에 밀린 정부군은 러시아에 원군을 요청했다.

러시아 와그너 회사Wagner Group가 참여하고 있다. 러시아 용병 회사PMC, Private Military Company다. 영국의 대처 수상 아들이 아프리카에서 무기 장사를 하고, 쿠데타 용역을 받았다. 회사는 돈을 벌기 위한 조직이다. 돈을 버는 일이면 어디든지 끼어든다.

현대 국가의 운영은 법에 따른다. 해외에 파병하려면 아무리 동맹국이라도 법 절차가 필요하다. 정부가 입안을 해야 하고, 국민 여론을 모아야 하고, 국회 동의를 받아야 파병을 할 수 있다. 시간도 걸리고, 과정도 매우 복잡하다. 대한민국 국회 청문회에서 국방부 장관에게 질의 답변하는 걸 보면, 전쟁을 할 수 있을까 싶다. 파병 목적에 따라서 군대 숫자도 다르고 무장 수준도 다르다. 모든 군사 행위는 법 절차를 따라야 한다. 간단치 않다. 간단한 방법이 없을까?

용병 회사가 있다. 회사는 그런 법이 없다. 이익만 나면 행동한다. 러시아 와그너 그룹이 대표적인 예다. 군대를 보유하고 있고, 전쟁용 중화학 무기를 소지하고 있고, 거래하고 있다. 와그너 그룹은 러시아에서도 불법이다. 눈감아 준다. 푸틴은 자생한 애국 단체 민병대라고 한다.

역사가 있다. 네덜란드, 영국, 프랑스가 방대한 식민지를 경영할 때 정부가 직접 관여하지 않았다. 동인도 회사를 통해서 했다. 동인도 회사가 외교권도 갖고 있고, 군대도 갖고 있었다. 이익만 생기면 전쟁도 한다. 와그너 그룹은 현대판 동인도 회사다. 전 세계 분쟁 지역에 참여하고, 대리전쟁을 해 주고 이익을 챙긴다. 우크라이나, 시리아, 리비아, 수단, 모잠비크, 마다가스카르, 베네수엘라에 출장소파견대를 두고 있다. 기동력이 매우 뛰어나다. 국회의 인준을 받을 필요가 없다.

CAR중앙아프리카 국가는 와그너 그룹을 고용했다. 활동은 대통령 토우데라Touaera 경호, 광산 경호, 도시의 치안 유지다. 1,400명의 정예 병력을 보유

 ───── 아는 척하기 딱 좋은 **아프리카 지식 여행**

하고 있다. 병력이 부족하면 현지에서 돈을 주고 고용한다. 프랑스 외인부대와 같다. 무자비하다. 잔혹 행위와 인권유린으로 고발당했다. 돈을 주고 해결한다. 간단하고 신속하다. 와그너 그룹이 반군을 쫓아내고 치안이 유지되면, 정부는 금광이나 코발트 광산 이권을 챙겨 준다. 수지 타산이 맞으면 해결사 역할을 한다.

와그너 그룹의 사장은 프리고친Prigozhin이다. 본부는 러시아 상트페테르부르크에 두고 있다. 무기는 러시아에서 구입한다. 우크라이나 전쟁 초기 2014년 크리미아반도를 접수할 때 모든 선제 작업은 와그너 그룹이 했다. 돈바스 지방을 침공하고 루한스크와 도네츠크주를 독립하도록 주선한 것도 와그너 그룹이었다. 러시아 정부는 모르는 일이라 했다. 서방 언론은 푸틴이 프리고친 사장에게 훈장을 주는 사진을 공개했다. 모르쇠를 할 수 없다. 러시아만 그러는 것이 아니다. 우크라이나도 일론 머스크에게 SOS를 쳤다. 머스크는 빅 데이터를 보유하고 우주 네트워크를 가진 기업인이다. 위

와그너 그룹의 직원을 모집하는 광고(2023년)

치 추적 정보를 제공하고 있다. 우크라이나는 드론을 날려서 러시아의 첨단 탱크를 박살을 내고 있다. 막강한 러시아 군대를 무력화시키고 있다. 미국 CIA가 모를 리 없고, 미국의 바이든이 모를 리 없다. 현대전은 새로운 양상으로 진화하고 있다.

와그너 그룹의 직원 모집 광고가 모스크바 고속도로 건물 외벽 17층 규모로 설치돼 있다. "월급 수준 24만 루불420만 원 + 보험 + 유급휴가, 근무 지역 러시아, 유럽, 아프리카 등, 남성, 전직 군인"으로 광고한다. 지금 북한군이나 네팔에서 우크라이나 전쟁에 참전하는 것도 비슷한 형태다. 전쟁 용역이다.

CAR의 화폐

나는 1940년생이다. 일본에서 태어났다. 우리 가족은 구마모토시에 살았다. 태평양전쟁 막바지에 미 공군 B-29 수십 대가 날아와 융단폭격을 하는 장면을 목격했다. 어머니 등에 업혀 대밭으로 피신한 기억도 있다. 1945년 해방과 동시에 한국으로 왔다. 경남 산청군은 부모님의 고향이다. 1946년 초등학교에 입학했다. 1948년 3학년 때 내가 다니던 당시 단계국민학교가 불에 탔다. 빨치산이 방화했다. 너무나 가난했다. 감꽃이 필 무렵이 제일 어려웠다. 춘궁기다. 감꽃을 주워 먹고, 소나무 껍질을 벗겨 먹고 살았다. 물물교환했다. 쌀을 주고 시장에서 필요한 공산품을 샀다. 화폐는 쌀이었다.

지금의 중앙아프리카공화국은 1인당 국민소득이 400달러로 가난한 나라다. 나의 어린 시절은 지금 CAR보다 더 가난했다. 우리 동네에 시계가 있는 집은 단 한 집뿐이었다. 자전거도 한 대 없었다. 1950년 6·25 전쟁이 일어났다. 처참했다. 1962년 제1차 경제개발 5개년 계획을 발표했다. 당해 년의 소득이 87달러, 목표 년인 1966년의 1인당 국민소득은 100달러였다. 1996년 선진국의 계꼇라는 OECD에 가입했다. 2021년 UN 무역 및 개발 위원회 UNCTAD, United Nations Conference on Trade and Development의 68차 회의에서 한국을 선진국으로 분류했다.

나는 자가용 승용차를 타고 다니고, 냉난방이 되어 있는 아파트에서 살고 있고, 옷이 수십 벌이나 된다. 비만이 두려워서 기름진 고기를 먹지 않으려고 애쓴다. 스마트폰으로 생수를 주문해 마신다. 1970년대만 하더라도 상상할 수 없는 일이다. 한 세대에 최빈국에서 선진국으로 진입을 경험한 사람은, 내 나이의 한국 사람 외에는 세계 어디에도 없다. 일찍이 세계사에 없었던 일이다. 나의 체험은 곧 한국 현대사가 되었다. 회고해 보면 나는 감격한다. 나만이 아닐 터이다.

현재 CAR는 1960년대 대한민국의 도시와 농촌을 보는 듯하다. 수도인 방기Bangui에서 수돗물을 먹는 도시민은 30%가 안 된다. 농촌은 말할 것도 없다. 모두 자급자족하고 살아간다. 매우 가난하고, 사회는 불안하고, 독재하고 있고, 내전 중이다. CAR는 아프리카 중앙에 있다. 남의 나라를 거치지 않고서는 바다로 나갈 수가 없다. 아프리카는 바다에 면하지 못한 내륙 국가들이 가장 많다. 말리, 니제르, 차드, 남수단, 에티오피아, 우간다, 르완다, 부룬디, 말라위, 잠비아, 짐바브웨, 보츠와나, 에스와티니, 레소토 등이다. 바다와 접하지 못하면 산업 국가로 발전하기 힘들다. 면적은 62만 2천km², 한국의 6배이다. 인구는 550만 명, 한국의 1/10 정도다.

1958년 프랑스 식민지로 있다가 독립을 얻어냈다. 공용어는 프랑스어다. CAR의 대부분 인구는 남쪽 DR콩고 국경 가까이에 있다. 수도 방기 근처이다. 90%가 기독교도다. 큰 강인 우방기Ubangi강이 흐른다. 콩고강의 지류다. 남쪽은 열대우림 지방이고 비가 많다. CAR 북쪽의 차드 국경 지역은 사바나기후 지역이다. 회교도들이 산다. CAR의 모든 지역이 우방기강의 유역이다. 수량이 많다. 수도 방기에서 DR콩고 수도인 브라자빌까지는 큰 배가 다닌다. 1,000km 구간이다. 우방기강의 상류는 급류이다. 좋은 수력발전의 자원은 되지만, 배가 다니지 못한다.

CAR도 프랑franc을 공용 화폐로 쓴다. 프랑은 CAR, 카메룬, 차드, 콩고공화국, 적도기니와 같이 쓰는 화폐다. 화폐의 발행은 프랑스 재무부에서 하고 있다. BBC는 프랑스가 화폐 발행으로 이들 국가에 원조하는 것보다 더 많은 이익을 챙긴다고 주장한다. 그러나 자국 화폐를 쓰다가 보니 정국이 불안해지자 화폐를 남발하여 인플레를 감당하기 어려웠다. 그래서 불이익이 있는 줄 알면서도 프랑을 쓴다. 라틴아메리카의 에콰도르와 엘살바도르가 미국 달러를 자국의 공식 화폐로 지정했다. 인플레이션 때문이다.

나라마다 고유한 화폐를 발행한다. 주조권鑄造權, Seigniorage 때문이다. 한국은행이 찍어낸 5만 원 1장의 원가는 종이와 인쇄비를 합하여 200원 정도라고 한다. 주조권으로 정부가 49,800원을 가져간다. 미국은 달러 주조권으로 세계의 부를 엄청나게 걸어간다. 디지털 화폐Crypto currency가 등장했다. 대표적인 화폐가 비트코인이다. 비트코인은 블록체인blockchain 기술을 이용한 화폐다. 해킹할 수 없고, 신뢰할 수 있고, 중앙은행이 없는 화폐다.

엘살바도르와 CAR도 프랑과 함께 비트코인을 국가 화폐로 지정했다. 정부가 예상했던 만큼 쓰는 사람이 많지 않은 듯하다. 컴퓨터와 스마트폰의 보급이 덜 되었기 때문이다. 세계 대부분 국가가 비트코인을 준화폐로 인정하고 있다. 디지털 화폐가 지폐를 대체할 날이 멀지 않은 것 같다. 세상은 변했다.

　　　　　　—— 아는 척하기 딱 좋은 **아프리카 지식 여행**

차드 호수

'아프리카의 해Year of Africa'에 아프리카 17개국이 독립했다. 1960년이다. 차드도 같은 해에 프랑스로부터 독립했다. 아프리카 대륙에 큰 식민지를 가지고 있는 나라는 프랑스, 영국, 벨기에다. 세계적인 정치 변화가 있을 때다. 프랑스와 알제리 전쟁이 있을 때고, 미국은 민권운동이 일어날 때이고, 아프리카 대륙에서는 반식민지 공산주의 독립 운동이 한창일 때다. 유럽 열강은 제국주의 식민지를 계속 관리할 형편이 못 되었다. 식민지에서 들어오는 수익보다, 독립 운동 진압 비용이 더 들어갔다. 국제적인 비난도 거셌다. 프랑스는 드골이 집권하면서 아프리카 식민지 독립을 허용했다.

차드는 내륙국이다. 북쪽 리비아, 동쪽 수단, 서쪽 니제르, 서남쪽 나이지리아, 남서쪽 카메룬, 남쪽 CAR로 둘러싸여 있다. 바다로 나가려면, 카메룬의 항구도시 두알라Duala, 200만 명까지 도로로 가야 한다. 차드의 수도 은자메나N'Djamena, 73만 명에서 두알라까지 1,060km 떨어져 있다. 차드의 면적은 124만km², 한국보다 12배나 되는 큰 나라이지만, 인구는 1,600만 명, 한국의 1/3도 안 된다. 물이 없는 사막이다.

교통은 매우 불편하다. 4만 4천km 도로가 있지만, 포장된 도로는 260km에 불과하다. 우기에는 차가 다니지 못한다. 철도는 없다. 우기에는 비행기로 이동한다. 비행장은 58개가 있지만, 포장된 활주로는 7개에 불과하다.

기후대는 북쪽은 사막, 중간은 사헬 지방, 남부는 사바나 지역, 그 남쪽은 열대우림 지역이다. 사헬 지방은 회교도, 남쪽은 기독교도가 많다. 기후대에 따라 부족도 다르고 문화도 다르다.

차드도 매우 가난한 나라다. 아프리카 고질병을 다 갖고 있다. 내전을 하고 있고, 빈부의 격차가 심하고, 하루에 1.94달러로 사는 인구가 80%가 넘는다. 각종 풍토병, 체체파리, 말라리아, HIV/AIDS가 만연하다. 의무교육을 시행하고 있지만, 아동을 학교에 보내는 부모는 40%가 안 된다. 전통적으로 성차별이 심하고, 아직도 일부다처제가 통용되고 있다. 200개의 부족이 있다.

북쪽 회교도들과 남쪽 기독교도들 간에 갈등이 심하다. 현재는 남쪽의 기독교가 집권하고 있다. 독재하고 있다. 30년간 집권하던 데비Deby가 2021년 죽었다. 아들이 대를 이어 정권을 잡고 있다. 프랑스의 군대가 1천여 명 주둔한다. 프랑스군이 차드 정부의 치안을 도와준다. 무기도 대주고 직접 참여도 한다. 외국 군대가 주둔하고 있으면 내정 간섭도 하고 경제적 이권도 챙긴다. 독립은 했지만, 프랑스는 여전히 차드에 빨대(?)를 꽂아두고 있다.

각종 구호 단체가 아프리카의 가난을 광고하여 구호의 손길을 내민다. 홍보의 대표적인 곳이 사헬 지방의 물 부족이다. 물이 없어 가축이 말라 죽고, 주민은 흙탕물을 페트병에 담는 장면을 본다. 사람이 먹을 물도, 가축에게 먹일 물도 부족하다. 사막화가 진행되고 있다. 기후 변화보다도 인재다. 유목하던 곳에 방목을, 방목하던 곳에 경작을, 농촌에 도시가 들어섰다. 유목하며 가축용으로 먹이던 물을 이제는 농업용과 산업용으로 쓰고 있다. 오아시스에 들어오는 물에 비하여 쓰는 물이 너무 많다. 몇 배의 물을 많이 쓴다. 이태석 신부는 남수단에 '교회보다 학교와 병원을 짓겠다.'라고 했다. 차드에는 사람과 가축이 먹을 샘을 파고 싶다는 생각이 든다.

차드에는 큰 호수가 있다. 말라가고 있다. 담수호다. 샤리Shari강이 유일한 수원이다. 수량은 일정한데, 인구가 많아지므로 물의 사용이 늘어났다. 1960년대만 하더라도 영국만 한 크기였다. 지금은 제주도 크기도 안 되는 1,500km²로 줄어들었다. 다국적 호수이다. 차드호는 반은 차드가 차지하고, 서쪽은 니제르와 나이지리아, 남쪽은 카메룬과 면하고 있다. 큰일이다. 차드 호수에 목을 매달고 있는 인구가 3천만 명이 넘는다. 식수와 농업용수를 공급한다.

지구의 재앙이라 한다. 비슷한 처지가 있다. 아랄해Aral Sea이다. 카자흐스탄과 우즈베키스탄 사이에 있다. 아무다리아강과 시르다리아강을 잘라 농업용 관개를 했다. 호수에 들어갈 물을 빼돌려 일어난 현상이다. 복원을 꾀하고 있다. 문명을 역행하는 일은 쉽지 않다. 도시를 농촌으로, 농경지를 방목지로 바꾸는 일은 불가능하다. 카스피해를 담수화하자는 방안과 볼가강 물을 끌어 쓰는 방안이 검토되고 있다.

차드호를 복원하고 늪지를 살리는 운동이 일어나고 있다. 차드 분지 위원회LCBC, Lake Chad Basin Commission를 구성했다. 카메룬, 차드, 니제르, 나이지리아, 알제리, 중앙아프리카, 리비아, 수단 등 8개국이 회원국이다. 본부는 차드의 수도 은자메나에 두고 있다. 수량이 풍부한 우방기강에서 물을 끌어다가 차드호에 공급하는 계획이다. 1964년 427,500km² 크기로 복원이 목적이다. 대안이 아니지 싶다. 더 많은 물을 공급하면 더 많은 물을 쓰고, 똑같은 문제가 발생한다. 물을 적게 쓰는 방안이 생태계를 보호하는 최선의 대안이다.

100세의 대통령

카메룬은 1962년 독립을 했다. 초대 대통령은 아흐마두 아히조다. 그는 1962년부터 1982년까지, 20년간 독재를 했다. 독재자 아히조는 특별한 이유 없이 정권을 폴 비야Paul Biya에게 넘겼다. 비야는 당시 총리였다. 어느 독재자를 막론하고 생명의 위협을 받지 않는 한 정권을 넘기지는 않는다. 왜, 어떻게 권력을 넘겼을까? 아히조Ahidjo 대통령은 건강상의 이유로 잠시 비야Biya에게 정권을 넘겼다가 재집권할 계획이었다. 러시아 푸틴처럼. 총리에 아히조 심복 부하를 심어 놓고, 자신은 집권당 CNUCameroon National Union 총재를 맡았다. 대통령직만 비야에게 넘겼다.

계획대로 되지 않았다. 대통령이 된 비야는 아히조와 다른 목소리를 냈다. 아히조는 다음 해 1983년 쿠데타를 시도했다. 실패했다. 비야는 보복에 들어갔다. 아히조 측 인사를 숙청하고 처형했다. 아히조는 프랑스로 망명을 갔다. 궐석 재판에 넘겨져 사형을 선고받았다. 프랑스와 세네갈을 오가며 살다가, 파키스탄 다카르에서 심장마비로 사망했다.

비야Biya는 1982년부터 대통령으로 집권하여 현재에 이르고 있다. 폴 비야는 적도기니 대통령 다음으로 세계에서 가장 오래 독재정치를 하고 있다. 입법, 사법, 행정을 통틀어 쥐고 있다. 프랑스의 명문 행정대학을 졸업했다. 기독교인이고, 카메룬 남부 프랑스어 사용권 지방 출신이다. 업적이 있다.

영어권과 불어권으로 나눠진 카메룬을 통일했다. 250개의 부족을 통합하여 하나의 나라로 만들었다.

92세인 폴 비야는 2025년 10월 대통령 선거에 출마했고, 8선에 성공했다. 카메룬 대통령의 임기는 7년이다. 임기를 마치면 99세다. 독재하고 있다. 야당 후보 감토는 선거법 위반으로 출마를 정지당했다. 혼자 출마할 예정이다. 반대파를 탄압하고 고문하고 처형한다. 서방의 언론은 더러운 독재자라고 비난한다. BBC는 나쁜 독재자 중 가장 나쁜 독재자Worst of Worsts라고 했다.

세계에서 10대 독재국가 순위는 다음과 같다. 2023년 현재, 부르네이 왕 볼키아Bolkiah 56년, 적도기니 오비앙Obiang 44년, 카메룬 비야 41년, 우간다 무세베니Museveni 37년, 에스와티니 무스와티 3세Mswati III 36년, 이란 카메네이Khamenei 34년, 카자흐스탄 나자르바예프Nazarbayev 32년, 에리트레아 아프베르키Afwerki 30년, 벨라루스 루카센코Lukashenko 29년, 레소토 레티시Letsie III가 27년간 독재를 하고 있다. 세계 10개국 중 아프리카 대륙에 6개국이 있다. 독재 정권의 폐단은 부정과 부패이다. 국민의 자유를 탄압하고, 국가 발전을 저해한다. 아프리카는 가난한 나라들이 많다. 가난해서 독재정치를 하고, 독재를 해서 더 가난해지는 악순환을 되풀이 하고 있다.

우리나라에도 독재 시절이 있었다. 이승만, 박정희, 전두환 정권이다. 이승만의 독재정치는 4·19 학생 시위로 정권에서 물러났다. 하와이로 망명했다. 박정희 대통령은 1961년 쿠데타를 하여 18년간 독재했다. 심복 부하인 중앙정보부장에게 1979년 살해당했다. 이승만은 독립 운동을 했고, 북한 침략으로부터 지켜냈다. 박정희는 산업화를 감행해 한강의 기적을 이룬 업적이 있다. 이승만 정권이 20만 명의 민간인을 학살한 보도연맹 사건, 박정희 정권은 간첩으로 조작하여 8명 사형선고를 했고, 선고한 지 20시간 만에 처

형한 인혁당 사건, 전두환 정권의 광주 시민을 학살한 5·18 항쟁은 독재정권
이 저지른 잔혹사다.

　북한의 공식 명칭은 DPRK다. 민주주의인민공화국이다. 공화국은 국민
이 지도자를 선출하는 제도다. 북한은 김일성, 김정일, 김정은 3대에 걸쳐
세습하여 권력을 잡고 있다. 민주주의도 아니고, 공화국도 아니다. 정확하
게 세습하는 왕국이다. 왕국에 민주주의라는 이름을 붙여 놓았다. 김일성
은 6·25 전쟁을 일으켜 수백만 명의 동포가 희생되었다.

　현명한 독재자가 좋은 정치를 하는 때도 있다. 문제는 다음 정권으로 평
화적으로 권력을 넘겨 줄 방법이 없다. 권력 이양은 독재자를 암살하거나,
쿠데타를 하여 독재자를 축출하거나, 시민혁명으로 정권이 붕괴하거나, 후
계자를 지명하여 다음 독재정권으로 넘겨주는 경우뿐이다. 독재정치를 하
다가 시민혁명을 거치지 않고 민주정치로 가는 경우는 현대사에는 없었다.
민주주의는 보편적 가치의 정치체제다. 민주주의로 가는 길은 쉽지 않다.

250개 부족

　카메룬Cameroon은 아프리카 대륙의 축소판miniature of Africa이라 한다. 아프
리카 대륙의 자연적, 문화적 특성을 모두 갖고 있다. 열대우림, 사바나, 고
원, 해안, 화산 지형이다. 적도 지방, 1°N과 10°N 사이다. 대서양 연안에 카
메룬산Cameroon Mt. 4,095m이 솟아 있다. 활화산이다. 자주 폭발한다. 1999년
폭발하여 용암이 대서양까지 흘렀다. 2012년에도 폭발하여 용암이 해안 도
로를 삼켰다. 부에아Buea, 30만 명는 카메룬산의 산록에 자리 잡은 카메룬 최
대의 도시다. 두 개의 강이 흐른다. 우리Wouri강과 사나가Sanaga강이다. 우

　　　　　　　　　—— 아는 척하기 딱 좋은 **아프리카 지식 여행**

리강은 포르투갈어로 코메로스, 새우의 강이란 뜻이다. 새우가 많이 잡힌다. 카메룬의 국가명은 코메로스에서 유래했다. 카메룬의 대서양 연안 해안은 기니만Gulf of Guinea이다. 카메룬만이라 불러야 하지만, 유럽에서 그렇게 불렀다. 기니만은 우리강과 사나가강의 하구다. 삼각주는 열대우림 지역이고, 맹그로브가 밀생한다.

기니만Guean Gulf에 비오코 제도Islands of Bioko, 2,017km², 33만 명와 상투메 프린시페SaoTome Pincipe, 964km², 20만 명 섬들이 있다. 모두 화산섬이다. 카메룬산과 같이 화산으로 생성된 섬들이다. 카메룬과 가깝지만, 카메룬 영토가 아니다. 한때 노예 무역으로 악명 높았던 섬들이다. 미국과 카리브해에 있는 자메이카로 보내는 노예는 아프리카 서쪽에서 잡아갔다. 비오코와 상투메섬에서 거래되었다. 제주도만 한 섬이다. 카메룬의 노예는 값이 싸다는 말이 있다. 잡혀가서 노예 생활을 하기보다는 자살을 하는 비율이 높아서라고 했다. 150년 전 잔인한 노예사를 말해준다.

아프리카는 부족이 가장 많은 대륙이다. 다른 자연에 적응하며 오래 살면 같은 인종이라도 다른 부족이 된다. DNA의 차이가 아니다. 문화의 차이다. 사람이 교류하기 어려운 자연 조건이고, 자급자족이 가능하면 부족이 된다. 아프리카는 다양한 부족이 갈등의 원인이 되고 있다. 유럽과 아시아의 부족 국가는 오래전에 사라졌고, 왕국으로 있다가 민족국가로 발전했다.

아프리카는 식민지 통치가 시작되기 전까지, 모두 작은 크기 부족 단위로 남아 있었다. 식민지 통치는 아프리카 부족의 다양성을 고려하지 않았다. 다양한 부족들을 하나의 식민지 통치 단위로 묶었다. 식민지 통치가 끝나면서 식민지 단위는 독립 국가의 영토가 되었다. 부족의 다양성이 나타났다. 부족 간에 갈등과 다툼이 많을 수밖에 없다. 카메룬은 2,700만 인구, 45.7만km²의 면적이다. 출산율은 4.7명이다. 250개 부족이 있다. 이렇게 많은 부족이 있다는 말은, 지형과 기후가 그만큼 다양하고 소통이 없었다는 말이다.

아프리카 대륙에는 3천 개의 언어가 있다. 언어가 가장 많은 대륙이다. 공식 언어는 모두 외국어다. 민족어가 공식 언어로 쓰이는 나라는 에티오피아가 유일하다. 아프리카 국가의 공식 언어는 영어, 프랑스어, 포르투갈어, 아랍어 중 하나다. 유럽과 언제, 어떻게 만났느냐에 따라 공식 언어가 결정되었다. 부족어가 있고, 지금도 부족 안에서만 통용되는 언어가 있다. 상업, 교육, 정부의 공식 언어는 유럽 언어다. 식민지 과정을 거치면서 학교교육을 실시했다. 학교에서 유럽 언어를 가르쳤다. 종교도 마찬가지다. 어느 나라가 지배를 했느냐에 따라서 가톨릭, 개신교, 이슬람교로 구별된다. 물론, 민속 신앙도 있다. 카메룬은 250개 부족이 있고, 250개 부족어가 있다. 카메룬의 공식 언어는 프랑스어와 영어다. 종교는 가톨릭과 개신교가 다수이고, 소수 이슬람이 있다. 사용하는 언어를 들어보면 소득 수준을 알 수 있다. 영어와 프랑스어를 하면 잘산다. 부족어를 쓰고 토속 신앙을 믿으면 못산다.

카메룬은 독일이 먼저 식민지 지배를 했다. 제1차 세계대전이 끝나고, 영국과 프랑스가 나누어 가졌다. 대부분 프랑스가 직접 통치했다. 카메룬은 여러 나라와 국경을 맞대고 있다. 북쪽 나이지리아, 북서쪽 차드, 남쪽 적도기니와 R콩고, 대서양 연안에 섬나라 상투메 프린시페가 있다. 영국령 서쪽 카메룬은 작고, 나이지리아 국경을 맞대고 있다. 영국은 나이지리아를 통하여 간접으로 통치했다. 영국령 카메룬을 식민지의 식민지colony of colony라고 했다.

암바조니아Ambazonia국이 있다. 어느 나라도 인정하지 않는 국가다. 스스로 그렇게 부른다. 카메룬 영어권Anglophone의 지역이다. 카메룬 남서부 Southwest, 2.5만km², 150만 명주와 북서부Northwest, 1.7km², 190만 명주 2개 주다. 암바조니아 카메룬은 1961년까지 영국의 신탁통치를 받았다. 영국에서 해방

 ——— 아는 척하기 딱 좋은 **아프리카 지식 여행**

카메룬과 그 이웃 나라들

됐다. 분리 독립, 프랑스령과 합병, 나이지리아와 합병을 두고 국민투표를 했다. 프랑스령 카메룬과 합병이 채택되어 연방 정부가 결정되었다. 영어권 카메룬은 차별을 받고 있다고 한다. 2017년 무력 충돌이 있었고, 암바조니아는 2017년 독립을 선언했다. 분리 독립을 원한다. 중앙정부는 분리 독립 운동을 탄압한다. 정부가 진압하자, 임시정부를 나이지리아에 두고 게릴라전으로 저항하고 있다. 카메룬은 가난한 나라다. 독재정치에 불만이 많다. 불만을 가진 부족들이 암바조니아에 들어가 반정부 게릴라전을 하고 있다. 영어권이라 영국이 관심을 지니고 있지만, 간섭은 하지 않는다. 나이지리아가 간여하고 있다. 여러 갈래 무장 단체를 'Amba Boys'라고 부른다. 가난하고 불평등하여 내전이 일어났고, 내전이 있어 더 가난하다. 악순환이다.

세네갈 갈치

　FAO는 세계에서 물고기를 가장 많이 먹는 나라는 한국이라 했다. 1인당 연간 58.4kg의 해산물을 소비한다. 노르웨이는 53.3kg, 일본 50.2kg, 중국 39.5kg, 미국 23.7kg이다. 해조류海藻類까지 합하면 한국인은 1년에 수산물을 70kg을 소비한다. 육류는 56kg다. 한국인이 먹는 수산물은 182종이다. 서양 사람들은 갈치도 먹지 않고, 해조류를 거의 먹지 않는다. 우리에게 김은 고급 식품이지만, 서양 사람들은 그냥 바다의 잡초Sea weeds일 뿐이다. 서양인은 유목민의 자손이라 그렇다.

　한-노르웨이 심포지엄2017에서 한국인 6천 명을 설문한 결과, 가장 많이 먹는 생선은 1위 고등어, 2위가 갈치였다. 일본의 오염수 방류로 고등어를 기피해, 지금은 갈치가 1위가 되었다. 가을 갈치는 한국 전통 밥상에 최고 식자재다. 우리나라에 흔한 갈치는 지금은 고급 해산물에 속하게 되었다. 제주 은갈치는 값이 만만치 않다. 한 마리에 3만 원까지 한다.

　세네갈은 수산업 세계 43위이다. 바다에서 47만 4천 톤을 잡고, 양식으로 2천 톤2017을 생산한다. 수산물은 수출 품목 1위이다. 세네갈의 주요 수출품은 수산물과 땅콩, 인광이다. 한국은 물고기를 바다에서 139만 5천 톤을 잡고, 양식으로 185만 9천 톤을 생산한다. 모두 325만 4천 톤이다. 세계 12위이다. 생산도 많이 하지만 한국은 대부분 국내에서 소비한다. 소량

의 가공 수산물을 수출한다. 2022년 66억 달러, 6천443톤, 물고기를 수입했
다. 1960년대 수산물은 수출의 12%, GDP 7%를 차지했다. 지금은 수산업의
GDP 기여도는 1%가 안 된다.

우리는 갈치와 고등어를 좋아하지만, 전 세계 어시장에서는 절대적 1위
어종은 참치다. 우리나라도 원양어선은 주로 참치를 잡았다. 지금은 정부
지원도 줄고, 인력도 구하기 힘들어 중국 등 후진국에 밀리고 있다. 세네갈
은 갈치는 물론이고 참치도 많이 잡힌다.

세네갈 근해는 좋은 어장이다. 북위 13°N~17°N 사이에 있다. 바다와 접
한 사막 국가이다. 연안에 용승류湧昇流, upwelling가 있다. 북적도 해류North
Equatorial current가 북쪽으로 이동한 뒤 수온이 낮은 해류가 잠류해서 들어온
다. 소용돌이를 일으켜 해저에서 용승류를 만든다. 연안의 북적도 해류가
바람을 따라 이동하고 나면, 찬 바닷물이 보충수로 밀고 들어와 솟아오르는
현상이다. 바람과 지구 자전의 영향이다. 용승류가 있는 곳은 세계 어디든
좋은 어장이 된다.

해저에서 부유물을 끌어올려 물고기의 식량이 되는 플랑크톤이 번식한
다. 세네갈 모리타니 근해는 좋은 어장이 되는 이유이다. 페루에도 용승류
가 있고 좋은 어장이 형성된다.

한반도 연안에서도 4만 3천 톤의 갈치가 잡힌다. 수요가 늘어나 매년 1
만 6천 톤27%을 수입한다. 주로 세네갈산이다. 수입산 갈치는 품종이 좀 다
르다. 값은 1/3 정도이지만, 맛도 떨어진다고 한다. 다음으로 베네수엘라와
중국산이다. 세네갈 갈치 4,276톤, 베네수엘라 2,786톤, 중국 1,934톤, 일본
419톤, 파키스탄에서 157톤을 수입한다2019.

열대 지방의 생선은 저장이 어렵다. 우리나라가 1960년대 원양어업을 한
덕택으로 세계 어디서 어떤 물고기가 생산되는지 많은 정보를 갖고 있다.

한국인 수산업자 김점봉 씨는 해수부의 명예 수산관이다. 명예 수산관은 수산물이 나는 세계 각지에 있고, 현지에서 수산업에 종사하면서 한국 정부에 수산 정보를 준다. 김 사장은 수도 다카르Dakar에서 600km 떨어진 메디나 구나스Médina Gounass에 냉장 창고, 냉동 창고, 얼음 공장을 지었다. 그 외 링게레Linguere에도 냉동 공장을 지었다. 갈치를 비롯한 어획물을 냉동 보관하여 세네갈에 판매도 하고, 한국으로 수출하고 있다.

우리나라에 잡히는 갈치는 제주도 은갈치와 여수와 목포에서 잡히는 먹갈치, 부산의 흑갈치가 있다. 당국은 같은 품종이라고 한다. 하지만 소비 시장에서는 값의 차이가 있고, 맛도 차이가 있다. 제주도 은갈치가 비싸다. 낚시로 잡는다. 여수와 목포는 그물로 잡기 때문에 외피에 상처가 있다.

갈치는 수심이 깊은 바다에 살다가 밤이면 수면으로 올라온다. 여름철 밤에 제주 앞바다에서 조명등을 켜고, 갈치 잡이를 하는 어선들을 볼 수 있다. 갈치는 잡히자마자 죽는다. 수족관에서 갈치를 본 적은 없다. 갈치는 심해에 살고, 수면 위로 올라오면 기압을 이기지 못해 즉시 죽는다. 신선도를 유지하기가 힘들고, 또 기름기가 많은 어종이므로 신선하지 않으면 배탈이 나기 쉽다. 갈치가 제대로 맛을 내려면 3년산 이상이라야 한다. 1년 이하의 작은 갈치를 풀치라고 한다. 15cm 이하다. 값도 싸지만, 맛도 그렇다.

사막화 방지 숲

얼마 전에 임진각에 다녀왔다. 2023년 12월이다. 임진강에는 2중, 3중으로 친 철조망을 보았다. 북쪽에서 남쪽으로, 남쪽에서 북쪽으로 가지 못하게 친 장벽이다. 지구상에는 이런 장벽이 수없이 많다. 멕시코의 불법 이민을 막기 위한 미국의 장벽 3,145km, 가자지구와 통로를 막기 위한 이스라엘 장벽, 스페인 역외 영토 세우타의 장벽 등은 모두 사람의 통로를 막는 장벽이다.

사막화를 막기 위한 장벽도 있다. 사하라 사막은 남쪽 사헬 지방으로 확대되고 있다. 사헬 지방은 사람이 산다. 사헬 지역 사회문제는 가뭄, 식수 부족, 식량 부족, 굶주림으로 난민이 된다. '사헬 재해는 사헬 지방에 한정되지 않는다.' 살기 위해 이주를 한다. 사자는 병들고 힘없는 버펄로를 공격한다. 무장 테러 단체 IS와 보코하람Boko haram은 힘없고, 가난한 농민을 약탈한다. 농민은 난민이 되어 이웃 나라로 들어간다. 이웃 나라의 치안도 불안해진다. 프랑스 마크롱 대통령은 사헬 국가들의 치안을 위하여 G5 사헬 연합군FC-G55, 모리타니, 말리, 니제르, 부르키나파소, 차드을 창설했다. 모두 프랑스어를 쓰는 나라들이고, 프랑스의 영향력이 강하다. 도둑이 발생하니 경찰 수를 늘리는 꼴이다. 프랑스는 5천 명의 병력을 파견했다.

우리나라는 지금은 1년 내내 미세먼지에 시달리고 있다. 황사다. 황사는 고비 사막에서 불어온다. 고비 사막이 확대되고 있다. 사막 방제 사업을 한 일이 있다. 사단법인 에코피스 아시아다. 에코피스 아시아는 KOICA가 후원하는 환경 단체다. 사막화를 답사하기 위해 현장에 갔다. 중국 네이멍구 자치구다. 수천 개의 크고 작은 호수놀가 말라버렸거나 말라가고 있다. 염호가 되고 사막으로 변해가고 있다. 중국 당국은 기후 변화로 인한 강수량의 부족이 원인이라고 주장했다. 내가 보기에는 그게 아니었다.

네이멍구 자치구는 1953년 600만의 인구가 2023년 2,400만 명으로 증가했다. 그중 한족이 80%, 몽고족 17%이다. 3%가 만주족이다. 1953년에는 한국의 12배 크기인 118만km² 면적에 600만 명만 살았다. 물 때문이다. 당시 몽고인은 유목 생활을 했다. 유목은 물이 부족한 지역에 물과 풀을 따라 가축을 몰고 이동하는 목축 형태다. 몽골의 독립을 우려하여 한족을 대대적으로 이주시켰다.

이주 정책으로 인구는 4배로 늘어났다. 한족은 농업과 광산업을 했다. 많은 물이 필요했다. 양수기로 호수와 지하수를 퍼 올려 농업용 관개수와 산업용 용수가 되었다. 강수량보다 더 많은 물을 쓰니, 호수가 마르고 지하수면이 낮아졌다. 고비 사막의 사막화가 확대되는 이유였다.

에코피스 아시아는 중국 학생과 한국 학생 300명을 선발하였다. 네이멍구 자치구에 나무를 심어 사막화를 막는 사업이었다. 먼지가 풀풀 나는 사막에 나무를 심었다. 맨땅에 헤딩(?)이다. 많은 돈을 들여 학생을 동원하고 수십만 그루의 나무를 심었다. 모두 말라 죽었다. 형식적으로 사업은 했다. 사업 보고서는 허위로 사막 확대를 막았다고 보고했다. 인간이 재앙을 인간의 힘으로 어떻게 할 수 없을 때 기후 재앙으로 돌리고 있었다.

사헬 지역에 걸쳐 있는 국가는 세네갈, 모리타니, 말리, 니제르, 수단, 에티오피아, 지부티다. 사막화가 진행되고 있다. 기후 변화라고 한다. 지구상에 기후가 변화하고 있는 것은 사실이다. 그러나 지난 100년간 기후 변화가 있어도 강수량의 변화는 없다는 것이 정설이다. 기후 변화로 사하라 사막이 사헬 지방으로 100km 확대되었다는 주장이다. 아프리카 대륙은 물론 EU와 UN도 심각하게 생각했다.

사막화 방지를 위하여 녹색장벽GGW, Great Green Wall을 건설하기로 했다. 2007년 AUAfrica Union, UN도, EU도 동참했다. 세네갈부터 지부티까지 7,700km, 폭 15km에 나무를 심는 사업이다. 실효를 거두지 못하고 있다. 나무를 심어도 살지 못한다.

니제르와 부르키니파소에 심은 나무는 모두 죽었다. 문제는 기후가 아니라 인구이다. 사헬 지방은 인구 성장이 가장 빠르다. 세네갈 1950년 240만

 ——— 아는 척하기 딱 좋은 **아프리카 지식 여행**

명, 2022년 1,790만 명, 가임 여성 1인당 3.1명을 출산했다. 모리타니 1950년 인구 6만 명, 2022년 410만 명, 출산 2.8명, 말리 1950년 인구 463만 명, 2022년 2,070만 명, 출산 4.1명, 니제르 1960년 320만 명, 2022년 2,404만 명 출산 4.7명이다. 인구가 폭발적으로 증가하고 있다. 한국 0.7명에 비하면 평균 5배 빠르게 증가하고 있다. 기후가 아니라 인구 증가로 인한 너무 많은 물의 사용이 사막화의 원인이다.

양심적인 학자들의 문제 해결은 GGW 사업이 아니라, 산아제한을 해야 한다고 주장한다. 인구가 적으면 전통 유목으로도 살 수 있다. 전통 농업을 해야 한다. 예를 들면, 우수저장농법water harvesting technique이다. 백아카시아white accacia를 심는다. 우기에 다른 농작물이 자랄 때 잎이 없고, 건기에 농작물이 없을 때는 잎이 무성하다. 농작물의 성장을 방해하지 않는다. 사하라 사막의 확대는 기후 변화가 아니라 인재다. 막을 수 있다. 정치가들은 책임을 전가하려 재해가 정책이 아니라 기후 변화라고 한다. 이를 뒷받침 하는 기후 변화를 핑계로 먹고사는 어용학자들이 많다.

세네-감비아 다리

　아프리카 대륙 안에서 가장 작은 나라이다. 세네갈이 3면을 둘러싼 11,300km², 인구 180만 명이다. 한국의 1/10 크기다. 감비아는 강이 전부다. 수도 반줄Banjul은 하구의 하중도에 있다. 감비아에 처음 들어온 유럽인은 포르투갈인이었다. 포르투갈 다음으로 영국이 들어왔다. 세네갈, 모리타니, 말리, 니제르가 모두 프랑스 식민지였다. 노예 무역을 위하여 영국 수비대를 두었다. 1889년에 영국 보호국이 되었다. 감비아강은 큰 배가 다닐 수 있는 하천이다. 동에서 서로 흐른다. 국토 모양도 강을 따라 동서형 지형이다. 세네갈 중앙에 감비아가 동서로 자리 잡고 있다. 세네갈을 남북으로 나눈다. 하운은 매우 발달해 있으나, 육상 교통은 매우 불편하다. 한 국가 영토의 핏줄은 육상 교통망이다.

　감비아강은 1,120km를 흐르는 긴 강이다. 세네갈 고원에서 발원하여 서쪽으로 흘러 대서양으로 들어간다. 수량은 풍부하고 평야 지대를 흐른다. 하구에서 500km 상류까지 배가 다닌다. 강은 미앤더링Meandering, 뱀처럼 꾸불꾸불 흐른다. 영국이 탐을 낸 것은 강을 따라 내륙 깊숙이 배가 들어갈 수 있는 장점 때문이다. 노예를 비롯하여 무역하기 좋은 입지다. 영국은 무역에 필요한 감비아강과 강을 둘러싼 연안을 보호국으로 삼았다. 세네갈의 한중간을 따로 떼어냈다. 이상한 모양이다. 감비아의 영토는 구글 지도에

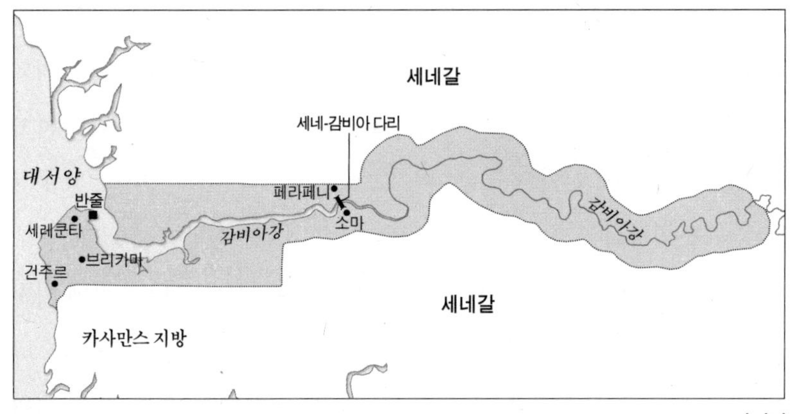

감비아

서 감비아 검색을 추천한다. 문자로 설명하기 충분치 못하다. 하류의 강폭은 10km가 넘는다. 감비아강은 감비아는 물론 세네갈의 남북 교류에 큰 장애가 된다.

세네-감비아 다리Senegambia Bridge를 건설했다. 전장 1.9km, 폭 12m, 2차선 자동차가 다닐 수 있고, 양쪽에 인도가 있다. 자동차 한 대 통과하는 데 편도 5달러다. 감비아의 생활수준에 비하면 매우 비싸다. 서부 아프리카에서 가장 긴 다리다. 다리를 건너지 않고 상류로 우회하려면 400km를 더 가야 한다. 1914년에 착공하여 1919년에 완공했다. 가난한 감비아와 세네갈은 절대로 필요한 교량이지만, 건설할 돈이 없었다. 감비아는 2023년 GDP가 23억 달러, 1년 예산은 5억 달러다. 감비아가 건설을 감당하기에는 도를 넘치는 사업 규모다.

아프리카 개발 은행ADB이 투자했다. 교량의 건설비는 9천3백만 달러다. 세네-감비아 다리는 감비아강에 걸쳐 있다. 감비아의 남북을 연결하고, 북남 세네갈을 소통한다. 세네갈이 감비아보다 더 관심을 가졌다. 개통하는 날, 감비아 대통령 배로Barrow와 세네갈 대통령 살Sall이 참석했다. 남쪽 세네갈은 카사만스Casamance 지방이다. 교통로가 없어 북쪽에 비교하여 소외되고 낙후되어 있었다. 카사만스 지역은 분리 독립 운동을 했다. 아직도 하고 있다. 감비아 땅에 건설된 교량이다. 그 이름이 세네-감비아 다리, 'Sene + Gambia'를 합하여 작명했다. 교량이 세네갈에 미치는 영향이 더 크다.

세네-감비아 다리는 감비아와 세네갈뿐만 아니라 서부 아프리카에 미치는 영향도 크다. 서부 아프리카 국가를 통과하는 고속도로Trans-West African Coastal Highway, TAH 7번 고속도로가 있다. 전장 4,560km이다. 모리타니의 수도 누악쇼트Nouakchott에서 나이지리아 라고스Lagos까지이다. 15개 국가를 통과하고 경제를 통합하자는 취지의 고속도로이다. 세네-감비아 다리는 7번 고속도로의 완성에 크게 기여했다.

작고 가난한 나라, 감비아의 또 하나의 이슈는 대통령 선거다. 잠메Jammeh 대통령은 쿠데타를 하여 1996부터 2017년까지 21년간 독재했다. 2016년 대통령 선거를 했다. 예상을 뒤엎고 야당 후보 배로Barrow가 당선됐다. BBC는 "서아프리카에서 기적이 일어났다."라고 했다. 야당 후보 배로는 43.3%, 집권당 잠메는 39.6%, 3.7% 표차다. 현직 대통령 잠메는 승복하는 듯했다. 그러나 마음을 바꾸어 선거 결과를 부정하고 정권 이양을 거부했다. 시위가 일어났다. 변호사 협회, 교사 연맹, 기자 협회, 대학교수, 의사 협회가 참가했다. 군부는 잠메를 지지했다.

당선자 배로Barrow는 이웃 나라로 갔다. 세네갈의 감비아 대사관에서 취임식을 열었다. 내전 상태로 들어가는 듯했다. ECOWAS서아프리카 경제 공동체 국가들, AU아프리카연합, UN 안보리가 감비아의 민주주의를 염려하는 특별 성명을 냈다. ECOWAS는 군사 개입을 했다. 7천 명의 병력을 파병했다. 잠메는 포기하고 망명했다. 아프리카에도 민주주의가 조금씩 기지개를 켜고

 ———— 아는 척하기 딱 좋은 **아프리카 지식 여행**

있는 듯하다. 후진국은 예외 없이 독재정치를 한다. 독재정치는 언로가 막히고 인권이 무시되고, 삶의 질이 떨어지고 더 가난해진다.

포르투갈 식민지

포르투갈인, 바르톨로메우 디아스가 1488년 희망봉을 발견했다. 바스쿠 다가마가 1497년 인도 항로를 발견했다. 1456년경에 디오고 고메Diogo Gome는 아프리카 대서양 해안을 따라 항해했다. 아프리카와 가장 가까운 유럽은 포르투갈과 스페인이다. 항해하다가 섬을 보았다발견했다 하면 포르투갈 땅으로 등기했던 시절이다. 포르투갈은 원거리 항해할 수 있는 배를 개발했다. 카르벨Caravel이다. 삼각돛을 달았다. 범선이다. 돛의 방향을 조정하면 바람이 부는 역방향으로도 갈 수 있다. 항해 기술이 함께 발달했다. 노를 젓는 배가 아니다. 스페인에서는 규모가 더 크고 여러 개의 돛을 단 범선sailing ship, 갤리온Galleaon이 나타났다. 카르벨이 2륜차라면 갤리온은 트럭이다.

포르투갈은 아프리카 서해안을 탐사했고, 식민지를 만들었다. 전 세계에 포르투갈 본토의 수십 배가 되는 식민지를 가졌다. 아프리카 서안은 포르투갈이 점령했다. 그 뒤 프랑스, 영국, 벨기에가 따라 들어왔다. 다음은 아프리카 대륙에 포르투갈 언어를 쓰는 국가이다.

카보베르데Cape Verde, 면적 4천km², 인구 54만 명, 아프리카 서부 세네갈 앞 대서양에 있는 7개의 섬이다. 1975년 독립했다.

상투메 프린시페SaoTome & Principe, 면적 964km², 인구 15만 명, 1975년 독립했다. 기니 앞바다에 있는 섬이다.

기니비사우Guinea-Bissau, 인구 170만, 3만 6천km², 1974년 독립했다. 세네갈과 기니 사이에 있는 국가이다.

앙골라Angola는 1484년 포르투갈 식민지가 되었다. 1975년 독립했다. 인구 2천400만, 면적 124만 6천km², 수도 루안다Luanda에는 포르투갈인 20만이 거주한다. 큰 나라이다.

모잠비크Mozambique, 인구 2천500만, 면적 80.1만km², 1975년 독립했다. 마다가스카르섬 맞은편에 있다. 인도양 연안이다.지도 참조

기니비사우는 포르투갈 현지어Portuguese Creole를 쓴다. 인구의 90%가 크리올루crioulo를 쓴다. 독립했고, 모국어가 있는데도 포르투갈어를 그대로 쓰고 있다. 필리핀에서 쓰는 영어는 미국에서 쓰는 영어과 차이가 있다. 현지 영어pidgin이다. 포르투갈어와 기니비사우에서 말하는 포르투갈어도 구별된다. 포르투갈어 속에 현지어가 섞여 있다. 포르투갈어에는 없는 단어가 많다. 그러나 크리올루는 소통에 문제가 없다. 포르투갈어의 기니비사우 사투리다.

돈은 프랑Franc을 쓴다. 프랑은 프랑스 중앙은행이 발행하는 화폐였다. 현재 프랑스는 쓰지 않는 화폐다. 프랑스는 EU의 공동 화폐인 유로€다. 서아프리카 공동체ECOWAS, Economic Community of West Africa 15개국이 가입해 있다. 그중 8개국베냉, 부르키나파소, 코트디부아르, 기니비사우, 말리, 니제르, 세네갈, 토고에서 프랑을 기본 화폐로 하고 있다. 공동 화폐이고, 프랑스 은행에서 발행한다. 선진국 프랑스가 일정한 부분 책임을 지므로 신용이 있다. 인플레이션의 염려가 없고, 물가가 안정되고, 수출입 결재가 용이하다. 장점이 있다. 그러나 아프리카 통화가 유럽 중앙은행에 예속되어 있다는 단점도 있다. 고정환율이다. 1유로는 655프랑이다. 국가의 재정 운용에 한계가 있다.

기니비사우는 전체가 평야이다. 높은 곳이라야 300m가 안 된다. 네덜란

사바나의 건기. 건기의 기비니비사우 경관

드를 닮았다. 북쪽은 세네갈과 국경을 맞대고 있다. 위도 11°N~13°N 사이에 놓여 있다. 한국의 1/3, 타이완 크기만 하다. 인구는 170만 명이다. 건기와 우기가 나누어져 있다. 건기는 사하라 사막의 하마탄Harmattan 먼지바람이 불어온다. 내륙은 맹그로브가 밀생하는 열대우림 지역이다. 해안에는 비사고 제도가 놓여 있다. 88개 섬이다. 게바Geba강이 만들어낸 삼각주다. 20개 섬에는 사람이 산다. 우기에는 비가 많다. 연간 2,024mm 강우량이 있다.

비사우에서 리스본까지 비행기로 4시간 반, 3,200km 거리다. 수도 비사우에서 브라질 나타우Natal, 인구 80만 명까지 3시간 30분 거리에 있다. 2,880km이다. 포르투갈보다 가깝다. 브라질에 많은 노예가 들어갔고, 포르투갈어를 쓴다. 식민지 경험은 같다. 브라질은 아주 먼 거리로 느껴진다. 기니비사우와 브라질은 가깝다. 같은 언어권이므로 교류가 많다.

 —— 아는 척하기 딱 좋은 **아프리카 지식 여행**

경제는 형편이 없다. 세계 최하위이다. 농산물을 수출한다. 건어물과 견
과류와 야자유가 주요 수출 품목이다. 못사는 이유는 정치다. 미국 오바마
대통령이 2015년 아프리카 순방에 나섰다. 미국은 대표적인 민주주의 국가
다. 케냐의 수도 나이로비에서 연설했다. "아프리카 지도자들은 대통령 임
기가 끝나면, 내려와야 한다. 그렇지 않으면 아프리카의 미래는 없다"라고
했다. 보편적 민주주의를 언급했다. 오바마는 아버지가 아프리카인의 자손
이다. 아프리카 정치 상황을 진심으로 걱정해서 한 말이다. 동의한다.

보크사이트

기니Guinée는 포르투갈 말로 '검다'는 뜻이다. 기니비사우, 기니, 적도기니는 모두 같은 의미이다. 포르투갈 사람들이 들어와서 그렇게 불렀다. 파푸아 뉴기니도 마찬가지다. 흑인이란 뜻이다. 공식적인 나라 이름은 기니 공화국Republic of Guinée이다. 매우 가난한 나라다. 옛날에는 상아를 수출하고 노예를 팔았다. 주변국은 북쪽에서 시계 방향으로 기니비사우, 세네갈, 말리, 코트디부아르, 라이베리아영어권, 시에라리온이다.

2013년에 세상을 놀라게 했던 전염병 에볼라바이러스Ebolavirus의 발원지가 기니다. 에볼라는 박쥐가 중간 숙주다. 많은 사람이 죽었다. 라이베리아 10,675 감염 4,809명 사망, 시에라리온 14,124명 감염 3,856명 사망, 기니 3,811명 감염 2,543명이 사망했다. 치사율이 매우 높은 전염병이었다. 또 하나, 아프리카의 무서운 전염병은 아프리카 쿠데타다. 아프리카 54개국 중 쿠데타를 하지 않는 국가는 도서 국가를 제외하고는 보츠와나, 나미비아, 남아공뿐이다. 쿠데타가 정권 교체 수단이었다. 너도 하니 나도 한다는 식이다. 쿠데타가 팬데믹이 되었다.

아프리카의 정치 발전은 다르다. 20세기 전환기에 유럽의 약탈적 식민지 지배를 받았다. 제2차 세계대전을 계기로 독립 운동을 했다. 제2차 세계대전 전의 식민지 독립 운동은 모두 공산주의자들이 주도했다. 무력 항쟁이

 ——— 아는 척하기 딱 좋은 **아프리카 지식 여행**

다. 우리나라도 마찬가지였다. 민족주의자의 독립 운동은 주로 교육하고, 산업을 발전시켜 일본의 식민지를 극복하려고 했다. 일본의 협력 없이는 불가능한 친일세력이었다. 한편, 공산주의자들은 식민지 세력을 적대하고, 파업을 하고, 무력 항쟁을 했다. 아프리카도 예외는 아니다. 공산주의자들이 유럽 식민지 국가에 대항하여 게릴라전으로 독립 투쟁을 했다.

독립을 쟁취했다. 제2차 대전 후 아프리카 독립 국가들은 모두 사회주의로 갔고 독재를 했다. 밀려난 식민지 세력의 주류인 군부는 서방의 후원을 받아 되살아났고, 쿠데타를 했다. 쿠데타는 전염병처럼 유행했다. 정권 교체의 수단이었다. 4번이 평균이다. 모든 아프리카 국가들의 헌법은 민주주의제도다. 헌법대로 하지 못한다.

아직도 선거를 제대로 하지는 못하고 있다. 쿠데타는 정치 발전과 경제 발전을 저해한다는 것을 아프리카 국가들도 알고 있다. 서부 아프리카 공동체ECOWAS는 쿠데타를 막는 국제 협약을 맺고 있다. 군사 정변을 하는 국가에 파병하여 쿠데타를 무산시킨다는 조약이다. 잘 지켜지지 않고 있지만, 간섭한다.

기니 대통령 알파 콩데Alpha Condé는 2021년 개헌을 했다. 3선 개헌을 하여 대통령에 당선되었다. 시위가 일어났다. 혼란을 틈타 특수 부대 사령관 마마디 둠보야Mamady Doumbouya가 2021년 쿠데타를 했다. 9월 5일에 콩데 대통령을 체포, 구금했다. 국제기구인 AU, UN, ECOWAS, 프랑스, 미국 등은 쿠데타를 일제히 비난했다. 외교가의 이변은 중국의 태도이다. 중국은 아프리카 국가들의 정국에 일절 간섭하지 않는 주의다. 중국은 아프리카에서 가장 많이 투자한 나라다. 정권을 잡는 쪽과 손잡고 경제적 이익만 챙긴다. 그러던 중국이 처음으로 기니 쿠데타에 대하여 비난을 했다. "China opposes coup attempts to seize power and calls for immediate release of president Conde중국은 쿠데타를 반대하며, 콩데 대통령을 석방하라."라고 했다.

중국은 아프리카에서 자원을 수입하기 위하여 주로 철도와 항만에 투자한다. 자금과 기술, 자재, 노동자 일체를 중국에서 가져온다. 턴키베이스 Turnkey base 공사이다. 철도를 통하여 내륙에서 생산되는 석유와 광물을 수입해 간다. 중국은 거래 당사국의 정치에 간섭하지 않는 원칙을 지켜 왔다. '국내 문제interior affairs'라고 했다. 처음 있는 일이다. 세계는 주목하고 있다. 내정 간섭은 국제경찰만이 하는 일이다. 이제까지 미국만 했다. 중국이 드디어 미국과 유럽이 빠져나간 자리에 아프리카 경찰 역할을 맡는 것 아니냐 한다.

기니 군부는 외국의 압력에 못 이겨 체포한 대통령을 풀어주었다. 대통령 선거를 할 것이라 한다. 한편 ECOWAS는 독재를 영속시키는 독재 국가들의 국제 협약이란 비난도 있다. 아프리카 정치의 딜레마다.

기니의 광물 자원은 보크사이트다. 전 세계 매장량의 25%를 차지한다. 알루미늄 원광이다. 알루미늄으로 제련하는 데는 많은 전력이 필요하다. 러시아가 기니에 수력발전소를 건설했다. 알루미늄의 반제품은 알루미나 Alumina이다. 제련하여 수출한다. 후진국의 석유를 비롯하여 광물 생산은 정치권력과 쉽게 결탁한다. 권력자에게 돈을 주고 광업권을 따낸다. 언론은 통제되어 있고 국민은 잘 모른다. 독재 권력과 기업 간 밀거래를 하므로 비밀이 유지된다. 독재 권력이 이권을 독식한다. 빈부의 격차가 심하고 정권은 부패한다. 정치가 불안해지고 시위가 일어난다. 군부가 쿠데타를 한다. "자원의 저주"라고 한다.

 ——— 아는 척하기 딱 좋은 **아프리카 지식 여행**

황금

　유명인들의 재산을 조사해 발표하는 웹사이트가 있다. 유명 재산 가치 CNW, Celebrity NetWorth이다. 만사무사Mansa Musa가 최고 부자라고 했다. 말리 제국의 황제였다. 말리 제국Mali Empire, 1226~1670은 서아프리카에서 400년간 번성했다. 지금 세네갈, 감비아, 모리타니, 말리를 포함하는 영토다. 사하라 사막에 있는 오아시스 국가들과 금과 암염 무역으로 돈을 벌었다. 말리의 주요 수출 품목은 지금도 금과 소금이다. 프랑스의 식민지였다. 1960년에 독립했다. 말리는 못살고 가난한 사막 국가다.

　서부 아프리카 말리와 국경을 맞대고 있는 나라는 시계 방향으로 세네 갈, 모리타니, 알제리, 니제르, 부르키나파소, 코트디부아르, 기니다. 동아프 리카는 세렝게티, 마사이마라, 크루그 국립공원과 빅토리아 폭포 같은 관광 지가 많다. 한국인 여행자도 많다. 그러나 서아프리카는 한국인에게는 교 통도 불편하고 멀다. 항공기로 서울 - 파리 14시간 20분, 파리 - 바마코(말 리) 5시간 45분이 걸린다. 돈 버는 일이 아니면 잘 가지 않는다. 우리에겐 퍽 낯선 곳이다.

　말리는 이웃 모리타니와 면적은 비슷하지만, 인구는 5배다. 2천1백만 명, 면적은 120만km²이다. 바다가 없는 내륙국이다. 나이저강과 세네갈강 상 류이다. 동아프리카는 인도와 아랍의 영향이 크다. 서아프리카는 서부 유럽과 가깝다. 일찍부터 식민지가 되었다. 듣기에도 민망한 노예 해안, 상아 해안, 황금 해안이 있다. 거래되는 품목에 따라 붙여진 이름이다. 20세기 초 식민지 제국의 황금 탐욕은 대단했다. 황금 해안Gold Coast, 지금 가나다. 말리 남쪽이다. 포르투갈, 네덜란드, 노르웨이, 독일, 영국, 프랑스가 차례로 황금을 탐내어 침략했고, 식민지로 만들었다.

서아프리카의 작은 말리 제국 황제, 만사무사가 어떻게 역사상 최고의 부자 리스트에 올랐을까? 14~16세기 지구상에는 크고 세력이 막강한 엄청난 제국들의 황제가 있었다. 중국에 명 제국, 인도에 무굴 제국, 지중해 연안은 오스만 제국이 지배하고 있었다. 제국에 속한 사람이나 재산은 황제의 소유다. 명 황제 영락제, 오스만 술탄 세림Selim, 무굴 황제 바부르Babur는 말리의 무사에 비하면 몇백 배로 부자였을 터다.

만사무사가 호사가好事家의 입에 오른 것은 특별한 돈 자랑 때문이다. 무사의 금 이야기는 전설이 아니다. 많은 사실을 역사 기록으로 남겼다. 황제는 1324~1325년, 2년에 걸쳐 메카에 하지Haji, 성지순례를 떠났다. 4,300km의 먼 거리이다. 국정은 아들에게 맡겼다.

카이로와 메디나를 거쳐서 메카에 갔다. 수만 명의 수행원과 1만 2천 명의 노예를 데리고 갔다. 노예 한 명당 1.8kg의 금을 소지하게 했다. 낙타 80마리에 한 마리당 23kg, 총 1,840kg의 금을 싣고 갔다. 카이로에서 금으로 너무 많은 돈을 써서 물가가 올라가고, 금값이 폭락했다. 지금으로 환산하면 만사무사의 재산은 400억 달러쯤 된다고 했다. 어떻게 계산했는지 CNN 웹사이트에 들어가 보면 알 수 있다. 역사상 개인의 재산으로 최고 부자로 기록된다.

항공기가 발달한 지금은 세계 정상들은 하루 만에 세계 어디든지 갈 수 있다. 1334년에 황제가 전쟁이 아닌 성지순례를 떠났다. 수만 명의 수행

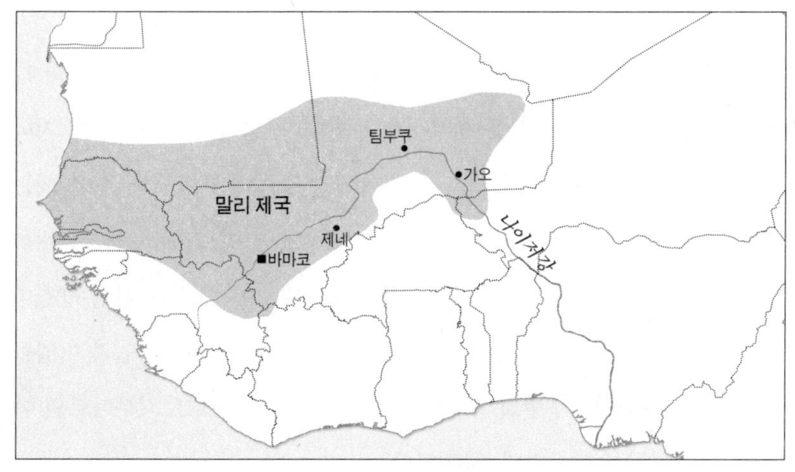

말리 제국

원entourage을 데리고 2년에 걸쳐 여행한 기록은 세계사에 없었다. 팀부크 Timbuku, 5만 4천 명만 아니라 카이로에도 메카에도 기록이 남아 있다. 무사의 순례는 소문이 날 만한 기행奇行이다. 특별하다.

인류 역사상 금Au만큼 인간에게 변함없이 사랑받는 금속은 없다. 철은 가치 있는 금속이다. 산업혁명으로 대량생산되자, 가격은 수직으로 떨어졌다. 2023년 현재, 순금 1그램의 가격은 10만 원이다. 2022년 전 세계 금 생산은 3,100톤이다. 말리는 매년 50톤을 생산했다. 많이 생산하는 순위는 중국, 오스트레일리아, 러시아, 캐나다, 미국 순이다. 아프리카에서는 남아공, 가나, 부르키나파소, 탄자니아, 말리 순이다.

금의 최대 수요는 장식용이다. 금의 성질 때문에 공업용으로 많이 쓰인다. 스마트 폰 한 대당 50mg, 2.82달러어치 금이 들어간다. 금을 많이 생산하는 후진국은 잘사는 나라가 없다. 금이 국민에게 돌아가는 것이 아니고, 권력자의 호주머니로 들어간다. 국가 발전에 도움이 안 되는 이유다. 말리도 예외는 아니다.

현재 말리는 13개의 공식 언어를 쓰는 다민족 국가다. 면적은 한국의 12배나 되는 124만m²다. 북부는 대부분이 사막이다. 남쪽에 나이저강이 지나간다. 나이저강이 생명줄이 되고 있다. 1인당 소득이 1000달러가 안 되는 가난한 나라다. 수도인 바마코Bamako는 인구 420만 명으로 아프리카 대륙에서 7번째 큰 도시다. 나이저강 연안에 위치한다. 나이저강은 가항 하천이다. 수로가 발달해 있고, 교통의 중심지다. 나이저강을 따라 농업과 어업이 발달해 있고, 경공업이 발달해 있다. 수출은 이웃 국가 코트디부아르의 아비장Abidjan 항구를 이용한다. 불편하다.

모리타니

21세기 노예 국가

UN 인권선언의 4조에 따르면 누구든 노예 상태 또는 예속된 채 놓이지 아니한다. 모든 형태의 노예제도와 노예 매매는 금지한다. 제5조 누구도 고문이나, 잔혹하거나, 비인도적이거나, 모욕적인 취급 또는 형벌을 받지 아니한다. 그런데도 지금도 전 세계에는 3천900만 명의 노예가 있다고 세계 인권 단체는 발표했다.

모리타니는 위도 17°N~26°N에 놓인 사하라 사막과 사헬 지방에 걸쳐 있는 나라다. 지난 50년간 사하라 사막은 사헬 지방을 100km 더 확장했다. 인접 국가는 서쪽 서사하라, 북쪽 알제리, 동쪽 말리, 남쪽 세네갈이다.

국토 전역이 사막이다. 인구에 비교하여 국토 면적은 넓고 크다. 사람이 살만한 땅이 적다는 말이다. 사막 가운데 산재한 작은 오아시스에 의존해 살아가고 있다. 모리타니 북쪽은 피부색이 옅은 아랍 베르베르Berber인이 살고, 남쪽으로 갈수록 피부색이 짙은 아프리카 하라틴Haratin이 많다.

인구의 구성은 하라틴 40%, 아랍 베르베르 30%, 풀라니 30%다. 국민의 97%가 모슬렘이다. 100만km²의 면적에 인구는 고작 420만 명이다. GDP는 1인당 7천500달러, 가난한 나라다. 포르투갈, 스페인, 프랑스 식민지를 거쳐, 1960년에 독립했다.

역사 이래 사람이 사는 곳에는 노예가 없었던 적은 없었다. 최재천 교수에 의하면 개미 사회도 노예제도가 있다 한다. 자기 의사에 반하여 누군가의 힘으로 강제하는 노동 행위를 노예 행위라고 하고, 국가가 인정하면 노예제도라고 한다. 현대는 전 세계 어디에도 합법적인 노예제도를 인정하는 국가는 없다.

노예는 불법적으로 존재한다. 모리타니는 사실상 노예제를 인정하고 실행하고 있는 나라로 악명이 높다. 정부의 공식 입장은 "노예제는 더는 존재하지 않는다. 노예제 주장은 서양 언론의 과장이고, 특히 유대인의 음모이다." 모리타니의 노예제를 고발하는 아베이드Abeid는 "세계에서 가장 노예가 많은 나라가 모리타니다."라고 한다. 북부 아랍 베르베르족이 남쪽 피부색이 짙은 하라틴을 노예로 부린다. 오래된 이슬람의 전통이 있다.

모리타니에서도 노예는 불법이다. 노예를 소유한 주인은 체포하고 투옥한다. 체포된 노예 주인은 곧 풀려난다. 형식적이다. 노예 행위가 만연하다. 인구는 적고 지역이 방대하여 단속하기도 힘들다. 또, 정부와 종교 지도자는 노예 관행을 방관한다. 서양 기자가 노예 문제를 취재하러 갔다. 기자에게 여성 노예를 선물했다. 무슨 뜻이냐고 반문했더니, 그 뜻도 모르냐는 식으로 웃더라고 했다. 노예는 일상화되어 있고, 죄의식도 없다.

모리타니의 노예제는 조선 시대의 노비와 비슷하다. 신분제이고 문화다. 정부와 이슬람이 노예제를 방조하고 있다. 이집트는 14세기에 쓴 이슬람 법전에 노예제를 합리화하고 있다. 모리타니는 인구 420만 명의 4%16만 명가 노예로 살고 있다. 노예를 가지고 있는 가구가 전 가구의 20%에 달한다. 정부가 노예를 해방해 주인을 떠나라는 명령을 한다. 노예는 실질적으로 갈 곳이 없다. 다시 주인집으로 찾아가 노예가 된다. 마치 가출한 아이가 집으로 돌아오는 현상과 같다. 강제가 아니라 자발적으로 노예가 된다. 노예 신분으로 있던 자들은 재산도 없고, 해방되어도 생업을 유지할 능력이 없다.

 —— 아는 척하기 딱 좋은 **아프리카 지식 여행**

노예를 해방해 주는 행위는 실업을 만드는 행위와 같다고 한다.

인권 단체인 워크프리 재단Walk Free Foundation은 세계에서 노예 문제가 가장 심각한 국가로 아프리카 서부의 모리타니와 카리브해의 아이티Haiti를 꼽았다. 아프리카 사하라 사막 서쪽의 소국 모리타니는 '노예 문제'의 평균치가 100점 만점 중 97.9점에 달해 수치가 가장 높다. 중남미의 최빈국인 아이티는 아동 노예인 '레스타베크Restavek'로 악명이 높았으며, 노예 문제 측정치가 52.26점으로 2위이다. 한국은 노예 상태의 노동자가 1만 451명 있다고 보고했다. 노예 지수는 2.32로 162개국 중 하위권인 137위였다. 미국은 2.77이고 134위, 중국 8.59로 84위이다. 순위가 낮을수록 노예 노동이 없는 나라다.

현대 사회에 노예가 존재하는 이유는 아프리카의 빠른 인구 증가에 원인을 둔다. 자원에 비교하여 인구가 빠르게 증가하므로 절대 빈곤에 허덕인다. 살기 위하여 이민 간다. 이민을 받아주는 국가가 없다. 불법으로 이민이다. 불법 이민자는 강제 노동과 성매매에 응해야 살아남는다. 노예 수준의 취업은 성매매가 22%, 강제 노동 78%다. 밀입국자는 단속을 피해야 한다. 선진국에 불법으로 값싼 노동을 제공한다. 부패한 정부는 불법으로 인신매매, 납치를 묵인한다. 사회적 차별은 성, 아동, 부족, 카스트 노예 문화를 부추긴다.

현대 사회는 노예제도가 불법이라 하더라도, 노예 노동은 어느 나라에서나 존재한다. 선진국일수록 불법 이민자는 있고, 불법 이민자는 살기 위하여 강제 노동과 성매매를 하는 경우다. 어느 나라에나 있다. 불법이고 단속을 피하고 있다.

해방 노예의 나라

라이베리아Liberia는 자유의 땅이란 말이다. 1847년에 독립했다. 아프리카에서 가장 먼저 독립한 나라다. 미국에 있던 흑인 노예가 해방되었다. 해방 노예가 이주하여 세운 나라다. 미국 식민지 협회가 도왔다. 국기도 미국 성조기를 모방했다. 수도도 노예 해방을 주장하던 몬로 대통령을 이름을 따라 몬로비아Monrovia로 작명했다. 서아프리카에 있다. 열대 지방이다. 시에라리온, 기니, 코트디부아르가 인접 국가이다. 면적은 한국 크기만 하다. 인구는 550만 명으로 한국의 1/10 정도이다. 가난하고 못사는 나라다.

미국에서는 1827년까지 노예제도가 합법적이었다. 미국 남부는 면화 재배를 위하여 많은 노동력이 필요했다. 백인 농장주는 아프리카 흑인 노예를 사들여 노동을 시켰다. 조선 시대 노비보다 더 열악한 신분이었다. 같은 사람으로 생각하지 않았다. 피부색도 달랐지만, 지능도 낮은 인간으로 취급했다. 개신교 목사들이 같은 사람으로 대접해야 한다는 인권 운동을 시작했다. 흑인 노예해방 운동을 전개했다. 모두 공감했다. 미국 남부는 노예 없이 면화 재배는 불가능했다. 생존의 문제였다. 노예 문제로 남북전쟁이 일어났다. 북군이 이겼다. 노예를 해방했다.

미국 백인은 해방된 노예와는 같이 살 수 없다고 생각했다. 가축처럼 취급하던 노예를 갑자기 같은 사람으로 대접하기가 쉽지 않았다. 같이 학교에

 —— 아는 척하기 딱 좋은 **아프리카 지식 여행**

다니고, 같은 교회에서 예배를 보고, 같은 식당에서 밥을 먹을 수 없었다. 이해는 간다. 해방된 노예는 갈 곳이 없다. 비인간적인 대접을 받던 흑인들은 폭동을 일으켰다. 버지니아주 사우샘프턴이다. 나트 터너Nat Turner가 주동했다. 백인 65명을 살해했다.

보복으로 흑인은 더 많이 희생되었다. 큰 사건이다. 쇼크가 컸다. 흑인 노예를 부리던 세계 곳곳에서 폭동이 일어났다. 프랑스가 식민지로 지배하던 카리브해 아이티에서는 흑인 혁명이 일어났다. 폭동이 아니라 흑백 간의 전쟁이었다. 수천 명의 흑인이 죽었다. 백인도 많이 죽었다. 백인 프랑스가 물러섰다. 최초로 흑인 노예 국가인 아이티 공화국이 독립했다. 1804년이다.

미국 사회는 충격을 받았다. 해방된 노예를 격리해야 한다는 주장이 나왔다. 설득력을 얻었다. 흑인들을 원래의 고향 아프리카로 돌려보내어 살게 해야 한다는 주장이 있었다. 이유는 두 가지다. 하나는 문화적으로 흑인 노예와 같이 살 수 없다는 것이고, 두 번째는 흑인 폭동이 무서워서 격리해야 한다는 것이다. 간단치는 않다. 늑대를 잡아다가 길들여 개를 만들었다. 개를 풀어 놓는다고 해서 늑대가 되는 것은 아니다. 아프리카에서 잡혀 와 미국 노예가 되었다. 갑자기 풀어준다고 해서 갈 곳이 있는 것은 아니다. 가축으로 길들여진 동물과 같았다.

영국은 1802년, 프랑스는 1807년, 미국은 1865년에 노예 방지법을 제정했다. 그러나 문화적으로 동화될 수는 없었다. 유럽은 소수민족의 거주지를 제한하는 경험이 있는 국가다. 게토다. 게토는 유대인이 사는 특구다. 유럽의 기독교도와 같이 살지 못하게 했다. 같은 맥락에서 볼 수 있다. 1822~1861년 사이 해방 노예 1만 5천 명을 이주시켰다. 미국 기독교 단체가 후원했다. 카리브의 해방 노예 3,150명을 라이베리아로 보냈다. 라이베리아는 격리를 위한 장소였다. 인도적 차원에서 흑인을 아프리카로 보낸 것이

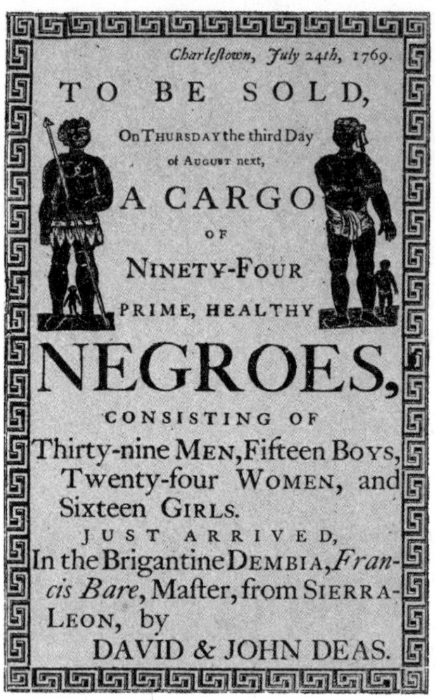

노예 판매

아니라, 흑인 폭동이 두려워서 보낸 조치였다.

처음 미국은 격리를 위해 파나마에 해방 노예를 보내기로 했다. 영국은 시에라리온에 보냈다. 남아프리카공화국에서도 격리 시설이 있었다. '반투스탄Bantustan'이다. 남아공의 원주민인 반투족의 거주지를 설정하였다. 10개가 있었다. 나오지 못하게 하고 자치를 인정했다. 아파르트헤이트가 사라지면서 반투스탄은 남아공에 편입되었다. 미국의 아메리칸 인디언 보호소 또는 유대인 거주지인 게토와 같은 개념이다.

이민 간 미국 노예들은 라이베리아에 15만 명이 들어갔다. 숫자가 많아지자 원래 살고 있던 원주민과 갈등이 일어났다. 원주민인 크루Kru족과 게르보Gerbo족의 침략을 받았다. 해방 노예는 미국에 살았으므로 문명사회를 안다. 우월감을 지니고 있었다. 해방 노예는 3%밖에 안 되는 소수이고 엘리트 그룹이다. 여자는 치마hoop skirts를 입고, 남자는 코트tailcoat를 입고, 거들먹거리고 원주민을 무시했다. 미국의 후원으로 경제와 정치 권력을 독점했다. 플랜테이션 농장에 원주민을 노예로 부렸다. 발에 족쇄까지 채웠다. 자기가 당한 대로 원주민을 대했다. 라이베리아에는 20개가 넘는 부족이 살고 있다.

"자유를 사랑하여 여기에 왔다The love of liberty brought us here."라는 주장이 무색하다. 해방 노예는 자신의 수모를 잊었다. 참으로 아이러니한 일이다. 인간이 다 그렇다. 민주주의를 하고 경제가 발전하는 듯했다. 오래가지 못했다. 소수 해방 노예와 다수 원주민의 갈등으로 쿠데타가 일어났고, 내전으로 발전했다. 라이베리아는 아프리카에서 식민지 경험 없이 완전히 다르게 출발한 국가이다. 지금 나라의 형편이 이웃과 다르지 않다. 아프리카 용광로에 녹아 버렸다.

코트디부아르

상아 해안

코트디부아르의 최대 도시는 코메Kome강 하구에 있는 아비장Abidjan이다. 인구 630만 명, 아프리카에서 6번째로 큰 도시이다. 수도는 야무수크로Yamussoukro다. 신도시다. 아비잔을 통해서 상아를 수출했다. 상아는 코끼리의 앞니다. 적당히 단단하고 변하지 않아서 가공하여 다양한 공예품을 만들었다. 중국과 일본이 주 수입국이었다. 상아 도장은 인기가 높았다. 부자들은 누구나 상아 도장은 갖고 있었다. 인장, 담배 파이프, 당구공, 피아노 건반, 악기 등에 많이 쓰였다. 상아는 귀중품이다. 상아를 수출하기 위하여 코끼리를 잔인하게 죽였다.

국가가 금지하는데도 밀렵은 계속되었다. 코끼리 보호 운동이 일어났다. 중국, 일본, 홍콩을 비난했다. 수입국이 상아 수입 거래 금지법을 제정했다. 아프리카 상아 값은 폭락하고 상아를 뽑기 위한 코끼리를 사냥은 주춤해졌다. 지금도 원주민은 코끼리를 밀렵한다. 고기를 먹기 위해서다. 사슴 고기 맛이라 했다. 상아 해안 이름은 역사 속으로 사라졌다.

아프리카 서해안에 후추 해안Pepper Coast, 황금 해안Gold Coast, 노예 해안Slave Coast, 상아 해안Ivory Coast이란 이름이 있다. 무역 거래 상품 이름을 따서 지명이 붙었다. 'Grain Coast'는 곡물 해안으로 번역해 둔 것도 있다. 잘못이다. 곡물 해안Grain Coast과 후추 해안Pepper Coast은 같다. 후추pepper 또는 알갱이grain로 표기한다. 지금은 식민지 시대 이름을 기피한다. 코트디부아르Cote D'voire의 영어 이름은 상아 해안Ivory Coast이다. 영어 이름 Ivory Coast는 못 쓰게 한다.

카카오는 코카Coca와 혼동한다. 발음이 비슷하고 생산지도 비슷하다. 모두 열대 후진국에서 재배한다. 코카는 남미가 주 생산지이고 마약, 코카인Cocaine의 원료로 악명이 높다. 카카오나무는 크다. 카카오는 과일이고, 코코아는 카카오의 씨앗이다. 코카는 원주민이 열매와 잎을 따서 차로 끓여 먹는다. 고산병에 특효가 있다. 코카 잎에 들어 있는 성분을 추출하여 마약을 제조했다. 카카오는 권장하는 식품이고, 코카는 마약의 원료이다. 다르다.

카카오는 원래 남아메리카가 원산지이다. 아즈텍과 잉카 왕국이 오래전부터 재배했다. 콜럼버스가 가져왔다. 유럽 왕실과 귀족의 기호식품이 되었다. 건강식품으로도 알려져 있다. 초콜릿은 치매와 혈압을 내리는 약으로도 쓰인다. 소비 시장은 유럽과 북아메리카다. 1인당 연간 소비는 스위스 11.8kg, 미국 8.0kg, 독일 5.8kg, 프랑스 3.6kg, 영국 2.9kg이다. 커피는 음료뿐이다. 카카오는 초콜릿 음료, 초콜릿 과자, 초콜릿 버터, 초콜릿 술 등 다양하다. 카카오 가공회사는 허쉬Hershey, 네슬레Nestle, 에이디엠ADM 등이다. 생산에서 가공, 판매까지를 과점하는 전 세계에 지점을 가지고 있는 다국적 기업이다.

아시아에서는 인기가 없다. 한국인도 잘 먹지 않는다. 캐나다 맥길 대학에 갔을 때다. 겨울이다. 친구가 내게 물어보지도 않고 따끈한 핫초코 두 잔을 벤딩 머신에서 뽑아왔다. 나는 당연히 커피인 줄 알았다. 불평했다. 친구는 캐나다인이다. 겨울에 캐나다 학생들이 드나드는 대학의 카페테리아에서는 모두 핫초코를 마신다. 밀크 핫초코는 식사 대용으로 하는 듯했다. 우리나라 자판기에는 콜라는 있어도 초콜릿 음료는 없다. 문화가 다르다고 생

코코아 열매 수확

각 했다.

코트디부아르는 서아프리카 중에서는 잘사는 나라다. 주 수출품은 카카오다. 전 세계 생산의 37%를 차지한다. 코트디부아르를 지금은 카카오 해안이라 해야 맞다. 카카오는 연평균 기온이 20°C 내외, 아열대 지방에서 자란다. 커피와 후추 같은 향신료와 함께 유럽에 소개되었다. 주먹만 한 과일의 씨앗이다. 열대과일 파파야 같이 생겼다. 모양도 크기도 비슷하다. 과육도 먹는다. 망고 맛이다. 씨앗이 카카오다. 커피와 같이 로스팅하여 가루를 만들어 가공식품을 만든다.

열매pod를 나무 둥치에서 딴다. 과육을 발효시킨다. 씨앗nib만 골라서 말린 것이 카카오다. 국제 거래는 커피콩과 같이 마대에 넣어 판다. 연간 소

 —— 아는 척하기 딱 좋은 **아프리카 지식 여행**

비는 300만 톤이다. 코트디부아르에는 70만의 재배 농가가 있다. 500만 명이 생산에 종사한다. 카카오의 값이 올라가서 수익이 높아졌다. 재배지를 늘이기 위하여 처녀림을 벌목했다. 값싼 노동자를 구하기 위하여 어린이를 강제 노동시켰다. 국제 문제가 생겼다. ICCOInternational Cocoa Organization라는 국제기구가 있다. 생산 국가, 가공 국가와 소비 국가가 만든 국제기구다. 카카오 생산지가 문제이다. 벌목으로 인해 생태계가 파괴되었다. 어린이를 학교에 보내지 않고 강제 노동을 시킨다. 후진국의 생태계를 보호하고, 어린이를 보호하고, 최저임금을 보장하자는 협약이다. 기업의 이익과 반대되는 운동이다. 잘 지켜지지 않고 있다.

좋은 쿠데타?

우리가 듣기에 생소한 나라 이름이 있다. 코트디부아르, 기니비사우, 부르키나파소 등이다. 작은 나라들이고, 우리나라와 교역이 거의 없다. 부르키나파소는 프랑스 식민지였다. 당시 이름은 어퍼 볼타Upper Volta, Haute Volta였다. 볼타강 상류의 땅이란 말이다. 강은 가나를 거쳐 대서양으로 나간다. 내륙국이다. 시계 방향으로 코트디부아르, 말리, 니제르, 베냉, 토고, 가나가 주변국이다. 상카라Sankara 대통령 시절 국가명을 부르키나파소Burkina Faso로 바꾸었다. 정직한 사람들의 나라The Land of Honest Man란 뜻이다.

1896년 프랑스 보호령이 되었다. 원주민을 심하게 차별했다. 어린이는 자전거를 못 타게 했고, 과일을 따 먹지 못 하게까지 했다. 위반하면 부모를 처벌했다. 볼타-바니Volta-Bani 전쟁이 일어났다. 식민지 정책에 대항하는 전쟁이다. 2만 명이 넘는 반군이 저항했다. 치열한 전쟁이었다. 결국, 프랑스 군대가 진압했다. 결과적으로 어퍼 볼타Haute Volta가 세네갈에서 분리되었다. 1917년이다.

1960년 독립했다. 여러 번 쿠데타가 일어났다. 아프리카에서 가장 쿠데타를 많이 한 나라다. 1966년, 1980년, 1982년, 1983년, 1987년, 1989년, 2022년에는 두 번이나 있었다. 실패한 쿠데타도 4번이나 있다. 정권 교체는 유일하게 쿠데타로만 했다. 색깔이 다른 쿠데타가 있었다. 1982년 상카라

 ———— 아는 척하기 딱 좋은 **아프리카 지식 여행**

Sankara가 쿠데타를 했다. 그는 반식민지주의자이고 좌파다. 사회 개혁을 단행했다.

문맹 퇴치, 여성해방, 보건 위생 개선, 토지 분배, 철도와 도로 건설, 인프라를 개선했다. 문맹 퇴치를 위하여 마을마다 학교와 보건소를 세웠다. 백신 접종을 했다. 토지와 광산을 모두 국유화했다. 마을과 마을을 연결하는 도로를 건설했다. 토지개혁을 하여 농지를 농민에게 분배했다. 농업 증산 정책을 세워 식량을 자급했다. 외국 원조를 줄이고 자급자족 경제를 추구했다. 아프리카가 필요한 사회 개혁이었다. 지식인과 국민의 환영을 받았다. 오래 집권하지 못했다. 1983~1987년 집권했다. 대단한 개혁을 했다. 아프리카의 체 게바라라는 별명이 붙었다.

1987년 쿠데타가 일어났다. 콤파오레Compaore가 주도했다. 프랑스 외무부 장관 오르세이Orsay가 쿠데타를 종용하고 도왔다. 광산을 국영화하고 사회주의로 가는 것을 참지 못했다. '실패하면 프랑스에 망명처를 제공하겠다.'라고 했다. 무기를 공급하고 자금을 후원했다. 상카라 대통령과 각료 12명을 사살했다. 상카라 정권이 시행하던 개혁 정책을 모두 폐기했다. 지주와 외국 기업들 중심으로 경제를 돌렸다. 국민은 실의에 빠졌다. 매우 슬픈 일이다.

반군이 나타났다. 부르키나파소는 이슬람이 63.8%이다. 기독교 26.3%다. 이슬람 지하디스트Jihadist다. 이슬람교도가 많은 북부 사헬 지방, 가난한 농촌에 둥지를 틀었다. 지하디스트는 어디든지 있다. 반기독교, 반제국주의, 반식민지주의, 반민주주의, 반공산주의다. 반군 단체에 따라 지향하는 목표가 조금씩 다르다. 반시아파 반군도 있다. 이슬람교 원리에 따른 정치를 주장한다. 이름도 다양하다. 하마스, 헤즈볼라, 탈레반, 후티, IS, 알카에다, 보코하람 등이다. 지역에 따라 다른 이름이 붙어 있다. 사회가 불안한 이슬람 국가에는 언제든지 나타난다. 주로 중동과 아프리카 대륙의 이슬람교 지방이다.

프랑스를 등에 업은 콤파오레는 1987년부터 2014년까지 27년간 독재했다. 개헌하여 또 대통령에 당선되었다. 유권자의 1/10도 안 되는 160만 명만 투표했다. 영구 집권을 하려 했다. 부르키나파소는 가장 가난한 나라가 되었다. 시위가 일어났다. 시위는 과격해졌다. 국회를 점거하고 방송국을 점령했다. 경찰이 파업했다. 콤파오레는 코트디부아르로 도망갔다. 궐석재판에서 상카라를 살해한 죄로 콤파오레에게 종신 징역형을 선고했다.

임시정부가 들어섰다. 카보레Kabore가 집권했다. 최초의 민선 대통령이다. 2022년 1월 24일, 쿠데타가 일어났다. 카보레 대통령은 체포됐다. 다미바Damiba가 주동자이다. ECOWAS와 AU는 다미바에게 즉시 원대 복귀하라고 했다. 압력에 못 이겨 전 대통령 카보레를 6개월 만에 석방했다. 같은 해 9월 30일에 또 쿠데타가 일어났다. 트라오레Traore가 집권하고 있다.

내란은 계속되고 있다. 부르키나파소 영토의 40%는 반군의 지배 아래 있다. 군사정부는 지하디스트 토벌을 선언했다. 정부군은 작전지역에서 민간인 165명을 살해했다. 부르키나파소의 쿠데타와 독재정치는 일상화되어 있다. 간섭 기구가 등장했다. ECOWAS와 AU이다. 상당한 영향력을 행사한다. 불만 세력은 반군이 된다. 지하디스트와 손잡는다. 내전이 일어난다.

프랑스어와 화폐 프랑을 쓰는 서아프리카의 정치 현실이다. 국토는 황폐화하고 많은 민간인이 희생된다. 쿠데타는 서방 국가들과 결탁한다. 어떻게 하면 이 악순환에서 벗어나느냐가 부르키나파소와 ECOWAS 국가들의 당면한 과제이다. 조금씩 나아지고 있기는 하다.

제9장

나이지리아와 주변 국가들

석유의 저주

가난한 나라에 좋은 자원이 발견되면 국민은 누구나 열광한다. 자원은 국부의 지름길이다. 쿠웨이트, 사우디, UAE, 오만은 페르시아만에서 진주 조개를 캐서 팔던 가난한 나라였다. 석유가 나와 부자 국가가 되었다. 대한 민국도 면적은 좁지만, 석유가 나왔으면 하는 국민의 염원이 있다. 남동 해 안 대륙붕에서 석유 자원이 발견되기를 기대했다. 천연가스와 석유가 나오 긴 했다. 울산 앞바다에 석유 냄새만 풍기고 문을 닫았다.

'자원의 저주resource curse'라는 말이 있다. 자원이 국가의 부가 아니라 재앙 을 가져온다는 말이다. 적도기니는 전통적인 농업국이었다. 코코아와 커피 를 수출하고 평화롭게 살았다. 가난하지만 전쟁은 없었다. 석유가 나왔다. 국민은 부자가 될 줄 알고 좋아했다. 대통령 오비앙은 40년째 독재를 하고 있다. 석유 판매 대금을 대통령과 가족이 다 가져갔다. 오비앙은 세계 최고 부자 중의 한 사람이다. 국민은 가난하다. 불평등 계수, 지니 지수Gini Index 가 0.65이다. 세계에서 소득 격차가 가장 큰 나라다.

여러 번의 쿠데타를 시도했다. 겁에 질린 독재자 오비앙은 더욱 언론에 재갈을 물리고, 야당을 탄압하고, 독재정치를 강화하고 있다. 국민 평균 소 득은 한때 1인당 5만 달러에 이른 때도 있었다. 평균의 함정일 뿐이다. 국민 70% 이상이 최저 빈곤선하루 2달러으로 살아가고 있다. 석유가 나오기 전보

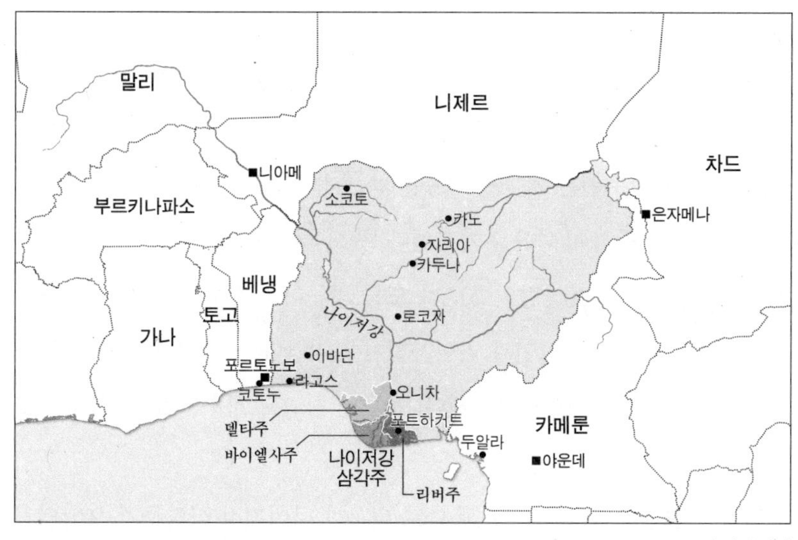

나이지리아

다 더 못하다고 불평한다. 풀장이 있는 부잣집이 있는가 하면, 먹는 수돗물이 공급되는 가구가 30%가 안 된다.

나이지리아에도 석유가 나왔다. 엄청난 양이다. 하루에 220만bbl을 생산한다. 아프리카 최대, 세계 6위의 산유국이다. 석유가 나오는 나라는 모두 부자가 되었다. 나이지리아 석유는 모두 수출한다. 주로 미국으로 수출했다. 지금은 인도다. 미국은 셰일 가스가 나온 후 석유 수입을 줄였다. 나이지리아는 석유 확인의 매장량이 372억bbl이다. 45년간 생산할 수 있는 양이다.

석유는 나이저강 삼각주와 대서양 연안에서 생산된다. 나이저 삼각주는 세계에서 가장 크다. 자체로도 엄청난 자원이다. 생물자원의 보고다. 삼각주에 많은 어민과 농민이 산다. 나이저 삼각주에 6개의 주가 있다. 40개 부족이 살고 있다. 인구는 2천만 명이다.

석유 판매 대금을 중앙정부가 다 가져가고 막상 석유를 생산하는 삼각주의 주에는 돈을 주지 않는다. 지방정부는 불만이 높다. 내전으로 발전했다. 내전으로 석유 생산은 방해를 받고 있다. 혼란한 틈을 타서 석유를 가로챈다. 공무원과 군인들이다. 뇌물을 받고 생산량을 줄여 주기도 하고, 값을 내리기도 한다. 공무원은 뇌물로 석유를 받는다. 무장 군인은 석유 회사 직원을 감금하고 협박하여 석유를 가로챈다. 좀도둑은 송유관에 구멍을 뚫어 기름을 빼낸다. 석유 생산량의 20%가 도둑 맞는다고 석유 회사들은 주장한다. 큰 덩치의 돈은 정치인과 권력자들이 가져간다. 다음은 부패한 공무원과 총을 든 경찰과 군인이 가로챈다. 2021년 청렴도 지수는 180개국 중 154위이다. 가야 할 길이 멀다.

다음은 환경오염이다. 석유 유출로 비옥한 나이저강 삼각주가 오염되었다. 어민은 기름으로 오염되어 고기를 잡을 수 없고, 농민은 농토가 오염되어 농사를 제대로 지을 수 없다. 기름 유출은 석유회사 유정oil well의 부실 관리 때문이다. 농어민은 항의 시위를 한다. 정부는 석유회사 편을 든다. 항의하는 어민과 농민은 매 맞고, 구속되고, 고문받고, 쫓겨난다. 삶의 터전을 잃은 농민과 어민은 반군 편에 서서 싸운다. 나이저 삼각주는 난장판이다.

나이지리아 국민의 43%, 8천900만 명은 아직도 최저 빈곤선에서 살고 있다2021 World Bank. 석유를 두고 부족 간에 내전이 일어났다. 200만 명이 죽었다. 비아프라 전쟁Biafra War이다. 석유가 아니었다면, 가난하지만 죽지는 않았을 터이다. 저주다. 석유가 부자를 만들 것이라는 꿈은 남가일몽南柯一夢이었다. 자원이 관리할 능력이 없는 국가에 갑작스러운 자원의 발견은 재앙이 되고 말았다.

한국은 하루에 3백만bbl을 수입하는 세계 5위의 석유 수입국이다. 2020년 기준, 1위 중국1천 만bbl, 4위 일본347만bbl 등은 한반도 주변이다. 모두 석유를 많이 쓰는 나라들이다. 석유의 매장 가능성은 한반도 동, 서, 남해안

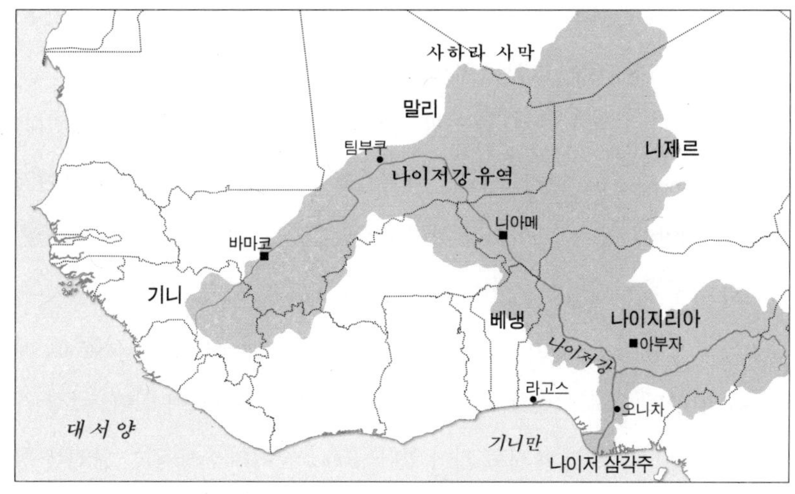

나이저강

대륙붕이다. 중국은 서해, 일본은 동해에서 석유탐사 시추를 하고 있다. 어디에서 석유가 나오든 한, 중, 일 간에는 갈등 조짐이 있다. 석유의 저주가 안 되기를 바란다.

도시 라고스

라고스는 아프리카에서 제일 큰 도시이다. 인구가 2천만, 세계 4위이다. 세계에서 가장 빠르게 인구가 증가한다. 하루에 3천 명, 1년에 100만 명씩 불어난다. 도시 인구의 증가는 농촌에서 들어오거나 외국에서 들어오는 경우다. 도시가 크고 인구가 빨리 성장한다는 것이 자랑거리는 아니다. 좋은 도시는 인프라가 잘 구축된 도시다. 집값과 생활비가 싸고, 범죄가 없고, 다양한 문화가 공존하고, 공해가 적고, 일자리가 있는 도시다. 라고스는 큰 도시이긴 해도 살기 좋은 도시는 아니다. 대도시는 사람을 끌어들인다.

나이지리아는 36개 주로 된 연방 국가이다. 라고스는 라고스주에 있다. 한때 주도capital of state이기도 하고, 나이지리아의 수도이기도 했다. 나이저강 하구 해안에 있다. 나이저강 하구 라군lagoon에 있는 도시이다. 라군은 하천의 하구에 나타나는 지형이다. 해안 사주sandbar로 가로막힌 호수이다. 강릉 경포호가 라군 지형이다. 나이저강 삼각주의 한 부분이다. 서쪽 끝, 베냉Benin의 수도 포르토노보Porto-Novo까지 라군으로 연결되어 있다. 국경 가까이에 있다. 섬, 호수, 육지로 되어 있다. 100m 높이의 산도 없는 완전한 평야다. 기후 변화로 해수면이 상승하면 가장 먼저 침수 피해가 있을 도시가 라고스라고 한다.

라고스의 이름은 포르투갈 말로 호수이다. 영어로 라군lagoon이다. 포르투갈은 16세기부터 라고스에서 노예 무역을 했다. 아프리카 서해안 도시는 모두 노예 무역을 하던 도시들이다. 아프리카 내륙에서 원주민을 잡아다가 대서양 건너 미국, 카리브, 브라질에 노예로 팔았다. 19세기 중엽부터 영국은 노예 무역을 불법화했다. 노예 무역을 하던 포르투갈, 프랑스, 카리브 노예선을 체포했다. 노예 장사를 못 하도록 감시했다. 영국이 라고스에 들어온 동기이다.

어떻게 라고스가 이렇게 큰 도시가 된 것일까? 큰 배후지가 있다. 2억 1천만 나이지리아 인구가 라고스의 후배지다. 도시의 기원은 시장이다. 강과 육지, 호수를 끼고 있다. 농산물과 수산물이 많이 생산되고 교환하기 쉬운 장소였다. 교통이 편리한 곳에 포르투갈, 영국이 식민지의 거점으로 삼았다. 인구가 더 증가했고, 행정 중심지가 되었다. 필요한 물건을 생산하는 제조업이 일어났다. 나이지리아 산업혁명의 중심지가 되었다. 항구를 통하

  ——— 아는 척하기 딱 좋은 **아프리카 지식 여행**

여 해외 물자가 들어오고, 나이지리아 생산물이 해외시장으로 나갔다. 직업이 생겨났다. 더 많은 사람이 모여들었다. 직업이 있어 사람이 모이는 것으로 알지만, 많은 사람이 모이면 저절로 직업은 생겨난다.

코로나19가 발생했다. 사람이 많이 사는 도시에서 발생했다. 전염병에는 대도시가 농촌에 비교하여 절대적으로 불리하다. 나이지리아 발병자 25만 명 중, 라고스에서 10만 명이 발병했다. 살기 위하여 도시를 떠나 대거 농촌으로 들어갔다. 미국의 뉴욕, 시카고, 샌프란시스코 같은 대도시 중심지의 오피스 건물은 팬데믹 전과 비교하여 20%가 비었다. 사무실에 출근하는 대신에 재택근무를 하도록 조치를 했다. 디지털 인터넷 사회이다. 사무실에 가지 않아도 별 불편 없이 업무를 할 수 있었다. 문제는 코로나가 끝났는데도 사무실로 돌아오지 않고 있다. 임대업자가 야단이다. 임대업 때문에 금융 위기로 갈 것이라는 우려도 제기한다. 팬데믹 이전으로 돌아가지 않을 것이라 걱정한다.

노벨 경제학상을 받은 폴 크루그먼은 《뉴욕타임스》2023.6.2.에 기고했다. 그의 주장은 재미있다. 쓸데없는 걱정, 곧 사무실로 돌아온다는 것이다. 인터넷과 전화, 그리고 줌zoom 회의를 하면서 재택근무를 해도 된다. 직접 만날

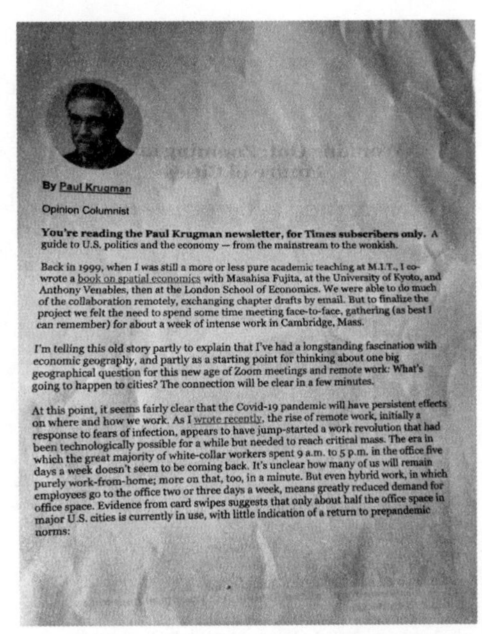

By Paul Krugman

Opinion Columnist

You're reading the Paul Krugman newsletter, for Times subscribers only. A guide to U.S. politics and the economy — from the mainstream to the wonkish.

Back in 1999, when I was still a more or less pure academic teaching at M.I.T., I co-wrote a book on spatial economics with Masahisa Fujita, at the University of Kyoto, and Anthony Venables, then at the London School of Economics. We were able to do much of the collaboration remotely, exchanging chapter drafts by email. But to finalize the project we felt the need to spend some time meeting face-to-face, gathering (as best I can remember) for about a week of intense work in Cambridge, Mass.

I'm telling this old story partly to explain that I've had a longstanding fascination with economic geography, and partly as a starting point for thinking about one big geographical question for this new age of Zoom meetings and remote work: What's going to happen to cities? The connection will be clear in a few minutes.

At this point, it seems fairly clear that the Covid-19 pandemic will have persistent effects on where and how we work. As I wrote recently, the rise of remote work, initially a response to fears of infection, appears to have jump-started a work revolution that had been technologically possible for a while but needed to reach critical mass. The era in which the great majority of white-collar workers spent 9 a.m. to 5 p.m. in the office five days a week doesn't seem to be coming back. It's unclear how many of us will remain purely work-from-home; more on that, too, in a minute. But even hybrid work, in which employees go to the office two or three days a week, means greatly reduced demand for office space. Evidence from card swipes suggests that only about half the office space in major U.S. cities is currently in use, with little indication of a return to prepandemic norms:

쿠르구만의 기고문

face to face 이유는 없다. 그러나 우리 일상은 자주 통화를 하는 사람들은 자주 만난다. 직장인들은 업무 때문에 전화를 자주 한다. 자주 전화를 하면 자주 만나게 된다. 그 장소는 사무실이다. 대도시의 공실은 곧 회복할 것으로 전망한다. 나는 크루그먼의 주장에 손을 든다.

교통과 통신이 발달하면 대도시보다 지방으로 인구 분산이 일어날 것이라 했다. 언제든지 전화를 할 수 있고, 교통이 편리하면 공기도 나쁘고, 집 값도 10배나 비싸고, 범죄도 많은 도시에 살지 않고 농촌에 살 것 같다. 그러나 대도시 집중 현상은 교통과 통신이 발달할수록 가속화되었다. 만나기 가장 편리한 장소가 대도시 중심이다.

부족과 민주주의

나이지리아는 아프리카의 대표적인 나라다. 아프리카에서 인구가 가장 많다. 2억 3천만 명으로, 한국의 5배가 좀 안 되고, 국토의 면적은 92만 3천 km^2로 한국의 9배이다. 중국, 인도, 미국, 인도네시아, 파키스탄 다음으로 전 세계 6위의 인구 대국이다. 나이지리아는 자연과 문화가 가장 아프리카다운 국가다. 이집트, 에티오피아와 수단은 큰 나라이지만, 건조기후이고, 회교 국가다. 남아공은 지중해식 기후이고 기독교 국가다. 나이지리아의 자연은 아프리카 대륙이 가지고 있는 기후와 지형의 특징을 모두 갖고 있다. 아프리카 모든 부족을 다 아우른다 해도 과언이 아니다. 270개 부족에 525개 부족 언어가 있다.

아프리카는 인류가 가장 오래도록 살아온 대륙이다. 내전이 많고, 쿠데타가 많고, 독재하고, 가장 가난한 대륙이다. 왜 그럴까? 그 원인을 다양하

———— 아는 척하기 딱 좋은 **아프리카 지식 여행**

고 많은 부족 간 갈등에서 찾고 있다. 아프리카 대륙 자연의 특징은 사막, 사헬, 사바나, 열대우림이다. 인간은 다양한 기후와 지형에 적응하고, 다양한 부족으로 발전했다. 부족은 친족보다 큰 단위이다. 기반은 혈연이다. 건조 지방은 작은 오아시스를 점유하고 살았고, 밀림 지역은 숲을 근거로 살았다. 오아시스를 중심으로 농사도 짓고, 야생동물을 가축화하여 작은 인구의 단위로 살았다. 부족의 시작이다. 구석기시대부터 그렇게 살았다. 인간은 공동체 생활을 하지 않으면 살아갈 수 없는 동물로 진화했다.

아프리카 부족을 연구한 인류학자들은 부족사회의 특징을 들고 있다. 놀랍게도 부족사회는 매우 합리적이다. 어느 부족이나 부족장이 있다. 선거로 뽑는 것은 아니지만, 폭력으로 부족장이 되지 않는다. 공동체 연대아사비야, Asabiyyah가 있다. 모두가 부족을 위하여 헌신한다. 부족의 생존에 가장 힘을 많이 쓴 남자가 부족장이 된다. 사냥한 동물의 나눔도 합리적이다. 독식이 없다. 항상 부족원을 배려한다. 강자가 독식하고 굶어 죽는 사람은 없다. 서로 협력한다. 의사 결정은 매우 민주적이다. 부족의 내부 결속력이 강하다. 그런데 부족이 합해진 국가의 통치자는 독재하고, 부정부패로 독식하고, 국민은 가난하다.

우리나라에도 왕국 이전에 부족국가 형태가 있었다. 신라의 화백 회의和白會議와 백제의 정사암政事巖 회의가 있었다. 중대 결정을 하는 부족장 회의다. 수상이 의장이 되고, 진골 출신인 대등大等이 모여 국사를 결정했다. 매우 민주적이었다. 로마도 마찬가지였다. 부족 회의comita Tributa에는 귀족과 평민이 같이 회의에 참석하여 의사 결정을 했다. 공동체 의사결정은 민주적이었다.

나이지리아에서는 부족 이름을 자주 거론한다. 부족에 대하여 자부심이 있고 정체성이 있다. 부족의 정체성이 강할수록 국가에 충성심은 얕다. 아프리카는 부족에서 왕국으로 발전하지 못하고 근대 국가로 강제로 편입되었다. 제국주의 식민지는 부족을 무시하고 국가 단위로 묶어 지배했다. 나이지리아에는 525개 부족어가 있다. 하우사, 요루바, 이보와 풀라니가 큰 부족이다. 교통과 통신의 발달로 도시화와 산업화가 일어나면 부족의 특성이 사라진다. 교통이 불편한 농촌에는 아직도 부족 단위로 살고 있고, 부족주의가 그대로 살아있다. 한 국가 내에서 부족 간의 갈등은 필연적이다. 통일 국가를 유지하기 위하여 지도자는 독재하고, 군대를 키워 반란을 진압하고, 자원을 독차지한다. 부정과 부패가 만연하고, 국민은 불만이 높다. 군부는 쿠데타를 하고 정권이 붕괴한다. 악순환이 연속된다. 아프리카의 정치 형태다. 부족의 특성을 살리지 못한 정치 소산이다.

나이지리아도 예외는 아니었다. 1966년부터 1999년까지 연속적으로 쿠데타를 하여 군사정권이 통치했다. 미국, 영국, 프랑스는 나이지리아 민주화에 관심이 높다. 나이지리아는 큰 나라이고, 아프리카에 대한 영향력이 대단하다. 나이지리아가 시장경제를 기반으로 한 민주화를 이룩해야 사회주의 국가 러시아와 중국의 영향력을 배제할 수 있다.

민주화 바람이 일고 있다. 1999년부터 현재까지 쿠데타는 없었다. 큰 나라에서 민주주의의 꽃은 선거다. 공정하게 선거하면 민주주의는 정착한다. 아프리카 역사에 기록할 만한 사건이 있다. 1999년 대통령 선거에서 야당 후보 부하리Buhari가 현직 대통령을 꺾고 당선되었다. 평화적 정권 교체가 일어났다. 부하리는 민주주의의 날Day of Democracy을 선포했다. 2023년 2월 선거에서 티누부Tinubu가 당선되었다. 5월 29일, 대통령 취임식을 했다. 우리나라도 특사를 보내 대통령 취임을 축하했다. 난제가 있다. 경제는 어렵고, 북쪽에는 테러 단체인 보코하람Boko Haram이 분탕질을 하고 있다. 선거를 통한 민주주의의 싹이 돋아나고 있다. 나이지리아가 민주화되면 아프리

 ——— 아는 척하기 딱 좋은 **아프리카 지식 여행**

카가 변한다.

맹그로브 숲

　열대 해안의 자연경관은 맹그로브 숲Mangrove Forest이다. 열대 하구에 가면 언제 어디에서나 볼 수 있다. 맹그로브 숲은 열대 지방이고 못살고 가난한 지방의 상징이다. 산업화와 도시화로 숲을 무절제하게 파괴했다. 맹그로브가 인간에게 얼마나 중요한 나무인가를 뒤늦게 깨달았다.

　나이지리아의 델타는 7만km², 나이지리아 국토의 면적 7.5%다. 델타에는 여러 개의 주가 있다. 나이지리아에서 가장 석유가 많이 나는 지역이다. 정부는 해안에 밀생하던 맹그로브 숲을 벌목하고, 항구를 만들고, 정유 시설을 만들고, 농토를 만들었다. 나이지리아 델타의 3개 주, 바이엘사Bayelsa주, 델타Delta주, 리버Rivers주에 맹그로브의 80%가 자란다. 기름이 나는 지역과 겹친다. 나이지리아 정부에 따르면 1970~2000년, 30년간 석유 유출은 7천 번에 이르렀다. 석유 오염으로 숲이 죽고, 벌목으로 많은 숲이 사라졌다.

　생태계의 파괴는 서서히 인간에게 보복한다. 델타 지역은 석유가 나고 산업화가 이루어져 GDP가 올라갔다. 30년이 지났다. 살아가는 원주민의 삶의 질은 조금도 좋아지지 않았다고 한다. 비판적 시각으로 하는 이야기가 아니다. 맹그로브 숲이 사라진 후 공기 오염, 수질 오염, 소음 오염으로 환경은 파괴되었다. 주민은 천식을 비롯한 각종 질병에 시달리고 있다. 돈은 중앙정부의 권력자가 가져갔다. 개발과 자연의 훼손은 트레이드오프 관계에 있다. 석유 개발은 많은 맹그로브 숲을 파괴했다. 맹그로브 숲은 경제성이 없는, 훼손해도 문제가 없는 숲으로 알았다. 나이지리아만이 아니다. 전

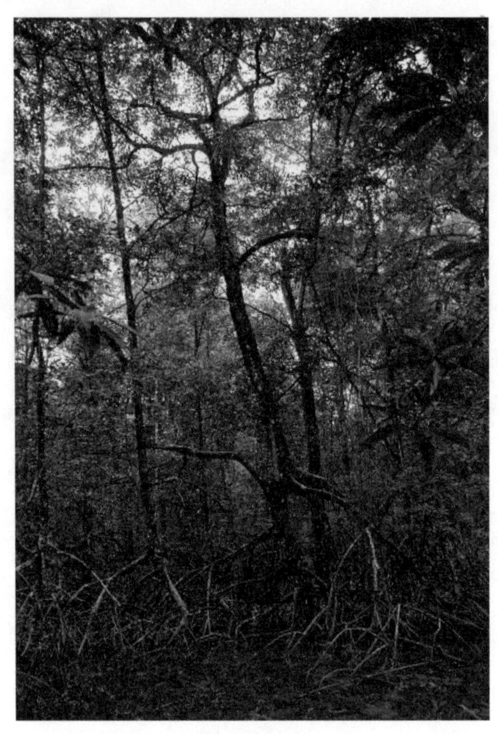

맹그로브 숲

세계 맹그로브는 그렇게 사라졌다. 열대 지방은 자연재해를 비롯한 각종 문제가 일어났다.

맹그로브는 어떤 식물인가? 60여 종이 있다. 10m 이상 큰 나무도 있다. 보통 수고가 4~5m 되는 관목이다. 뿌리가 손가락처럼 내려, 뿌리의 반은 노출되어 물에 잠겨 있고, 뿌리의 반은 강바닥에 박혀 있다. 강물과 바닷물이 만나는 삼각주다. 조수 간만의 차가 있는 늪지에서 자란다. 하루에 두 번은 바닷물에 뿌리가 잠긴다. 썰물 때는 드러나고, 밀물 때는 잠긴다. 토양 속에 산소가 부족한 늪지이고, 소금기가 있는 진흙땅이다. 보통 나무는 생육이 불가능하다. 맹그로브 토양Mangrove soil이라 한다. 수소 이온 농도 지수pH

4 정도의 산성 토양이다. 이런 환경에 자라는 나무는 맹그로브뿐이다. 맹그로브 숲의 특성이다.

인간 생활에 어떤 영향을 주는가? 열대 지방의 해안 주민은 맹그로브 숲에 의존해서 살아간다. 맹그로브 나무는 건축재로, 화목으로 이용한다. 새우, 게, 가재, 물고기가 많이 사는 어장이다. 잎에서 양질의 소금을 얻는다. 맹그로브의 드러난 뿌리는 어류의 서식지가 되고 있다. 얽기 설기 얽힌 뿌리 때문에 대형 포식자가 들어오지 못한다. 어종도 많고 물고기도 많다. 뿌리는 중금속을 흡수, 분해하여 물을 정화하다. 토양 속에 산소를 공급하여 각종 유해 물질을 분해한다. 어떤 식물보다 이산화탄소 저장성이 뛰어난 식물이다. 매년 헥타르ha당 4천200만 톤의 탄소를 저장하고, 부식한 식물에서 나오는 메탄가스를 흡수하여 기후 온난화에 완충 작용을 한다.

2004년 인도네시아 수마트라섬 부근에서 지진이 발생했다. 지진 규모는 M 9.2였다. 대단했다. 22만 명이 죽었다. 수마트라섬에서만 13만 명이 죽었다. 열대 지방은 후진국이고, 후진국의 해안에는 방파제가 없다. 방파제를 축성하는 데 엄청난 비용이 들어간다. 쓰나미 피해를 당한 지역을 조사해 보니 맹그로브를 벌목한 지역이었다. 맹그로브 숲이 보존된 해안은 피해가 거의 없었다. 맹그로브 숲은 쓰나미나 열대성 태풍으로 일어나는 해일을 막는데 최고의 방파제로 알려졌다.

맹그로브 숲 복원 운동이 일어나고 있다. 세계 맹그로브 감시 기구Global Mangrove Watch Initiative가 선도했다. 일차적으로 열대 지방 원주민 경제 생활의 복원을 위해서다. 두 번째로 삼각주의 오염된 물과 토양의 정화이다. 세 번째는 태풍과 지진으로 일어나는 해일을 막는 일이다. 중국 샤먼廈門 해안에 맹그로브를 심었다. 샤먼은 중국 4대 경제특구 중 하나이다. 샤먼은 태풍의 길목이다. 태풍이 불어 해일의 피해가 잦다. '한국 방파제처럼 테트라

포드tetrapod를 사용하지 않는가?' 했더니, "맹그로브 숲은 테트라포드 비용의 1/1000도 안 되지만, 방파제 효과는 더 크다."라고 했다. 네 번째로 지구 기후 변화를 완충하는 작업이다. NASA는 이산화탄소의 최대 포집기scrubber는 맹그로브 숲이라 했다. 전 세계적으로 열대 해안에 맹그로브 심기 운동이 전개되고 있다. 10년만 자라면 제 기능을 할 수 있다고 한다.

보코하람

아프리카의 외래 종교는 이슬람교와 기독교이다. 이슬람은 지중해 연안과 북아프리카다. 북쪽에 이슬람이 다수인 것은 오스만 제국이 지배했고, 기독교도가 많은 서남부 아프리카 쪽은 유럽 제국주의 국가들의 지배를 받았기 때문이다. 그 경계 지역이 나이지리아다. 나이지리아의 북쪽은 이슬람, 남쪽은 기독교도가 많다. 인구의 53.5%는 이슬람, 45.9%는 기독교, 기타 0.6%이다. 나이지리아를 기독교 국가로 칭한다. 상류 지배계급이 기독교도들이기 때문이다.

나이지리아의 북부 이슬람교도는 남부 기독교도에 대하여 불만이 높다. 북부는 남부에 비하여 가난하고 빈부의 격차가 심하다. 우리가 서양을 보는 눈과 중동과 아프리카 모슬렘이 유럽을 보는 눈은 매우 다르다. 우리는 근대화, 산업화가 늦었기 때문에 식민지를 당했다 생각한다. 서양 문화를 선망한다. 이슬람 국가들이 식민지를 당한 이유는 이슬람이 타락하고 세속화되었기 때문으로 판단한다. 서양 문화를 저주한다. IS가 등장한 이유이다. 이슬람 원리주의자들이다. 과격한 테러 단체로 변모했다. 지금도 이라크, 시리아, 아프리카에서 활동하고 있다.

 —— 아는 척하기 딱 좋은 **아프리카 지식 여행**

나이지리아에 2008년 보코하람Boko-Haram이 나타났다. '신성한 영역'이란
뜻이다. 유수프Yusuf가 창시자다. 나이지리아 IS다. 이라크, 시리아 IS가 주장
하는 것과 같다. 유럽 문명과 문화를 배격한다. 학교 교육도 거부한다. 여성
을 차별한다. 기독교를 특히 싫어한다. 이슬람 교육을 하고 샤리아Sharia법
을 따른다. 정부가 탄압하자, 테러 단체로 바뀌었다. 나이지리아 동북부 짙
은 밀림, 삼비사 숲Sambisa Forest에 게릴라 사령부를 두고 있다. 보코하람은
나이지리아, 카메룬, 니제르, 말리까지 영향력을 행사한다. 해안과는 멀리
떨어진 내륙에서 작전한다. 아프가니스탄의 탈레반, 이라크, 시리아의 ISIS,
마그레브 IS와 연계하고 있다.

주로 정부 건물을 공격한다. 게릴라성 테러를 자행한다. 2007~2023년 나
이지리아 북부는 당하지 않은 도시가 없을 정도다. 기독교와 이교도의 젊은
여성이나 아이들을 납치하여 성노예로 삼고, 노예 시장에 판다. 성노예는
아랍, 이슬람 국가의 중세 시대부터 이어온 오래된 관행이다. 전쟁이 끝나
고 나면 잡아 온 여성과 아이들을 노예로 파는 시장이 형성되었다. 처칠은
그의 저서에서 중동 상인들은 아프리카인을 노예로 잡아가 중동의 노예시
장에서 거래했다고 기술했다The River War, 1899. 아랍인들은 전쟁하면, 남자
들은 죽이고 여자들과 아이들을 잡아갔다. 수백 년 동안 행해졌다. 상시 노
예 시장은 사우디 제다Jeddah에 있었다. 제다 시장에는 아프리카 흑인들을
주로 거래했다.

서구 제국주의 식민지 과정을 거치면서 노예 시장은 사라졌다. 미국이
이라크를 침략하여 후세인 정권은 붕괴했다. 후세인의 잔존 무장 세력이 이
슬람 원리주의를 주장하고 IS를 창설했다. 기독교도의 부인과 아이들을 납
치하여 보상금ransom을 받아 전쟁 비용으로 대체했고, 전사들의 성노예로
삼았다. 전통적인 노예제도가 부활했다. 21세기 이슬람 근본주의Jihadism IS

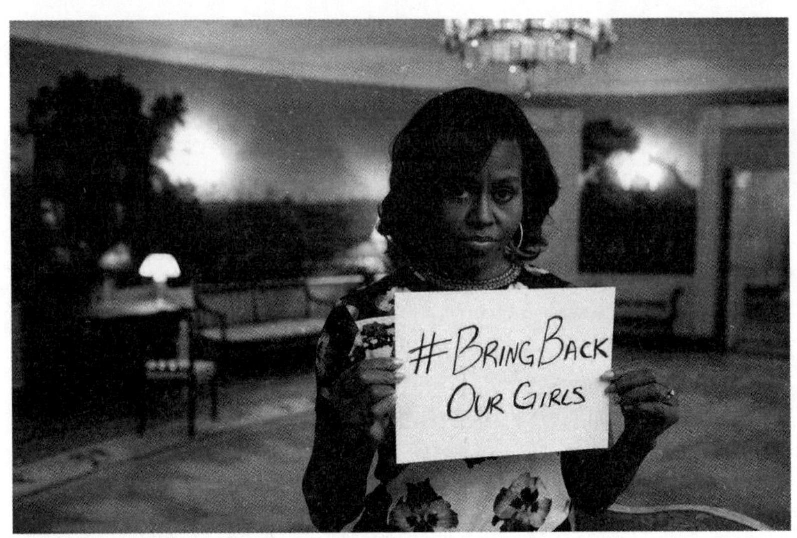

미셸 오바마가 치복 여학생을 돌려 달라고 호소하는 해시태그를 들고 있다.

가 이어가고 있다.

세계가 경악하는 사건이 일어났다. 2014년 4월 14일, 보코하람IS은 나이지리아 보르노Borno주 치복Chibok에서 학교를 급습하여 267명을 납치했다. 나이 16~18세의 여고생들이다. 정부군이 각 방면으로 수색해도 찾지 못했다. 협상 제의도 없었다. 미국의 퍼스트레이디 미셸 오바마는 "#Bring Back Our Girls"라는 해시태그를 달았다. 세계가 동참하여 구명 활동을 했다. 보상금도 주고, 교도소에 있는 보코하람 죄수를 석방하고, 영역을 할당하여 구명 운동을 했다. 행방이 묘연했다.

2년 후에 여러 경로를 통하여 170여 명은 집으로 돌아왔다. 학생으로 납치되어 간 딸이 임신 한 채로, 아이를 낳아 안고, 에이즈 환자가 되어 돌아왔다. 기가 막힌 일이다. 도망쳐 나온 한 여학생의 수기에, "우리는 IS 병사들에게 매일 수차례 성폭행을 당했다. 한 사람당 330달러에 성노예로 팔려갔

 ——— 아는 척하기 딱 좋은 **아프리카 지식 여행**

다. 세뇌되어 테러에 가담하기도 했다." 아직도 돌아오지 못한 학생이 90명에 이른다. 보코하람 두목 세카우Shekau는 알라신의 명령에 따랐다고 했다. 그는 다른 IS와의 전쟁에서 자폭했다. 인신매매와 자살 폭탄으로 테러를 하는 보코하람은 민심을 얻지 못하고 쇠퇴하고 있다. 세계 최악질 테러 단체로 평가한다.

나이저 삼각주 유야자

나이저 삼각주는 나이지리아 대서양 연안 기니만에 있다. 나이지리아는 36개 주로 된 연방 국가다. 1996년에 확정되었다. 나이저강 상류는 말리, 니제르를 통과하고, 나이지리아 전역이 유역 면적이다. 나이저강은 나이지리아의 2억 인구를 먹여 살린다. 농업, 어업, 임업 자원이다. 나이지리아 한가운데서 서쪽의 나이저강과 동쪽에서 흐르는 베누에Benue강이 합류한다. 합류 지점은 코기Kogi주 수도, 로코자Lokoja, 69만 2천 명다. 하나의 강이 되어 거의 직선으로 대서양으로 흘러 들어간다. 로카자에서 대서양 항구 포트하커트Port Harcourt, 100만 명까지 400km이고, 큰 배가 다닌다. 하운이 매우 좋다.

나이저강 본류와 베누강 줄기 모양은 'Y자'이다. 모양을 기점으로 지역 구분을 한다. 'Y자' 북쪽을 북부 지역Northern Region이고, 하우사Hausa족이 산다. 'Y자' 모양의 서쪽은 서부 지역Western Reion이고, 요루바Yoruba족이 산다. 'Y자' 모양의 동쪽은 동부 지역Eastern Region이고, 이보Ibo족이 많이 산다. 합류 지점 중앙에 코기주가 있다. 3개 지역은 6개 지방으로 세분된다. 북서 지방North West, 북동North East 지방, 북중앙North Central 지방, 남서South West 지방, 남동South East 지방, 남남South South 지방이다. 자연만 다른 것이 아니라 부족도,

언어도, 문화도 다르다.

나이지리아 36개 주 중 9개 주가 나이저강 삼각주에 있다. 삼각주에 있는 주들이 가장 중요한 지역이다. 면적은 작지만, 인구가 많고, 경제 활동이 왕성하다. 가장 먼저 산업화한 지역이다. 어느 나라, 어느 도시든 중요한 지역은 면적에 비교하여 인구가 많고 땅값이 비싼 곳이다. 영국이 110년1850~1960 동안 식민지 통치를 했다. 영국 남부 나이지리아 보호국British Southern Nigeria Protectorate으로 시작했다. 영국의 식민지 경영은 나이저 삼각주를 거점으로 하여 내륙으로 들어갔다. 가장 일찍 유럽인을 만났다. 북부는 이슬람이고, 삼각주는 기독교도들이 많다. 제일 도시 라고스는 9개 주에는 속하지 않지만, 삼각주 지형에 속한다.

나이지리아 석유의 대부분이 삼각주와 연안에서 나온다. 석유가 나오기 전에도 나이저강을 기름강oil river이라고 불렀다. 영국 식민지 시절 세계 제1의 야자유椰子油, palm oil, Elaeis 생산지였다. 우리나라도 제주도를 비롯한 남해안에 야자를 이식하여 키우기는 하지만, 재생한 나무는 아니다. 우리에게 야자는 관상용이다. 열대 지방 야자는 필수 자원이다. 주민에게 생필품을 공급하는 식량 나무다. 재배한다. 야자는 열대성 식물이므로 낯설다. 유야자油椰子 나무도 대추야자date palm와 매우 비슷하게 생겼다. 열매 크기도 비슷하다. 야자 대추는 탄수화물이 많은 식량이다. 건조 지방 이집트, 사우디, 이라크의 오아시스에서 많이 생산한다. 유야자 열매도 비슷하다. 지방이 많이 함유되어 있다. 유야자는 더 습한 열대 지방에서 자란다. 나이지리아는 야자유 생산은 세계 3위다. 삼각주가 주산지이다. 1위는 인도네시아, 2위는 말레이시아다. 야자유palm oil는 식물성기름의 33%를 차지한다. 가장 많다. 식물성기름은 카놀라, 해바라기, 옥수수, 콩 등에서 얻는다. 야자유는 식용, 미용으로 쓰이나 공업용으로는 디젤유를 만든다. 식물성 연료biofuel이

유야자 수확

다. 그 외 야자나무의 껍질을 벗겨 매트를 만든다. 한국의 산책로에 깔린 매트는 야자 껍질로 만들었고 수입했다.

이명박 정권은 해외 자원 개발을 장려하는 정책을 폈다. 석유값이 150달러까지 올랐다. 대체 에너지를 찾아야 했다. 야자유였다. 2009년이다. 사업을 하는 친구가 나를 찾아왔다. 인도네시아에서 유야자를 재배하는 계획이었다. 인도네시아는 지금도 세계 제1위 야자유 생산 국가다.

나는 지리 선생이다. 그는 현지의 식생과 문화를 알고자 했다. 그를 따라 인도네시아령 보르네오, 북칼리만탄Kalimantan에 가 본 일이 있다. 북칼리만탄은 전부가 열대 밀림 지역이다. 땅은 인도네시아 정부가 사업 타당성만 인정되면 얼마든지 무상으로 제공한다. 밀림을 우기에 벌목하고 건기에 불태운다. 벌목한 산에 원주민을 고용하여 유야자를 심는다. 3년이면 수확을 시작하고 20년간 수확할 수 있다. 착유하여 수출한다. 기름이다. 판로는 문

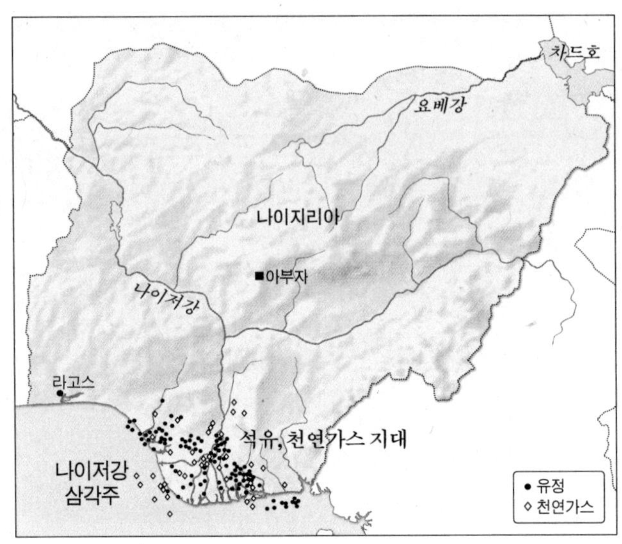

나이저 삼각주의 유전과 천연가스전

제가 없다. 150억 원 들어간다는 대형 프로젝트였다. 당시 실세였던 박영준 차관에게도 줄을 댔지만 성사되지는 못했다. 유야자 프로젝트는 농업진흥공사의 과제로 채택되지는 못했다.

박영준 차관은 아프리카에 자주 출장 갔다. 나이지리아 야자유, 카메룬 다이아몬드 광산 등 자원 확보를 위한 목적이었다. 이명박 자원 외교 정책은 박근혜 정권에서 예산 낭비라는 누명을 쓰고 모두 파기되었다. 한국이 하던 자리를 모두 중국이 차지하고 있는 것으로 보아 낭비만은 아니었던 모양이다. 남미 리튬 광산, 카메룬 다이아몬드 광산, 나이지리아 유야자 농장 등은 지금은 후회되는 일이다.

이바단 IITA

이바단Ibadan은 나이지리아 제3의 도시이다. 라고스, 카노 다음으로 큰, 인구 360만 명의 대도시이지만, 농업인구가 반을 차지한다. 아프리카 도시들의 인구 구성은 농업인구가 반이다. 농업인구의 비율이 높은 국가나 도시는 후진국이고 후진 도시다. 산업 분류표SIC에 나와 있는 직업의 종류는 9,996개다. 그중에 가장 중요한 산업은 농업이다. 현대 사회는 어찌 된 일인지 중요한 산업에 종사하는 사람들은 제대로 대접을 받지 못한다. 농업과 영화를 비교해 본다. 영화는 있어도 없어도 된다. 농업은 목숨을 담보하는 산업이다. 농업 없이는 살 수 없다. 세상은 농민이라 하면 천대하고 무시하고, 기피하고, 우습게 본다. 영화배우 하면 대접이 다르다.

국가의 가장 중요한 전략물자는 식량이다. 우리나라는 식량을 자급했던 농업 국가였다. 지금 우리나라의 농업은 GDP 기여도가 3%에 불과하고, 식량의 자급률이 21%밖에 안 된다. 79%를 수입한다. 아이러니한 일이지만, 농업 비중을 낮추어서 선진국이 되었다. 세계 후진국은 대부분 농업 국가이다. 후진국은 농업 국가임에도 불구하고 항상 식량이 부족하다. 북한은 아직도 농업 국가다. 언제나 식량이 부족하여 해외 원조 식량을 구걸하고 있다. 1995년은 식량이 부족하여 수백만이 굶어 죽은 일이 있었다.

미국의 포드와 록펠러 재단은 1967년에 나이지리아 이바단에 국제 열대 농업 연구소IITA, International Institute of Tropical Agriculture를 설립했다. 록펠러 재단은 후진국, 특히 열대 지방 후진국의 식량 문제에 관심을 가졌다. 20세기 농업혁명이라는 녹색혁명Green Revolution을 주도했다. 필리핀에 국제 쌀 연구소 IRRI, 1959와 콜롬비아에 열대 농업 센터CIAT, 1967를 설립하여 식량 증산에 기여했다. 나이지리아는 농업 국가다. 농업인구가 35%고, GDP 기여도가 30%

다. 식민지 시대부터 이바단은 카카오, 커피, 유야자 등 상업적 농작물을 재배하고, 거래하는 도시로 성장했다. IITA는 아프리카의 기후와 토양에 맞는 식량 작물을 육종 보급하여, 아프리카 주민의 만성적인 기근, 영양실조, 빈곤 퇴치에 목적을 두고 있다. 후진국의 가장 큰 문제는 언제나, 어디서나 식량이다. 나이지리아의 주식은 옥수수, 카사바, 얌, 콩 등이다.

김순권 박사는 IITA의 연구원이다. 17년 동안 IITA에서 아프리카에 알맞은 옥수수를 개발했다. 아프리카 5억 인구의 기근 해결에 기여했다고 한다. 그는 귀국하여 경북대학교 농과대학 교수로 봉직했다. 북한에 59번 다녀왔다. 북한에 옥수수를 보급하여 식량 문제를 해결하려 했다. 그의 학문적 업적은 잡초, 악마의 발톱Striga에 저항하는 옥수수 품종 개발이었다. 나이지리아를 비롯한 아프리카 옥수수밭은 잡초인 스트라이가가 황폐시켰다. 수확을 제대로 할 수 없었다. 김 박사가 육종한 옥수수는 스트라이가가 있어도 저항력이 강하여 정상 수확을 할 수 있는 품종이다. 학계를 놀라게 했다. 공적이 인정되어 노벨상 후보에 올랐다.

후진국에 파견된 록펠러 재단 연구원도 UN 기구와 같은 특권을 갖는다. IITA도 열외는 아니다. 1990년 당시 수석 연구원의 월급은 한국 내 대학 정교수의 4배가 넘었다. 나이지리아 공휴일도 쉬고, 미국 국경일도 쉰다. 세금은 한 푼도 안 낸다. 물건을 사고 내는 부가가치세도 귀국할 때, 영수증만 제출하면 환불받는다. 월급은 매우 높다. IITA는 관료화되었다. 일은 별로 없다. 하면 일이고 안 하면 근무이다. 1년에 2번은 유료 휴가가 있다. 농업 학자들이 매우 가장 선호하는 직장이다. IITA 소장은 임기가 끝날 때가 되면, 현재 근무하는 수석 연구원 모두 사표를 받아, 신임 소장에게 보낸다. 신임 소장은 일의 연속성을 위하여 부분적으로 경질한다.

김순권 박사가 1995년 경북대학교 총장인 나를 찾아왔다. 김 박사는 하

   —— 아는 척하기 딱 좋은 **아프리카 지식 여행**

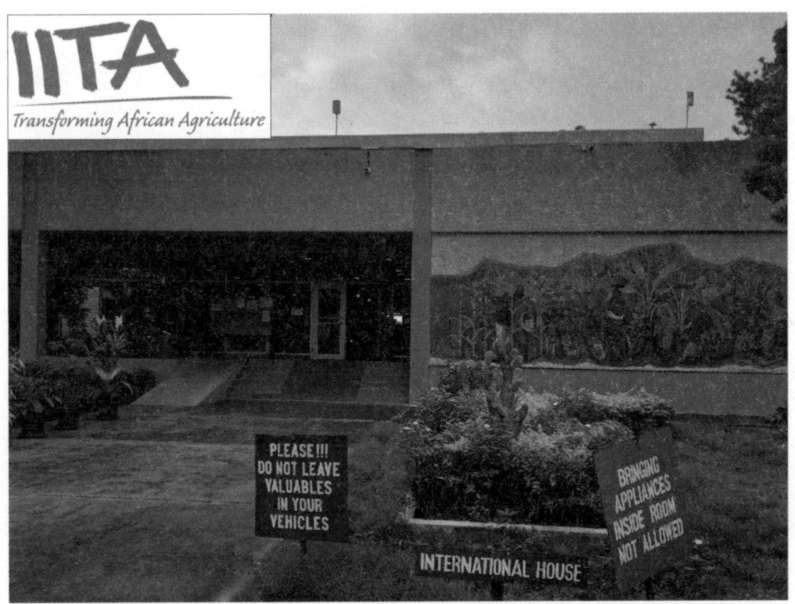

IITA. 이바단에 있는 열대농업연구소

와이 대학 유학 시절부터 알고 지냈다. 별명은 '일벌레'다. "저는 IITA에 더는 근무를 못 할 것 같습니다. 경북대학교에 오고 싶습니다. 김 박사는 세계적인 석학이고 모교에 오는데 모두가 환영하지요. 그런데 왜 그 좋은 자리를 그만두려고 해요. 좀 치사한 이야기입니다. 솔직히 말하면 IITA 근무성적은 얼마나 연구를 열심히 하고, 아프리카 원주민을 위하여 무엇을 얼마나 했느냐가 평가 기준이 아닙니다. 주말이면 골프하고, 파티합니다. 연구원들끼리 사교를 잘하고, 소장과 얼마나 친하게 지내느냐에 달려 있습니다. 나는 골프도 못하고, 파티도 참석하지 않습니다. 주말이면 밭에서 옥수수를 육종하고 농촌에 나가서 원주민과 함께 옥수수를 재배하는 일을 합니다. 나이지리아에서 두 번이나 '명예 추장' 훈장을 받았고, 서부 아프리카에서는 '옥수수 아버지' 별칭도 얻고, 나이지리아 정부는 내가 육종한 옥수수가 새겨진 동전을 만들기도 했습니다. 그러나 IITA 캠프에서는 왕따입니다. 소장과도 잘 지내는 사이도 아니고, 나를 재신임할 일이 없습니다."

그 말을 남긴 채 그는 다시 아프리카 나이지리아로 돌아갔다. 놀라운 소식이 전해왔다. 퇴임하는 소장은 11명의 연구원 사직서를 받고, 개별로 고가 점수를 매겨 신임 소장에게 넘겨주고 네덜란드로 떠났다. 신임 소장은 소견서를 모두 읽고 면담 후 김 박사만 유임시키고, 다른 10명은 모두 해임 조치했다. 퇴임한 전임 소장, 네덜란드인, 에드몬드 하터만 박사는 훗날 김 박사를 노벨상 후보로 추천한 분이다.

놀리우드

나이지리아의 영화 산업은 세계 3위다. 미국의 할리우드, 인도의 볼리우드 다음이다. 매년 2400편의 영화를 제작한다. 나이지리아 GDP 기여도가 농업 다음으로 크다. 석유산업에 앞선다. 영화 산업의 종사자가 100만 명이 넘는다. 적은 돈으로 빨리 찍는다. 제작 기간은 길면 1달, 짧으면 1주일이다. 제작비는 평균 2만 달러다. 한국은 편당 평균 제작비는 36억 원276만 달러이다. 나이지리아 영화 산업은 연간 2억 5천만 달러이다. 영화관에서 상영되는 영화보다 비디오방 영화가 더 많다. 2007년 나이지리아에 등록된 비디오방은 6,841개이다. 등록되지 않는 비디오방은 모두 50만 개가 넘을 것으로 추정한다. 시골 마을마다 있다. 라고스 알아바 시장Alaba Market에서 매일 70만 장의 영화 디스크가 팔린다.

영화는 영화관에서 보거나, 최근에는 넷플릭스Neflix에서 본다. 나이지리

 ——— 아는 척하기 딱 좋은 **아프리카 지식 여행**

아는 대부분 비디오방에서 관람한다. 최근 대도시에는 변화의 바람이 분다. 실버버드Silverbird 그룹이 주도하고 있다. 대도시의 고급 주택가를 중심으로 쇼핑몰과 함께 영화관을 많이 짓고 있다. 실버버드 그룹 외에도 큰손들은 나이지리아 영화계에 새로운 바람을 일으키고 있다. 극장을 짓고 큰 영화를 제작한다. 라고스, 아부자, 포트하커트, 우요, 가나의 아크라Accra 등 대도시에 영화관을 설립했다. 영화관에서 관람하는 인구가 늘어나고 있다. 변화는 해적판 영화 때문이라 한다. 디지털 영화는 카피가 쉽고 부피가 없다. 무단 복제 때문에 이익을 창출하지 못한다. 큰손들이 비디오 영화에서 손을 떼는 이유이다. 영세 영화 제작자는 아직도 비디오방이 목표다.

나이지리아 영화 산업에는 전통이 있다. 식민지 시대부터이다. 1954년부터 이동식 가설극장mobile cinema vans에서 상영했다. 우리도 그런 시절이 있었다. 문화시설이라곤 전무할 때다. 1960년대 시골 학교에도 강당이 없었다. 시골 장터에 가설극장을 만들어 놓고 연극, 영화, 서커스를 관람했다. 유일한 엔터테인먼트였다. 나이지리아는 1960년 독립이 되자 영화 붐이 일어났다. 외국영화가 들어왔다. 외국영화와 외국자본 영화가 범람하기 시작했다. 1972년 영화 산업에 외국인 투자를 제한하는 나이지리아 우선법Indigenization decree을 제정했다. 300개가 넘는 외국인 극장의 소유주가 나이지리아인으로 바뀌었다. 나이지리아 영화 산업이 활성화되었다.

나이지리아가 영화 산업이 히트한 배경은 있다. 첫째 영어이다. 나이지리아는 인구가 2억 1천만, 공용어가 영어이다. 자체 인구만으로도 큰 시장이다. 아프리카에만 영어를 쓰는 인구가 10억이 넘는다. 세계의 영어 시장은 대단하다. 롤링JK Rowling의 소설, 『해리포터』는 전 세계에서 6억 부가 팔렸다. 책을 팔아 영국 10대 갑부 서열에 들어갔다. 한국에서는 10만 부가 팔렸다 하면 대박이다. 상상도 못 하는 일이다. 놀리우드 영화는 아프리카

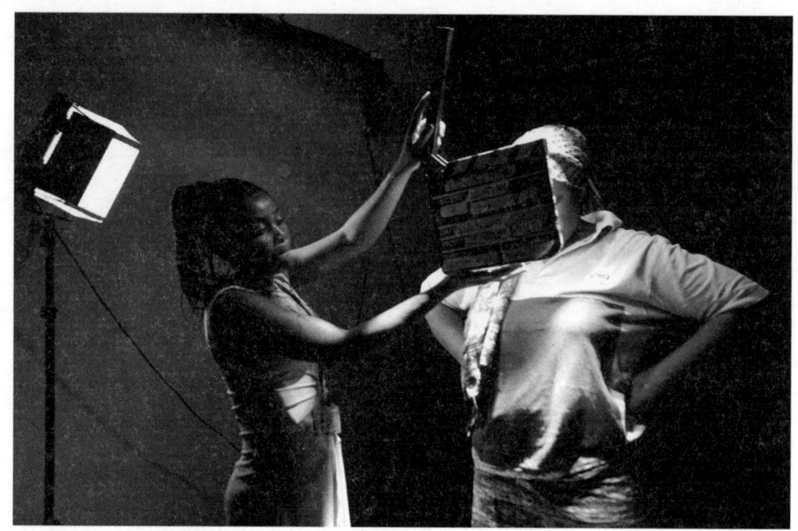

놀리우드

만 아니라 미국과 영국에서도 팔린다. 미국에 사는 디아스포라 흑인 4,693만 명과 영국 317만 명, 카리브 제도 영어권의 흑인도 놀리우드 영화를 즐긴다. 큰 시장이다.

또 다른 이유가 있다. 할리우드 영화는 백인의 눈으로 흑인을 본다. 놀리우드는 흑인의 눈으로 아프리카를 본다. 시각 차이가 있다. 할리우드 영화는 백인이 주역이고, 흑인black man은 항상 조연이고, 악역이다. 강도, 살인, 강간, 배신자, 도둑, 하인 역이다. 놀리우드는 흑인이 주연이다. 람보이고, 영웅이다. 천사 역이다. 흑인의 자존심을 살려준다. 현실은 아직도 돈 있고 상위 권력자와 가진 자는 백인이다. 백인에 비하여 가난하고 차별을 받고 있다. 놀리우드에서는 백인이 악역이다. 영화 제작자 모건 움부로는《뉴욕 타임스》와 인터뷰에서 "이제 우리는 우리 이야기를 할 수 있게 됐다."라고 했다. 영화는 주로 권선징악, 기독교와 전통 신앙 간의 갈등, 액션, 섹스물이다. 가난한 샌티 타운에서 열심히 노력해서 부자가 되는 꿈을 그리고 있다. 영화는 상상의 세계다. 영화를 보고 카타르시스를 얻는다.

놀리우드 영화는 우리나라에는 들어오지 않았다. 넷플릭스를 통하여 몇 편 보았다. 〈Shantytown〉2019, 〈The Figurine〉2009 등은 재미있다. 영화 제작 기술Cinematography 수준은 매우 낮다. 최근 할리우드 영화와 한국 영화는 스토리 전개와 장면 전환 속도가 너무 빨라서 따라가지 못한다. 영화는 드라마처럼 느리다. 내 수준에 맞다. 놀리우드 영화는 나이지리아뿐만 아니라 아프리카 전역에 배급된다. 영화의 영향력은 대단하다. 아프리카 청년들의 헤어스타일, 의상, 패션스타일을 주도하고, 유행어를 만든다. 아프리카 국가들은 놀리우드 영화를 통한 나이지리아화Nigerization를 우려한다. 식민지 지배라고까지 한다. 놀리우드는 아프리카의 새로운 문화를 창출하고 있다.

나이저강

오지 다큐멘터리는 누구나 좋아한다. 오지의 생활은 우리의 과거이기 때문이다. 『김찬삼 세계여행, 1960-1970』의 저자 김찬삼은 세계 오지여행의 선구자다. 나는 대학시절 그를 흠모했다. 나는 지리학을 공부하고 있다. 지리학은 자연과 인간 간의 관계를 연구하는 학문이다. 세계 오지의 문화는 거친 자연에 적응하고 살아가는 인간 생활이다. 문명을 거역하는 인간은 없다. 문명의 전파로 오지는 빠르게 사라지고 있다. KBS는 아직도 원시 상태로 살아가고 있는 나이저강 유역의 부족을 영상으로 담아냈다. 2010년이다. 나이저강은 여러 나라를 거쳐 흘러간다.

나이저강은 기니Guinea 고원에서 발원한다. 기니 고원은 나이저강 말고도 세네갈강과 감비아강의 발원지이다. 기니Guinée라는 국가 이름에 혼동하기 쉽다. 아프리카에 있는 나라 이름이다. 기니Guinée 공화국 외 적도기니 Equatorial Guinée 공화국과 기니비사우Guinée-Bissau 공화국이 있다. 기니를 중심으로 기니비사우는 북쪽에 있고, 적도기니는 더 남쪽, 적도 가까이에 있다. 기니 공화국은 시에라리온, 코트디부아르, 말리, 세네갈, 기니비사우와 국경을 맞대고 있다. 나도 헷갈렸다. 가난한 나라들이고, 우리와 교류가 없는 국가들이기 때문이다. 북쪽은 기니, 남쪽은 적도기니로 알면 쉽다. 나이저강은 기니에서 시작하여 반달 모양으로 유로를 꺾어 남동쪽 말리, 부르키나파소, 니제르, 베냉을 거처 나이지리아로 들어간다. 거대한 삼각주를 만들고 대서양으로 나간다. 나이저강은 서부 아프리카에서 제일 큰 강이다. 4,180km를 흐르고, 유역 면적은 210만km²이다.

나이저강은 흐르는 장소와 계절에 따라 지형도 다르고, 품고 있는 자원도 다르다. 나이저 물길에 따라 다양한 부족이 있다. 강의 늪지에서 사냥하는 부족, 물고기를 잡는 부족, 도자기를 굽는 부족, 농사를 짓는 부족, 금을 캐는 부족, 소금을 만드는 부족 등 250개 부족이 있다. 부족마다 말과 풍습이 다르다. KBS는 〈서아프리카 축복의 물길(1부)〉, 아르궁구에서 고기잡이 축제를 촬영했다. 대단한 축제이다. 은어를 잡아다 넣고 도로 잡게 하는 경북 봉화군 은어 축제와는 다르다. 강에 들어가 전통적 어구로 고기를 잡는다. 수심 3m, 강폭 100m, 2km 구간에 2만 명이 들어가 고기를 잡는다. 가장 큰 물고기를 잡은 자는 오토바이 한 대가 걸려 있다. 1등은 27kg의 물고기를 잡은 청년에게 돌아갔다. 축제는 그 지역의 생활을 집약한 행사이다.

나이저강 유역에는 어디에서나 고기를 잡는다. 우리나라도 세계적으로 이름난 어업 국가이다. 모두 바다에서 잡는다. 민물고기의 경제적 가치는 무시할 만하다. 나이저강 물고기는 다르다. 산업이다. 강에서는 사시사철 물고기를 잡는다. 물고기는 강의 유역에 사는 주민들의 주된 단백질 공급원이다. 많이 잡은 고기는 말리거나, 소금에 절이거나, 훈제하여 저장한다. 우리나라는 훈제하여 저장하지 않는다. 냉동한다. 나이저강 유역에는 아직 물고기를 저장할 냉동 시설이 없다. 없는 게 아니라 쓰지 않는다. 훈제한 물고기를 이웃 나라에 수출한다.

나이저강 유역은 소금의 거래가 유명하다. 어느 문명권에서나 소금은 사고판다. 소금은 인간과 가축의 필수 영양소이다. 사하라 사막 사헬 지방에서 암염이 생산된다. 소금기 있는 강 늪지에서 소금물을 농축시켜 소금 기둥을 만든다. 특이한 경관이다. 사헬 지방 암염은 암석이 아니라 소금 판salt pan이다. 말과 낙타 등에 실어서 먼 길을 운반한다. 20일을 걸어서 시장까지 나온다. 소금 판이 있는 것으로 보아 사하라 사막의 남쪽 한 부분이 호수였다. 호수가 말라서 소금이 농축되었고, 그 위에 사막 모래가 덮여, 모래의 무게로 소금물은 암염이 되었다.

금시장이 있다. 어떻게 나이저강이 금을 저장할 수 있을까? 금은 원래 퇴적 지형에서 생산되는 금속이 아니다. 화강암 석영 맥에서 존재한다. 강물이 암석을 침식하여 강바닥으로 운반했다. 강물의 힘으로 광물을 무게에 따라 선별적으로 퇴적시켰다. 사금砂金과 사철沙鐵이다. 〈나이저강(2부), 황금의 전설〉이다. 캘리포니아 새크라멘토 강바닥의 사금도 같은 원리이다. 원시적인 방법으로 금을 채취한다. 바가지와 플라스틱 대야로 강바닥 흙을 끌어 담아 일구어서 가벼운 흙은 흘려보내고, 무거운 금을 미량이나마 가려내는 방법이다. 동력과 기계를 갖춘 기업이 들어오기 전이다.

나이저강의 주류 교통은 배이다. 사람이 힘으로 노를 젓거나 긴 막대로 밀고 가는 목선이다. 엔진이 달린 큰 선박도 있다. 지상에는 화물차도, 버스도, 오토바이도 있다. 우마차가 다닌다. 후진국은 모든 교통수단이 동시에 존재한다. 적재정량을 지키는 자동차는 없는 듯하다. 작은 승용차에 10명도 넘게 탄다. 문을 스스로 닫을 수가 없어 기사가 문을 밀어 닫는다. 화물과 네 사람이 타고 다니는 오토바이도 있다. 서서히 변해가고 있다. 높은 문명은 낮은 문명을 삼킨다. 우리도 그럴 때가 있었다. 그래서 재미있다.

더러운 이름 쿠데타

2023년 7월26일 니제르에서 쿠데타가 일어났다. 1960년 프랑스로부터 독립 후 5번째 쿠데타이다. 1974년, 1996년, 1999년, 2010년, 2023년이다. 쿠데타 주역은 치아니A. Tchiani, 바줌Bazoum 대통령 경호실장이다. 대통령과 그의 가족을 체포하고 구속했다. 쿠데타군은 헌법 정지, 국경 폐쇄, 방송국 접수, 통행 금지를 실시했다. 서부아프리카에 쿠데타가 자주 일어나, 쿠데타 벨트Coup Belt라는 별명이 붙어 있다. 2020이후 3년 동안 쿠데타 벨트에서 9번의 쿠데타가 일어났다. 말리 2회, 수단 2회, 중앙아프리카 1회, 니제르 1회, 기니 1회, 부르키나파소 1회, 상투메 프린시페 1회이다. 대서양에서 홍해까지 국가 벨트다. 참으로 더러운 이름이다.

니제르와 나이지리아는 다른 나라다. 나이지리아는 아프리카에서 가장 큰 나라이고, 니제르는 나이지리아 북쪽에 있다. 바다가 없는 내륙국이고 사헬 지방이다. 나라 이름은 같이 나이저강 이름에서 얻었다. 면적은 126만km², 인구 2천500만 명, 큰 나라다. 가난한 나라이고, 빈부격차가 심하고, 정부는 부정부패가 만연하다. 정치는 불안하고 IS와 보코하렘 같은 반군이 활동한다. 2021년도 쿠데타 시도가 있었다. 바줌은 처음으로 선거에 의하여 선출된 대통령이다. 선거는 민주주의 상징이다.

쿠데타는 정치의 막장 드라마이다. 서아프리카에는 쿠데타를 제재하는 조약을 체결했다. 서아프리카경제공동체ECOWAS, Economic Community of West African States이다. 1975년 5월28일 15개국 정상이 모여, 나이지리아 라고스에서 조약Treaty of Lagos을 체결했다. 서부 아프리카 15개국은 베냉, 코트디부아르, 카보베르데, 감비아, 가나, 기니비사우, 라이베리아, 나이지리아, 세네갈, 시에라리온, 토고이고, 기니와 니제르, 부르키나파소, 말리는 자격정지 상태이다. ECOWAS 공동체 대표의원은 115명이다. 국가 인구비례로 대표를 선출했다. 나이지리아 35명으로 가장 많고, 다른 나라들은 5명에서 8명이다. 면적 511만km², 인구 3억8천700만 명이다. EU는 423만km², 인구 4억 4천만명이다. 비슷하다.

아프리카 경제공동체는 집단 자급자족collective self-sufficiency 단일 경제 블록이다. EU를 모방했다. 서부 아프리카의 화폐와 금융을 비롯하여 집단 경제 발전을 도모하는 것이 목적이다. 대단히 좋은 취지다. 한 발 더 나갔다. 정치안정을 위하여 공동으로 쿠데타를 진압하는 조약을 체결했다. 쿠데타를 경험한 아프리카 국가들도 쿠데타가 정치발전과 경제 발전을 저해한다는 것을 알고 있다. 1993년 7월24일에 체결한 베냉의 코토누 협정Cotonou Treaty이다. 평화 유지군 창설하여, 외침이나 내정이 불안 할 때 파병 조항을 추가했다. 회원국 내 쿠데타가 못 일어나도록 한 장치이다.

ECOWAS 회장 나이지리아 대통령은 니제르 쿠데타에 대하여 무력 사용을 언급했다. 선거로 당선 된 바줌 대통령을 풀어주고, 쿠데타 군은 자진 해산하라고 최후통첩을 보냈다. 아직 진압군은 파견하지 않았다. 프랑스 마크롱은 니제르 쿠데타를 맹 비난했다. 니제르에는 프랑스 군대가 1천명 있고, 미군도 1천명 정도 있다. 아프리카 국가연합OAU도 비난한다. 회원국 간에 이견이 있다. 기니와 말리는 쿠데타 군부 편을 든다. 러시아 와그너그룹이 끼어들었다. 와그너그룹은 쿠데타 군에 원조해 주고, 신변을 보호해 주

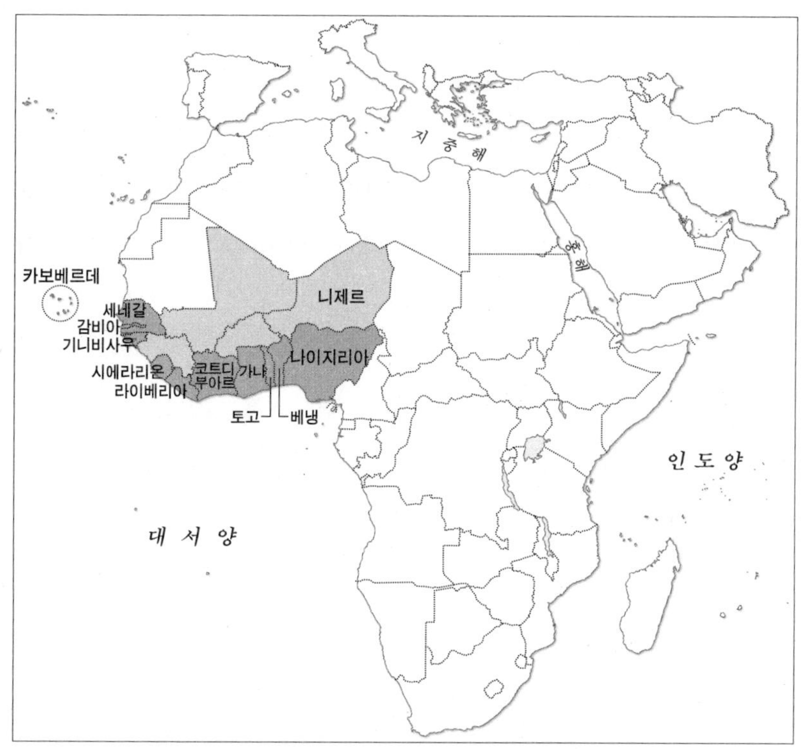

ECOWAS 11개국(흐리게 표시된 곳은 자격 정지 국가. 기니, 말리, 니제르, 부르키나파소)

고, 정보를 주고, 우라늄광산 이권을 챙기고 있다고 비난한다. 개연성이 있다. 니제르 국민의 정서는 반 서방이고 반 프랑스이다. 러시아와 중국을 환영한다. 여기에 쿠데타가 설자리가 있다.

서부아프리카공동체에 속한 15개국 어느 한 나라도 반듯한 나라가 없다. 모든 국가들이 후진국가의 병이 들어 있는 나라들이다. 정부 관리는 부패하고, 소득은 불공평하고, 내란이 상존하고, 가난한 후진 국가들이다. 독재를 하고 있다. 민주주의 꽃은 선거이다. 독재를 하는 나라는 선거가 없다. 선거가 없는 국가의 유일한 정권교체 수단은 쿠데타이다. 독재 정권이 가장 싫어하는 것이 선거와 쿠데타이다. 우리도 그런 경험을 했다. ECOWAS는 부패한 독재 국가 공동체이다. 독재를 영속화하기 위하여 국가연합 공동체를 만들었다는 비판을 하고 있다. 그래도 국민은 변화를 원한다. 쿠데타라도 해서 정권이 바뀌면 박수를 보낸다. 쿠데타는 민주주의와는 거리가 멀다. ECOWAS 조직도 운영이 민주적이지 않다. 정당성이 부족하다. 서부아프리카의 고민이 담겨 있다.

아프리카의 도서 국가들

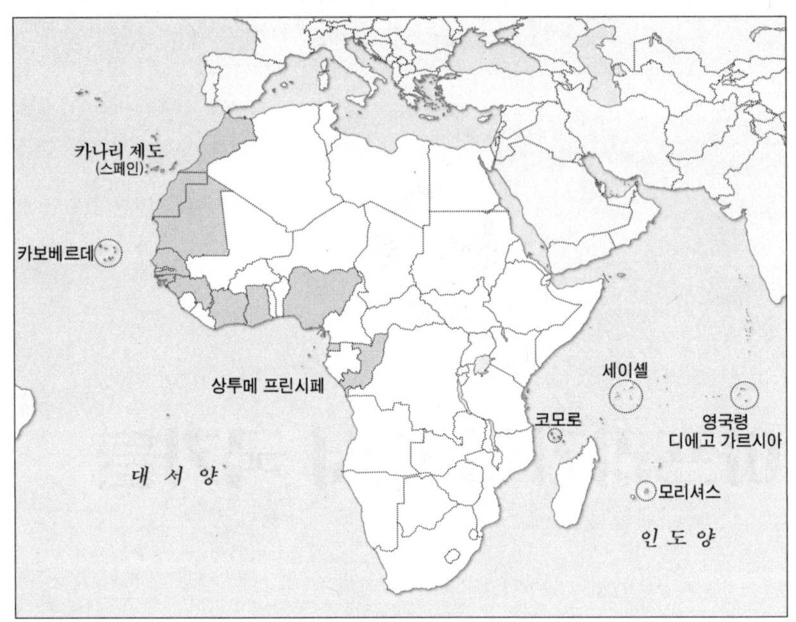

아프리카의 섬나라

카보베르데

    카보베르데는 대서양에 있는 작은 섬나라다. 지형과 문화가 아프리카와 닮은 점이 없는 나라이지만, 아프리카와 거리가 가까워서 아프리카 대륙의 한 국가로 부른다. 14°30'N과 23°30'W에 위치한다. 면적 4천km², 인구 59만 명, 15개의 섬으로, 인구는 제주도만 한 국가다. 아프리카의 서쪽 끝 세네갈에서 600km 떨어진 대서양상에 있는 화산섬이다. 북쪽에는 스페인의 영토인 카나리 제도가 있다.

포르투갈인이 지배하기 전까지 사람이 살지 않던 곳이다. 포르투갈인이 처음으로 자기 영토라고 주장했다. 유럽에서는 처음으로 열대 지방에 식민지를 갖게 되는 계기가 됐다. 대서양을 건너 아메리카대륙으로 가는 길목이기 때문에, 16세기부터 카보베르데는 지정학적 가치가 높아갔다. 전성기는 노예 무역 때다. 영국의 해적 드레이크가 여러 번 공격했다. 14°N에 위치한다. 아메리카로 가기 위하여, 유럽에서 남쪽으로 카보베르데까지 내려와야 북동 무역풍을 타고 아메리카 대륙으로 항해하는 편이 효율적이었다. 그리고 배도 수리하고 물과 식량을 보급 받아, 아메리카 대륙으로 떠났다. 다윈의 탐험선 비글호HMS Beagle도 1820년에 정박했다.

포르투갈 백인과 혼혈이 주민의 주류를 이룬다. 포르투갈과 같이 로마가톨릭 교도가 대부분이고, 포투갈어를 사용한다. 인구는 가장 큰 섬 산티아고Santiago에 수도 프라이아26만 명가 있다.

카보베르데는 아프리카 대륙에서 가장 민주주의를 잘하는 나라다. 2023년 V-Dem 민주주의 지수에서 45위를 했다. 대통령은 국가원수이고 국민에 의하여 선출된다. 민주정치이고 다당제다. 아프리카에서는 민주주의가 대단한 일이다. 민주주의 지표는 바로 잘사는 순위이기도 하다. 민주주의를 제대로 하고 있고 치안이 안정되어 있어 아프리카에서 많은 이민이 들어온다.

화산섬이다. 특별한 지하자원은 없다. 따뜻한 날씨가 자원이고, 관광이 주 수입원이 되고 있다. 2013년 미국 대통령 오바마가 방문했다. 카보베르데는 자원이 없음에도 불구하고 경제성장이 꾸준히 하고 있는 나라라고 격려했다. UN은 카보베르데를 아직은 후진국이지만, 나쁜 후진국은 아니다 했다. 제주도가 현무암 석재를 수출하는 것처럼 카보베르데도 화산섬의 현무암 석재가 주요 수출품이다. GDP의 70%가 서비스업이다. 인구의 35%가 농촌에 살고 있고, 어업이 주요한 산업이다. 물고기와 조개류가 풍부하여 가공하여 수출한다.

한국과 무역 관계는 거의 없다. 한국도 대서양에서 원양어업을 했으므로 남동대서양수산기구SEAFO의 회원국이다. 카보베르데와 함께 대서양의 어족 보호과 남획을 막는 활동을 같이하고 있다, 풍력발전이 전력의 30%를 차지한다. 이렇게 빈약한 자원에도 불구하고 카보베르데가 서부 사하라 아프리카 국가 중에서는 가장 경제성장을 잘하고 있는 것은 민주주의를 제대로 하고 있기 때문이다. 최저임금제를 실시하고 있다. 월 118유로17만 원, 2025년다. 연간 실질 소득은 1인당 9천9백 달러다.

관광에 관심을 쏟고 있다. 현재 수도 프라이아Praia에 국제공항이 있지만, 신공항을 이웃 섬 보아비스타BoaVista에 건설했다. 작은 조선소가 항구에 있다. 카보베르데가 살기 좋다는 소문을 듣고 아프리카에서 많은 사람들이 이민을 온다. 외국인이 50만 명이 넘는다. 자원도 없고 가난하지만, 민주주의를 제대로 하면 평화가 유지되고 시장경제가 살아나고, 경쟁이 생기고 혁신이 일어난다. 잘살게 된다.

카보베르데는 아프리카에서 가장 교육 시스템이 잘 되어 있다. 2023년 세계교육포럼World Education Forum에서 8위를 했다.

상투메 프린시페

아프리카 기니만 앞에 있는 섬나라다. 가봉 해안에서 200km 떨어진 대서양에 있다. 면적은 934km², 인구 22만 명의 작은 나라다. 적도가 지난다. 3천만 년 전 화산이 폭발하여 생긴 섬이다.

포르투갈의 항해 시대에 발견됐다. 발견 당시 섬에는 사람이 살지 않았다. 1471년 포르투갈인 페로 에스코바르가 처음 상륙했다. 포르투갈은 포르투갈에 살던 유대인 2천 명을 강제 이주시켰다 1497년이다. 사탕수수 플랜테이션 노동자로 데려왔다. 화산 지형으로 토양은 비옥하고 사탕수수 재배에 적당했다. 16세기 열대 지방인 상투메는 사탕수수 재배 적지로 알려져 번성했다.

사탕수수 재배에는 노동력이 필요했다. 노예 무역이 시작되었다. 포르투갈은 콩고 왕 엘미나Elmina로부터 1만 2천 명의 노예를 수입했다. 1516년에는 노예를 수입하여 4천 명의 노예를 아메리카 대륙, 주로 브라질과 카리브해 섬들에 수출했다. 노예 무역을 했고, 노예 시장이 생겨났다. 상투메는 노예 무역으로 번성했다. 아프리카 해안의 섬들은 노예 무역 시대에 아프리카 해안 섬들은 백인이 소유하고 노예 수용소와 노예 시장을 만들었다. 상투메도 예외는 아니었다.

그리고 포르투갈은 상투메에 본국의 죄수들을 보냈다. 포르투갈만 그런 것은 아니다. 영국도, 프랑스도 본국의 죄수들을 아프리카, 아메리카 대륙으로 보냈다. 오스트레일리아도 첫 이민은 영국의 죄수들이었다. 상투메의 인구는 백인과 흑인의 혼혈인 물라토가 주류를 이루었다. 노예제도를 유지

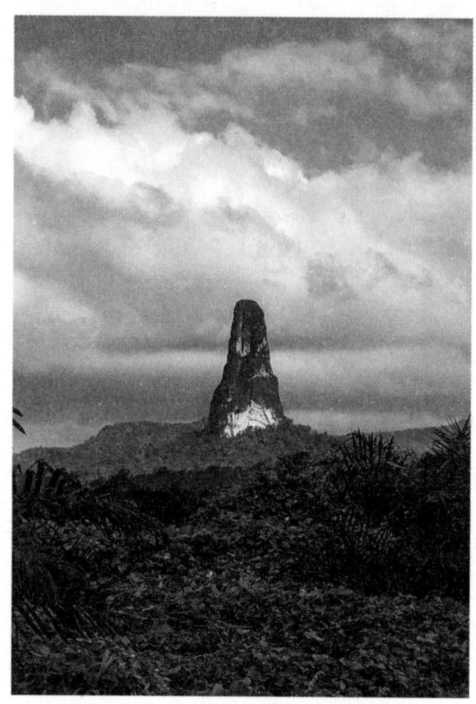

상투메 프린시페에 있는 피코 카오 그란데

할 수 없었다.

1515년, 포르투갈 왕은 노예해방 칙령manumission을 발표했다. 흑백 혼혈인, 백인의 부인이 된 흑인은 노예가 아니었다. 정치에 참여하게 됐다. 흑인의 노동자를 자유롭게 고용하게 되었고, 흑인 노예는 인근 밀림으로 도망을 가서 저항하는 사태가 일어났다. 노예의 5%가 달아났다. 도망 나온 노예, 즉 마룬maroon은 마콤보macombos라는 흑인 취락을 만들었다.

도망 나온 노예는 플랜테이션을 공격했고, 백인은 흑인을 학살했다. 밀림 전쟁bush war이 일어났다. 진압이 되기는 했지만, 후유증은 컸다. 죽이고 탄압해도 계속해서 나타났다. 1595년, 포르투갈 정부가 왕과 교구가 갈등이 있는 틈을 타서 큰 노예 반란이 일어났다. 대장은 아마도르Amador다. 그가 지휘하는 5천 명의 노예들은 플랜테이션을 공격하고, 사탕수수 제련 공장을 파괴하고, 주택에 불을 질렀다. 3주 후에 반란은 진압되었고, 지도자 3명은 처형되었고, 그 외의 노동자는 사면됐다. 백인은 할 수 없이 마룬을 섬의 서남부 지역에 특별구로 만들어 살도록 했다.

포르투갈의 해외 식민지 포기 선언으로 상투메는 1975년 독립했다. 1990년 소련의 붕괴로 사회주의 정권이 무너지고 친서방 정부로 대체되었다. 개혁이 일어났다. 폭력 없이 트로보아다Trovoada가 대통령에 당선되고 1996년에 재선됐다. 2022년 대통령 선거에서 야당인 민주행동당이 여당을 꺾고 대통령에 당선됐다. 여당과 야당이 폭력 없이 정권교체를 하고 있다. 민주주의가 지켜지고 있다.

적도기니에서 300km 떨어진 대서양에 있는 섬이다. 피코 카오 그란데

코코넛은 상투메 프린시페의 주산업이다. 코코넛 프랜테이션.

Pico Cão Grande는 해발 663m이다. 아름다운 바위산이다. 랜드마크가 되고 있다. 아름답다. 화산활동은 카메룬 화산활동의 연속선상에 있다. 적도기니 소속의 섬 안노본Annobon, 남서 비오코Bioko 모두 같은 화산대에 속해 있다.

민주주의가 지켜지고 있는 나라다. 1990년 이래로 다당제를 운영하고 있고, 인권, 언론의 자유, 정부에 반대하는 정당 설립에서 자유가 보장되어 있다. 이브라힘 민주지표Ibrahim Index of African Governance, 2010년는 아프리카 54개국 중 11위였다. V-Dem 민주주의 지수도 아프리카 국가 중 5위, 부정부패는 많이 줄어들었다. 언론의 자유, 정치적 자유, 경제적 자유를 고려했을 때 'free country'로 분류했다.

독립 전 상투메의 코코넛 플랜테이션은 90%가 포르투갈인이 소유했다. 독립 후 서양인의 소유가 많아졌으나 다양해졌다. 주 작물은 카카오이고, 농산물이 수출의 54%를 차지한다. 1900년대는 세계 최대 코코아 수출국이었다. 'Chocolate Island'라는 별명도 있다. 그 외 코프라copra, 코코넛의 속살와 수산물을 수출하고, 관광산업에 역점을 두고 있다.

세이셸

세이셸 공화국이다. 아프리카 대륙의 동쪽, 대륙에서 1,500km 떨어진 인도양상에 있다. 4°37'S, 55°E에 위치한다. 155개 섬으로 구성되어 있는 군도群島다. 작은 나라다. 아프리카에서 가장 작다. 인구 10만 명, 면적 457km²다. 빅토리아가 수도다. 가까이 있는 국가는 코모로Comoros, 마다가스카르Madagascar, 모리셔스Mauritius 등이 있다.

이 섬도 포르투갈인 바스쿠 다가마가 1504년 3월 인도로 가는 항해 도중에 발견했고, 포르투갈이 지배하게 됐다. 7개의 큰 섬이 발견되어 'The Seven Sisters'라고 불렀다. 인도양 중앙에 있는 섬으로 지정학적 가치가 있다. 포르투갈이 점령했지만, 지배는 하지 않았다. 방치된 채로 있던 섬을 1756년 프랑스가 점령하고 지배했다. 당시 프랑스 재무부 장관 이름을 따, 세이셸이 됐다. 프랑스의 점령은 나폴레옹 전쟁으로 1810년 영국령이 됐다. 영국이 계속 점령하고 있다가 1976년에 독립했다. 따라서 언어도 영어와 프랑스어가 공용어다. 영국은 동인도 회사를 운영하면서 중간 기지로 세이셸을 이용했다.

기독교가 74.9%로 다수이지만, 인도의 영향을 받아 힌두교 5.4%, 이슬람이 2.4%다. 인도와 가까워서 인도의 노동자들이 많이 들어왔다. 인도 문화가 강하고 영향이 큰 나라다. 쿠데타가 일어났을 때도 인도가 간섭하여 쿠데타가 실패했다.

1976년 영국에서 독립했다. 레네René가 1979년 쿠데타를 하여 사회주의 정권을 수립했다. 1991년, 소련이 붕괴할 때까지 집권했다. 후원자 소련이 붕괴하자 그는 1993년 후임 부통령에게 정권을 양도하고 물러났다. 그 후 2번의 쿠데타 시도가 있었지만 실패했다.

2020년 선거가 있었고 야당 후보가 당선됐다. 현재 대통령은 람칼라완 Ramkalawan이다. 국회의원 35명, 26명은 직접선거이고 9명은 비례대표다. 1993년부터 쿠데타는 없었다. 다당제 민주주의를 하고 있다. V-Dem 민주주의 지수가 대단히 높다. 공정 선거, 다당제, 언론의 자유가 보장되어 있다.

2014년 수감률Incarceration이 가장 높은 나라다. 인구 10만 명당 799명이 죄수다. 여성이 6%이다. 세계에서 수감률이 가장 높은 나라의 순위는 엘살바도르 1086명/10만 명, 세이셸 799명/10만 명, 쿠바 794/10만 명, 르완다 576명/10만 명, 미국 541명/10만 명 순위다. 범죄율 순위와 같다. 수감률이 top 10에 들어갔지만, 2022년부터 수감률이 287명/10만 명으로 떨어졌다. 세이셸은 인구의 10%가 히로인에 중독되어 있다. 마약사범과 해적들을 잡기 위하여 수감률이 높아졌다.

세이셸은 해적 방지 조약에 참여하고 있다. 특히, 소말리아 해적에 대해서다. 세이셸은 GDP의 4%를 쓰고 있다. "The indirect investment for the maritime security"

경제는 플랜테이션 농업과 관광이다. 플랜테이션 계피, 바닐라, 코프라 수출은 줄어가고 있고 관광산업에 주력하고 있다. 세이셸은 부정부패가 없는 나라라고 평가한다. 외국인 호텔을 비롯한 관광 투자가 늘어나고 있다. 넓은 해양 면적에도 불구하고 석유 같은 해저 자원이 발견되지 않았다. 잘 사는 나라다. 1인당 가처분 소득이 4만 1천 달러이다. 작은 나라지만, 한국과 무역도 활발하다. 한국은 다랑어과의 냉동 수산물과 어육 가공품을 수입하고 자동차 부품과 전기 전자 제품을 수출한다. 거의 선진국 수준이다. 민주주의를 제대로 하고 있는 국가라고 평가하고 있다.

코모로

코모로Comoros 공화국은 섬나라다. 아프리카에서 동쪽으로 300km, 마다가스카르에서 서쪽으로 540km가 떨어진 모잠비크 해협에 놓여 있다. 열대 지방이고 화산섬이다. 코모로와 코모로스는 같다. 구글맵의 지명을 따라 코모로로 한다. 나는 6년 동안 하와이 섬에서 산 일이 있다. 제주도만 한, 아열대 지방 화산섬이다. 작은 줄 모르고 살았다. 한 인간의 일상생활의 공간은 그리 넓지 않다. 지금은 섬나라가 내륙 국가보다 발전의 기회가 더 크다. 교통 때문이다.

코모로는 3개의 섬그랑드코로모, 무아이, 안조안으로 구성되어 있다. 면적 2,200km², 인구 86만 명제주도는 면적 1.849km², 인구 69만 명이다. 지난 회에 섬나라 세이셸에 대하여 공부했다. 세이셸과 자연환경열대기후와 화산섬, 식민지 역사, 문화, 섬의 크기가 매우 비슷하다. 프랑스가 오랫동안 식민지 지배를 했다. 공용어는 프랑스어다.

8세기경 아랍 상인들이 들어와 왕국을 건설했다. 아프리카에서 잡아온 노예를 아랍과 페르시아에 팔았다. 노예 시장이었다. 프랑스가 섬을 접수한 후에 노예를 데려와 사탕수수 플랜테이션을 했다. 노예제도가 폐지된 후 아프리카 대륙에서 반투족이 들어왔다. 최근에 많은 중국인이 들어왔다. 다수는 아랍계 후손이고, 90%가 수니파 이슬람이다.

코모로는 세계에서 가장 가난한 나라다. 아프리카에서도 가난하다. 빈부의 격차가 심하다. 플랜테이션 농장주들은 부자이지만, 소작인들은 매우 가난하다. 대부분의 국민은 국제 빈곤 한계선International Poverty Threshold, 1인당 하루 1.9달러 이하로 생활하고 있다. 이 정도면 정부가 제공하는 복지는 없고, 각자도생으로 살아간다고 보아야 한다. 우리도 60년대까지는 그랬다.

어느 국가나 국민이 바라는 보편적 가치는 정치가 안정되고, 넉넉한 경제이다. 이웃 세이셸이나 모리셔스는 정치가 안정되어 있고, 국민소득이 2만 3천 달러, 잘사는 나라다. 코모로는 정치가 불안하고 먹고 살기도 힘든 나라이다. 왜 그럴까? 못사는 나라는 국가 빈곤을 자원을 탓하고, 재해는 자연을 탓한다. 홍수도, 가뭄도 기후 탓을 돌린다. 그래야 지도자에게 원성이 없다.

코모로도 자원은 있다. 섬나라이므로 전관수역은 넓다. 참치 어장으로 유명하다. 일본과 한국을 비롯한 어업 국가들에게 어장을 대여하고 있다. 해외에 나가 있는 노동자가 보낸 돈Remittance으로 재정을 충당하고 있다. 열대 지방이므로 향신료를 재배한다.

정부는 농민에게 쌀보다는 환금작물인 바닐라, 정향, 일랑일랑의 재배를 권유한다. 일랑일랑은 향수의 원료이고, 전 세계의 80%를 코모로가 생산한다. 세계 향신료 시장에 미치는 영향은 크다. 향신료 수출은 정부가 한다. 정부 관리는 수출의 이익을 가로채고, 농민들에게 돌아갈 소득을 자기들이 가져간다. 농민은 향신료 재배를 꺼리지만, 정부는 비료와 지원 자금을 줄여 향신료 재배를 강권한다. 향신료를 판 수익으로 주식인 쌀을 사 먹을 형편도 안 된다.

코모로는 1975년 독립한 이후로 20회의 쿠데타를 했고, 또 여러 번의 쿠데타 시도가 있었다. 많은 정치 지도자가 암살되었다. 못사는 이유가 명백하게 드러난다. 군인은 500명밖에 안 된다. 그 뒤에는 프랑스가 있다. 프랑스와 코모로는 군사동맹 관계다. 2006년에 처음으로 평화적인 정권 교체가 일어났다. 경제 사정이 나아지고 있다. 살기 위하여 외국으로 도망 나가는

 —— 아는 척하기 딱 좋은 **아프리카 지식 여행**

디아스포라가 줄어들었다. 결국 정치이다. 정치가 안정되어야 한다. 코모로는 선거를 통하여 지도자를 뽑지 못했다. 권력은 잡았지만, 적법한 지도자로 인정하지 않았다.

우리나라도 쿠데타는 있었다. 한국도 6·25 전쟁 후, 남북이 대치하면서 군부가 엄청나게 비대해졌다. 비대한 군부는 어느 나라를 막론하고 국내 정치에 관여한다. 군의 간섭을 근절하지 않고 민주주의를 하는 나라는 없다. 한국의 역대 대통령은 공과가 있다. 나는 한국 민주주의를 확립한 대통령은 김영삼이라 여긴다. 김영삼은 군의 정치 관여를 척결했다. 하나회를 해산하고, 쿠데타 세력인 전두환과 노태우 대통령을 구속시켰다. 군이 정치에 관여하면 어떻게 되는지를 보여 주었다. 군의 중립은 선진국의 잣대다. 그리고 금융실명제를 했다, 뇌물 정치의 근간을 없앴다. 공이 크다.

프랑스가 코모로 제도를 독립시켜 주면서 이웃의 작은 섬, 마요트Mayotte, 면적 300km², 인구 30만 명를 떼어내어 프랑스와 합병했다. 문을 열어주면서 문고리는 잡고 있는 격이다. 코모로 공화국 바로 곁에 있는 마요트는 자연이나 민족 문화를 보면 코모로 영토가 맞다. UN 총회에서도 마요트섬은 코모로 영토라고 여러 번 결의 했다. 프랑스는 '배 째라' 하고, 인정하지 않는다. 악명 높은 프랑스 외인부대Foreign Legion Detachment in Mayotte가 마요트에 주둔하고 있다. 외인부대는 인도양에서 프랑스의 이해관계에 따라 관여한다. 현대 병기로 무장한 용병mercenary이다. 코모로 정국이 불안하면 자동으로 개입한다. 프랑스의 국익에 따라 쿠데타를 조장도 하고 제압도 했다.

지리의 과거는 역사이고, 역사의 현재는 지리이다. 오늘의 지리는 그 지역 역사의 누적 현상이다. 지구상에 크기를 막론하고, 잘사는 나라가 있고, 못사는 나라가 있다. UN 회원국 중 OECD 가입국은 38개다. 나머지 155개국은 가난하거나 삶의 질HDI이 많이 떨어진다. 불행한 가정은 각각의 이유가 있다. 가난한 나라도 이유가 많다. 빈곤은 분쟁을 유발한다. 가난한 코모로는 어떻게 하면 잘살 수 있을까. 간단하다. 세이셸이나 모리셔스처럼 하면 된다. 민주주의를 제대로 하면 된다. 공정한 선거를 하여 대표를 뽑고, 선거를 통하여 지도자를 뽑으면 된다. 출발이 어렵다. UN이 도와주고, 프랑스는 문고리를 놓아 주면 된다.

마요트

마요트Mayotte는 프랑스의 해외 영토다, 코모로의 남쪽 39km 지점, 모잠비크 해협에 놓여 있다. 인구는 32만 명, 면적은 374km²의 작은 섬이다. 프랑스가 1885년 코모로 제도 전체를 지배했다. 1975년 코모로가 독립할 때, 마요트는 주민 투표를 부쳐 프랑스 영토로 남기로 했다. 프랑스는 주민 투표를 빌미로 마요트를 떼어내어 프랑스 영토로 만들었다. 프랑스의 수작이다. 원래 코모로와 같은 민족이고 같은 섬이다. 지형이나 민족이 다르지 않다. 코모로는 반발했고, AU도 부당하다고 했고, 1976년 UN 안보리에서도 15개 회원국 중 11개 회원국이 마요트를 코모로의 영토라 했고, UN 총회에서도 마요트는 프랑스 영토가 아니고 코모로 영토라고 했다. 지금까지도 UN의 분규 의제가 되고 있다.

어쨌든 마요트는 현재 실효적으로 프랑스가 지배하고 있는 프랑스 땅이다. 프랑스의 데파트르망으로 1명의 하원을 프랑스에 보내고, 섬은 자치를 하고 잘살고 있다. 마요트는 프랑스에서는 가장 가난한 영토다. 재정의 상당 부분을 프랑스 정부가 부담한다. 마요트섬을 소유하는 이유는 섬의 전략적 가치 때문이다. 프랑스의 이해관계가 있는 마다가스카르섬과 아프리카

  ——— 아는 척하기 딱 좋은 **아프리카 지식 여행**

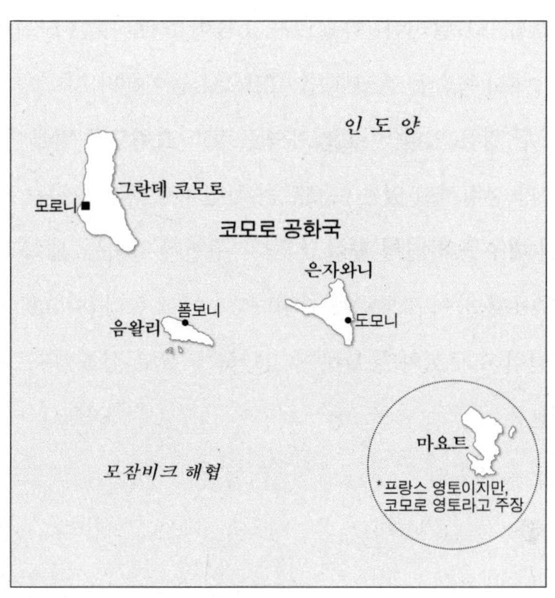

마요트

대륙의 모잠비크 사이에 있고, 프랑스 군대가 주둔하고 있다.

문제는 면적이 374km²밖에 안 되는 작은 섬에 인구는 32만 명이 거주한다. 주민의 대부분은 불법 이민이다. 마요트가 프랑스에서는 가장 가난한 데파트르망이라 할지라도 아프리카 대륙과는 비교가 안 될 정도로 잘산다. 이웃인 코모로보다 훨씬 잘산다. 따라서 코모로와 모잠비크에서 난민이 들어온다. 그리고 얼마 전까지만 하더라도 마요트에서 출산을 하면 그 아이는 프랑스 시민권을 갖는다. 최근에 법을 고쳐 폐지했다. 프랑스 이민의 징검다리가 되고 있기 때문이다.

마요트의 1인당 GDP는 프랑스 본토 1/4에 불과하다. 매우 가난하다. 그러나 인접 아프리카 대륙의 국가들에 비하면 부자이고 치안도 안정되고 잘산다. 마요트의 1인당 GDP는 11,300유로, 1만 3천 달러다. 이웃 코모로는 1

인당 GDP가 1천377달러다. 마요트가 소득이 10배나 높다. 그러므로 가난
한 인접 국가에서 목숨을 걸고 불법 이민으로 들어온다.

프랑스도 할 말은 있다. 아프리카의 프랑스 쇼윈도를 만들어 놓고 있다.
비록 프랑스가 점령하고 있는 마요트는 식민지로 착취를 하는 것이 아니라,
프랑스 시민 대우를 하면서 잘살고 있다. 주민이 잘사는 게 목적이다. 마요
트 주민이 투표를 하여 코모로에 합병하겠느냐고 한다. 마요트 시민들이 동
의할까? 가난한 코모로와 통합하여 가난하게 살고 싶을까? 프랑스 영토로
남기를 바란다.

모리셔스

　모리셔스는 작은 섬나라다. 아프리카 대륙에서 동쪽으로 2000km, 마다가스카르에서 900km 떨어진 인도양에 있다. 남회귀선이 지나간다. 열대 지방이다. 제주도보다 조금 크다. 인구는 122만 명, 면적은 2,300km²이다. 해변은 아름다운 백사장으로 유명한 관광지이다. 우리나라 여행사도 '모리셔스 관광'을 팔고 있다. 모리셔스는 현무암으로 된 화산섬이다. 현무암은 풍화되어도 검은 모래이다. 150km나 되는 비치는 하얀 모래다. 현무암 모래가 아니라 산호 부스러기다. 세계에서 3번째로 큰 환초Atoll가 있다. 제주도 중문 해수욕장도 하얀 모래다. 다르지 않다.

　모리셔스는 아랍 선원이 처음 발견했다. 1507년 포르투갈인이 모리셔스에 상륙했지만, 사람은 살지 않는 무인도였다. 해양 시대, 포르투갈이 처음으로 자기 땅으로 등기를 하고, 다음으로 네덜란드가 등기하고, 프랑스가 오랫동안 소유했다1715~1810년. 나폴레옹 전쟁에 패한 프랑스는 영국에게 소유권을 뺏겼다1810~1968년. 1810년부터 영국 식민지가 되었다가 1968년에 독립했다.

　영국은 플랜테이션 농업으로 사탕수수를 재배했다. 노예를 부렸다. 노예 해방이 되자, 인도에서 계약 노동자indentured labor를 대거 데려왔다. 모리셔스 국민의 다수는 인도계의 후손이다. 나무 에보니ebony를 벌목하고, 사탕수수 밭으로 만들었다. 에보니는 검은 상아black ivory라 불리는 귀하고 값비싼 목재다. 나무이긴 하지만, 조직의 밀도가 높아서 물에 가라앉는다. 한때 모리셔스 에보니는 유럽의 사치스런 가구 원목으로 명성이 높았다. 지금은 값이 너무 비싸 가구에는 쓸 수 없고, 공예품이나 악기에 사용하고 있다. 말레이시아와 인도네시아에서는 에보니를 멸종 위기 종으로 지정하여 벌목, 가공, 수출 등을 금지하고 있다.

플랜테이션은 사탕수수 재배에서 시작했다. 19세기의 설탕은 유럽 수입품 중 가장 인기 있는 상품이었다. 사탕수수는 열대에서만 자란다. 제1차 세계대전 동안 모리셔스가 설탕으로 떼돈을 벌었다. 농장주는 부자가 되었지만, 노동자는 가난했다. 농업 노동자들은 설탕 값은 오르는데 노동자 임금은 너무 낮다고 불만이 높았다. 농장주를 상대로 파업했다.

파업을 하다가 총에 맞아 죽기도 했다. 끈질기게 노동 투쟁을 전개했다. 결국, 노동조합이 합법화되었다. 노동조합은 기업을 도와주는 조직은 아니다. 노동조합으로 망한 기업은 있다. 그러나 노동조합 때문에 망한 국가는 없다. 노동조합이 있는 나라는 없는 나라보다 잘산다. 모리셔스는 아프리카에서 가장 잘사는 나라다. 1인당 GDP는 8,900달러이고 구매력으로 보면 22,000달러이다. 아프리카에서 리비아 다음으로 소득이 높다. 설탕, 관광, 섬유, 금융이 경제 바탕이 되었다. 모리셔스는 화석에너지를 사용하지 않는다. 모두 재생에너지, 풍력, 태양광, 생물자원 에너지다.

모리셔스는 민주정치를 하고 있는 나라다. 민주주의의 성적표는 전 세계 168개 국가 중에서 16등, 우등생이다. 세계 어느 곳이든 정치만 안정되면 농민은 자급자족을 하고 잘산다. 지금은 기계농업, 화학비료, 농약, 관개가 가능하다. 과거에 비하여 1인당 노동생산이 몇 갑절 늘어났다. 농업만으로도 잘살 수 있다. 민주주의는 정치 안정의 기본이다. 모리셔스도 우리나라처럼 민주주의 정치 제도를 서양에서 수입한 나라다.

프랑스의 민법, 영국의 형법을 채용하고, 영국식으로 내각 책임제를 하고 있다. 쿠데타가 아니라 선거에 의하여 정권교체가 일어났다. 노동당이

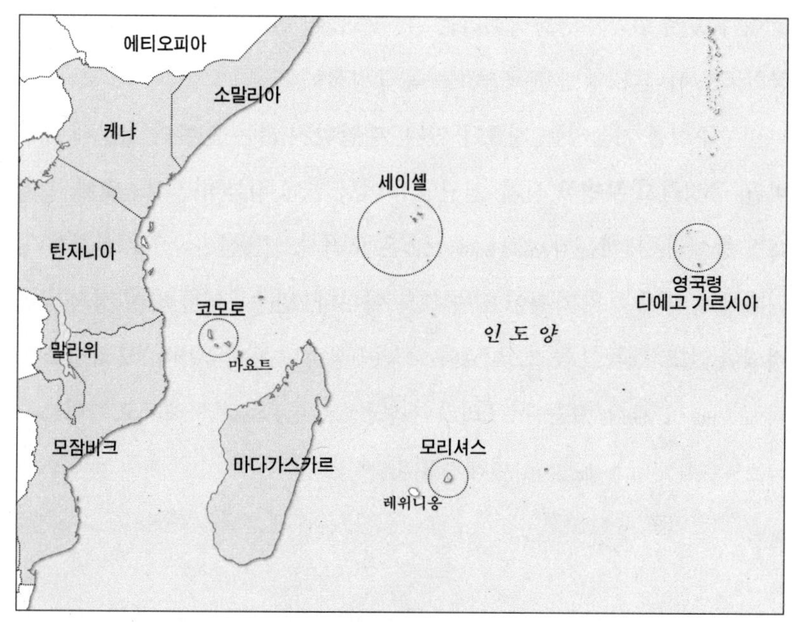

시계방향으로 코모로, 세이셸, 영국령 디에고 가르시아, 모리셔스

먼저 정권을 잡았다. 다당제를 실시하고, 여야 간에 정권 교체가 평화적으로 일어나고 있다. 선거를 통하여 의석을 많이 차지하는 정당이 정권을 잡는다. 아프리카 54개 UN 가입국 중 세 왕국모로코, 레소토와 에스와티니을 제외하고는 모두가 민주 공화국이다. 아프리카 어느 나라도 제대로 민주주의 하는 나라가 없다. 아프리카 가난과 상관관계가 깊다.

모리셔스는 아프리카의 나라 가운데 가장 잘사는 나라다. 아프리카 다른 국가와 마찬가지로 유럽의 식민지 경험을 했고, 특별한 자원을 가진 것도 아니다. 식민지 정부로부터 싸워서 민주주의를 얻어냈다. 민주주의는 다른 종류 민주주의가 있는 것이 아니다. 단지 제대로 하는 민주주의가 있고, 안 되는 민주주의가 있을 뿐이다. 북한의 공식 명칭은 '조선민주주의인민공화국'이다. 민주주의와 공화국이라는 단어는 들어 있지만 민주주의도 아니고, 공화국도 아니다. 정권을 세습하는 독재 왕국이다.

민주주의를 가늠하는 지표가 있다. 탄압받지 않는 언론의 정부에 대한 비판, 공정하고 투명한 선거, 집권당과 야당 간에 평화적인 정권교체, 인권 보장 등이다. 세계은행World Bank, 2019은 모리셔스를 선진국으로 분류했다. 리비아와 같이 석유 자원이 있는 것도 아니다. 민주주의를 하여 정치가 안정되어 있고, 소득이 높고, 의료와 교육이 정비된 복지국가다. '모리셔스 기적The Mauritus Miracle' 또는 '아프리카의 성공Success of Africa' 사례라고 한다Romer 1992, Frankel 2010, Stiglitz 2011. 미래가 밝다.

레위니옹

인도양에 있는 섬이다. 마다가스카르섬의 동쪽 679km, 모리셔스의 서남쪽 197km 지점에 있다. 면적은 2,500km^{2}이고, 인구는 89만 명이다. 1670년 인구는 고작 50명이었으나, 19세기 초반에 대거 이민이 들어왔다. 프랑스 영토로 합병됐다. 본토와 아무리 멀리 떨어졌어도 등기가 프랑스 앞으로 되어 있다. 영국에서 1만 2천700km 떨어진 아르헨티나 앞바다 포클랜드섬도 영국 영토다. 레위니옹은 프랑스 본토에서 9천 350km 떨어진 인도양상에 있다. 17세기 플랜테이션 사탕수수 농업으로 베트남인, 중국인, 인도인이 들어왔다. 공식 언어는 프랑스어다. 면적도, 인구도, 제주도보다 조금 크다. 모국과 거리 먼 바다에 영토가 있는 것은 식민지 제국주의 시대의 유산이다.

프랑스의 해외 영토다. 헌법 73조에 따라 프랑스의 영토로 권리와 책

 ——— 아는 척하기 딱 좋은 **아프리카 지식 여행**

임이 있다. 프랑스의 행정자치 단위는 4단계다. 레지옹Région, 데파트르망 Départment, 캉통Canton, 코뮌Commune이 있다. 해외 영토 중 레지옹급은 레위니옹69만 명, 마르티니크34만 명, 기아나29만 명, 과들루프37만 명, 마요트32만 명 등의 섬이다. 화산섬으로 관광지로 인기가 높다. 치안이 안정적이다. 활화산이 있고, 공해가 없는 열대 해안이므로 유럽인이 많이 찾는다. 좋은 수입원이 되고 있다.

프랑스 정부가 파견한 총독이 통치한다. 하원 5명, 상원 4명을 국회에 보낸다. 참으로 아이러니한 일이다. 식민지를 해서 못산다고 아프리카 대부분 국가가 독립했다. 독립하고도 못산다. 식민지 시대에 못사는 이유는 식민지 정치 때문이라 했다.

실제는 어떤가. 프랑스와 합병을 한 레위니옹은 잘산다. 민주주의도 하고 있고, 인권도 보장되고, 잘 먹고 잘산다. 독립을 해서 살고 있는 코모로보다는 잘산다. 이웃 나라인 모리셔스와 세이셸과 비교해도 손색이 없다. 잘산다. 비교해 보면, '레위니옹/모리셔스 : 1인당 소득 2만 5천 달러/1만 1천 달러, 평균수명 81.3세/74.1세, 물가 높음/낮음', 전체로 볼 때 비슷하나 프랑스와 합병한 나라들이 더 잘산다. 식민지 국가들은 잘살기 위하여 독립을 주장하고 독립 투쟁을 하지만, 독립이 민주주의와 잘사는 것을 보장하는 것은 아니다. 독립된 국가가 정치를 잘하면 민족의 정체성도 살리고 잘살 수 있다.

인도양 항해 시절에 레위니옹은 전략적 가치가 높았다. 수에즈 운하가 개통되기 전의 경기는 향유할 수는 없지만, 지금도 여전히 전략적 가치는 있다. 케이프를 지나는 모든 선박은 중간 기점을 찾는다. 비상시에도 그렇고 군사적 가치가 높았다.

프랑스의 영토이므로 프랑스의 영향으로 잘산다. 프랑스 본토 소득의

70% 정도이지만, 아프리카에서는 가장 잘사는 지역이다. 물가가 싸고, 자연환경이 좋아 유럽인이 선호하는 지역이다. 사탕수수와 바닐라를 주로 수출한다.

디에고 가르시아

디에고 가르시아Diego Garcia는 이상한 섬이다. 처음 알았다. 환초atoll로 이루어진, 30km²밖에 안 되는 작은 섬이다. 너무 작아 세계 지도상에 나타나지 않고 위치만 있다. 구글 위성사진으로는 보인다. 고기 잡는 정치어망定置魚網처럼 생겼다. 육지는 환초이고, 환초 안은 수심이 깊은 라군lagoon이 있다. 적도 남쪽 7°S에 있다, 열대 지방이다. 80개의 섬으로 이루어진 차고 제도Chagos Archipelago 중, 가장 큰 섬이다. 인도 서쪽에 산호섬 몰디브가 있다. 몰디브 남쪽 1300km 지점에 있다. 몰디브와 같은 해저 지형, 차고-라카디브Chagos – Laccadive Ridge산맥에 속한다. 해저 지형에 산호가 번식하여 생긴 섬이다. 세계에서 가장 큰 환초이다. 몰디브와 가르시아는 같은 계열의 인도양 산호섬이다.

디에고 가르시아는 영국 영토다. 인도양 한가운데 있다. 비밀스러운 군사기지다. 위키릭스WikiLeaks가 비밀 기지를 폭로하여 세상에 알려졌다. 알려진 것보다 더 많은 비밀을 감춘 섬이라고 주장한다. 미국이 군사기지로 쓰고 있다. 전략 자산, 장거리 폭격기와 항공모함을 운용한다. 공군기는 B-1B, B2, B52 기종 등이다. 운항 거리가 1만 2천km가 넘는 기종들이다. 미 5함대도 있다. 태평양에 있는 괌Guam 기지와 비슷하다. 아프리카 대륙과는 3,535km, 인도 1,796km, 오스트레일리아에서 4,723km, 수에즈 운하까지

6,048km이다. 홍해, 페르시아만, 호르무즈해협, 아덴만을 포함한 동아프리카를 작전권역에 둔다. B-2는 실전에 배치되어 있는 전략 폭격기다. 34시간 논스톱으로 비행할 수 있고, 30톤의 폭탄을 무장할 수 있고, 핵폭탄도 장착한다. 레이더에 잡히지 않는 스텔스기이다. 한반도에 한 번씩 온다.

2025년 6월 미국의 이란 핵시설 폭격에 6대의 B2가 동원되었다. 중간 공중급유는 디에고 가르시아에서 이륙한 공중급유기가 제공했다.

러시아와 중국의 전략무기는 대륙간탄도탄이다. 미국은 먼저 항공기고, 다음이 유도탄이다. 정밀도나 효율에서 미사일은 항공기를 따라오지 못한다. 미국은 냉전 시대부터 전략 공군을 운영했다. 섬은 산 높이가 10m도 안 되는 완전한 평지이다. 어떤 항공기도 이착륙할 수 있도록 대규모 활주로가 2개 있다. 환초 안 라군은 항공모함이 정박할 수 있는 수심이다. 섬의 지정학적 가치는 침몰되지 않는 항공모함이다. 중국의 일대일로—對—路 전략이 현실화하고 있는 곳은 아프리카이다. 세계에서 가장 많이 투자를 했고, 군사기지도 건설했고, 이민도 했다. 디에고 가르시아는 중국의 진출을 견제하는 전초 기지다. 섬의 전략적 가치가 더 높아지고 있다.

섬의 족보도 이상하다. 정식 명칭은 영국 인도양 영토BIOT, British Indian Ocean Territory다. 군인들뿐이다. 1971년 미국이 영국으로부터 섬을 임대하여 지금까지 쓰고 있다. 그전에는 코코넛을 재배하고, 어업을 하고 사는 원주민이 약 1천 명 정도 살았다. 모두 이웃 섬으로 강제 이주시켰다. 디에고 가르시아는 모리셔스의 영토였다. 영국은 모리셔스에 60만 파운드9억 원를 주고 샀다고 주장한다. 모리셔스가 영국 식민지일 때이다. 영국은 미국에게 50년간 빌려주었다가 기간이 만료되어 다시 30년간 군사기지로 임대했다.

독립한 모리셔스는 차고 제도Chago Achipellagos를 자국의 영토라고 주장한다. 힘 약한 모리셔스는 UN과 국제사법재판소International Justice Court에 제소

했다. UN 총회는 차고 제도가 모리셔스 공화국 영토이므로 영국은 즉시 모리셔스에게 돌려주어야 한다는 결의문을 채택했다. 또, 국제사법재판소에서도 디에고 가르시아를 모리셔스의 영토라고 판결했다. 영국은 "NO" 하고 있다. UN에 따르면 영국은 장물을 취득하여 3자에게 세를 놓은 파렴치범이다. 영국 여왕은 엘리자베스 2세였다. 코모로에 있는 마요트도 마찬가지이다. 코모로에서 떼어 내어 프랑스의 영토라고 주장한다. 국제사법재판소와 UN 총회 결의안은 마요트가 코모로의 영토라고 했다. 영국과 프랑스는 국제법과 세계 질서를 만든 나라이다. 국제법을 지키지 않는다.

UN 안전보장이사회는 15개국으로 구성된다. 영국과 프랑스는 상임 이사국이다. 안전보장이사회의 상임이사국은 5개국이다. 모두 강대국들이다. 사실상 세계 치안을 책임지는 국가들이다. 미, 러, 중, 영, 프가 합작하여 세계 평화를 위하여 UN을 창설했다. 전쟁을 일으킬 수도 있고, 종식시킬 수도 있다. UN 기구 중 가장 강력한 기구는 안전보장이사회다. 총회 결의안과 안보리 결의안은 다르다.

상임 이사국은 안보리 결의안에 거부권veto을 행사할 수 있다. 모든 이사국들이 찬성을 해도, 상임 이사국 하나만 반대하면 안보리 결의안resolution은 채택되지 않는다. 6·25 전쟁 때 UN 안보리 결의안 83호473rd Meeting, Resolution of 27 June, 1950가 채택되었다. UN 안보리 결의안은 6·25 전쟁을 북한의 남침으로 규정했다. UN 창립일10월 24일을 한국의 국경일로 정한 때도 있었다. 비토는 러시아가 128번, 미국 89번, 영국 32번, 프랑스 18번, 중국이 9번 했다. 자유 진영이 비토를 더 많이 했다. 법을 만든 기구가 법을 지키지 않으면 세계 평화는 보장되지 않는다. 모리셔스와 코모로는 어디에도 호소할 길이 없다.

에필로그

아프리카 54개국을 답사했다. 아프리카는 오래된 대륙이고 3천만km², 14억 명, 세계 인구의 15%를 차지한다. 아프리카에는 OECD 국가가 하나도 없다. 모두 가난하다. 빈부의 격차가 크고, 독재정치를 하고, 부정과 부패가 만연하고, 쿠데타가 정권교체의 수단이고, 반란군이 있다. 왜 그럴까?

아프리카에는 54개국이 있지만, 부족은 3천500개가 넘는다. 부족의 정의는 DNA가 아니라 문화다. 다양한 부족의 발생은 다양한 자연환경과 관계가 깊다. 자연이 소통과 교류를 방해하면 공동체는 고립되고 결국 부족이 된다. 중국 소수민족이 55개인데 윈난성 하나에만 26개 소수민족이 있다. DNA가 다른 민족이 아니다. 깊은 계곡과 높은 산으로 교류가 안 되었기 때문이다. 아프리카 대륙은 지구상에서 가장 큰 사하라 사막이 있고, 가장 넓은 열대 지방이 있다. 사막과 열대우림은 인간의 교류와 소통을 방해했다. 많은 부족이 생겨난 이유다. 아프리카의 부족은 현재도 정치와 경제의 단위이고 공동체다.

아프리카의 국가 단위는 식민지 시절 그어 놓은 수탈과 통치의 단위였다. 민족이나 부족 단위가 아니었다. 식민지 정부는 부족의 공동체를 인정하지 않았고 오히려 부족 간의 갈등을 유발하여 분할 통치divide and rule를 했다. 부족 간 갈등은 식민지 통치에 유리했다. 벨기에가 르완다를 통치할 때 투치족과 후투족 간 갈등을 조장시켜 벨기에 정부에 대한 불만을 잠재웠다.

역사적으로 노예 시장이 있었다. 노예 시장도 식민지 연장선에 있고, 전성시대는 100년간1701~1800 2천만 명을 잡아갔다. 다른 대륙에서는 유례를 찾아볼 수 없다. 노예로 잡아가는 과정을 통하여 아프리카의 부족 공동체가 파괴되었다. 아프리카의 기초 공동체는 부족이다. 노예는 부족 단위로 잡아갔다. 힘센 부족에게 돈과 총을 주고 약한 부족을 잡아다가 제국주의 노예 상인들에게 팔았다. 노예 사냥은 부족 간에 불신을 가져왔고, 서로 원수가 되었다. 노예 시장이 끝나고도 그 트라우마는 남아 있었다. 갈등의 원인이고 내란의 원인이 되고 있다.

식민지 전 이웃 부족 간에는 교류도 하고 교환도 하고 결혼도 하고 평화롭게 지냈다. 모두 부족 단위로 살았다. 부족은 합리적으로 운영되었다. 의사 결정은 민주주의고, 부의 독점도 없고, 약자를 돕고 협력해 상부상조하는 혈연 중심 공동체였다. 부족 내에는 쿠데타도 없었다.

인류의 원산지는 아프리카다. 700만 년 전 사헬란트로푸스 차덴시스, 300만 년 전 오스트랄로피테쿠스 아파렌시스, 200만 년 전 호모하빌리스, 100만 년 전 호모에렉투스, 30만 년 전 호모사피엔스 등, 인류 조상의 화석들이 전부 아프리카에서 발견되었다. 7만 년 전에 다른 대륙으로 넘어갔다. 아프리카인은 우수 인종이다. 지금도 체력을 기반으로 하는 육상경기 선수는 아프리카 흑인이나 흑인 노예 후손들이 독점하고 있다. 아프리카인이 육체적으로 가장 우수하다는 증거다.

아프리카인은 피부색이 검다는 이유로 세계 어디서나 차별을 받았다. 차별 때문에 교육을 받지 못하고, 교육을 못 받아 제대로 직업을 가질 수 없어 가난하다. 가난해서 더 교육을 받지 못하는 악순환이 거듭되고 있다. 아프리카인이 과학 노벨상을 받은 학자는 없다. IQ가 모자라서가 아니라, 차별 때문에 제대로 교육받지 못했기 때문이다.

아프리카에는 쿠데타 벨트가 있다. 쿠데타로만 정권 교체를 하고 있다. 쿠데타도 이유가 있다. 차별받는 부족은 불만을 지니고 반란을 일으키거나 쿠데타를 한다. 기본은 권력의 독점이고 자원의 독점이다. 많고 좋은 자원을 보유하고 있는 국가도 있다. 독재 권력은 견제하는 세력이 없어 자원의 분배가 공정하지 못하다.

아프리카 대륙에도 남극을 제외한 지구 면적 22.3%만큼이나 큰 각종 자원이 많다. 석유, 천연가스, 우라늄, 금, 다이아몬드 등이다. 자원이 많다고 부자 나라가 되는 것이 아니다. 독재자가 자원의 부를 독점하므로 불만으로 내란을 일으키고 쿠데타를 한다. 자원 때문에 더 많은 사람이 죽고 더 가난 해진다. 자원의 저주라고 한다. 쿠데타를 너도 하니 나도 한다는 식이다. 벨트가 있다. 쿠데타를 막는 서아프리카 국가연합ECOWAS도 있다. 쿠데타를 막을 수도 있지만, 독재 권력을 영구화한다는 비판의 목소리도 있다.

아프리카도 주어진 자원으로 잘사는 나라도 있다. 보츠와나는 내륙국이고 자원도 적다. 정치 문화가 다르다. 보츠와나의 코탈Kgotal, 누구나 말할 수 있는 권리이 있다. 국가 기구로 부족장 회의, 응트로야 디코시Ntloya Dikgosi가 있다. 대통령 자문기구이지만, 실질적 권리를 행사한다. 보츠와나는 쿠데타가 없었다. 국제기구도 보츠와나 민주주의에 대하여 좋은 점수를 주고 있다. 그 외 아프리카 작은 섬나라들도 대륙의 국가들 보다 잘산다. 쿠데타의 전염성이 적은 지역이다.

아프리카 사하라 사막도 열대우림도 변한 게 없다. 그러나 아프리카 사회도 변하고 있다. 20세기보다 21세기는 쿠데타도 내란도 독재정치도 줄어들고 있다. 한 국가가 잘살고 못살고는 그 나라의 정치에 달려있다. 오바마 대통령의 나이로비 연설에서 "대통령은 임기가 끝나면 권좌에서 내려와야 한다."라고 했다. 선거를 통하여 정권 교체는 세계 정치의 보편적 가치다. 아프리카의 가난을 나쁜 자연과 식민지 수탈에 모든 것을 귀속시키는 것은 잘못이다. 아프리카의 가난은 자원의 부족이 아니라, 공정한 분배가 문제다. 핵심은 민주정치다. 학생, 언론인, 지식인이 시민 단체를 형성하고 독점적 국가권력을 견제하고 있다. 민주주의가 빠르게 성장하고 있다.

지구 면적의 22%, 인구의 15%를 점유하는 아프리카 대륙이다. 인류의 시작도 세계사의 시작도 아프리카 대륙이다. 인구가 가장 빠르게 성장하고 있다.

　　　　—— 아는 척하기 딱 좋은 **아프리카 지식 여행**

과거에도 중요한 대륙이었지만, 미래에는 더욱 중요한 대륙이 될 것이다. 여운이 많이 남는 대륙이다.

아프리카는 왜 가난할까? IQ가 낮은 종족인가? 자연환경이 좋지 못한가? 식민지 모국의 착취 때문인가? 정답이 아니란다. 끊임없이 이어지는 쿠데타와 내란이 못사는 근본 원인이라고 한다. 부족 간의 갈등을 이해하지 않고는 아프리카의 가난을 설명할 수 없다는 저자의 주장은 알려지지 않았던 이야기다. 자연과학, 사회과학, 인문학을 씨줄 날줄로 엮으며 전개하는 아프리카 이야기. 너무 재미있고 유익하다.

_ 윤덕홍 | 전 교육부장관, 전 대구대학 총장, 사회학 박사

인류의 고향이자 자원의 보고로 알려진 아프리카 대륙의 지리적 속성과 그 지리적 속성이 만들어 낸 정치, 경제, 교통, 사회, 문화 등의 유산이 얽히고설켜 잉태시킨 오늘날 아프리카 국가들의 모습을 새로운 시각으로 설명한 '신新 아프리카 지리서'이다.

_ 이정록 | 전 대한지리학회 회장, 전남대 명예교수, 지리학 박사

교류와 소통이 가로막힌 지리적 운명, 서구 문명국들의 야만적 약탈과 착취, 저들이 그어놓은 국경선에 갇힌 채 권력 쟁취 내전, 아프리카의 해방은 '아프리카주의'를 선포하는 아프리카인들만이 성취할 수 있다. 이 책에서 얻은 학습 경험이다.

_ 김민남 | 전 사회적협동조합 <지식과세상> 이사장, 경북대 명예교수, 교육철학 박사

박학다식한 지리학자 박찬석 교수가 안내하는 아프리카는 한국인에게는 미지의 대륙Terra Incognita 탐험이다. 흥미롭고 유익하다.

_ 이정우 | 노무현 대통령 정책실장, 경북대 명예교수, 경제학 박사

호모사피엔스의 고향인 아프리카에 대한 넓은 지식과 애정을 바탕으로 탄생한 명작이다. 우리에게는 아직 미지의 세계에 머무르고 있는 아프리카를 보는 새로운 시야를 제공하며, 오늘의 아프리카 현실에서 지나온 우리의 역사를 반추하게 한다.

_ 신기남 | 소설가, 변호사, 전 열린우리당 대표, 법학 박사

지중해를 사이에 두고 유럽과 아프리카, 두 대륙 간의 거리는 80km에 불과하지만, GDP와 삶의 격차는 셈하기 어렵다. 아프리카는 왜 가난한가? 문명에 대한 통찰이 돋보이는 이번 저작은 단순한 경제 문제를 넘어 세계사의 구조와 흐름에 대한 근원적 성찰이다.

_ 강현국 | 『시와반시』 편집인, 전 대구교대 총장, 국문학 박사

저자 박찬석 총장님은 매주 화요일 2~4시, '세계지리 산책'을 대구 사회적협동조합 〈지식과 세상〉에서 강의하신다. 나는 6년간 수강했다. 『아는 척하기 딱 좋은 아프리카 지식 여행』은 3년간 강의하신 내용이 담긴 책이다. 지리학이 이렇게 재미있고, 사회과학과 자연과학을 아우르는 깊고 폭넓은 학문인 줄 몰랐다. 2시간 강의지만, 시간 가는 줄 모른다. 같은 산과 강을 보아도 해석은 다르다. 아프리카 54개국 자연, 사회, 인종까지 국가별로 섭렵하고 있다. 정말 해박한 학자이시다.

아프리카는 인류의 원산지다. 700만 년 전부터 30만 년 전 호모사피엔스, 현생 인류까지 진화한 곳이 아프리카다. 아프리카인은 가장 우수 인종이다. 세계의 최고 육상, 권투, 농구선수의 대부분은 아프리카 출신이다. 그런데도 아프리카인은 세계 어디를 가든지 검은 피부 때문에 차별을 받는다. 그 차별 때문에 제

대로 교육 못 받고 좋은 직장을 가지 못한다. 그래서 가난하고 가난이 대물림되고 있다.

아프리카는 3천만km², 14억 인구가 산다. 54개 독립국이 있지만, 그 속에 수천 개의 부족이 있다. 그 많은 부족의 존재가 자연의 다양성 때문이라니 놀랐다. 사회와 경제의 기본단위가 부족이고, 국가는 단지 통치를 위한 단위일 뿐이다. 아프리카 가난의 원인이 검은 피부의 야만이라 생각해 온 나의 선입견이 부끄러웠다. 아프리카 인종의 열등이 아니라, 사회적 차별과 자원 분배의 불공정 때문이라는 선생님의 설명에 머리가 끄덕여진다.

한국은 무역으로 먹고사는 나라다. 총장님의 '세계지리 산책' 강의는 지금도 계속되고, 미지의 세계를 열어가고 있다. 아프리카의 자원은 우리의 원자재이고, 인구는 우리의 시장이다. 아프리카를 제대로 알아야 하는 이유가 아닐까 생각한다. 그리고 아프리카 여행이나 비즈니스를 계획하는 분들에게 재미있고 유익한 책이 될 것이라고 생각한다.

_박연우 | <세계지리 산책> 강좌 총무